T0234833

AutoUni – Schriftenreihe

Band 153

Reihe herausgegeben von

Volkswagen Aktiengesellschaft, AutoUni, Volkswagen Aktiengesellschaft, Wolfsburg, Deutschland

Volkswagen bietet Wissenschaftlern und Promovierenden der Volkswagen AG die Möglichkeit, ihre Forschungsergebnisse in Form von Monographien und Dissertationen im Rahmen der „AutoUni Schriftenreihe" kostenfrei zu veröffentlichen. Über die Veröffentlichung in der Schriftenreihe werden die Resultate nicht nur für alle Konzernangehörigen, sondern auch für die Öffentlichkeit zugänglich.

Volkswagen offers scientists and PhD students of Volkswagen AG the opportunity to publish their scientific results as monographs or doctor's theses within the "AutoUni Schriftenreihe" free of cost. The publication within the AutoUni Schriftenreihe makes the results accessible to all Volkswagen Group members as well as to the public.

Reihe herausgegeben von / Edited by
Volkswagen Aktiengesellschaft
Brieffach 1358
D-38436 Wolfsburg

„Die Ergebnisse, Meinungen und Schlüsse der im Rahmen der „AutoUni Schriftenreihe" veröffentlichten Dissertationen sind allein die der Doktorand*innen."

Weitere Bände in der Reihe http://www.springer.com/series/15136

Thomas Lang

Stakeholder Engagement Analyse

Eine Meso-Mikro-Makro-Analyse nachhaltigkeitsthemenorientierter Stakeholderkommunikation am Fallbeispiel Volkswagen AG

 Springer Vieweg

Thomas Lang
Ingolstadt, Deutschland

Dissertation zur Erlangung des Doktorgrades (Dr. phil.) der Sprach- und literaturwissen-
schaftlichen Fakultät der Katholischen Universität Eichstätt-Ingolstadt im Fachgebiet
Kommunikationswissenschaft(en). Am 11.01.2021 öffentlich verteidigt von Thomas
Lang (geb. Beck). Referent: Prof. Dr. Klaus-Dieter Altmeppen, Lehrstuhl für Journalistik
II, Katholische Universität Eichstätt-Ingolstadt. Korreferentin: Prof. Dr. Ulrike Rött-
ger, Lehrstuhl für Kommunikationswissenschaft, Westfälische Wilhelms-Universität
Münster.

ISSN 1867-3635   ISSN 2512-1154 (electronic)
AutoUni – Schriftenreihe
ISBN 978-3-658-33986-9   ISBN 978-3-658-33987-6 (eBook)
https://doi.org/10.1007/978-3-658-33987-6

Die Deutsche Nationalbibliothek verzeichnet diese Publikation in der Deutschen Nationalbiblio-
grafie; detaillierte bibliografische Daten sind im Internet über http://dnb.d-nb.de abrufbar.

Planung/Lektorat: Stefanie Eggert
Springer Vieweg ist ein Imprint der eingetragenen Gesellschaft Springer Fachmedien Wiesbaden
GmbH und ist ein Teil von Springer Nature.
Die Anschrift der Gesellschaft ist: Abraham-Lincoln-Str. 46, 65189 Wiesbaden, Germany

Vorwort & Danksagung

Entstanden ist diese Arbeit während meiner Anstellung als Doktorand in der Abteilung Konzern Nachhaltigkeit der Volkswagen AG im Stammwerk Wolfsburg. Eingereicht wurde sie im Sommer 2020 in der Sprach- und Literaturwissenschaftlichen Fakultät der Katholischen Universität Eichstätt-Ingolstadt. Die öffentliche Verteidigung erfolgte im Januar 2021. Bis etwa Anfang 2019 erschienene Literatur wurde dabei systematisch berücksichtigt.

Wer sich in die Literatur zum Thema Stakeholder Management einliest, denkt sich schnell: eigentlich ist ja schon alles gesagt. Aber ist es das wirklich? Erst auf den zweiten Blick stellt man fest: Das Thema leidet unter Oberflächenbehandlung. Festzustellen ist eine mitunter kaum vorhandene Bestimmung zentraler Begriffe und analytischer Kategorien, der prinzipielle Mangel an makroanalytischen Arbeiten und eine nahezu unüberschaubare Vielzahl theoretischer Modelle bei weitgehender Abwesenheit empirischer Arbeiten. Anspruch dieser Thesis ist es, einige dieser Defizite mithilfe einer strukturationstheoretischen Meso-Mikro-Makro-Analyse zu überwinden. Der Autor bezweckt zwei Dinge: Einerseits eine breite sozialtheoretische und interdisziplinäre theoretische Fundierung. Andererseits eine empirische Analyse mehrerer sozialer Ebenen. Am Fallbeispiel der Volkswagen AG werden auf der Grundlage eines sozialtheoretischen Analysemodells die subjektiven Wahrnehmungen und Zuschreibungen 33 nichtmarktlicher Stakeholder aus den Clustern Wissenschaft und Forschung, Politik und Verbände sowie NGOs untersucht. Die theoretischen Bezugspunkte dieser Arbeit, Anthony Giddens Theorie der Strukturation, Edward Freemans Stakeholder-Management-Ansatz und Amartya Sens Capability-Ansatz, sind alle angelsächsischen Ursprungs. Auf die Eindeutschung zentraler Begriffe wurde dabei bewusst verzichtet, um deren spezifische Konnotationen (z. B. Stakeholder, Capability) zu erhalten und Fehlinterpretationen bzw. Übersetzungsfehler zu vermeiden (z. B. Stakeholder als Anspruchsgruppe). Darüber hinaus wurde aus Gründen der besseren Lesbarkeit von gendergerechten Formulierungen abgesehen. Fällt das generische Maskulinum, sind weibliche und andere Geschlechteridentitäten ausdrücklich mitgemeint, insoweit es für die betreffende Aussage überhaupt erforderlich ist. Es wird außerdem aus rechtlichen Gründen darauf verwiesen, dass die Ergebnisse, Meinungen und Schlüsse dieser Dissertation und die der befragten Stakeholder nicht die der Volkswagen AG sind.

Zuletzt möchte ich das Vorwort noch nutzen, um mich bei einigen Personen ausdrücklich zu bedanken. Der erste Dank gilt meinem Betreuer und Erstgutachter, Prof. Dr. Klaus-Dieter Altmeppen, der dem Begriff des Doktorvaters wirklich alle Ehre gemacht hat. Darüber hinaus danke ich meiner Zweitgutachterin, Prof. Dr. Ulrike Röttger, für Ihre Unterstützung und die wertvollen inhaltlichen Hinweise. An dritter Stelle danke ich meinem ehemaligen Vorgesetzten und Leiter Nachhaltigkeit der Volkswagen AG, dessen Namen ich aufgrund von Datenschutzvorgaben hier nicht nennen darf. Mein persönlicher Dank gilt außerdem meiner Ehefrau, Verena Lang, für die bemerkenswerte Unterstützung in den letzten fünf Jahren.

Ingolstadt   Thomas Lang
Februar 2021

Inhaltsverzeichnis

Abkürzungsverzeichnis

Akronym	Erläuterung
A.a.O.	Am angegebenen Ort
Abb.	Abbildung
BSF	Business & Society Forschung
Bspw./z.B.	Beispielsweise/zum Beispiel
CEO/CFO	Chief Executive Officer/Chief Financial Officer
D.h.	Das heißt
Ders.	Derselbigen
Dt.	Deutsch
Ggü.	Gegenüber
i.A.	In Anlehnung (an)
NGO	Nichtregierungsorganisation/Non-Governmental Organization
OEM	Original Equipment Manufacturer (syn. Fahrzeughersteller)
OK	Organisationskommunikation
P.a.	Per annum (pro Jahr)
PR	Public Relations
PuV	Politik und Verbände
S.o./o.g.//S.u./u.g.	Siehe oben/oben genannt//Siehe unten/unten genannt
SH/TB	Stakeholder/Interviewer
SHT	Stakeholder-Theorie
SM	Stakeholder Management
Sogen.	Sogenannte
SVT	Stakeholder-Value-Theorie
Syn.	Synonym
U.a.	Unter anderem

UK	Unternehmenskommunikation
Usw.	Und so weiter
Vgl.	Vergleiche
VK	Verantwortungskommunikation
VW	Volkswagen (AG)
WuF	Wissenschaft und Forschung

Abbildungsverzeichnis

Tabellenverzeichnis

Einleitung und Problemstellung 1

1.1 Stakeholder als kritische Teilöffentlichkeiten im Umfeld des Unternehmens

Unternehmen stehen im routinierten, bisweilen auch institutionalisierten (z. B. Beiräte), unmittelbaren Austausch mit kritischen und einflussreichen Sprechern aus ihrer gesellschaftspolitischen Umwelt (Altmeppen, 2006, S. 36 ff.). Durch die kommunikative Auseinandersetzung mit dieser Umwelt bestimmen sie ihre Grenzen und Handlungsspielräume (Achleitner, 1985). Diese Umwelt ist von Faktoren wie Komplexität und Unsicherheit gekennzeichnet und allgemein definiert als all das, was die Unternehmung nicht selbst ausmacht (Sauter-Sachs, 1992; Würz, 2012). Öffentlichkeit ist dagegen das Ziel und Ergebnis diesbezüglicher Involvierung von Akteuren und kein Stakeholder per se (Westerbarkey, 2013, S. 34). Zur basalen Differenzierung der zentralen institutionellen Kommunikationsfelder des Unternehmens, Markt und Gesellschaft, eignen sich in Anlehnung an Peter Szyszka (2003) zwei Termini: Infeld und Umfeld. Im Infeld stehen direkte Beteiligungen an der ökonomischen Leistungserstellung und –veräußerung im Fokus. Holder sind Marktteilnehmer, deren Stakes sich in materiellen Transaktionen manifestieren. Organisationsergebnisse werden primär anhand von Ein- und Auszahlungen (Outflows) bemessen. Stakeholder aus dem Infeld stehen zumeist im direkten und oft vertraglich geregelten Verhältnis zum Unternehmen (Schuppisser, 2002). Im (nichtmarktlichen) Umfeld existieren hingegen kaum Beteiligungen von Stakeholdern an der ökonomischen Leistungserstellung (z. B. Produktion) oder -veräußerung (z. B. Absatz, Umsatz, …). Im Fokus steht die faktische bis potentielle Einflussnahme der Holder auf den Kontext ökonomischer Transaktionen (z. B.

© Der/die Autor(en), exklusiv lizenziert durch Springer Fachmedien
Wiesbaden GmbH, ein Teil von Springer Nature 2021
T. Lang, *Stakeholder Engagement Analyse*, AutoUni – Schriftenreihe 153,
https://doi.org/10.1007/978-3-658-33987-6_1

negativ: Boykotte; positiv: Kaufempfehlungen). Die nichtmarktlichen Beziehungen sind in der Regel nicht vertraglich geregelt, freiwilliger Natur und somit kommunikativ konstituiert. Ergebnisse und Leistungen eines Unternehmens werden im Umfeld anhand von nichtmonetären Größen bewertet (z. B. Reputation) (Szyszka, 2003). In- und Umfeld sind allerdings nicht unabhängig voneinander, sondern in der Spätmoderne (Giddens, 1991a) ineinander verschränkt. Der Erfolg einer Unternehmung hängt insbesondere davon ab, inwieweit es ihr gelingt, sich als Teil ihres Umfeldes zu positionieren und neben wirtschaftlichen auch öffentliche Interessen zu verfolgen. Das Stakeholder Management ist in diesem Kontext zu einem Schlüsselbegriff avanciert, der jenes veränderte Rollenverständnis von Unternehmen unter neuen, dynamischen Umfeldbedingungen erklärt und so zu einer stärkeren Gesellschaftsorientierung der Ökonomie insgesamt beiträgt (Tabelle 1.1).

Tabelle 1.1 Unternehmung: Infeld und Umfeld

	Kommunikatives Infeld	**Kommunikatives Umfeld**
Spezifika	– Marktbezogen – Transaktionsorientiert (Austausch)	– Gesellschaftsbezogen – Interaktionsorientiert (Aushandlung)
Ergebnis/Wertschöpfung	Monetäre Leistungen (Outflows als Ein- & Auszahlungen): z. B. Cashflow, Umsatz, Return on Investment, Rendite, Absatz, …	Nichtmonetäre Wirkungen (Outcomes als Zuschreibungen): z. B. Vertrauen, Glaubwürdigkeit, Reputation, Legitimation, …
Umfeld	Transaktionales Umfeld (Markt)	Kontextuelle Umwelt (Gesellschaft)
Gruppen	Marktliche Stakeholder	Nichtmarktliche Stakeholder
Beispiele	Kunden, Lieferanten, Investoren, Aktionäre, Analysten, Mitarbeiter, Wettbewerber, …	NGOs, Wissenschaft & Forschung, Politik & Verbände, Soziale Bewegungen …

1.2   Stakeholder Management als Resultat der veränderten Rolle von Unternehmen in spätmodernen Gesellschaften

Fast 40 Jahre ist es her, dass R. Edward Freeman sein Hauptwerk über Stakeholder Management vorstellte und damit das Verhältnis von In- und Umfeld strategisch und ethisch begründet neu ordnete (Freeman, 1984). In jene, den Unternehmen vertraute Welt des Marktes und der Transaktionslogik der Ökonomie sind, so seine Kernaussage, nichtmarktliche Akteure (z. B. NGOs) eingedrungen, die mit ihren Meinungen und Aktivitäten zunehmend Einfluss auf den Geschäftserfolg ausüben. Eine zeitgemäße Unternehmensführung setzt somit den Einbezug dieser Gruppen voraus. Die Wucht jüngerer Unternehmensskandale, darunter die „Dieselkrise" der Volkswage AG, sind klare Belege für diese Behauptung. So wurde der Skandal der Volkswagen AG zum Beispiel von der NGO International Council on Clean Transportation aufgedeckt. Einerseits sind es Stakeholder, die an Macht gewinnen und deren Einfluss auf Unternehmen zunimmt. Anderseits ist unsere Spätmoderne (Giddens, 1991a) von andauernden Phasen des Medienumbruchs geprägt, die Veränderungen in Prozessen der Einstellungs-, Meinungs- und Willensbildung von Expertenöffentlichkeiten in Medien- und Kommunikationsgesellschaften (Münch, 1992, 1995; Imhof 2006) erklären, denn der zunehmende Einfluss von Stakeholdern setzt Informationen voraus, die erst einmal generiert und distribuiert werden müssen. Früher geschah dies in erster Linie über die Massenmedien, getreu dem Motto „was Stakeholder über das Unternehmen wissen, das wissen sie aus den Medien" (i.A. an Luhmann). Diese Quelle verliert jedoch sukzessive ihre Monopolstellung. Die kritische Grundhaltung vieler Stakeholder gegenüber der journalistischen Berichterstattung ist eine Begleiterscheinung der Medien- und Kommunikationsgesellschaft (Donges, 2008; Schrott, 2008; Raupp, 2009) und erklärt die Genese von Stakeholder Management. Das Phänomen ist anderseits aber auch unternehmensinduziert. Die Stakeholder suchen und Unternehmen bieten gezielt Informations- und Kommunikationsangebote für Teilöffentlichkeiten und übergehen damit bewusst die Intermediäre. Aus Sicht des Unternehmens als wesentlich eingestufte Stakeholder werden wegen ihres Einflusses auf den Geschäftserfolg (z. B. meinungsbildende öffentliche Aktivitäten) oder der Betroffenheit (z. B. in deren Wertschöpfungsketten) gezielt ermittelt und mithilfe eigener Foren (z. B. Befragung, Dialogveranstaltung) unter Berücksichtigung spezifischer Bedürfnisse kontinuierlich mit Botschaften versorgt. Ziel dieser teilöffentlichen Kommunikation ist es, Gegenöffentlichkeiten zu bilden und Meinungsbild(n)er im Sinne des Unternehmens zu beeinflussen. Der regelmäßige und unvermittelte Austausch ermöglicht es den Massenmedien, deren Gefahr von ihrer unkontrollierbaren Skandalisierung ökonomischen Fehlverhaltens ausgeht, informationelle Alternativen gegenüberzustellen. An jenem Kampf um Deutungshoheit in Expertenöffentlichkeiten spätmoderner Gesellschaften setzt das Stakeholder Management als Begriff der Theorie und Praxis gesellschaftlicher Unternehmensverantwortung an. Stakeholder Management steht für ein republikanisches Verständnis der Unternehmung als quasi-öffentliche Institution (Ulrich, 1977) und die Gesellschaft als zentrales Referenzsystem der Unternehmensführung (Dyllick, 1989).

Im Dreieck der managementpraktischen, kommunikationstheoretischen und wirtschaftsethischen Relevanz lässt sich Stakeholder Management als Formalobjekt der Kommunikationswissenschaften im Allgemeinen und der Organisationskommunikationsforschung im Speziellen einordnen. Es steht hier für die Aussöhnung ökonomischer und moralischer Vernunft. Die ureigene Aufgabe dieser Funktion ist es, das Spannungsfeld von Unternehmenserfolg und Gemeinwohlorientierung aufzulösen. Forschungsarbeiten wie diese hier in einschlägige Debatten über eine „Wissenschaft für die Praxis" oder „über die Praxis" (Wehmeier & Nothaft, 2013) einzufädeln wäre jedoch problematisch, denn Forschung zu Stakeholder Management und Unternehmensverantwortung ist nicht genuin akademisch. Sie hat ihren Ausgangs- und Endpunkt immer in der Anwendung, denn: Stakeholder Management ist eine Theorie der Praxis und zugleich die soziale Praxis einer Theorie (i.A. an Ghoshal, 2005). Eine Einordnung in anwendungsorientierte oder theoriebildende Forschung (vgl. Sallot et al., 2003; Sandhu & Sandhu, 2013) widerspräche dem Grundgedanken dieses organisationsethischen Ansatzes.

1.3 Strukturationstheoretische Perspektive: Umfeld und Mikro-Meso-Makro-Problematik

Die deutschsprachige Kommunikationswissenschaft ist seit ihren Anfängen von einer Spaltung in handlungs- und systemtheoretische Lager gekennzeichnet, einer „Frontstellung der beiden großen Paradigmen der sozialwissenschaftlichen Theoriebildung" (Jarren & Röttger, 2009, S. 29). Thorsten Quandt und Bertram Scheufele monieren zum Beispiel die „Zweiteilung zwischen empirisch handhabbaren Ansätzen mittlerer Reichweite mit meist mikrotheoretischer Ausrichtung (…) und umfassenden sozialtheoretischen Großkonzepten, die auf Grund ihrer Gesamtextension und ihres Abstraktionsgrads empirisches Arbeiten extrem voraussetzungsreich machen" (2011, S. 10). Die bis heute umfassendste Initiative zur Verbindung mikro- und makrotheoretischer Ansätze wurde 2005 vom

DFG-Netzwerk integrative Theoriekonzepte in der Medien- und Kommunikationswissenschaft lanciert. Dreizehn Kommunikationswissenschaftler aus diversen Fachgebieten trugen über mehrere Jahre hinweg Ansätze zur Mikro-Meso-Makro-Lückenschließung zusammen, verglichen sie und arbeiteten Anknüpfungspunkte für die (empirische) Forschung heraus. Entstanden ist eine Arbeitsheuristik, die den Zugang vereinheitlicht. Innerhalb der ‚einheitlichen perspektivischen Klammer' werden die Mikro- (Handlungsebene) und Makroebene (Ebene gesellschaftlicher Strukturen) als Koordination und Ausführung sozialer Praktiken verstanden, zwischen der eine oder mehrere Meso-Ebenen (Ebene der Organisation) als Vermittlungsinstanzen operieren (Quandt & Scheufele, 2011). Angelehnt an diese fachliche Konvention ist der Startpunkt dieser Mikro-Meso-Makro-Analyse die Problemfeststellung, dass PR- und Organisationskommunikation bisher im Allgemeinen vorwiegend auf der Meso-Ebene untersucht und die (abstraktere) Ebene gesellschaftlicher Strukturbildung vernachlässigt wurde (Wehmeier & Röttger, 2011). Hinzu kommt, dass ebenenübergreifende Analysen den Faktor Organisation oftmals ausblenden. Sie laufen nach Ansicht von Klaus-Dieter Altmeppen in die Gefahr „beidseitiger Blindheit", einer „Strukturblindheit" handlungstheoretischer Ansätze und „Akteursblindheit" struktureller Ansätze, weil sie unvermittelt von der Mikro- auf die Makroebene springen und die Bedeutung von Organisationen für die Bildung gesellschaftlicher Strukturen vernachlässigen (Altmeppen, 2011b i.A. an Lenk, 1977 und Schimank, 1985). Arbeiten, die sich der Analyse von Mikro-Meso-Makro-Links zuwenden, erarbeiten deshalb ihren Zugang zumeist über *Organisationen als Scharniere zur Mikro- und Makrosicht,* als der zwischen die Ebenen geschobenen und vermittelnden Instanz. Dieses Vorgehen wird mit ihrer Zwitterrolle begründet. Organisationen sind einerseits korporative Akteure, die gegenüber anderen korporativen Akteuren kollektiv handeln, anderseits Strukturen, in denen Akteure überindividuell handeln (Neuberger, 2000). Sie teilen den Weg von individuellen Handlungen zu gesellschaftlichen Strukturen so in kürzere, analytisch gangbare Schritte (Donges, 2011, S. 218 i.A. an Schimank, 2001).

Der Organisationskommunikationsforschung mangelt es somit im Allgemeinen an Mehrebenen-Analysen (Löffelholz et al., 2010). Im Speziellen trifft dies auch auf den Bereich kommunikativer Unternehmensverantwortung zu. Die Problemfeststellung von Wehmeier und Röttger (2011), der Kern der meisten Definitionen und Ausgangspunkt empirischer Studien zu Nachhaltigkeit, Unternehmensverantwortung und Stakeholder Management sei meist nur die Meso-Perspektive ist richtig (Kapitel 4). Ihrem Plädoyer für einen holistischen Betrachtungsansatz wird hier gefolgt und dabei auf die Theorie der Strukturation zurückgegriffen. Sie bietet einige Vorzüge, die in Kapitel 2. näher erläutert werden. Übertragen auf die Arbeit bedeutet dies, dass hier das wechselseitige Zusammenspiel der drei Ebenen des Sozialen ausgehend von der Meso-Ebene (Organisation) erforscht wird. Betrachtet wird das *übergeordnete Phänomen der Stakeholderkommunikation*, basierend auf Auskünften, Beobachtungen und Fremdeinschätzungen externer Stakeholder, deren Erinnerungen sich auf diverse Teilaspekte des Phänomens auf Basis ihrer Interaktionen mit der Volkswagen AG beziehen. Die Meso-Ebene ist dabei das analytische Scharnier und der Ausgangspunkt der Meso-Mikro-Makro-Analyse eines komplexeren, kommunikativen Gesamtphänomens (vgl. Abb. 1.1).

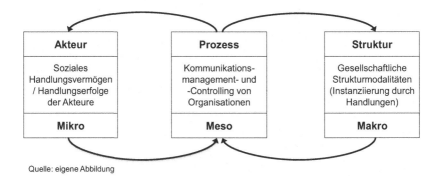

Quelle: eigene Abbildung

Abbildung 1.1 Meso-Mikro-Makro-Link der Untersuchung

1.4   Ausgangspunkt, Zielsetzung und Bezüge der Arbeit

Ergänzend zur grundlegenden Einordnung des Vorhabens in die Gesellschaftsorientierung von Unternehmen und die Mehrebenen-Analyse sozialer Praktiken wird auf zwei übergeordnete Beschreibungsdefizite verwiesen, die Anlass zur Auseinandersetzung mit dem Untersuchungsgegenstand gaben. Zum einen ist das der ungenügende empirische Forschungsstand zum Thema Stakeholder Management. Gemeint sind weder die Quantität noch Qualität der Forschungsarbeiten, sondern deren Perspektivität. In den meisten Fällen wird das Stakeholder Management als Phänomen aus der Unternehmensperspektive beschrieben und auf der Grundlage von Selbstbeschreibungen (z. B. Berichtswesen) und Selbstauskünften (z. B. Befragungen) von Unternehmenssprechern rekonstruiert. Erste Zielsetzung der Arbeit ist es, stattdessen gezielt die externe Stakeholder-Perspektive zu beleuchten. In der Konsequenz bedeutet dies, dass das Stakeholder Engagement als

Wahrnehmungs- und Zuschreibungsphänomen aus Rezipienten-Sicht beschrieben wird. Das zweite Beschreibungsdefizit ist theoretischer Natur und lässt sich als prinzipieller Mangel an Mikro-Meso-Makro-Analysen bezeichnen. Aktuell wird Stakeholder Management primär als Organisations- und Beziehungsphänomen behandelt. Zweites Ziel der Arbeit ist es, die Dominanz von Meso-Analysen mithilfe einer Integration von makro- und mikroanalytischen Aspekten gezielt aufzubrechen (vgl. Abb. 1.2).

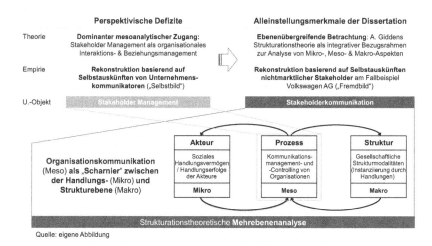

Abbildung 1.2   Ausgangspunkt und Ziele der Arbeit

Um unnötigen Verwirrungen im Begriffssystem vorzubeugen wird zu Beginn eine forschungsleitende Unterscheidung eingeführt: der Begriff *Stakeholderkommunikation* steht für die übergeordnete Perspektive auf das Gesamtphänomen, dessen Teilphänomene *Stakeholder Management* (Meso), *Engagement* (Meso bis Mikro) und *gesellschaftliche Strukturfragmente* (Makro) sind. Die Stakeholderkommunikation umfasst den kommunikativen Umgang mit organisierten Gruppen im Umfeld der Unternehmung. Der Stakeholder-Begriff ist dabei vergleichsweise eng definiert, weil er sich auf Sprecher von Organisationen mit institutioneller Relevanz beschränkt. Mehrebenen-Analyse bedeutet zudem, dass der Fokus auf die Analyse von Handlung und Struktur gelegt wird.

Sozialtheoretischer Bezugsrahmen der Meso-Mikro-Makro-Analyse ist Anthony Giddens Strukturationstheorie. In der deutschen Kommunikationswissenschaft haben Anna M. Theis-Berglmair (Theis, 1994), Ulrike Röttger

(2000; 2005; 2009; 2015), Anke Zühlsdorf (2002) und Franziska Weder (2008; 2010) strukturationstheoretische Zugänge für die Organisationskommunikation ausgearbeitet. Exkurse finden sich außerdem bei Ansgar Zerfaß (1996) und Hahne (1997). Inzwischen ist Giddens Theorie in der Disziplin mittelmäßig verbreitet (vgl. Neuberger, 2000; Richter, 2000, Altmeppen & Quandt, 2002; Wyss, 2002; Engels, 2003; Wyss, 2004; Zerfaß, 2004; Falkheimer, 2007; Jarren & Röttger, 2009; Bracker 2017). Angesichts der zunehmenden Auseinandersetzung mit seinem Hauptwerk, wovon auch jüngste Dissertationen zeugen (vgl. Klare, 2010; Bachmann, 2017; Bracker, 2017), kann sie auch als kommunikationswissenschaftliche Basistheorie betrachtet werden (Röttger, 2005). Fachhistorisch gesehen ist sie nach Ansicht von Peter Szyszka, dem damaligen Sprecher der DGPuK Fachgruppe PR- und Organisationskommunikation, ein „grundlegendes Theoriekonzept am Ende des zweiten Jahrzehnts" (2013, S. 265 ff.). Giddens Denkfigur der „Dualität und Rekursivität von Handlung und Struktur" ist an die (Re-)Produktionsmetapher der Organisation gebunden. Diese insinuiert das dynamische Wechselspiel zwischen Handlung (Akteur) und Struktur (System), das eine Organisation produziert und modifiziert, jedoch auch das Handeln der mit ihr verbundenen Akteure begrenzt und ermöglicht (vgl. Taylor, 1993; Cooren & Taylor, 1997; McPhee & Zaug, 2000; 2009; Poole & McPhee, 2005; Putnam et al., 2009; Bisel, 2010).

Im Folgenden wird Giddens Strukturationstheorie herangezogen, um eine kommunikationswissenschaftliche Forschungsheuristik zu konstruieren, die Stakeholderkommunikation als ebenenübergreifendes Phänomen ganzheitlich beschreibt und eine getrennte empirische Analyse der einzelnen Ebenen ermöglicht. Diesbezüglich werden eingangs zwei weitere Punkte klargestellt: Erstens erfolgt der Rekurs auf Anthony Giddens nicht im kanonischen Sinne. Seine Theorie wird als ein nützliches System an Begriffen und Denkfiguren zur Beschreibung eines komplexen kommunikativen Phänomens verstanden, das flexibel auf den Untersuchungsgegenstand zurechtgeschnitten werden kann und muss. Zweitens ist diese Arbeit keine Analyse von Verantwortungskommunikation. Den Anspruch haben andere Werke (z. B. Bachmann, 2017). Untersuchungsgegenstand ist Stakeholderkommunikation, die jedoch starke Bezüge zu normativen Konstrukten wie Nachhaltigkeit und Verantwortung aufweist. Im Zentrum steht ein Praxis-Phänomen, um dessen Kern ein interdisziplinäres Set an Theorien befruchtet wird, um dieses Phänomen perspektivisch umfassend und theoriegeleitet beschreiben zu können. Genutzt wird in diesem Zusammenhang eine ganze Reihe von Begriffen und theoretischen Konzepten aus einem interdisziplinären Theoriegebäude (Überblick siehe Abb. 1.3; die besondere Rolle der Gesellschaftstheorie als integrativer Bezugsrahmen wird mithilfe der Mehrfachringe hervorgehoben).

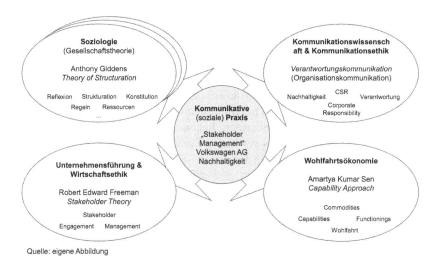

Quelle: eigene Abbildung

Abbildung 1.3   Ebenen und Bezugspunkte der Arbeit

1.5   Fragestellungen, Vorgehen und Aufbau der Arbeit

Die zwei Beschreibungsdefizite münden in der Formulierung der folgenden, für diese Arbeit zentralen *Forschungsfragen (F)*:

> *F1: Wie lässt sich das Stakeholder Management der Volkswagen AG Nachhaltigkeit aus einer kommunikationswissenschaftlichen Perspektive im konzeptionellen Rahmen der Verantwortungskommunikation als ein kommunikatives Phänomen ebenenübergreifend theoretisch modellieren und empirisch fundieren?*
>
> *F2: Welche Wertschöpfung entsteht durch das Stakeholder Engagement der Volkswagen AG Nachhaltigkeit in nichtmarktlichen Arenen für Stakeholder? Anhand welcher Wohlfahrtsfaktoren lässt sich diese erklären?*

Die Forschungsfrage 2 (F2) ist dabei der Forschungsfrage 1 (F1) nachgelagert. Die Ermittlung von Stakeholder-Wohlfahrt ist Teil der umfassenderen Mehr-Ebenen-Analyse von Stakeholderkommunikation am Fallbeispiel Volkswagen AG. Die Arbeit selbst ist in folgende *Teilschritte* untergliedert:

KAPITEL 2 erläutert grundlegende Begriffe, Konzepte und Denkfiguren der Strukturationstheorie, die zur theoriegeleiteten Analyse des Untersuchungsgegenstandes herangezogen werden. Zum Abschluss wird Giddens Theorie im Hinblick auf ihre Erklärungsleistung kritisch gewürdigt.

KAPITEL 3 umfasst die Einbindung zentraler organisationsethischer Konzepte und Begriffe kleinerer Reichweite in diesen sozialtheoretischen Bezugsrahmen. In den Kapiteln 2 und 3 werden das Begriffssystem der Untersuchung ausgearbeitet.

KAPITEL 4 ist der systematischen Rekonstruktion des empirischen und theoretischen Forschungsstandes gewidmet. Zunächst erfolgt eine systematische Aufbereitung und Einordnung in bestehende Rekonstruktionen. Anschließend werden einzelne Befunde diskutiert und sukzessive in ein Fazit mit Handlungsempfehlungen überführt, die die nähere Ausrichtung der Forschungsarbeit erklären.

KAPITEL 5 knüpft an diese Handlungsempfehlungen an. Aufbauend auf dem sozialtheoretischen und organisationsethischen Bezugsrahmen werden die zentralen Kategorien des empirischen Analysemodells der Fallstudie erläutert.

KAPITEL 6 führt schrittweise durch alle Parameter und Entscheidungen für die Wahl der Designform und empirischen Methode. Um dem Transparenzbedarf einer Industriepromotion gerecht zu werden, ist es im Vergleich zu vielen anderen Forschungsarbeiten eher ausführlich und detailliert gehalten.

KAPITEL 7, 8, 9, und 10 führen entlang der im Analysemodell vordefinierten Kategorien dann durch die empirischen Befunde der Fallstudie. Erst werden die zentralen Ergebnisse der jeweiligen Kategorien qualitativ diskutiert. Anschließend werden diese in kompakten Zusammenfassungen verallgemeinert. Die Diskussion beginnt mit der Meso-Analyse und führt von der Mikro- über die Makro- hin zur Meta-Analyse der Ergebnisse von n = 33 externen Stakeholder-Interviews. Diese Meta-Analyse ist als Ergänzung der Mikro-Meso-Makro-Analyse um thematische Spezifika aus dem Bereich Kommunikation und Verantwortung zu verstehen, die vor allem dem kritischen Ereignis der „Dieselkrise" geschuldet ist.

KAPITEL 11 beinhaltet das Schlusswort der Arbeit. Weil die empirischen Befunde bereits in den jeweiligen Teilkapiteln zusammengefasst wurden, fokussiert sich die Conclusio auf die theoretische Synthese und beschreibt zudem Desiderata des Projektes für weiterführende Forschungsarbeiten. Erarbeitet wird eine hybride Konzeption aus einer strategischen und befähigungsorientierten Konzeption des Kommunikationsmanagements als eine wohlfahrtsorientierte Variante. Die Konzeption soll einen Beitrag zur Theoriediskussion mittlerer Reichweite leisten und rundet die stark empirisch ausgerichtete Forschungsarbeit konzeptionell ab.

Sozialtheoretischer Bezugsrahmen

2

2.1 Strukturationstheorie – allgemeine Einführung

2.1.1 Hintergrund und zentrale Begriffe

Die Theorie der Strukturation (auch Strukturationstheorie, Theorie der Strukturierung) zählt zu den soziologischen Grundlagentheorien. Entwickelt wurde sie vom britischen Soziologen Anthony Giddens zu Beginn der 1980er-Jahre. Giddens hat breit publiziert (Giddens, 1971, 1973, 1976, 1977, 1979, 1981, 1982, 1985, 1987, 1991a, 1993, 1995, 1996, 2001, 2002, 2009). Es gelang ihm jedoch seine Theorie in einem Hauptwerk (The Constitution of Society, 1984) zusammenzuführen (dt. Übersetzung 1988; Reviews u. a. 1990, 1991b). Zu Giddens existiert überwiegend englischsprachige (Held & Thompson, 1989; Cohen, 1989; Bryant & Jary, 1991; Kaspersen, 2000; Stones, 2005), jedoch auch deutsche Sekundärliteratur (z. B. Kießling, 1988a/b; Schönbauer, 1994; Ortmann, 1995; Walgenbach, 1999; 2006; Lamla, 2003).[1] Ausgangspunkt der Theorie ist eine fundamentale Kritik an bestehenden Sozialtheorien, deren Erklärungsgehalt Giddens im Hinblick auf die zentrale *Leitdifferenz von Handlung (Agency) und Struktur (Structure)* bezweifelt. In dieser Frage der Betrachtungsebene des Sozialen sieht er

---

[1] Im Folgenden wird die Structuration Theory primärquellenorientiert aufbereitet und in erster Linie mit Originalzitaten gearbeitet. Ergänzend zum Hauptwerk wird auf die Sekundärliteratur von Giddens Schüler Ira J. Cohen (1989) zurückgegriffen. Überdies werden kommunikationswissenschaftliche Arbeiten herangezogen, darunter die Anwendung seiner Theorie auf Organisationskommunikation (Weder, 2008; 2010) und Werke zur strukturationstheoretischen Perspektive auf PR, Journalismus, Verantwortungskommunikation (Röttger, 2000; Zühlsdorf, 2002; Wyss, 2004; Röttger, 2004, 2005; Jarren & Röttger, 2009; Röttger, 2009; Klare, 2010; Bracker, 2017b; Bachmann, 2017).

© Der/die Autor(en), exklusiv lizenziert durch Springer Fachmedien Wiesbaden GmbH, ein Teil von Springer Nature 2021
T. Lang, *Stakeholder Engagement Analyse*, AutoUni – Schriftenreihe 153,
https://doi.org/10.1007/978-3-658-33987-6_2

seit den Anfängen der Soziologie einen Paradigmenstreit. In der einen Lagerhälfte befinden sich objektivistische Theorien (z. B. Strukturalismus, Funktionalismus, Systemtheorie), in deren Ontologie das Objekt (System) über Subjekte (Handelnde) herrscht. Diese Theorien sind zumeist abstrakt, akteurslos konzipiert, liefern mechanistische Erklärungen und verzichten auf Erläuterung des Zusammenspiels von Mikro- (Individuum) und Makroebene (Gesellschaft). Gesellschaft wird hier als ein Ordnungszusammenhang begriffen, bei dem das Ganze als strukturelle Totalität eine integrierende Kraft über die Reproduktion seiner Teile hat und bewusstes Handeln der Subjekte kaum einen Beitrag zur gesellschaftlichen Reproduktion leistet (Stichwort ‚handlungsdeterminierende Struktur'). In der anderen Lagerhälfte befinden sich subjektivistische Theorien (z. B. Hermeneutik, symbolischer Interaktionismus), die die Klugheit der Handelnden betonen und Sinn- und Bedeutungskonstruktionen deutend verstehen. Ihr Untersuchungsgegenstand sind Interaktionssituationen und subjektive Konstruktionen sozialer Wirklichkeit, soziale Handlungsfolgen und Effekte, mit denen Gesellschaft ohne Rückbezug auf objektive Strukturen entsteht (Stichwort ‚handlungsabhängige Struktur') (vgl. Lamla, 2003, S. 35 ff.). Giddens Theorie will dazu beitragen, diese Dichotomie zu überwinden, indem gesellschaftliche Strukturen auf die (Re-) Produktion individueller Handlungen rückbezogen werden. Er wirbt mit dem Versprechen

„die Theorie der Strukturierung rekonzeptualisiert einige für andere sozialtheoretische Schulen grundlegende Dualismen oder Gegensätze als Dualitäten. Insbesondere ersetzt sie den Dualismus von ‚Individuum' und ‚Gesellschaft' durch die Dualität von Handlung und Struktur" (1997, S. 215)

für eine Überwindung der „konzeptionelle(n) Lücke zwischen dem Subjekt und dem sozialen Objekt" (ebd., S. 34). Durch Giddens Betonung des wechselseitigen, untrennbaren und dynamischen Zusammenspiels strukturbildender Handlungen und handlungsleitender Strukturen versucht er die Entstehung, Verfestigung und Veränderung gesellschaftlicher Strukturen auf Basis mikrosozialer Handlungsfolgen zu erklären. Der epistemologische Fokus der Theorie ist dem Prozess der Entstehung der sozialen Ordnung, der raumzeitlichen Ausdehnung sozialer Praxis gewidmet. Dieser Kreislauf, genannt Strukturation, ist aus kommunikationswissenschaftlicher Sicht nichts anderes, als das dynamische Zusammenspiel kommunikativer Handlungen und gesellschaftlicher Strukturen. Im Fokus steht die Frage, wie soziale Ordnung durch Kommunikation entsteht und welche Rolle die Kommunikation dabei spielt (Altmeppen et al., 2015; Schultz, 2015). Um es mit

Gerhard Vowe prägnant zu sagen: „ob man nun sein Augenmerk eher darauf richtet, wie die Strukturen die Handlungen prägen, oder darauf, wie die Handlungen die Strukturen prägen: die Kommunikation ist der Schlüssel!" (2015, S. 60).

Für Giddens sind *soziale Praktiken (Social Practices)* der Kern des Sozialen. Er versteht darunter regelhafte, raumzeitlich stabile "skillful procedures, methods or techniques, appropriately performed by social agents" (Cohen, 1989, S. 26). Eine Regelhaftigkeit alleine reicht jedoch nicht aus. Entscheidend ist die Stabilität und Übertragbarkeit sozialer Muster in andere Kontexte. Cohen erläutert:

"To speak of praxis as the constitution for social life entails a concern not only for the manner in which conduct, consequences, and relations are generated but also for the conditions which shape and facilitate these processes and outcomes, conditions which are essential to the production of social life, but which also are sustained only in so far as the production of social life continues to occur" (1989, S. 12).

Interessant ist der Begriff, weil er die versprochene Vermittlung zwischen Subjekt und Objekt verdeutlicht. "Structuration theory's emphasis upon praxis involves a ,decentering' of the subject in favor of a concern for the nature and consequences of the activities in which social actors engage during their participation in day-to-day life", bemerkt Cohen (ebd., S. 11). In dieser Arbeit werden das Stakeholder Management und Engagement als soziale Praktiken im Kontext von Unternehmen und deren (gesellschaftlichen) Umfelds verstanden.

Soziale Systeme (Social Systems) sind für Giddens "the patterning of social relations across time, space, understood as reproduced practices" (1984, S. 377). Cohen schreibt von "an interconnected or articulated series of institutionalized modes of interaction reproduced in spatially distinct social settings over a determinate period of history" (1989, S. 87). Giddens bezeichnet Systeme als geordnete, regelmäßig wiederkehrende und raumzeitlich verfestigte Handlung-Struktur-Abfolgen, deren Systemhaftigkeit sehr unterschiedlich sein kann. Er formuliert einen breiten Systembegriff, dessen Alleinstellungsmerkmal gegenüber der Systemtheorie ein ganz ausdrücklicher Akteurbezug ist. Beispiele sind eine Stadt, ein Unternehmen, oder das Geflecht der Nationalstaaten. Der Unterschied zum Begriff der Institution besteht nach Lamla (2003, S. 61) in der Betrachtungsweise, der Vogelperspektive auf raumzeitliche Aspekte komplexer Systeme (z. B. Staaten). Das System ist das übergeordnete soziale Ganze. Giddens nimmt ferner an, dass Systeme Handlungskorridore formen, den Akteuren zugleich aber auch Raum lassen, innerhalb dieser Korridore mit Freiheitsgraden zu agieren. Cohen argumentiert:

"Agents produce the organization of systems, but systems do not reproduce the organization of agents nor do they activate the practices in which agents engage. (…) Systems (...) not only lack capabilities of agency, they also lack the prerequisites to actively imbue agents with intentions regarding system needs" (ebd., S. 123).

Von Strukturen grenzt Giddens Systeme wie folgt ab: Systeme sind keine Struktur, sondern verfügen über Strukturprinzipien, die ihre (Re-) Produktion beeinflussen. Systeme können außerdem aus diversen (Sub-)Systemen bestehen. Ihre Grenzen sind somit fließend und raumzeitlich nicht genau definierbar. Als ein Typus dieser sozialen Systeme ist die *Gesellschaft (Society)* das Produkt raumzeitlich verfestigter und in Institutionen rekursiv eingelagerter Praktiken:

"All societies both are social systems and at the same time are constituted by the intersection of multiple social systems (...). 'Societies' then, in sum, are social systems which 'stand out' in basic-relief from a background of other systemic relationships in which they are embedded. They stand out because definitive structural principles serve to produce a specific overall 'clustering of institutions' across time and space" (Giddens, 1984, S. 164).

Lamla versteht Gesellschaften als „Figuration(en) von sozialen Interdependenzen, die sich durch ihre verdichtete und gesteigerte Systemhaftigkeit (systemness) aus dem Kontinuum weiterer Beziehungen herausheben und die Gestalt eines zusammenhängenden institutionellen Arrangements zu erkennen geben" (2003, S. 67 f.). Giddens selbst unterscheidet drei Gesellschaftstypen: Stammesgesellschaften und kleinere, schriftlose Kulturen, klassengegliederte Gesellschaften sowie moderne Nationalstaaten (vgl. Giddens, 1984, S. 163 ff.). Letztere zeichnen sich durch ihre raumzeitliche Ausweitung, interdependente Wechselbeziehungen und die Schlüsselinstitutionen Kapitalismus und Nationalstaatlichkeit aus. Die spätmoderne Gesellschaft ist eine weitere Evolutionsstufe des Nationalstaates und in dieser Arbeit der sozial-systemische Kontext der kommunikativen (sozialen) Praxis Stakeholder Management (vgl. Lamla, 2003, S. 64 ff.).

Giddens argumentiert: "every act which contributes to the reproduction of a structure is also an act of production, a novel enterprise, and as such may initiate change by altering that structure at the same time as it reproduces it" (1976, S. 128). Mit der *Metapher der (Re-)Produktion (Production & Reproduction)* möchte er zum einen den Kreislaufcharakter sozialer Praxis betonen. Zum anderen möchte er herausstellen, dass Gesellschaftsbildung nicht aus isolierten, sondern gebündelten und routinierten Handlungsfolgen besteht. Er stützt sich hier auf eine Aussage von Karl Marx, wonach menschliches Leben stets Produktion und Reproduktion von Geschichte sei (vgl. Lamla, 2003, S. 44). Cohen erläutert diesbezüglich:

"No single act of social reproduction is sufficient in itself to reconstitute structural properties. But the continual repetition and recognition of familiar modes of conduct by numerous members of a social collectivity or group embeds an awareness of these practices deep within their tacit memories of the familiar features of social praxis in the circumstances of their daily lives" (1989, S. 46).

Diese Wiederholungen, der Strom an Handlungsfolgen und die (Re-)Produktionen der damit verbundenen gesellschaftlichen Strukturen als Habitualisierung sozialer Praktiken ist es, die zur Bildung von Institutionen und letztlich einer (Re-) Produktion von Gesellschaft(en) führt. Der Gedanke der *Routinehandlung* hat in Giddens Theorie großes Gewicht und wird an späterer Stelle erneut aufgegriffen. *Institutionen (Institutions)* begreift Giddens (1984, S. 17) als routinierte soziale Praktiken von Kollektiven mit einer stabilen raumzeitlichen Ausdehnung. „Während Struktur und Strukturen veränderlich sind und einen permanenten Wandel unterliegen, sind Institutionen im Sinne von tieferliegenden, historisch überdauernden Strukturen, von einzelnen Akteuren und Akteurskonstellationen nur bedingt gestaltbar", schreibt Ulrike Röttger (2000, S. 146). Institutionen sind somit ein integraler Teil der Gesellschaft. Ihre Funktion sieht Giddens darin, zwischen der Handlungs- und Strukturebene zu vermitteln. Institutionen stellen Handelnden Regeln der Signifikation (S) und Legitimation (L) bereit und bedingen die Herrschaft über Ressourcen (H). Abhängig vom Zusammenspiel der drei Elemente unterscheidet Giddens vier Typen: a) symbolische Institutionen (Diskursordnungen: z. B. Sprache; S-H-L), b) politische Institutionen (Herrschaftsordnung: z. B. Staaten; H-autoritativ-S-L), c) ökonomische Institutionen (Wirtschaftsordnung; z. B. Kapitalismus; H-allokativ-S-L) und d) rechtliche Institutionen (Gesetze & moralische Maximen; z. B. Justiz; L-H-S) (Giddens, 1984, S. 28 ff.).

Raum und Zeit (Time & Space) sind quasi Kontextfaktoren dieser (Re-)produktion. Giddens spricht von der raumzeitlichen Bedingtheit (time-space-constitution), den Raum-Zeit-Wegen von Alltagshandlungen (tempospatial dimension of social patterns) und dem kontinuierlichen Strom sozialen Verhaltens (flow of conduct). Die Zeit begreift Giddens als subjektiv empfundenes Phänomen menschlichen Verhaltens. Er unterscheidet drei Zeitformen (1984, S. 110 ff.), bei deren Konzeption er sich an Foucault, Goffmann und der Zeitgeographie Hägerstrands orientiert: Erstens die *Durèe täglichen Lebens (Durèe of day-to-day Experience)*. Sie beschreibt die Kurzlebigkeit alltäglicher

Erfahrungen in Tagen und Jahreszeiten und ist reversible Zeit, weil sie sich durch die von Handelnden wahrnehmbare Wiederholung konstituiert. Zweitens die *Lebenspanne des Individuums (Lifespan of the Individual)*. Sie liefert aufgrund der größeren raumzeitlichen Ausdehnung auch Erklärungen für die (Re-)Produktion von Systemen und ist irreversible Zeit, weil sie nur über Generationen und nicht unmittelbar von Individuen selbst erfahrbar ist. Drittens die *Longue durèe der Institutionen (Longue durèe of Institutions)*. Sie hat die mit Abstand größte Ausdehnung und liefert Erklärungen für den Wandel von Institutionen. Als reversible Zeit ist sie im Lebenszyklus von Subjekten aber unmittelbar erfahrbar (z. B. der Zerfall eines Militär-Regimes). Bei der Konzeption von Räumlichkeiten operiert Giddens hingegen mit dem Begriff *Locales*. *Orte* sind soziale Objekte, die die Bewegungsspielräume und Kommunikationsmittel des Subjektes, d. h. Eigenschaften die die der Handelnden physisch umgebenden (Um-)Welten definieren. Sie sind regionalisiert, haben unterschiedliche Größenordnungen (z. B. Zimmer, Haus, Stadt, Land) und definieren sich nicht nur über materielle Aspekte (z. B. auch Symbolik) (Giddens, 1997, S. 170 ff.). Die Konzepte Locales und Zeit werden später im Hinblick auf raumzeitliche Aspekte von Stakeholderkommunikation bei der empirischen Fallstudie erneut aufgegriffen.

2.1.2 „Dualität und Rekursivität von Handlung und Struktur"

Den Nucleus der Strukturationstheorie bilden die Konzepte Agency (Handlung), Structure (Struktur) und Structuration (Strukturation, Strukturierung). Sie erklären die Entstehung und Veränderung sozialer Systeme als raumzeitliche (Re-)Produktion sozialer Praktiken (Schimank, 2010). Julia Klare erklärt:

> „Handlungen und Strukturen stehen einem strukturationstheoretischen Verständnis nach in einem wechselseitigen Verhältnis zueinander und bedingen sich gegenseitig. (Durch menschliches Handeln entstandene) Strukturen eröffnen und begrenzen Handlungsspielräume für (weitere) soziale Handlungen. Sie sind dabei nicht deterministisch, sondern erlauben Individuen abweichendes Handeln, durch welches vorhandene Strukturen modifiziert werden können" (2010, S. 326).

Die *Strukturation (Structuration)* ist Giddens Kernbegriff für die fortlaufende (Re-)Produktion, das „ständige ‚Werden' sozialer Systeme" (Weder, 2008, S. 347). Er spricht von "the structuring of social relations across time and space, in virtue of the duality of structure" (1984, S. 376) und wird nicht müde, die Kontinuität dieses Geschehens hervorzuheben. Julia Klare fasst prägnant zusammen:

„Indem Individuen auf sie Bezug nehmen, rekonstruieren sie Strukturmomente und tragen gleichzeitig zu ihrer Reproduktion bei. (...) So handelt es sich bei Struktur nicht um einen stabilen Zustand, sondern um einen fortlaufenden Prozess der Produktion und Reproduktion. Die Strukturmodalitäten vermitteln zwischen den drei Strukturdimensionen Signifikation, Legitimation und (...) Herrschaft, denen die Handlungsdimensionen Kommunikation, Sanktion und Macht gegenüberstehen" (2010, S. 99).

Um zu erklären, wie in diesen Strukturationsprozessen Handlungen auf Strukturen wirken, verwendet Giddens drei weitere Schlüsselbegriffe:

1) Dualität (Duality): Dieser Begriff tritt zweifach in Erscheinung. Einerseits als *Dualität von Handlung (Subjekt) und Struktur (Objekt).* Gemeint ist in dem Fall die Gleichursprünglichkeit von Struktur und Handlung, d. h. „Strukturen existieren nicht außerhalb der Handelnden, sondern im strukturierten Handeln der Akteure selbst" (Klare, 2010, S. 92). Außerdem als *Dualität der Struktur.* Giddens spricht von einem dualen Charakter der Struktur als Medium und Produkt sozialer Praxis: "structure is both medium and outcome of the reproduction of practices. Structure enters simultaneously into the constitution of the agent and social practices, and 'exists' in the generating moments of this constitution" (1979, S. 5). Als Produkte (Resultate) beinhalten Strukturen die (vergangenheitsorientiert) (re-)produzierten Regeln und Ressourcen. Als Medium beinhalten sie die (zukunftsorientierte) (Re-)Produktion derselbigen durch das gegenwärtige Handeln.

2) Rekursivität von Handlung und Struktur (Recursiveness of Agency & Structure): "In and through their activities agents reproduce the constitutions that make these activities possible", behauptet Giddens (1984, S. 2). In seiner Theorie sind die Handlungs- und Strukturebene des Sozialen raumzeitlich wiederkehrend und wechselseitig aufeinander rückbezogen. "Structural properties are recursively implicated in concrete modes of praxis as both the conditions agents require in order to reproduce institutionalized conduct, and as the reproduced outcomes of that conduct", argumentiert Cohen (1989, S. 241).

3) Möglich wird Rekursivität durch *Reflexivität (Reflexivity; auch Reflexive Monitoring of Action),* verstanden als das bewusste und reflektierte Handeln sozialer Akteure. Giddens unterstellt Subjekten die Fähigkeit und den Willen zur ständigen Selbstbeobachtung, Beobachtung der Anderen und ihrer sozialen und physischen Handlungskontexte, die Verhaltensänderungen nach sich zieht, die auf Strukturen zurückwirkt und diese verändern kann (aber nicht muss) (vgl. Abb. 2.1).

Giddens unterscheidet zudem eine *syntagmatische Dimension der Strukturierung,* die soziale Beziehungen in deren raumzeitlichen Ausdehnung als (Re-)

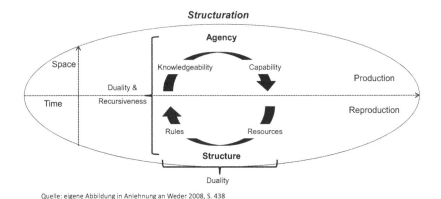

Quelle: eigene Abbildung in Anlehnung an Weder 2008, S. 438

Abbildung 2.1 Raumzeitliche (Re-)Produktion sozialer Praxis

Produktion sozialer Praktiken betrifft, von einer *paradigmatischen Dimension der Strukturierung,* die Strukturmodi als virtuelle Ordnung umfasst, in die diese (Re-)Produktion rekursiv eingreifen (Giddens 1997, S. 67 ff.). Dementsprechend empfiehlt er für die Analyse von Strukturationsprozessen (Structuration Analysis) eine duale Methode: Einerseits sollen anhand einer *Strukturanalyse* gesellschaftliche Muster exploriert werden (institutional analysis: "social analysis which places in suspension the skills and awareness of actors, treating institutions as chronically reproduced rules and resources" (1984, S. 375)). Anderseits sollen anhand einer *Verhaltensanalyse* überindividuelle Muster in Handlungsfolgen entdeckt und Strukturaspekten zugeordnet werden (analysis of strategic conduct: "social analysis which places in suspension institutions as socially reproduced, concentrating upon how actors reflexively monitor what they do; how actors draw upon rules and resources in the constitution of interaction" (ebd., S. 373). Manch Autor unterstellt Giddens eine Präferenz für die „theoretisch gehaltvollere Strukturanalyse" (Klare, 2010, S. 132), die er selbst so allerdings nicht artikuliert. Im Gegenteil: Er macht darauf aufmerksam, dass es einfacher ist Handlungen als Strukturen zu rekonstruieren, da Handlungen Subjekten eher bewusst sind und Strukturen über das diskursive Bewusstsein nur fragmentarisch rekonstruiert werden können. In empirischer Hinsicht wirbt er für Querschnittsanalysen und qualitative Designs, die analytisch auf Handlungsfolgen aufsetzen, weil sich seiner Ansicht nach soziale Systeme ohnehin immer nur als Momentaufnahmen beschreiben lassen. Als Erhebungsmethodik bevorzugt er die Befragung, weil mit dieser jene Erinnerungsfragmente diskursiv bewusst gemacht werden können (Giddens, 1984,

S. 281 ff.). Da Strukturen aus kognitiven (Reflexionsfähigkeit der Subjekte) und forschungspraktischen Gründen (Befragung als Selbstauskunft) immer nur teilvollständig rekonstruiert werden können, wird im Folgenden bevorzugt von *Strukturfragmenten* gesprochen.

2.2 Regeln und Ressourcen als Konzepte der Makro-Ebene

2.2.1 Strukturkonzeption der Theorie der Strukturation

Die Makro-Ebene umfasst die Gesellschaft bzw. ihre Teilbereiche (z. B. Institutionen). *Struktur (Structure)* definiert Giddens als "rules and resources, recursively implicated in the reproduction of social systems. Structure exists only as memory traces, the organic basis of human knowledgeability, and as instantiated in action" (1984, S. 377). Strukturen sind gegenüber situativen Aktivitäten der Handelnden durch die prinzipielle Abwesenheit von Subjektivität und einen raumzeitlichen Reifegrad gekennzeichnet, der sich der Kontrolle von sozialen Akteuren entzieht. Notwendig sind sie nach Auffassung von Cohen, "for in their absence systems would not and could not be maintained. Instead, social life would consist of an inconstant flux of events: an unpatterned and disorganized chaos in which social life in any recognizable form could not occur" (1989, S. 200 f.). Hartmann (2016) vertritt die Ansicht, dass Strukturen Akteure überhaupt erst zum Handeln befähigen. Sie ermöglichen das soziale Zusammenleben, indem sie eine intersubjektive Orientierung durch Bereitstellung gemeinsamer Objekte, Werte, Symbole und Kooperationsformen schaffen, wodurch Handlungen interpretierbar und anschlussfähig werden. Lamla (2003) erklärt, dass Strukturen Werkzeugcharakter haben, weil sie Handlungen nicht mechanistisch vorprogrammieren, sondern unterschiedliche Verwendungsmöglichkeiten zulassen und so die Ausbildung autonomer Subjektivität erzwingen. Struktur ist für Giddens somit kein Gegenbegriff zu, sondern ein Komplementär des Handelns. Innerhalb der Struktur unterscheidet er „mit abnehmendem Abstraktionsgrad" und „ohne trennscharfe Linie" drei Komponenten: *a) Strukturprinzipien* als die umfassendste Ebene der Konfiguration von Gesellschaften. Sie sind aufgrund ihrer raumzeitlichen Ausdehnung enorm stabil und verändern sich kaum; *b) Strukturen* als Regel-Ressourcen-Komplexe und *c) Strukturmomente* als „institutionalisierte Aspekte sozialer Systeme, die sich über Raum und Zeit hinweg erstrecken" (Giddens, 1997, S. 240). Jede soziologische Analyse, so Giddens, soll auf die Ermittlung von Strukturprinzipien abzielen, vermag dies jedoch aus Abstraktionsgründen kaum, weshalb der Fokus auf die Dekonstruktion von Strukturen und Exploration von

Regeln und Ressourcen gelegt werden sollte (Giddens, 1997, S. 240 ff.). Aus diesem Grund werden im Folgenden auch *Regeln und Ressourcen als Gedächtnisfragmente (memory traces)* in den Fokus gerückt. Der Strukturbegriff von Giddens ist jedoch vielschichtig. Deshalb ist es nötig, zwei weitere Attribute dieses Schlüsselkonzeptes zu erläutern:

– *Virtualität (Virtuality)* der Struktur: Giddens argumentiert,

> „Damit Strukturen praktisch wirklich werden können, müssen sie durch das Nadelöhr des Bewusstseins oder der Wahrnehmung der handelnden Individuen hindurch. Die Strukturen gewinnen zunächst Existenz in der Form von Elementen des Alltagswissens der Subjekte. In dieser Form entfalten sie handlungsorientierende Potenz, steuern und strukturieren sie das Handeln, um als dieses Handeln selbst zuallererst Wirklichkeit in Raum und Zeit zu gewinnen" (Kießling, 1988a, S. 290 f.).

Virtuell sind Strukturen, weil sie keine eigene materielle Existenz haben. Sie manifestieren sich in Handlungen. Frommann liefert hierzu eine einfache Erklärung:

> „Existenz erlangt sie [Struktur] in ihrer Verwirklichung (Instantiation), in ihrer jeweils situierten Inanspruchnahme bzw. Verwirklichung durch Handelnde im Rahmen sozialer Praktiken sowie in den Erinnerungsspuren im (Regel-)Gedächtnis der Akteure. (...). [Verdeutlicht am Beispiel der Sprache] Die Grammatik (Struktur) erhält erst im Sprechen (Handlung) der Sprache reale Existenz. Wird nicht gesprochen, existiert die Grammatik (Struktur) aber weiter, eben virtuell" (2014, S. 63 f.).

Strukturen haben somit keinerlei Handlungs-, sondern nur Orientierungsqualität. Sie steuern, koordinieren und kontrollieren soziale Systeme nicht, sondern werden über Handlungen stets aufs Neue in Erinnerung gerufen (Cohen, 1989, S. 197 ff.).

– *Dualität & Rekursivität (Duality & Recursiveness)* der Struktur: Strukturen und Handlungen sind rekursiv verknüpft. Franziska Weder erläutert hierzu:

> „Wichtig ist, dass der Begriff der Rekursivität immer Replikation und Veränderung meinen kann. ‚Repliziert wird die Struktur, wenn sich die Akteure strukturkonform verhalten, aber nur dann. Denn Rekursivität bedeutet nicht Ausschaltung der prinzipiellen Kontingenz, sondern Akteure können auch der Struktur zuwiderhandeln, indem sie beispielsweise andere interpretative Schemata produzieren, wodurch sich die kognitive Ordnung eines sozialen Systems und somit dessen Struktur ändern kann' (Bergknapp, 2002, S. 137). Struktur ist demnach weder statisch noch objektiv existent, sie kann sich jederzeit verändern oder in gleicher Weise reproduziert werden, sie steht fortwährend unter der ‚Spannung des Handelns'" (2008, S. 349).

Regeln und Ressourcen sind Giddens konzeptionelle Grundlage für die Analyse von Strukturen. Beide Konzepte sind in dieser Arbeit die zentralen theoretischen Referenzpunkte für die Exploration bzw. Deskription gesellschaftlicher Strukturaspekte der Stakeholderkommunikation der Volkswagen AG. Als universelle Strukturdimensionen ermöglichen *Regeln der Signifikation, Regeln der Legitimation* und die *Herrschaft über Ressourcen* „Verbindungen zwischen Handlungen, ‚indem sie dazu beitragen, die Beschränkungen zu überwinden, die durch die zeitliche und räumliche Positionierung der Akteure gegeben sind' (Balog, 2001, S. 210 f.)", argumentiert Franziska Weder (2008, S. 350).

Regeln (Rules) sind Techniken oder verallgemeinerbare Verfahren, die in der Ausführung und (Re-)Produktion sozialer Praktikanten angewendet werden (Giddens, 1997, S. 73). Giddens spricht in Anlehnung an Ludwig Wittgensteins Sprachphilosophie vom Wissen über bzw. dem Verständnis sozialer Verfahrensweisen, das erlernt und im praktischen Bewusstsein tief verankert ist. Regeln sind also nicht nur formalisierte Regeln, sondern ein breites Spektrum an Verfahrensweisen (Beispiele: Regeln eines Schachspiels, tägliche Routinen (Aufstehen), mathematische Formeln; vgl. Giddens, 1997, S. 69 ff.). Regeln sind oft auch nur stillschweigend bewusst und werden als überindividuelle Orientierungspunkte in Handlungssituationen dynamisch operationalisiert. Giddens argumentiert:

> „Die Formel zu verstehen, heißt nicht, sie zu äußern. (...) Es bedeutet einfach, fähig zu sein, die Formel im richtigen Kontext und auf die richtige Art anzuwenden, um die Reihe fortzusetzen. Eine Formel ist ein verallgemeinerbares Verfahren – verallgemeinerbar, weil sie für eine Reihe von Kontexten und Anlässen Anwendung finden kann; ein Verfahren, weil sie die methodische Fortschreibung einer bestimmten Reihenfolge erlaubt" (1997, S. 72).

Regeln werden situativ unterschiedlich ausgelegt. Frommann verdeutlicht dies am Recht auf körperliche Unversehrtheit. Als abstrakte Norm (Struktur) wird es unter Einbezug diverser Urteilfaktoren (z. B. Schuldfähigkeit, Tatumstände) durch die Justiz in Gerichtsverfahren ausgelegt (2014, S. 59). Regeln existieren somit nur zu den Zeitpunkten ihrer Anwendung. Sie werden deutend beherrscht und sind sonst „Erinnerungsspuren im Regelgedächtnis der Handelnden" (Lamla, 2003, S. 52 f.). Umso sinniger ist es somit von Strukturfragmenten zu sprechen, weil die Erinnerungen (memory traces) an Regeln und Ressourcen vielfach unvollständig sind, da sie dynamisch und situativ erfolgen. Für Routinen des täglichen Lebens sind diese Regeln unabdingbar, weil sie die Komplexität der Welt auf ausgehandelte soziale Konventionen reduzieren, die so lange gültig sind, bis das Gewohnte hinterfragt wird, oder Normen ihre Gültigkeit verlieren. Wiederholte Anwendungssituationen sind es, die zur Institutionalisierung von Regeln führen. Giddens unterscheidet im engeren Sinn auch keine Typen, sondern zwei Aspekte von Regeln: *a) Regeln der Signifikation (Rules of Signification)* sind konstitutiver Natur. Sie sagen etwas über *den* Sinn und die Bedeutung der Handlungsgegenstände aus und erscheinen in der Form „X zählt als X" oder „X zählt als Y im Kontext C". Ihre Anwendung auf der Handlungsebene wird in erster Linie mit der *Kommunikation (Communication)* in Verbindung gebracht (Giddens, 1984, S. 17 ff.); *b) Regeln der Legitimation (Rules of Legitimation)* sind regulativer Natur. Sie sind für die Bewertung der Rechtmäßigkeit bzw. Sanktionierung sozialer Handlungen maßgeblich. Auf Basis von Referenzen (Moral, Recht) wird über die Schwere von Regelverstößen auf Basis von Verhaltenserwartungen geurteilt. Diese Regeln treten zumeist in der Form „tue X" oder „wenn Y, tue X" auf. Ihre Anwendung auf der Handlungsebene wird mit dem Begriff *Sanktion (Sanction)* in Verbindung gebracht (a. a. O.).

Für Giddens sind die *Ressourcen (Resources)* "the facilities or bases of power to which the agent has access, and which she manipulates to influence the course of interactions with others" (Cohen, 1989, S. 28). Gelingt Akteuren die Herrschaft (*Domination*) über Ressourcen, können sie in soziale Geschehnisse eingreifen, ihre Ziele verwirklichen, Regeln definieren und erwünschte Zustände herbeiführen. Frommann grenzt Ressourcen als „Vermögen (überhaupt) handeln zu können" von Regeln als „(handlungs-)praktisches Wissen und Verständnis" ab (2014, S. 57). Giddens unterscheidet zwei Typen: *a) Allokative Ressourcen (Allocative Resources)* sind "material resources involved in the generation of power, including the natural environment and physical artifacts; allocative resources derive from human dominion over nature" (Giddens, 1984, S. 373). Sie ermöglichen den Handelnden die Herrschaft über materielle Aspekte innerhalb sozialer Situationen. Dazu zählen alle materiellen Aspekte der Umwelt ("material features of the environment – raw materials, material power sources"), materielle Produktionsmittel ("means of material production/reproduction – instruments of production/technology") und produzierte Güter ("produced goods – artifacts created by the interaction of a) and b)" (ebd., S. 258); *b) Autoritative Ressourcen (Authoritative Resources)* sind "non-material resources involved in the generation of power, deriving from the capability of harnessing the activities of human beings; authoritative resources result from the dominion of some actors over others" (Giddens, 1984, S. 373). Sie fußen auf Machtasymmetrien und ermöglichen die absichtsvolle Einflussnahme auf Handlungen Anderer. Giddens nennt hier den Einfluss auf Raum und Zeit ("Temporal-spatial constitution of paths and regions"), die (Re-)Produktion des Körpers ("Organization and relation of human beings in mutual association") und die Organisation von Lebenschancen ("Constitution of chances of self-development and self-expression") (Giddens, 1984, S. 258).

Mit seinem Strukturkonzept distanziert sich Giddens deutlich vom Objektivismus, der Strukturen als einen Gegenbegriff des Handelns, als äußeren Zwang und als Einschränkung begreift. Die Besonderheiten seiner Strukturkonzeption lauten zusammengefasst: erstens versteht Giddens Struktur nicht als Skelett oder Tragebalken sozialen Handelns (wie bspw. der Funktionalismus, Strukturalismus), sondern als Medium und Produkt desselbigen. Zweitens ist Struktur kein äußerer Bezugspunkt, sondern etwas dem Subjekt ureigenes – quasi integraler Bestandteil seiner Existenz. Und drittens erweitert er das Verständnis von Strukturen als Einschränkungen (Struktur als ,Constraint'), um handlungsermöglichende Effekte (Struktur als ,Enabler'). Seiner Ansicht nach stellen Strukturen Akteuren überhaupt erst die Mittel zum Eingriff in die (Re-)Produktion sozialer Systeme bereit.

2.2.2 Sanktion, Kommunikation, Macht und Herrschaft

Die Konzepte *Sanktion* und *Kommunikation* sind mit einer dynamischen Anwendung von Regeln verbunden. Auffällig ist, dass Giddens *Macht (Power)* nicht als die Anwendung von Ressourcen, sondern Ausübung von *Herrschaft (Domination)* über Dinge und Menschen begreift. Er argumentiert:

"To be an agent is to be able to deploy (chronically, in the flow of daily life) a range of causal powers, including that of influencing those deployed by others. Action depends upon the capability of the individual to 'make a difference' to a pre-existing state of affairs or course of events. An agent ceases to be such if he or she loses the capability to 'make a difference', that is, to exercise some sort of power" (1984, S. 14).

Giddens betrachtet Regeln und Ressourcen als die Medien der Macht (vgl. Abb. 2.2). Zugleich ist Macht als Handlungsphänomen nicht durch Potentialität, sondern faktische Ausübung („Macht tun", nicht „Macht haben") gekennzeichnet. Es geht darum, dass Subjekte in ihre soziale Umwelt eingreifen, mit der Folge, dass sie einen Zustand herbeiführen, der für sie einen Unterschied macht. Den Umstand, dass Macht sowohl auf Konflikt, als auch Konsens basieren kann, bezeichnet er als *Dialektik der Herrschaft (Dialectic of Control)*. Giddens schreibt:

„Macht ist die Fähigkeit, Ergebnisse herbeizuführen; ob diese Ergebnisse mit rein partikularen Interessen verknüpft sind oder nicht, gehört nicht zum Kern ihrer Definition; (...) Das Vorhandensein von Macht setzt Herrschaftsstrukturen voraus, innerhalb derer

die in den Prozessen sozialer Reproduktion ‚sanft fließende' (und gleichsam ‚unerkannte') Macht ihre Wirkung entfaltet. Die Ausübung bzw. Androhung von Gewalt ist
deshalb nicht der typische Fall von Machtanwendung" (1997, S. 314).

REGELN		RESSOURCEN	
Signifikation	Legitimation	Allokativ	Autoritativ
Zuschreibung von Sinn	Begründung, Rechtfertigung	Herrschaft über die Dinge	Herrschaft über die Menschen
Kognitive Ordnung	Normative Ordnung	Physisches Eigentum	Macht & Herrschaft

Quelle: eigene Abbildung

Abbildung 2.2 Regeln und Ressourcen als Elemente der Strukturdimension

Mit der Prämisse, dass Domination nicht immer an Konflikt gebunden ist,
sondern vorwiegend die (neutrale) Fähigkeit darstellt, absichtsvoll Handlungsergebnisse herbeizuführen, grenzt er sich von traditionellen Machtbegriffen ab,
die bereits in der Chance innerhalb einer sozialen Beziehung den eigenen Willen
gegen Widerstand durchzusetzen, eine Machtausübung sehen (vgl. Weber, 1980,
S. 28).

2.3 Knowledgeability, Reflexivity, Capability und Accountability als Konzepte der Mikro-Ebene

2.3.1 Akteurskonzeption der Theorie der Strukturation

Die Mikro-Ebene umfasst Handlungen von Individuen und Kollektiven wie Organisationen. *Akteure (Agents)* begreift Giddens als Handelnde, die über körperliche
und raumzeitliche Existenz und reflexives Vermögen zur Steuerung der (Re-)
Produktion sozialer Systeme verfügen (Giddens, 1984, S. 5 f.). Er unterstellt
„vernunftbegabte, zweckgerichtete, intentional handelnde Subjekte, die prinzipiell

wissen [bewusst machen können], was sie tun" (Kießling, 1988a, S. 288), spricht von „kompetenten" und „handlungsmächtigen" (ebd., S. 291) Akteuren, die etwas über die Bedingungen und Folgen ihres Lebens wissen und erklären können, was sie tun und aus welchen Gründen sie es tun, während sie es tun. „Individuen sind kompetente Akteure und intelligente Beobachter ihrer sozialen Umwelt, die eine ausgesprochen aktive Rolle bei der Hervorbringung des gesellschaftlichen Zusammenhalts spielen", bekräftig Lamla (2003, S. 13 f.). Giddens referenziert dabei auf der Handlungsebene neben der schon thematisierten ‚Reflexivity' drei Eigenschaften von Akteuren, die teils mit Übersetzungsproblemen behaftet sind:

– *Knowledgeability:* Giddens argumentiert, "all human beings are knowledgeable agents. That is to say, all social actors know a great deal about the conditions and consequences of what they do in their day-to-day lives" (1984, S. 281). Diese Knowledgeability ist aber nicht ohne Weiteres ins Deutsche übertragbar. Giddens schreibt: "everything which actors know (believe) about the circumstances of their action and that of others, drawn upon in the production and reproduction of that action, including tacit as well as discursively available knowledge" (ebd., S. 375). Gemeint ist angewandtes Wissen über Handlungen und Handlungskontexte, das im praktischen Bewusstsein der Subjekte tief verankert ist. Schallnus übersetzt *Handlungswissen* als „was die Akteure über die Bedingungen ihres Handelns und das Handeln anderer wissen bzw. zu wissen glauben und auf das sie sich in ihrem Handeln beziehen" (2005, S. 66). Lamla nennt es *praktisches Regelwissen* (2003, S. 52), Klare und Röttger übersetzen mit *Einsichtsfähigkeit* als „Fähigkeit aus Erfahrungen Wissen zu generieren und für weitere Handlungen zu nutzen" (Klare, 2010, S. 94 i. A. an Röttger, 2000, S. 138), Kießling mit *Bewusstheit* (1988a, S. 291) und Frommann mit *Wissensfähigkeit* als „sowohl die Fähigkeit Wissen zu akkumulieren als es auch zu nutzen – im Sinne von Könnerschaft bzw. Kompetenz –, in sozialer Praxis also ein praktisches (Handlungs-)Wissen bzw. handlungsrelevantes Wissen" (2014, S. 34 f.). Giddens selbst unterscheidet zwei Formen: einerseits *Individual Knowledge* als subjektspezifisches Wissen, als

> „Ein eher stillschweigend hingenommenes, implizit und ausgesprochene bleibendes Wissen darüber, wie in den vielfältigen Zusammenhängen des sozialen Lebens zu verfahren sei. (…). Dem formalen Status nach handelt es sich dabei um ein ‚Regelwissen' wie es etwa Wittgenstein vorbildlich analysiert hat: In diesem Sinne bedeutet es, eine Regel zu ‚wissen', keineswegs, dass man abstrakt formulieren könnte, was ihr Inhalt ist, vielmehr ist damit gemeint, dass man ‚weiß', wie man diese Regeln in den verschiedenartigen Kontexten ‚anzuwenden' hat' (Kießling, 1988a, S. 291).

Anderseits *Mutual Knowledge* als "knowledge of 'how to go on' in forms of life, shared by lay actors and sociological observers" (Giddens, 1984, S. 375). Geteiltes Wissen ist den Akteuren nicht direkt zugänglich (vgl. praktisches Bewusstsein). Es ermöglicht den Anschluss der eigenen Handlungen, das heißt:

> „Damit wird von Giddens angesprochen, dass ein Akteur, der in einer Interaktion als kompetent wahrgenommen werden will, über dieses geteilte Wissen verfügen muss, da es wechselseitig unterstellt wird. Damit wird deutlich, dass geteiltes Wissen sich von dem individuellen Wissen gerade dadurch unterscheidet, dass es überindividuell ist. (...) Dieses Wissen lässt sich dann als ,objektiviertes Wissen' verstehen, das dem Handeln einen Rahmen bzw. Möglichkeitsraum gibt. Es hebt dann insofern die Subjektivität von Wissen auf, da es in aller Regel nicht hinterfragt wird, sondern vielmehr bei Unkenntnis und/oder Zuwiderhandlung ein Hinterfragen auslösen wird, da die Handlung dann nicht dem Erwartungshorizont des jeweils anderen entspricht. Dieses geteilte Wissen bezieht sich dabei einerseits auf ein Wissen um normative und semantische Aspekte (Regeln) sozialer Praktiken [Regelwissen] sowie anderseits auf ein Wissen um Ressourcen [Ressourcenwissen]. Auf dieses Wissen beziehen sich Akteure wechselseitig und bringen es dabei stets neu hervor" (Frommann, 2014, S. 36).

Vor diesem Hintergrund lässt sich Knowledgeability nach Ansicht des Autors am besten mit *Wissen (Knowledge) und der dazugehörigen Fähigkeit, dieses Wissen zu prozessieren (-Ability)* begreifen. Diesbezüglich sind zwei Punkte maßgeblich: Erstens ist Wissen begrenzt. Die Wahrnehmung und Informationsverarbeitungskapazitäten sind z. B. begrenzt durch Persönlichkeitsmerkmale (z. B. Reflexion, Kognition, Artikulation), raumzeitliche Faktoren (z. B. Zeithorizont), Eigenschaften des Wissens (z. B. Verfügbarkeit, Gültigkeit) und strukturelle Faktoren (z. B. Regeln, die Wissenszugriffe steuern) (Giddens, 1984, S. 90 ff.). Zweitens grenzt sich Knowledgeability von Ressourcen ab. Wissen im Sinne von Giddens Knowledgeability ist angewandtes, implizites Wissen ("knowledge (...), cannot be accumulated and stored for future use. Resources, by contrast, often can be gathered, preserved, and retrieved in various ways" (Cohen 1989, S. 154)).

– *Capability:* Giddens unterstellt Handlungssubjekten tiefgreifendes Gestaltungsvermögen, eine "capability of doing those [intentions people have in doing] things" (1984, S. 9). Sein Menschenbild ist das eines „homo creators" (Kießling, 1988a, S. 289), eines Strukturen aktiv reproduzierenden, schöpferischen Wesens. Er schreibt vom „,handlungsmächtige(n)' Subjekt, das sich ,bewusst' und ,in reflexiver' Manier mit seiner materiellen und sozialen Umwelt auseinandersetzt und in diese eingreift" (ebd., S. 291). Im Gegensatz zu der Knowledgeability ist die Capability jedoch unterbestimmt. Kießling behauptet, gemeint sei eine *praktisch wirksame Handlungspotenz bzw. -kompetenz* (1988a, S. 291), Frommann übersetzt mit *Handlungskompetenz* (2014, S. 44), Weder spricht von *Können* (2008) und Klare von der *Fähigkeit, grundsätzlich auch anders handeln, und in den Lauf der Dinge eingreifen zu können* (2010, S. 94). Cohen erläutert ausführlicher:

> "Social agency depends solely upon the capability actors maintain and exercise to 'make a difference' in the production of definitive outcomes, regardless of whether or not they intend (or are aware) that these outcomes occur. Since 'to make a difference' is to transform some aspects of a process or event, agency in structuration theory is equated with transformative capacity" (1989, S. 24)

Giddens Capability (Cap(e)-ability) ist nach Ansicht des Autors eine Art *Fähigkeit zur Selbstverwirklichung und Intervention, die Möglichkeit der Gestaltung sozialer Kontexte nach eigenen Erwartungen und Vorstellungen.* In dieser Arbeit ist sie der sozialtheoretische Anschlusspunkt für die unter Zuhilfenahme des Capability Ansatzes von A. Sen operationalisierten Stakeholder Capabilities.

– *Accountability:* Giddens Verständnis von Accountability ist eng gekoppelt an die *Responsibility.* "To be 'accountable' for one's activities is both to explicate the reasons for them and to supply the normative grounds whereby they may be 'justified'", schreibt er (1984, S. 30). Gemeint ist die *Fähigkeit von sozialen Akteuren zur Verantwortungszuschreibung/-annahme (Responsibility) und dazugehörigen Rechenschaftsablegung (Account-).* Giddens schreibt hierzu:

> "In one sense, someone who is responsible for an event can be said to be the author of that event. This is the original sense of 'responsible', which links it with causality or agency. Another meaning of responsibility is where we speak of someone being responsible if he or she acts in an ethical or accountable manner." (1999, S. 8).

2.3.2   Handlungskonzeption der Theorie der Strukturation

Giddens *Akteurskonzept (Agent)* geht in seiner Konzeption von *Handlungsvermögen (Agency)* auf. Darunter versteht Giddens die Fähigkeit, ursächlich in den Fluss der Ereignisse einzugreifen und den Lauf der Dinge beeinflussen zu können:

> "Agency concerns events of which an individual is the perpetrator, in the sense that the individual could, at any phase in a given sequence of conduct, have acted differently. Whatever happened would not have happened if that individual had not intervened. Action is a continuous process, a flow, in which the reflexive monitoring which the individual maintains is fundamental to the control of the body that actors ordinarily sustain throughout their day-to-day lives" (1984, S. 9).

Handeln ist für ihn soziales Handeln. Er setzt es mit *Interaktion* und *Intervention*
gleich. Die Kommunikation von Sinn und Bedeutung (Signifikationsregeln), die
Ausübung von Macht durch Ressourcenanwendung und Verhaltenssanktion durch
Regeln (Legitimationsregeln) sind Bestandteile dieser Handlungsebene. Vom *Verhalten* grenzt Giddens Handeln durch die Fähigkeit ab, in einer Situation anders
handeln zu können (Verhalten eher als ein unkontrollierbarer, körperlicher Reflex,
z. B. Prozess des Errötens; vgl. 1997, S. 55 ff.). Handeln ist hingegen „ein bewusstes, aktives und folgenreiches Eingreifen (oder das bewusste Unterlassen eines
Eingriffs) in die Welt (…), mit der Folge einen Prozess oder einen Zustand
zu beeinflussen, also etwas zu verändern", erläutert Klare (2010, S. 94). Zur
Spezifikation seines Handlungsbegriffes verwendet Giddens folgende Attribute:

– *Intentionalität (Intentionality):* Er schreibt "an act which its perpetrator knows,
or believes, will have a particular quality or outcome and where such knowledge is utilized by the author of the act to achieve this quality or outcome"
(1984, S. 10). Giddens kritisiert die „intentionalistische Verengung des Hand-
lungsbegriffs" (Kießling, 1988, S. 289) als Auswuchs eines hermeneutischen
Voluntarismus. Intentionalität ist für Giddens die Beschreibung der Qualität
einzelner Handlungen, nicht des Handelns per se und nicht unbedingt dessen
Ausgangspunkt, da Gründe und Motive nachträglich konstruiert werden können.
Handeln ist schlicht das Vermögen, überhaupt Handeln zu können, denn: „das
soziale Leben ist in vielen Hinsichten nicht das intentionale Produkt seiner es
konstituierenden Akteure" (Giddens, 1997, S. 401). Durch Akzentuierung dieser
objektiven Seite des Tuns grenzt er sich von interpretativen Ansätzen ab. Intentional ist eine Handlung dann, wenn ein Akteur weiß oder glaubt, dass sie eine klar
definierte Eigenschaft oder Wirkung hat und wenn er dieses Wissen benutzt, um
diese Eigenschaft oder Wirkung hervorzubringen (ebd., S. 61 ff.). Giddens dazu:
"I am the author of many things I do not intend to do, and may not want to bring
about, but none the less do. Conversely, there may be circumstances in which I
intend to achieve something, and do achieve it, although not directly through my
agency" (1984, S. 9).

– *Routinen (Routines):* Die Mehrzahl der Handlungen finden im Alltag als Routinehandlungen unbewusst und gewohnheitsmäßig statt, weil "routinized practices
are the prime expression of the duality of structure in respect of the continuity
of social life. In the enactment of routines agents sustain a sense of ontological
security" (1984, S. 282). Als vorherrschende Form der Alltagsaktivität können
Routinen jedoch durchaus rational und reflektiert erfolgen. Das Bewusstsein sei
im Routinehandeln nie abwesend, es werde lediglich entlastet, da erworbenes
Wissen über Konventionen der Alltagspraxis in ‚Fleisch und Blut' übergehe, das
heißt habitualisiert werde, behauptet Lamla (2003, S. 48 f.). *Routinization* ist

für Giddens "the habitual, taken-for-granted character of the vast bulk of the activities of day-to-day social life; the prevalence of familiar styles and forms of conduct, both supporting and supported by a sense of ontological security" (1984, S. 376). Er spricht in Anlehnung an E. Goffmans Analysen des Alltagslebens vom „Takt" des (normalen) gesellschaftlichen Alltagslebens, der durch Serialität aufrechterhalten wird und quasi den Kit der Gesellschaft darstellt (1997, S. 111 ff.).

Zur Spezifikation der den Akteuren zugänglichen Bewusstseinsebenen konzipiert Giddens ein sogen. *Stratifikationsmodell des Handelns (Stratification Model).* Für ihn sind Handlungsabfolgen mehrfach geschichtet. Sie durchlaufen drei Ebenen, sind begrenzt kontrollierbar und ergeben (un-)beabsichtigte Folgen bzw. beziehen (un-)erkannte Bedingungen mit ein. Der Handlungskreislauf findet im praktischen Bewusstsein statt, kann aber auf Nachfragen hin diskursiv bewusstgemacht werden. Sein Modell enthält fünf Bausteine (Giddens, 1997, S. 55 ff.): *a) Reflexivität (Reflexive Monitoring of Action):* Akteure überwachen und kontrollieren ständig das eigene, das fremde Handeln und die Strukturmodalitäten. Giddens spricht vom "purposive, or intentional, character of human behavior, considered within the flow of activity of the agent" (1984, S. 376); *b) Rationalisierung (Rationalization of Action):* Dieses Monitoring ist an Prozesse der Handlungsrationalisierung gebunden, verstanden als "capability competent actors have of 'keeping in touch' with the grounds of what they do, as they do it, such that if asked by others, they can supply reasons for their activities" (Giddens, 1984, S. 376). Gemeint ist keine objektive, sondern eine subjektive Angabe von *Gründen* auf Nachfrage hin. Die Rationalisierung bildet die Basis für die wechselseitigen Beurteilungen der Kompetenzen der Akteure; *c) Motivierung (Motivation of Action):* Im Gegensatz zu Gründen sind *Motive* indirekt ins Handeln eingelassen. Sie haben nur unter außergewöhnlichen Umständen (z. B. Abweichen von Routinehandlungen) direkte Auswirkungen. Der Großteil der Motivation ist unbewusst. Vor allem Alltagshandeln ist primär indirekt motiviert. Die Handlungsgründe sind jedoch diskursiv darlegbar (Giddens, 1997, S. 57); *d) Un-beabsichtigte Handlungsfolgen (Un-Intentional Consequences & Acts):* durch Handeln produzieren Akteure beabsichtigte und unbeabsichtigte Handlungsfolgen. Einerseits unterliegt ihr Handeln Verzerrungen und Fehlern. Andererseits können sie Auswirkungen ihres Handelns auf die sozialen Kontexte, in denen sie sich bewegen, teils nicht oder nur bedingt abschätzen oder kontrollieren; *e) Un-erkannte Handlungsbedingungen (Un-acknowledged Conditions of Action):* Akteure verfügen über begrenztes Wissen, Wahrnehmungs- und Verarbeitungskapazitäten. Sie können Bedingungen und Kontexte ihres Handelns deshalb nicht immer vollständig erkennen (vgl. Abb. 2.3).

Quelle: eigene Abbildung in Anlehnung an Giddens, 1984, S. 5

Abbildung 2.3 Stratifikationsmodell des Handelns

Handelnde sind reflexive Wesen, die sich selbst und ihre soziale Kontexte ständig beobachten und diese selektiven Wahrnehmungen abspeichern. Deshalb ist das Bewusstsein eine Art sensorische Aufmerksamkeit und das Gedächtnis die zeitliche Konstitution des *Bewusstseins (Consciousness)*, die Rekapitulierung vergangener Erfahrungen. Giddens Bewusstseinsmodell weist auf psychische Mechanismen der Erinnerung hin, die in Handlungen zum Tragen kommen und besteht aus drei Ebenen (Giddens, 1997, S. 99). Fundament ist das *a) grundlegende Sicherheitssystem (Basic Security System)*. Dieses beinhaltet Erinnerungsweisen, auf die Handelnde keinen direkten bzw. alltäglichen Zugriff haben und schafft ontologische Sicherheit als "confidence or trust that the natural and social worlds are as they appear to be, including the basic existential parameters of self and social identity" (Giddens, 1984, S. 375). Darüber liegt das *b) praktische Bewusstsein (Practical Consciousness)*. Dieses handlungspraktische Bewusstsein enthält das Wissen über die Umstände und Bedingungen des Handelns, welches ständig implizit angewandt wird. Giddens definiert es als "what actors know (believe) about social conditions, including especially the conditions of their own action, but cannot express discursively" (1984, S. 375). Weder erläutert:

> „Das praktische Bewusstsein beinhaltet bei Giddens alles, was die Handelnden stillschweigend darüber wissen, wie in den Kontexten des gesellschaftlichen Lebens zu verfahren ist, ohne dass sie in der Lage sein müssten, Ziele bewusst im Kopf haben. Das ‚reflexive monitoring of action' im Sinne einer routinemäßigen Überprüfung auf Vernünftigkeit findet dabei zum großen Teil auf einer Ebene praktischen Bewusstseins statt, also mit Hilfe impliziten Wissens. Routinemäßig werden die Situation und die anderen Teilnehmer der Situation eingeschätzt und die für die Situation angemessen erscheinenden Verhaltensweisen ausgewählt, durchgeführt und in ihrer Wirkung beurteilt" (2008, S. 350).

Daneben liegt das *c) diskursive Bewusstsein (Discursive Consciousness)* als ein Bewusstsein für das, "what actors are able to say, or to give verbal expression to, about social conditions, including especially the conditions of their own action; awareness which has a discursive form" (Giddens, 1984, S. 374). In dieser Sphäre findet sich explizites, kommunikativ geteiltes Handlungswissen. Es geht darum, Sachverhalte (auf systematisches Nachfragen hin) in Worte fassen zu können. Die Grenzen zwischen den Bewusstseinssphären sind fließend. Inhalte können vom praktischen in das diskursive Bewusstsein gehoben werden und umgekehrt (vgl. Abb. 2.4). Giddens erklärt: "between discursive and practical consciousness there is no bar; there are only the differences between what can be said and what is characteristically simply done" (1984, S. 7). Oft ist hier die Rede von *fähigen (skillfull)* oder *kompetenten Akteuren (competent agents).* Kompetent sind Akteure, wenn sie ihr Tun bewusst reflektieren und artikulieren, das heißt über einen hohen Grad an diskursiver Bewusstseinsfähigkeit verfügen (vgl. Klare, 2010, S. 95).

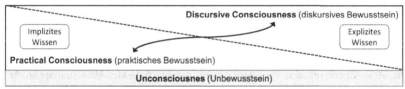

Quelle: eigene Abbildung in Anlehnung an Giddens, 1984, S. 7

Abbildung 2.4 Modell des Bewusstseins

Zusammenfassend ist Giddens *Handlungs- und Akteurskonzeption* von folgenden *Besonderheiten* gekennzeichnet: Im Vergleich zum Subjektivismus, der Handeln als Bedeutungszuschreibung begreift und dem Objektivismus, der überindividuelle Kräfte und Umstände unterstellt, die auf Akteure wirken und von denen diese als manipulierbare Subjekte geführt werden, sind Handelnde für Giddens Beitragende zu Vergesellschaftungsprozessen. Sein ontologischer Kunstgriff ist hier die *Dezentralisierung, nicht aber Dekonstruktion des handelnden Subjekts.* Er teilt mit subjektivistischen Zugängen die Betonung der Subjektivität, akzeptiert zugleich aber auch die objektivistischen Bestrebungen diese zu dezentralisieren (nicht aber zu eliminieren). Cohen schreibt: "Simply put, in structuration theory it is the 'making' of history and the production of social life, rather than the 'makers' or producers or social circumstances and events, to which ontological priority is ascribed" (1989, S. 47). Giddens *Social Agent* oszilliert zwischen Fremd- und Selbstbestimmung, Aktivität und Passivität, Bewusstsein und

Unbewusstsein, da "the conception of agency in structuration theory resists the polarities of both a thoroughgoing determinism and unqualified freedom while preserving all possibilities between these polar extremes" (Cohen, 1989, S. 26). Der Kunstgriff führt zugleich in eine Art ontologisches Dilemma, weil Giddens keine eindeutige Position in Bezug auf das Verhältnis von Handlungsfreiheit und Strukturdeterminismus bezieht. Kritiker werfen ihm hier Inkonsistenz vor. Fakt ist jedoch: die Entscheidung, keine Position zu beziehen trifft er bewusst, weil die Ambivalenz menschlicher Handlungen seiner Auffassung nach der Wirklichkeit sozialen Handelns am Nächsten kommt und nicht der Schönheit (s)einer Sozialtheorie geopfert werden darf. Diese Widersprüche sind für ihn quasi konstitutives Element sozialer Praxis. Er schreibt: „man könnte sagen, dass der conditio humana ein Antagonismus von Gegensätzen zugrunde liegt, in dem Sinne, dass das Leben in der Natur gründet, doch nicht Natur ist und ihr entgegengesetzt ist" (1997, S. 248).

2.4   Modalitäten als Konzepte der Meso-Ebene

2.4.1   Modalitätskonzeption der Theorie der Strukturation

Die Meso-Ebene umfasst vor allem organisationale Aspekte. *Modalitäten (Modalities)* sind bei Giddens analytische Bindeglieder, weil diese aktiv zwischen Handlungs- (Mikro) und Strukturebene (Makro) vermitteln:

"What I call the modalities of structuration serve to clarify the main dimension of the duality of structure in interaction, relating the knowledgeable capacities of agents to structural features. Actors draw upon the modalities of structuration in the reproduction of systems of interaction, by the same token reconstituting their structural properties" (Giddens, 1984, S. 28).

Durch den Bezug von Handlungen auf Modalitäten, die an Strukturen gekoppelt sind und von Organisationen bereitgestellt werden, entstehen Strukturprinzipien. Modalitäten sind gewissermaßen das *Prozesskonzept der Denkfigur „Dualität und Rekursivität von Handlung und Struktur"*. Klare erläutert:

„Als Bindeglied zwischen den unmittelbar miteinander verschränkten Ebenen sozialen Handelns (Struktur und Handlung) stehen *Strukturmodalitäten*: Regeln und Ressourcen. Regeln (Deutungs- und Handlungsregeln) ermöglichen sozialen Akteuren die notwendige ‚Einsichtsfähigkeit' für soziale Handlungen; (autoritative und allokative)

Ressourcen bestimmen hingegen, wie und in welchem Maße ein Akteur in den ‚Lauf der Dinge' eingreifen und somit Macht ausüben kann" (2010, S. 326 f.).

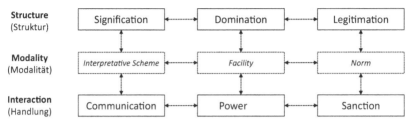

Quelle: eigene Abbildung in Anlehnung an Giddens, 1984, S. 29

Abbildung 2.5 Modalitäten der Strukturation

Über Modalitäten verbinden Akteure Handlungen mit Strukturen und (re-)produzieren diese (vgl. Abb. 2.5). Giddens unterscheidet drei Modalitäten: *a) Interpretative Scheme(s):* in ihrer Kommunikation wenden Akteure *interpretative Schemata* an, die auf Regeln der Signifikation rückbezogen sind; *b) Facility:* in ihren Handlungsfolgen beziehen sich Subjekte auf *Fazilitäten* als Machtmittel, die auf der Herrschaft der Akteure über Ressourcen (Dinge/Menschen) basieren. Er erläutert: "phenomena become resources (…) only when incorporated within processes of structuration" (Giddens 1984, S. 33). Virtuell existierende Ressourcen materialisieren sich streng genommen erst in Interaktionssituationen durch die Ausübung von sozialer Verfügungsgewalt (Herrschaft) über sie (z. B. wird eine Münze erst durch den Einsatz in einer sozialen Situation zu Geld und damit zu einem Machtmittel); *c) Norm(s):* in Handlungsfolgen finden Rechtfertigungsakte bzw. Sanktionen statt, die auf Regeln der Legitimation als *Normen* rückbezogen sind.

2.4.2 „Dialektik von Ermöglichung und Begrenzung"

Die *Dialektik von Ermöglichung und Begrenzung (Complementary of Enablement & Constraint)* ist neben der Dualität und Rekursivität von Handlung und Struktur die zweite, zentrale strukturationstheoretische Denkfigur, auf die sich

diese Arbeit bezieht. Giddens sieht im Rekurs auf Regeln und Ressourcen handlungsbeschränkende und zugleich -ermöglichende Effekte. Er argumentiert wie
folgt:

> „Viele Spielarten der strukturtheoretischen Soziologie seit Durkheim waren von der
> Vorstellung inspiriert, dass die Strukturmomente der Gesellschaft auf das Handeln
> einen einschränkenden Einfluss ausüben. Im Gegensatz zu dieser Sichtweise grün-
> det die Theorie der Strukturierung auf der Annahme, dass die Struktur infolge der
> immanenten Beziehungen zwischen Struktur und Handeln (sowie Handeln und Macht)
> sowohl ermöglichenden als auch einschränkenden Charakter besitzt" (1997, S. 222).

Als beschränkender Faktor konstituieren Strukturen Zwang und Grenzen sozialer
Handlungen. Als ermöglichender Faktor realisieren und potenzieren sie diese. Die
Wirkung ist subjektspezifisch und kontextabhängig. Sie tritt ein, sobald die Strukturmodalitäten von Handelnden wahrgenommen werden und in Handlungsfolgen
einfließen. Subjekte haben also einen gewissen Grad an Autonomie, weshalb kein
struktureller Determinismus unterstellt werden kann, denn: „Strukturen zwingen,
oder schränken mich ein nur insofern, als sie mir im wirklichen oder antizipierten
Handeln anderer Akteure praktisch gegenübertreten" (Kießling, 1988a, S. 290).
Diese Ermöglichung manifestiert sich anhand von *Verwirklichungschancen (Capabilities)* oder schlicht dem *„Können" der Akteure*. Der Zusammenhang ist jedoch
weder linear noch kausal. Strukturen können, müssen aber nicht, Auswirkungen
auf Verwirklichungschancen von Handelnden haben. Giddens bleibt, wie bereits
angedeutet, in dieser Hinsicht vage und unklar, weil er hier beides hervorhebt:
den Handlungsrahmen Struktur und den Autonomiegrad des Subjektes.

2.5   Strukturationstheoretischer Kommunikationsbegriff

Kommunikation und Information werden oft synonym verstanden, beschreiben
jedoch unterschiedliche Sachverhalte (Watzlawick et al., 1969). Kommunikation
ist mehr als nur das Zeichen, sie ist auch Prozess und Kontext von dessen Vermittlung. In der Rohform lässt sich Kommunikation technisch als ein reflexiver
Prozess beschreiben, der mindestens einen Sender (Kommunikator), Empfänger
(Rezipienten) und ein Medium (Kanal) hat, über das eine Botschaft (Nachricht)
mitgeteilt wird (Shannon & Weaver, 1949). Damit sind Funktion und materielle
Voraussetzungen jeder kommunikativen Relation benannt, nicht jedoch die komplexen Mechanismen, Charakteristika und Kontexte, unter denen sie stattfindet

(Merten, 1999, S. 55 ff.). An dieser Stelle setzen theoretische Beschreibungen von Kommunikation als Kommunikationsbegriffe an (Merten, 1977), die im Folgenden kurz strukturationstheoretisch eingeordnet und diskutiert werden. Ein insbesondere in der Kommunikationswissenschaft viel referenzierter Vertreter *objektivistischer* Theorien ist der *systemtheoretische Kommunikationsbegriff* von *Niklas Luhmann* (1981, 1987, 1992). Für objektivistische Theorien kann die Funktion von Kommunikation prägnant mit Information, Mitteilung und Verstehen umschrieben werden (Willke, 1987). Weder begründet zum Beispiel ausführlich:

> „Er [Luhmann] versteht sie [die Kommunikation] als Interaktions- und damit Beziehungsform und konzipiert seinen Kommunikationsbegriff *funktional* und zwar als dreistellige *Relation aus Information, Mitteilung und Verstehen*, konkret als Prozess des Herstellens dieser dreistelligen Relation aus einem Sachverhalt, einem Kommunikator und einem Empfänger (vgl. u.a. Luhmann, 1981, S. 314 f.). Information ist dabei der Unterschied, der einen Unterschied macht. Sobald sie informiert hat, verliert die Information ihre Qualität als Information. Ihr Sinn kann wiederholt werden, nicht aber ihr Charakter als Überraschung. Nach einer Information kann es nur andere, eine neue Information geben. Die Mitteilung ist die Komponente, durch die Informationen ins Spiel kommen, Verstehen die dritte Komponente, die Beobachtung des Unterschieds zwischen Information und Mitteilung. Aus der Differenz zwischen Information und Mitteilung wird sozusagen errechnet, was gemeint war. Kommunikation ermöglicht sich also ‚von hinten her' (vgl. Baecker, 2005, S. 83). Die alleinige Bedingung für das Zustandekommen von Kommunikation ist die, dass Kommunikation erst dann als gelungen angesehen werden kann, wenn sie wieder eine Kommunikation erzeugt (vgl. Luhmann, 1992, S. 24). Kommunikationen sind damit die unauflösbare Letzteinheit von sozialen Systemen" (2010, S. 27).

Demgegenüber steht als herausragender *Vertreter subjektivistischer Ansätze* der *handlungstheoretische Kommunikationsbegriff von Jürgen Habermas*, den dieser in der Theorie kommunikativen Handelns (TKH) elaboriert (Habermas, 1981a/b). Habermas begreift soziales Handeln als mehr oder weniger bewusste, intentionale Sprechhandlung und differenziert kommunikatives Handeln, bei dem sich Akteure konsensorientiert verständigen bzw. Handlungen herrschaftsfrei und einvernehmlich koordinieren (1981a, S. 128), vom strategischen Handeln, bei dem „der Aktor Mittel und Zwecke unter Gesichtspunkten der Maximierung von Nutzen- bzw. Nutzenerwartung wählt und kalkuliert" und „die Erwartungen von Entscheidungen mindestens eines weiteren zielgerichtet handelnden Aktors" berücksichtigt (ebd., S. 127). Innerhalb dieses handlungstheoretischen Zugangs verstehen *instrumentelle Ansätze* Kommunikation als Versuch, Situationsdeutungen im eigenen, oder im Sinne Dritter zu beeinflussen. Diese Ansicht wird

z. B. von Zerfaß (2004) vertreten, der Verständigung als sekundäres Ziel kommunikativer Handlungen versteht, das die Voraussetzung für das Primärziel der Interessendurchsetzung ist. In einem Gruppen- bzw. gesamtgesellschaftlichen Kontext zielt Kommunikation sekundär auf die Handlungs- und Interessenkoordination von Akteuren ab. Sie erfüllt tertiär die Funktion der sozialen Integration (Zerfaß, 2010, S. 208 ff.). Zerfaß dazu: „Unter Integration verstehen wir die Verknüpfung unterschiedlicher sozialer Handlungen oder Elemente zu einem gemeinsamen Handlungszusammenhang, in dem die Konfliktpotentiale von Arbeitsteilung und Ressourcenverteilung bewältigt werden" (ebd., S. 140). Das Ausmaß der Integration unterteilt er in drei Stufen: 1. gemeinsame Situationsdeutung (als Ausgangsbedingung), 2. Handlungskoordination, 3. Interessenabstimmung. *Normativ-kritische Zugänge* verweisen jedoch in der Regel auf „Verständigung als epistemisches Ziel jedweder Kommunikation und damit Regeln der Verständigung als Norm" (Karmasin et al., 2013, S. 468). Antworten auf Fragen wie „welche Ziele will man mit Kommunikation realisieren?" und „was sind die erstrebenswerten Zustände, die Kommunikation erreichen soll?" münden in Verständigung als Schlüsselbegriff gelungener Kommunikation (Bauert, 2002, S. 207). Aus diesem Grund positioniert Roland Burkhart in seinem Konzept der Verständigungsorientierten Öffentlichkeitsarbeit Verständigung auch als Primäraufgabe der Organisationskommunikation (Burkart & Probst 1991; Burkart 2012; 2013a/b). Burkart argumentiert:

> „Verständigung' kann als oberstes und prioritäres Ziel jedweder (Human-) Kommunikation begriffen werden. Mit Verständigung ist der grundlegende ‚Wert' von Kommunikation benennbar – also jener erstrebenswerte Zustand für ‚gelingende' Kommunikation, der in der Folge den Orientierungsrahmen für normative Anforderungen an den Kommunikationsprozess abgeben kann" (2013b, S. 136).

Er greift auf Habermas TKH als „zeitlose Referenz" (Horster, 2001) zurück. Deren Anspruch es ist, mit Hilfe der Universalpragmatik (syn. Formalpragmatik) grundlegende Bedingungen der menschlichen Verständigung zu identifizieren. Wer mit Sprechhandlungen an Verständigungsprozessen teilnimmt, so Habermas, weiß implizit, dass er vier universelle Ansprüche erheben muss, die von seinem Gegenüber anerkannt werden sollten: Verständlichkeit, Wahrheit, Richtigkeit und Wahrhaftigkeit. Innerhalb des Verständigungsprozesses wird so Einverständnis, nicht aber zwingend Einigkeit erzielt. Verständigung beschreibt in diesem Sinne den ungestörten Ablauf der Kommunikation. Die Verletzung der Geltungsansprüche erklärt Störungen in Gesprächssituationen (Details siehe Habermas, 1981).

Für subjektivistische Ansätze kann die Funktion von Kommunikation somit grob mit *Verständigung, Interessendurchsetzung und Integration* beschrieben werden. Zwischen den o.g. Universalisierungen stehend thematisiert Giddens die Funktion von Kommunikation im Hinblick auf seine zwei bereits erörterten Denkfiguren. In der Strukturationstheorie hilft Kommunikation Akteuren *erstens* ihr eigenes Verhalten und das Anderer zu überwachen, sowie zeitliche und physikalische Kontexte zu reflektieren (→ *Diskursives Bewusstsein/Reflexivität*). *Zweitens* wird die Kommunikation als Mittel zur kollektiven und individuellen Herstellung von *Sinn und Bedeutung im Zusammenspiel der Ebenen* gesehen (→ *Dualität und Rekursivität von Handlung und Struktur*). Kommunikation versteht Giddens als Interpretation von Signalen (→ *Regeln der Signifikation*). Er unterscheidet in Anlehnung an Habermas die perlokutive Qualität der Intention einer Botschaft (Qualität des Teils der Botschaft, der darin besteht, dass man mit seiner Äußerung eine Wirkung absichtsvoll beim Hörer entstehen lässt) von der illokutiven Qualität des Verhaltens (Die Unterscheidung der absichtsvollen Kommunikation als Akt von der konventionellen Bedeutung des Aktes als Verhalten). Zudem differenziert er Kommunikation in Foren physischer Kopräsenz (interpersonale Kommunikation als „reale Begegnung") von der Produktion bzw. Rezeption (massen-)medial vermittelter Inhalte als kulturellen Objekten („fiktive Begegnungen" von Akteuren über reichweitenstarke Medien, z. B. Journalist und Leser durch Zeitungsartikel). Alles in allem orientiert er sich dabei stark an J. Habermas. Seine perspektivische Abweichung ist die Denkfigur der *Ermöglichung und Begrenzung*, seine "emphasis on interaction as the active mutual orientation to others in a given context" (Schoeneborn & Blaschke, 2014, S. 291). In der Theorie der Strukturation sorgt Kommunikation nicht nur für Verständigung. Sie schafft auch Verwirklichungschancen oder restringierte diese, da in der diskursiven Anwendung von Regeln (und Ressourcen) handlungsermöglichende und handlungsbeschränkende Effekte über und durch Kommunikationen entstehen (Cohen, 1989, S. 242 f.). Giddens Betonung von Verwirklichung fügt der Vermittlungs- eine Gestaltungs- und Wirkungsperspektive hinzu, die Giddens Kommunikationsbegriff von den zwei differenzierten Zugängen unterscheidet (Kepplinger, 2015) (Tabelle 2.1).

Tabelle 2.1 Strukturationstheoretischer Kommunikationsbegriff

Sozialtheorie	Objektivismus & Subjektivismus	Strukturationstheorie
Ontologische Beschreibungen	Kommunikation als Trias aus „Information – Mitteilung – Verstehen". Kommunikation als „Interessendurchsetzung", „soziale Integration" und „Verständigung".	Handlung, bei der interpretative Schemata den Rückbezug auf Regeln der Signifikation ermöglichen („Verständigung" im Sinne der „Dualität und Rekursivität von Handlung und Struktur") sowie Ermöglichung und Begrenzung von Handlungsoptionen durch Kommunikation als Kern sozialen Handelns („Befähigung" im Sinne der „Dialektik von Ermöglichung und Begrenzung").
Erfolgsbegriff	Qualität der zwischenmenschlichen *Verständigung*.	Außerdem die Qualität der Handlungsermöglichung, verstanden als *Befähigung* von Akteuren zur (autonomen) Gestaltung sozialer Kontexte.

2.6   Strukturationstheoretischer Organisationsbegriff

Organisationen (Organisations) definiert Giddens unter Rückgriff auf den Soziologen Alain Touraine als "'decision-making units', utilizing certain typical forms of resources (authoritative and allocative) within discursively mobilized forms of information flow" (1984, S. 203 i. A. an Touraine, 1973, S. 293 ff.). Die Organisationen von sozialen Bewegungen und Gemeinschaften unterscheidende Haupteigenschaft ist deren Vermögen zur reflexiven Selbststeuerung der Bedingungen der Systemreproduktion (Cohen, 1989, S. 141 f.). Ob Organisationen als Handelnde, oder Strukturen betrachtet werden können, ist umstritten (Kieser & Walgenbach, 2007). Einer strengen Auslegung der Strukturationstheorie nach zur Folge sind nur Individuen aufgrund von körperlicher Existenz bewusstseins- und handlungsfähig (Theis, 1993; Theis-Berglmair, 2003, S. 240; Bachmann, 2017, S. 65 ff.). In dieser Lesart sind nicht nur Menschen, sondern auch Organisationen zur (kollektiven) reflexiven Handlungssteuerung in der Lage. Diese Annahme fußt auf einem Giddens-Zitat, wonach Organisationen "collectivities in which the reflexive regulation of the conditions of system reproduction looms large in the continuity of day-to-day practices" (1984, S. 200) sind. Hier wird unterstellt, dass Kommunikationsabteilungen als Handlungseinheiten der Organisation für diese strategisch kommunikativ handeln (Röttger, 2005, S. 18; Klare, 2010, S. 93). Ein solches Handeln ist *Quasi-Handeln*, weil es als überindividuelles Handeln nicht mit den individuellen Handlungen der Sprecher gleichzusetzen ist (Zerfaß, 2010, S. 93 ff.). Zwar wirkt es durchaus plausibel, Organisationen als „(…) soziale Strukturen, genauer: Machtbehälter, in denen Regeln und Ressourcen so gebündelt sind, dass sie das Handeln ihrer Mitglieder – in Abhängigkeit von ihrer hierarchischen Stellung – ermöglichen und begrenzen" (Bachmann, 2017, S. 105), einzuordnen. Es scheint gleichzeitig aber unplausibel ihnen angesichts der Scharnierfunktion der Organisation Handlungsqualitäten abzusprechen.

In Giddens sozialtheoretischer Begriffswelt lassen sich *Unternehmen (Corporations) als Organisationen des sozialen Systems Wirtschaft* einordnen. Als *korporative Akteure* sind sie überindividuelle Handlungsträger, die über strategisches und kommunikatives Handlungsvermögen verfügen. Als *komplexe Akteure* sind sie zu einer Vielzahl parallel ablaufender, bisweilen widersprüchlichen Handlungen in der Lage (Schimank, 1988; 2002). Dabei gilt: „Unternehmen (…) sind keine statischen Gebilde, die man als Ganzes beobachten könnte. Was wir allerdings beobachten und nachverfolgen können, sind Prozesse und Träger von Prozessen in konkreten Situationen" (Schmidt, 2013, S. 254). Diese Feststellung ist wichtig, weil im Folgenden nicht die Stakeholderkommunikation der Gesamtorganisation, sondern die des Sprechers einer Organisationseinheit rekonstruiert wird.

Organisationen sind zur *reflexiven Selbststeuerung* in der Lage. Zentral für diese Selbstregulierung ist die Kontrolle über Informationsflüsse und damit verbundene Mechanismen der Informationsspeicherung (Giddens, 1984, S. 199 ff.). Kommunikation ist demnach der zentrale Faktor zur (Re-)Produktion und Selbststeuerung einer Organisation. Übertragen auf den Untersuchungsgegenstand bedeutet dies, dass die Organisation Unternehmen Volkswagen AG Stakeholder Management stets rekursiv in Bezug auf selbst gestaltet, d. h. die Umfeldkommunikation auf die Organisation zurückwirkt und umgekehrt (Ortmann et al., 2000). Die organisationalen Strukturen von Volkswagen haben somit starken Einfluss auf die konkrete Ausgestaltung der Stakeholderkommunikation. Inwieweit die Kommunikation mit externen Stakeholdern auf die Organisation Volkswagen zurückwirkt, ist nicht Gegenstand der empirischen Studie. Ein gewisses Detailwissen über die organisationalen Strukturen der Volkswagen AG ist jedoch hilfreich, um den Untersuchungsgegenstand besser einordnen zu können. Der Autor verweist an dieser Stelle auf die laufende Geschäftsberichterstattung und nichtfinanzielle Berichterstattung des Unternehmens. In diesen finden sich je ausführliche Beschreibungen der Aufbau- und Ablauforganisation des Konzerns. Es wird insbesondere beschrieben, welche Steuerungsrolle die Konzernfunktion Nachhaltigkeit über die Marken ausübt und wie die Governance des Unternehmens organisiert ist.

Multinationale Unternehmen (MNUs) sind ein spezifischer Unternehmenstyp. In der Literatur werden einige Bestimmungskriterien diskutiert, dazu zählen u. a. besondere Reaktionsfähigkeit, föderative Untergliederung, Hauptsitz (Zentrale) im Inland und Tochtergesellschaften (Zweigstellen) im Ausland, ausländischer Aktienbesitz und eine schnelle Umsiedlung von Mensch und Kapital (Dunning, 1993; Buckley & Casson, 1998; Cullen & Parboteeah, 2014). Eine verbreitete Klassifikation stammt von Bartlett und Ghoshal (1989). Anhand von Kompetenzprofilen und Strukturmerkmalen unterscheiden sie Multinationale, Internationale, Globale und Transnationale Unternehmen. Die Einordnung der Volkswagen AG in ihr Schema ist herausfordernd. Einerseits ist dieses Unternehmen auf Effizienz getrimmt, von einer starken hierarchischen Steuerung und Zentralisierung gekennzeichnet (Globales Unternehmen). Anderseits ist die Volkswagen AG als Mehrmarkenkonzern lose föderiert und setzt auf die flexible Reaktionsfähigkeit seiner Glieder. Gerade die Töchter AUDI AG, Porsche AG und VW Financial Services erledigen nach Ansicht des Autors ihr Geschäft weitgehend autonom. Selbiges gilt für ausländische Vertriebsgesellschaften, weshalb man Volkswagen als Multinationales Unternehmen (MNU) begreifen könnte. Wichtiger als diese Nomenklatur ist jedoch ein klares Verständnis für den analytischen Zugang. In der management-theoretischen Perspektive werden MNUs als Organisationen verstanden. Im strukturationstheoretischen Bezugsrahmen sind sie als ökonomische Institution und handelnde Organisationen eingeordnet. Auf der institutionellen Ebene geht es um ihre raumzeitlich andauernde Rolle als Repräsentant des sozialen Systems Wirtschaft. Auf der organisationalen Ebene werden hingegen Interaktionen im interorganisationalen Umfeld in den Blick genommen. Beide Blickwinkel sind keine Gegensätze, sondern ergänzen sich. Van Ruler und Kollege argumentieren: "the organizational dimension is an empirical realization of the more fundamental, societally-rooted institutional dimension" (2005, S. 13).

2.7   Kommunikative Konstitution von Organisation

Organisationen leisten einen Beitrag zur (Re-)Produktion sozialer Systeme (Strukturation), (re-)produzieren sich durch reflexive Selbststeuerung und den Rückgriff auf Regeln und Ressourcen als Bausteine der gesellschaftlichen Struktur und Elemente von Institutionen aber auch selbst. Für diesen Prozess der Konstitution von

Organisation durch Kommunikation hat sich in den Kommunikationswissenschaften mit dem Communication-Constitutes-Organization-Paradigma (CCO) eine eigenständige Denkschule etabliert. Diese Arbeit bezieht sich mit ihren Konstrukten teilweise auf dieses CCO-Paradigma. Dabei handelt es sich um einen Strang der nordamerikanischen Organisationskommunikationsforschung (vgl. Cooren, 1999; Taylor & Van Every, 2000; Ashcraft et al., 2009; Putnam & Nicotera, 2009; Robichaud & Cooren, 2013; Geneviève et al., 2017). Rekurse auf die CCO finden sich zunehmend, auch im deutschsprachigen Raum (vgl. z. B. Taylor & Cooren, 1997; Robichaud et al., 2004; Kuhn, 2008; Cooren & Fairhurst, 2009; Putnam & Nicotera, 2010; Cooren et al., 2011; Schoeneborn & Trittin, 2013; Kuhn, & Schoeneborn, 2015). Er erscheint dem Autor an dieser Stelle erforderlich, weil die Arbeit auf einige zentrale Annahmen der Denkschule zurückgreift, die im Folgenden in der gebotenen Kürze kompakt geschildert werden.

In der deutschen Kommunikationswissenschaft erfreut sich CCO wachsender Beliebtheit (vgl. Bisel, 2010; Putnam, & Fairhurst, 2015; Geneviève et al., 2017). Kleinster gemeinsamer Nenner ist die Prämisse, dass Organisationen durch Kommunikationsprozesse ins Leben gerufen und fortlaufend aufs Neue hervorgebracht werden (Taylor, 1988; Taylor & Van Every, 2000). CCO fordert einen Wandel vom strategisch-instrumentellen Verständnis, bei dem Kommunikation als Mittel angesehen wird, um Organisationsziele zu erreichen, hin zu einem konstitutiven Kommunikationsverständnis, bei dem die Phänomene Organisation und Kommunikation in ihrem Zusammenspiel betrachtet werden (Schoeneborn & Blaschke, 2014). CCO entstand in den frühen 1990er-Jahren durch Kritiken an funktionalen und instrumentellen Ansätzen, welche Organisationen als vergegenständlichte Objekte betrachteten (sogen. "interpretative turn" bzw. "critical turn"; vgl. Taylor, 1988; Taylor & Van Every, 2000). Durch individuelles Handeln bedingte, kommunikative Merkmale von Organisation (z. B. Botschaften, Rollen, Entscheidungen) werden allerdings nicht vernachlässigt, sondern zusätzlich auf Strukturen rückbezogen (Cooren, 2006; Schoeneborn, 2010, Schoenborn & Trittin, 2013). "Communication is more than an explanandum, that is, something that ought to be explained by our models or theories, but that is also be considered an explanans, that is, something that explains how our world is, what it is, and how it functions", erklärt Cooren (2012, S. 2). Damit verbunden ist ein "potential to bridge micro-macro-gaps" (Schoeneborn & Blaschke, 2014, S. 287). Das Augenmerk ist auf „die Emergenz und Prozesshaftigkeit von Kommunikationspraktiken, die sich damit zugleich einer strategisch-instrumentellen Steuerbarkeit und Dominierung durch individuelle Akteure entziehen" (Schoenborn, 2010, S. 98) gerichtet. Diese Annahme impliziert, dass Organisationskommunikation nicht nur als Summe ihrer

Bestandteile gesehen wird, sondern als ganzheitliches Phänomen durch das dynamische Wechselspiel von Handlung und Struktur überhaupt erst entsteht (*Dualität* und *Emergenz*), d. h. Kommunikation ist eine Art "building block of organizations" (Christensen & Cornelissen, 2010, S. 57). Christensen und Kollegen erläutern:

> "What the perspective implies is that the ways organizations talk about themselves and their surroundings are not neutral undertakings, but formative activities that set up, shape, reproduce and transform organizational reality. Communication, thus, is not something an organization does once in a while (...) but is constitutive of all organizational life and sense making" (2013, S. 375).

Polyphonie hingegen meint "(...) organizations are not discursively monolithic, but pluralistic and polyphonic, involving multiple dialogical practices that occur simultaneously and sequentially" (Humphreys & Brown, 2002, S. 422). Das funktionalistische Ideal integrierter, zentral steuerbarer Kommunikation von Unternehmen (Maximen sind u. a. Genauigkeit, Kohärenz, Konsistenz, Kontrolle, Effizienz) wird durch die positive Besetzung verschiedener und parallellaufender, bisweilen schwach koordinierter „Stimmen" ersetzt (Hazen, 1993). Der Kritikpunkt lautet: "Communication practices focused exclusively on consistency, insisting on mutually coherent messages that only describe already achieved goals and ideals, not only ignore the polyphonic potential of symbolic communication, but fail to stimulate organizational and social changes" (Christensen et al., 2015, S. 16 f.). Organisationen bestehen demnach aus unzähligen Stimmen, die weder im Zeitverlauf, noch über Einheiten diszipliniert werden können. Stimmenvielfalt zuzulassen führt zu organisationaler Flexibilität und ist gerade für Phänomene wie Stakeholderkommunikation wesenstypisch (Christensen et al., 2008b).

Aufbauend auf diesem gemeinsamen Nenner haben sich historisch gesehen zwei Schulen herausgebildet (Schoeneborn & Sandhu, 2013)[2]: Einerseits die *sozialkonstruktivistische Montreal School of Organisational Communication* mit prominenten Anhängern wie J. R. Taylor, E. van Every, F. Cooren, D. Robichaud und H. Giroux. Sie ist sprachwissenschaftlich orientiert, von einer induktiven Herangehensweise und der Analyse kleiner Fallzahlen gekennzeichnet (Robichaud et al., 2004; Weick et al., 2005). Ihr Gegenstand ist die Materialität von Kommunikation, z. B. Text und Konversation (Cooren, 2004). Anderseits die vergleichsweise schwächer institutionalisierte, *strukturationstheoretische CCO* mit

---

[2]Einige Publikationen verweisen auf Luhmanns Systemtheorie als dritte Schule und ordnen sie ex-post ins Paradigma ein (Cooren et al., 2011; Schoeneborn & Blaschke, 2014).

Vertretern wie P. Zaug, R. McPhee und J. Iverson. Sie baut auf Giddens Theorie auf und beschäftigt sich mit der Dualität und Rekursivität kommunikativer Handlungen und Strukturen (McPhee & Zaug, 2000, 2009). Ihre Forschung ist von einer deduktiven Ableitung theoretischer Kategorien, mittelgroßer Fallzahlumfänge und dem Ziel der Modellentwicklung kleinerer Reichweiten gekennzeichnet. Im Fokus steht die Produktions-Metapher einer Organisation und die *Analyse der kommunikativen Konstitution von Organisation*. Dieser Prozess ist mit McPhee und Zaug zu verstehen als "pattern or array of types of interaction constitute organizations insofar as they make organizations what they are, and insofar as basic features of the organization are implicated in the system of interaction" (2000). McPhee sagt dazu in einem Interview: "organizations must be constituted by multiple definite kinds of communication in multiple times and places, but that communication generatively structures ('distanciates') the relations among times and spaces in ways that constitute the organization" (Schoeneborn & Blaschke, 2014, S. 296). Diese Arbeit rekurriert in Teilen auf wesentliche Annahmen (Dualität, Polyphonie) der strukturationstheoretischen CCO-Denkschule. Ihr liegt ein prozessuales Verständnis von Organisationen als durch den Austausch mit ihren Stakeholdern kommunikativ fortlaufend neu konstituierte Entitäten zugrunde.

2.8 Kritische Würdigung der Theorie der Strukturation

Der Rückgriff auf das CCO-Paradigma ist einer von vielen Rezeptionspunkten der Theorie der Strukturation. Die Anwendung von Giddens Ansatz im Fachgebiet der Kommunikationswissenschaften reicht über dieses Paradigma hinaus (vgl. Abschnitt 1.3). Vor diesem Hintergrund erscheint es prinzipiell notwendig, Giddens Theorie im Hinblick auf ihre Vorzüge und Herausforderungen als Abschluss des sozialtheoretischen Bezugsrahmen ausführlicher zu problematisieren.

Vom Rekurs auf die Strukturationstheorie verspricht sich die Kommunikationswissenschaft eine ganze Reihe an *Vorteilen*: Erstens, ein „neue(s) Verständnis von Organisationskommunikation auch im deutschen Sprachraum" (Weder, 2010, S. 102) durch die Verbindung von Mikro- (Handlung) und Makroaspekten (Struktur) über die Meso-Ebene (Modalität), „einen Zugang zu Organisationen, der Akteure und Strukturen noch enger zusammenführt" (ebd., a. a. O.) und somit die Grenzen handlungs- (Habermas) und systemtheoretischer Ansätze (Luhmann) überwindet. Zweitens die Integration von Einzeldiskursen über die komplementäre Dynamik zwischen Akteur und Struktur in einer (möglichst) vollständigen Theorie zur Erklärung der (Re-)Produktion von Interaktionsfolgen (Weder, 2008, S. 357 f.). Drittens ein analytisches Komplementär bzw. eine Alternative zur

Öffentlichkeitstheorie mit weniger Tiefgang, mehr Anwendungsorientierung und neuen Impulsen für die empirische Forschung (Klare, 2010). Zudem „für die Analyse von Organisationskommunikation eine bisher oft vernachlässigte, aber notwendige theoretische Grundlage" (Weder, 2010, S. 37), quasi unergründetes konzeptionelles Terrain, mit dem Forschungsarbeiten anzureichern sind. Fünftens die Kompensation der Defizite der Handlungstheorie von Habermas, darunter laut Weder erhöhte Eigenkomplexität, erschwerte empirische Überprüfbarkeit, mangelnde Detailierung des Akteurskonzepts (Mikro-Beschreibungsdefizit) und Bezüge zu übergeordneten Strukturen der Gesellschaft (ebd., S. 34 ff.). Sechstens die Kompensation von Schwachstellen der Systemtheorie von Luhmann, darunter laut Jarren und Röttger (2009) mangelnde empirische Überprüfbarkeit, die durch einen hohen Abstraktionsgrad und Aufhebung des handelnden Subjektes entsteht. Außerdem laut Klare (2010, S. 85 ff.) deren naturwissenschaftliches Grundverständnis, das die Aufmerksamkeit der Beschreibungen von PR auf gesellschaftliche Teilsysteme lenkt und versucht das Zusammenspiel derselben zu erklären.

Das zentrale *Leistungsversprechen* von Giddens Theorie kann nach Ansicht des Autors zu zwei Punkten verdichtet werden: Auf der einen Seite die *Überwindung des analytischen Ebenen-Gegensatzes*. Die Theorie der Strukturation gilt „als der derzeit wohl gelungenste Versuch, den Dualismus von Mikro- und Makrotheorie zu überwinden, mit Recht also als ein "new type of theory" (Weder, 2008, S. 347), als ein Verbindungstheorem der komplementären Dynamik zwischen Akteur, Organisation und System. Auf der anderen Seite ist es der *reichhaltige konzeptionelle Werkzeugkasten*, ein "extensive array of themes, concepts and 'positive critiques'" (Cohen, 1989, S. 5), wobei stets gilt: "explanation becomes a matter of interpreting empirical events with Giddens jargon and definitions, which, to use concepts of structuration theory, become the implicit stocks of knowledge in the discursive and practical consciousness of the social analyst" (Turner, 1986, S. 975). Diesen Vorzügen stehen jedoch auch einige *Herausforderungen und Schwachstellen* der Theorie gegenüber. Erstens bleibt ihre theoretische Reichweite unklar. Giddens bedient sich der Argumentation diverser Autoren, um eine vermittelnde Position als „kritische Beurteilung einer Vielzahl von derzeit konkurrierenden sozialtheoretischen Schulen" (Giddens, 1997, S. 50) zu entwickeln. Er liefert weniger eine kohärente Theorie, als ein Sammelsurium von Begriffen und Denkfiguren, die einen frischen Blick versprechen. Kritiker sprechen hier sogar von "second-order-concepts", aber auch "grand questions (...) [without] grand theory" (Bertilsson, 1984; Cohen, 1989). Turner bemerkt kritisch: "Because Giddens rejects the search for abstract laws, his only theoretical alternative is to develop a system of sentizing concepts. As a result, much of Giddens work is a

series of definitions of concepts that are presumably meant to denote, more ade-
quately than in current social theory (…)" (1986, S. 970). Der Giddens vielfach
unterstellte Eklektizismus ist nicht von der Hand zu weisen. Zweifelsohne gilt
aber auch:

> "More than any other contemporary theorist, Giddens is masterful at blending and
> reconciling the useful elements of very diverse schools of thought. (...) Giddens
> demonstrates persuasively the utility of reconciling very diverse intellectual traditions
> and, for this reason alone, his work is one of the most significant theoretical projects
> since mid-century" (Turner, 1986, S. 974 f.).

Zweitens mangelt es der Strukturationstheorie an inhaltlicher Schärfe. Viele Konzepte sind abstrakt oder diffus, gar nicht, mehrfach, oder schwammig definiert
und bisweilen unvollständig. Weder kritisiert zum Beispiel „die zentralen Ideen
werden durch die Diskussion problematischer Einzelheiten überlagert. Bestimmte
Begriffe bleiben sogar komplett ungeklärt" (2008, S. 357). Teilweise wird sogar
der Vorwurf der Oberflächlichkeit laut, weil Giddens Arbeiten nicht immer nach-
vollziehbar und in zentralen Punkten mehrdeutig sind (a. a. O.). Nicht zuletzt
fehlen bei ihm Kausalaussagen. Giddens formuliert keine allgemein gültigen
Gesetzmäßigkeiten, auch deshalb, weil dies seinem Verständnis von Sozialtheorie
widerspricht. Er konstruiert vielmehr deskriptive Schemata für die hermeneuti-
sche Aufgabe der Entdeckung sozialer Muster (Giddens, 1997, S. 25 ff.). Drittens
ist seine Theorie bisweilen inkonsistent. Bertilsson bemerkt: "In the discussion
of agency (…) there is a noticeable inconsistency which leads in the end to an
ambivalence as to what agency is all about" (1984, S. 348). Kaum verwunderlich
also, dass Kritiker ihm eine Überhöhung des Subjektes vorwerfen (Lamla, 2003).
Auch sind seine Werke selbst für vorgebildete Leser eine Herausforderung (Walgenbach, 2006). Thrift urteilt: "the Constitution of Society is not one of the best
written books in the history of social science. It is densely written and the course
of each of the six chapters is quite difficult to follow (…). This breadth (…) is
ultimately confusing" (1985, S. 610). Der Autor dieser Arbeit sieht in der Strukturationstheorie „ein geeignetes, ‚sensibilisierendes Behelfsmittel'" (Weder, 2010,
S. 105), um ein unerforschtes Phänomen perspektivisch ganzheitlich zu beschreiben. Zugleich vertritt er die Ansicht, dass Giddens Konzepte notwendigerweise
inhaltlich vervollständigt werden müssen. Insofern pflichtet er folgendem Fazit
von Jörg Lamla bei:

> „Giddens' Sozial- und Gesellschaftstheorie bietet ein ausgeschöpftes Reservoir an
> Thesen, Fragen, Materialien und Zugängen, auf das weiterführende Analysen sich
> (kritisch) stützen können. (...) Diese Arbeiten nehmen konzeptionelle Bausteine der

Theorie zum Ausgangspunkt, um sie in ihren spezielleren Forschungsfeldern dann eigenständig weiter zu führen. Sie verschieben dabei auch Akzente oder distanzierte sich von einigen Aussagen der Strukturationstheorie, womit sie jedoch eine Rezeption der Arbeiten von Giddens repräsentieren, die ganz im Sinne des Urhebers ist. Sein methodologischer Ansatz (...) eignet sich nicht für dogmatische Schulenbildung, sondern stellt einen offenen sozialtheoretischen Denkhorizont bereit, der in konkreten Feldern präzisiert und immer auch modifiziert werden muss" (2003, S. 152 f.).

Der analytische Mehrwert und die besondere Eignung der Strukturationstheorie wird in einer in sich stimmigen Begriffs- und Konzeptsystematik gesehen, die es erstmalig ermöglicht, die nichtmarktliche Kommunikation von VW mit kritischen Experten unterhalb einer allgemein zugänglichen Öffentlichkeit im Hinblick auf mikro-, meso- und makroanalytische Aspekte theoretisch zu beschreiben und empirisch zu fundieren. Giddens Theorie ist zudem offen für die Integration sozialökonomischer und ethischer Konzepte. Sie helfen, schwach definierte oder unterentwickelten Konzepte insoweit zu konkretisieren bzw. operationalisieren, so dass diese für eine empirische Analyse und Theoriebildung nutzbar werden.

Organisationsethischer Bezugsrahmen

3

3.1 Verantwortung und Nachhaltigkeit als Strukturprinzipien

Die Schemata Verantwortung und Nachhaltigkeit fungieren als Strukturprinzipien der Stakeholderkommunikation. *Verantwortung* ist ein mehrstufiger Relations- und Zuschreibungsbegriff (Lenk, 1994; Heidbrink, 2011). Zuschreibung, weil Verantwortung eine an Bedingungen gebundene Attribution ist (Verantwortungs- zuschreibung), die mit ethischen Werturteilen (Verantwortungsurteilen) versehen ist. Relation, weil jemand nicht nur für etwas, sondern auch gegenüber jeman- den (Verantwortungsinstanz) verantwortlich ist (Bayertz, 1995; Wieland, 1999). Der spätmoderne Verantwortungsbegriff geht auf einen institutionellen Wandel der Diskursformen über Moral zurück, der in den 1970er-Jahren durch einige Publikationen angestoßen wurde (z. B. Club of Rome Report on Limits of Growth (1972), Hans Jonas Prinzip der Verantwortung (1979) und WCED Bericht Our Common Future (1987)) (Bachmann, 2017, S. 35 ff.; auch Heidbrink, 2003, 2011; Beck, 2016). Dem Verantwortungsbegriff ist das Prinzip der Kommuni- kation inhärent (Ver-antwort-ung als „Antwort geben") (Apel, 1988; Debatin, 2016). Verantwortungshandeln bedeutet nicht nur, die Dinge richtig zu tun, son- dern auch zu demonstrieren, die Dinge richtig getan zu haben (Schicha, 2011). Dieses Spannungsfeld zwischen Handlung und Kommunikation ist für Verant- wortungszuschreibungen konstitutiv (Belentschikow, 2014) und im Sinne der Responsibility von Giddens (Kapitel 1). Von der deontologischen Variante, in der Verantwortung als kategorischer Imperativ handlungsleitend ist („to deon", die Pflicht) ist eine konsequentialistische Deutungsvariante zu unterscheiden. Dabei geht es in Anlehnung an Max Weber (1919) nicht darum als Gesinnungsethiker

T. Lang, *Stakeholder Engagement Analyse*, AutoUni – Schriftenreihe 153,
https://doi.org/10.1007/978-3-658-33987-6_3

das Richtige zu tun, sondern darum, als Verantwortungsethiker die Folgen des eigenen Tuns zu antizipieren, für diese einzustehen und sie in Entscheidungen und Urteile einzubeziehen (Funiok, 2008, S. 46). Angespielt wird auf die Unterscheidung von *Ex-Ante und Ex-Post Verantwortung*. Ludgar Heidbrink schreibt hierzu: „während die Ex-post Verantwortung primär handlungsbezogen ist und ihr Fundament in der Umsetzung von Prinzipien und Regeln hat, ist die Ex-ante Verantwortung primär ereignis- und zustandsbezogen; ihr Ziel besteht vor allem in der Herstellung bestimmter Güter und der Vermeidung bestimmter Übel" (2011, S. 192). In seiner klassischen Form wird Verantwortung als Nichtschädigungsgebot interpretiert („niemandem schaden"). Der moderne Verantwortungsbegriff konstituiert sich jedoch vor allem auch über Wohlverhaltenspflichten („jemandem nützen"). „Danach liegt eine negative Verantwortung vor, wenn ein Akteur für eine begangene Handlung nachträglich zur Rechenschaft gezogen wird, während die positive Verantwortung darin besteht, dass jemand sich aus eigener Initiative um die Vermeidung von Schadensfolgen kümmert oder sich aktiv für die Verbesserung von Zuständen einsetzt", erläutert Heidbrink (2011, S. 191). Verantwortung oszilliert zwischen Selbst- („sich verpflichten") und Fremdverpflichtung („verpflichtet werden") (Altmeppen & Arnold, 2010, S. 331). Für das Stakeholder Management ist vor allem der Faktor Freiwilligkeit und Selbstverpflichtung wichtig, denn von einigen „weichen Standards" abgesehen gibt es für Unternehmen keine Verpflichtung auf den Austausch mit ihrem Umfeld. Mit der Idealvorstellung, dass Unternehmen Profite maximieren und zugleich gesellschaftlich verantwortlich handeln bzw. zum Gemeinwohl beitragen, sind zudem Widersprüche verbunden (Imbusch & Rucht, 2007). MNUs werden im "Age of Responsibilization" (Shamir, 2008) auch für Dinge verantwortlich gemacht, für die sie systemisch gesehen nicht verantwortlich sind (Morsing et al., 2008).

Nachhaltigkeit bezeichnete ursprünglich Bewirtschaftungsprozesse, bei denen die Menge der holzwirtschaftlichen Entnahme den langfristigen Bestand eines Forstes nicht gefährden durfte (Von Carlowitz, 1713). Im 18. Jahrhundert diffundierte der Begriff als ‚Sustainability' ins Englische (AKNU, 2012). Anfang der 1960er-Jahre begann die Politisierung und Entstehung moderner Nachhaltigkeitsbegriffe als Resultat einer Reihe von Konferenzen über das damals vorherrschende, quantitative Wachstumsparadigma (Grunwald & Kopfmüller, 2012). Nachhaltigkeit wurde in diesem Kontext zu einem Leitbild für die menschliche Entwicklung und ihr historisch ökologischer Bedeutungsgehalt erweitert (Paech, 2005; Schaltegger, 2010; Pufe, 2012). Die offizielle, noch heute am häufigsten zitierte Definition stammt aus dem Brundtlandt-Bericht: "sustainable development meets the needs of the present without compromising the ability of future generations to meet their own needs" (WCED, 1987, S. 46). Das Definiens verweist auf wichtige Parameter wie Generationengerechtigkeit, Zukunftsorientierung und Umweltschutz. Einen zentralen konzeptionellen Beitrag leistete außerdem John Elkington (1994; 1999) mit der *Tripple Bottom Line (TBL)*. Er bezog Nachhaltigkeit auf betriebliche Rechnungslegungspflichten und plädierte für eine gleichzeitige und gleichrangige Behandlung dreier Berichtssäulen: Ökologie (Planet), Ökonomie (Profits) und Soziales (People). Dieses Nachhaltigkeitsverständnis ist in der ‚Corporate World' noch heute grundlegend (Crane & Matten, 2004). Gerade aufgrund seiner Qualität als Omnibusvokabel für nichtfinanzielle Themen ist der Nachhaltigkeitsbegriff kaum greifbar. Konsensierte Definitionen existieren nicht (Marrewijk, 2003a; Clifton & Amran, 2011). Die Rede ist von einem „Breitbandbegriff" (Vogt, 2009), „Unwort" (Thunig, 2011), aber auch „umfassende(n) Handlungs- und Entscheidungsgrundsatz" (Wieland, 2016). Wer nach geeigneten Definitionen sucht, stößt auf Fragen der planetarischen Grenzen und technologischen Entwicklungsagenda. Definienda umfassen Kriterien wie Fortdauer, Konstanz, Regenerierbarkeit, ökologische und soziale Verträglichkeit, intra- und intergenerative Gerechtigkeit, etc. (vgl. Solow, 1974; Daly, 1999; Steurer, 2001; Ott & Döring, 2004; Vaseghi & Lehni, 2006; Pelenc & Ballet, 2015; Glauner, 2015). Auch ein spezifisch kommunikationswissenschaftlicher Nachhaltigkeitsbegriff existiert nicht.

In dieser Arbeit wird Nachhaltigkeit als Resultat von Verantwortung verstanden. Nachhaltigkeit und Verantwortung sind begriffliche Vehikel zur Erfassung von Umfeld-Anforderungen an Wohlverhaltens- und Nichtschädigungsgebote. Strukturationstheoretisch gesehen, handelt es sich bei Nachhaltigkeit und Verantwortung nicht nur um zentrale interpretative Schemata der Organisationskommunikation zur Gestaltung der Beziehung zwischen Unternehmen und Stakeholdern als Repräsentanten des Umfeldes, sondern nach Ansicht von Bachmann um „eine der am stärksten in Raum und Zeit eingreifenden und eine der stabilsten ‚Prinzipien' der Organisation gesellschaftlicher Totalitären" (2017, S. 27). Als gesellschaftliche *Strukturprinzipien* sind sie Parameter der Beurteilung von (kommunikativen) Handlungen der Unternehmen. Organisationskommunikation steuert die Instanziierung dieser Strukturprinzipien über ihre Publizität und greift dabei auf einschlägige interpretative Schemata, wie zum Beispiel Corporate Sustainability, Corporate (Social) Responsibility oder Stakeholder Responsibility zurück.

3.2   Stakeholderkommunikation als Kommunikation aus Organisationen

Organisationskommunikation (OK) fungiert als Dachbegriff für alle die Organisation konstituierenden, kommunikativen Handlungen und zugleich als Label für einen Fach- und Forschungsbereich. Sie kann allgemein definiert werden als:

> „[1] Kommunikation *in* Organisationen (koorientiertes, organisationsstrategisch koordiniertes Akteurshandeln), [2] Kommunikation *aus* Organisationen (koorientierte, organisationsstrategisch koordinierte Kommunikationsbeziehungen (strukturell und prozessual)) zwischen einer Organisation und ihren Umwelten, konkret Stakeholdern, und [3] Kommunikation *um* Organisationen (mediale, medienstrategisch koordinierte Kommunikationsstrukturen und Prozesse der Öffentlichkeit)" (Weder, 2010, S. 104)[1]

Im direkten Vergleich zur angelsächsischen "Organisational Communication", die vor allem intraorganisationale Kommunikation fokussiert, ist die deutsche Organisationskommunikation ein breiteres Feld, das sich auch für strategisch geplante, nach außen gerichtete Kommunikation (Kommunikationen *aus* der Organisation *mit* Stakeholdern) interessiert (Preusse et al., 2010, Theis-Berglmair, 2013; May, 2014). Die CCO geht davon aus, dass Unternehmen als Organisationen mit ihrer Kommunikation einen Beitrag zur reflexiven Steuerung ihrer Umwelt und somit der Modifikation und (Re-)Produktion von Öffentlichkeit leisten, indem sie Austauschprozesse mit Stakeholdern organisieren. Jener Austausch erfolgt gezielt und ist strategische Kommunikation aus der Organisation (Ortmann et al., 2000; Herger, 2006; Jarren & Röttger, 2009; Schwarz, 2008; Weder, 2008, 2010). Jede Stakeholderkommunikation ist im engeren Sinne eine solche Kommunikation aus Organisationen, ist Umfeld-Kommunikation. Im kommunikationswissenschaftlichen Bezugsrahmen ist die Anbindung an den Organisationskommunikationsbegriff jedoch begründungsbedürftig, weil mit Public Relations und Unternehmenskommunikation zwei weitere, potentiell geeignete Schlüsselbegriffe im Kontext von Stakeholdern, Organisation und Kommunikation existieren.

Public Relations (PR) ist historisch definiert als "management of communication between an organization and its publics" (Grunig & Hunt, 1984, S. 6). Diese viel zitierte Definition der PR-Exzellenz-Forschung ist jedoch problematisch, weil

---

[1]Der OK-Begriff von Franziska Weder ist aufgrund seiner dreidimensionalen Ausprägung und strukturationstheoretischen Passung im besonderen Maße für diese Arbeit geeignet. Entwickelt wurde er aufbauend auf der kritischen Würdigung verbreiteter Definitionen (u. a. Wersig, 1989; Funke-Welti, 2000; Theis-Berglmair, 2003; Zerfaß, 1996; Herger, 2006). Er orientiert sich stark an Peter Szyszka (2005) (Details vgl. Weder, 2010, 92 ff.).

Stakeholder streng genommen keine Publics sind. Einer jüngeren, deutschsprachigen Definition nach gilt: „im Folgenden wird Public Relations als gemanagte Kommunikation nach innen und außen verstanden, die das Ziel verfolgt, organisationale Interessen zu vertreten und Organisationen [durch den Stakeholder-Austausch] gesellschaftlich zu legitimieren" (Röttger et al., 2014, S. 27). Der Begriffsabgrenzung sind zwei Kommentare voranzustellen: erstens sind PR und OK in den Kommunikationswissenschaften zwei überlappende Ansätze mit verschiedenartigen Wurzeln und Schwerpunkten (Holtzhausen & Zerfaß, 2010). Historisch beschäftigte sich die PR-Forschung lange Zeit mit Kommunikation in der Umwelt der Organisation, wogegen die OK-Forschung Kommunikation in der Organisation forcierte (Theis-Berglmair, 2010). In Deutschland, wo die PR-Forschung traditionell ein Derivat der Massenkommunikations- und Journalismusforschung ist, hat sich eine Zweiteilung etabliert: Organisationstheoretische Ansätze betrachten PR auf der Meso-Ebene und analysieren sie als Kommunikationsfunktion von Organisationen. Kern sind Fragen nach Funktionen und Leistungen der PR sowie Bedingungen der Her- und Bereitstellung von Mitteilungen. Gesellschaftsorientierte Ansätze fragen dagegen in makrosozialer Optik nach Sinnstiftung und Funktionen derselben im gesellschaftlichen Reproduktionsprozess (Signitzer, 1988; Wehmeier, 2012). Die Fachliteratur beschäftigt sich in regelmäßigen Abständen aufs Neue mit einem Abgrenzungsdiskurs (Wehmeier et al., 2010). Ein Konsens ist jedoch (noch) nicht gefunden. Wehmeier stellt überspitzt fest:

> „Bei minimalem Konsens über das allgemeine Forschungsobjekt (PR), herrschen bedeutsame Meinungsverschiedenheiten über die präzise Definition des Objekts, seine Grenzen, die angemessenen Forschungstechniken, kognitive Ansätze. Es liegen alternative Definitionen der zugrundeliegenden Realität vor" (2008, S. 292).

Es scheint jedoch einige Tendenzen zu geben, die sich wie folgt abzeichnen:

- Der deutschen Kommunikationswissenschaft wird eine Tendenz zur vermehrten Nutzung des Begriffs Organisationskommunikation bis hin zur "tendency to drop Public Relations as a term" (Theis-Berglmaier, 2010, S. 27) attestiert.
- Empirische Studien zum Selbstverständnis und dem praktischen Begriffsgebrauch zeigen, dass nurmehr eine Minderheit der Praktiker den PR-Begriff als geeignetes Label für ihre Tätigkeiten betrachtet (Holtzhausen & Zerfaß, 2010, S. 74; Hoffjann & Huck-Sandhu, 2013, S. 17).

- Publikationen enthalten umfangreiche Diskurse zu Abgrenzungs- und Unterscheidungsmerkmalen. Am Ende wird PR zumeist unter den Dachbegriff OK eingeordnet (Wehmeier et al., 2010; Nothhaft, 2011; Wehmeier, 2012).
- Charakteristisch für PR-Forschung ist eine starke Forcierung der Meso-Ebene. Zumeist geht es um die Gestaltung, Steuerung und Kontrolle kommunikativer Beziehungen von Organisation und Umwelt (Preusse et al., 2010). Vereinzelt gibt es auch Ansätze zur Modellbildung jenseits der Anwendungsorientierung und Meso-Analytik (Preusse et al., 2010, S. 137).

Organisationskommunikation wird in dieser Arbeit aus zwei Gründen als Dachbegriff bevorzugt: erstens ist die PR-Forschung in der Regel zu stark akteurszentriert und interaktionsorientiert. Bei ihrer Analyse des kommunikativen Beziehungsmanagements werden gesellschaftliche Strukturen vernachlässigt. Zweitens wird ein PR-theoretisches Erkenntnisinteresse oftmals von Steuerungszielen überlagert. Es herrscht ein "managerial mind-set so clearly preoccupied with marketing or public relations concerns of visibility, linear persuasion, communication impact, and control" vor (Christensen & Cornelissen, 2010, S. 55). Dies steht im Konflikt mit der strukturationstheoretischen Perspektive auf den Untersuchungsgegenstand.

Unternehmenskommunikation (UK) ist von Ansgar Zerfaß definiert als „alle gesteuerten Kommunikationsprozesse, mit denen ein Beitrag zur Aufgabendefinition und -erfüllung in gewinnorientierten Wirtschaftseinheiten geleistet wird und die insbesondere zur internen und externen Handlungskoordination sowie Interessenklärung zwischen Unternehmen und ihren Bezugsgruppen (Stakeholdern) beitragen" (2014, S. 42). UK ist mehr als ein Begriff für die „strategisch geplante Kommunikation von gewinnorientierten Organisationen" (Röttger et al., 2014, S. 28). Es handelt sich um ein breites Forschungsfeld (vgl. Ahrens et al., 1996; Bentele et al., 1996; Bruhn, 2005; Meckel & Schmid, 2006; Van Riel & Fombrun, 2007; Christensen et al., 2008a; Bentele & Nothhaft, 2013; Mast, 2013; Bruhn, 2014; Cornelissen, 2011). Vergleichbar mit der PR ist auch diese Abgrenzung perspektivisch aufgeladen. Christensen und Cornelissen bemerken:

> „Die Theorie und Praxis der Unternehmenskommunikation (im Sinne der englischsprachigen Disziplin Corporate Communication) ist zumeist geleitet von anderen Ansätzen und Problemen als die der Disziplin Organisationskommunikation. Gleichwohl beeinflusst das spezielle disziplinäre Mindset der Unternehmenskommunikation, das auf Konsistenz, Kohärenz und Konstanz von Unternehmensbotschaften ausgerichtet ist, zunehmend auch das Fachgebiet der Organisationskommunikation" (2011, S. 43).

Der Begriff Unternehmenskommunikation wird für diese Arbeit aus zwei Gründen abgelehnt: Erstens steht er für ein eher instrumentelles Kommunikationsverständnis, wohingegen die OK eine normativ-kritische Haltung beinhaltet. Kern dieses Problems ist: "current corporate communication research is mostly focused on the controlled handling and organization of communication with very little direct attention being focused on communication as such, including models of communication with stakeholders" (Christensen & Cornelissen, 2011, S. 44). Zweitens sind ethische Fragestellungen in der UK Randphänomene. Der Fokus liegt hier in der Regel auf strategisch-monetären Fragestellungen (z. B. Beitrag von UK zu Umsatz und Absatz; Modi der Steuerung von Kommunikation in der Organisation).

Die Begriffsabgrenzung sorgt auf der semantischen Ebene zwangsläufig für etwas Verwirrung, denn das Untersuchungsobjekt ist und bleibt die Kommunikation von Unternehmen (Unternehmenskommunikation) mit ihren Stakeholdern. Diese Abgrenzung ist darüber hinaus spezifisch für diese Arbeit und beansprucht keine universelle Gültigkeit, zumal die Wahl von Begrifflichkeiten stets dem individuellen Erkenntnisinteresse einer Arbeit folgt. Mit der Einordnung in die Organisationskommunikationsforschung ist vorrangig eine andere Fragerichtung verbunden, ein bestimmter analytischer Blickwinkel, zumal gilt: "it is not the material object that draws a distinction between specialists, it is the kind of questions we ask as researchers of communication, that marks the difference" (Theis-Berglmair, 2010, S. 38 f.). Die Forschungsperspektive Organisationskommunikation wird hier als das gesellschaftsorientierte Pendant zur wirtschaftlichkeitsorientierten UK und interaktionsfokussierten PR begriffen. OK geht über die Untersuchung des wechselseitigen kommunikativen (Re-)Agierens hinaus, weil darüber hinaus Verbindungen zwischen Handlungen und Strukturen herausgearbeitet werden. Im Fokus steht die Frage, wie Organisationen ihre Umwelt strukturieren und wie diese Umweltstrukturierung auf sie zurückwirkt. Gearbeitet wird mit sozialwissenschaftlicher Brille und sozialtheoretischen Begriffen. Angestrebt wird eine ganzheitliche Perspektive auf ein Phänomen, in der Kommunikation aus Unternehmen im Hinblick auf ihre gesellschaftlichen Rückbindungen analysiert wird (Ortmann et al., 1997; Löffelholz et al., 2010). Vor diesem Hintergrund erscheint Organisationskommunikation als die passendste Begrifflichkeit für die Terminologie dieser Forschungsarbeit.

3.3 Stakeholder Management und Engagement als zentrale Elemente von Verantwortungskommunikation

Stakeholderkommunikation ist als eine Variante der Organisationskommunikation allgemein definiert als *Kommunikation aus (von) Organisationen*. Dem zugrunde liegt das eingangs proklamierte, engere Verständnis von Stakeholdern als Umwelt der Unternehmen. Für das Begriffssystem der Arbeit ist hier die Unterscheidung zwischen Stakeholder Management, -Engagement und -Dialog relevant.

Einige Autoren setzen Stakeholderkommunikation oder Stakeholder Management mit *Stakeholder-Dialog* gleich (Van Huijstee & Glasbergen, 2007; Fifka, 2013). Nur wenige reflektieren den Dialogbegriff grundlegend (Merten 2000; Burchell & Cook, 2006a/b, 2008; Neugebauer, 2013; Golob & Podnar, 2014; Hentze & Thies, 2014). Sein Gebrauch ist nahezu inflationär (Isaacs, 1996; Rockwell, 2003; Bohm, 2008). Rockwell kritisiert zum Beispiel: "the boundaries of what can be called a dialogue have expanded to include any welcome intercourse" (2003, S. 31). Viele kommunikationswissenschaftliche Modelle referenzieren den Begriff (Grunig & Hunt, 1984; Steinmann & Zerfaß, 1993; Lischka, 2000; Zerfaß, 1996; Szyszka 1996, S. 102 ff.; Burkart, 2013a). Dabei gilt zumeist "dialogue as an essential precursor to good communication. Ideally, dialogue facilitates good governance, effective decision-making and Stakeholder Engagement" (Ihlen et al., 2014, S. 553). In vielen Fällen ist der symmetrische Kommunikationsverlauf das zentrale Kriterium (Röttger et al., 2014, S. 168). Die Literatur nennt Faktoren wie Gleichberechtigung, Interaktivität, Langfristigkeit (Karmasin & Weder, 2008a, S. 180 ff.); Offenheit, Geradlinigkeit, Klarheit, Aufrichtigkeit, Reflexionsbereitschaft (Golob & Podnar, 2014); Zuhören und Zwangslosigkeit (Huber, 2015); ehrliche, fortlaufende, strukturierte (Boschert, 2016); konstruktive, zielgerichtete, ergebnisoffene, direkte, selbstkritische und regelgeleitete (Faber-Wiener, 2013); interaktive, authentische, transparente, reziproke Kommunikation (Waddock & Googins, 2014). Dieser theoretischen Aufladung des Begriffes steht jedoch ein kommunikationspraktisches Umsetzungsdefizit gegenüber. Das Fazit empirischer Arbeiten, die mit dem (Stakeholder-)Dialogbegriff operieren, fällt ernüchternd aus. So resümieren zum Beispiel Golob und Podnar "in fact the dialogue described by the corporate respondents is not really a stakeholder dialogue, but rather a one-way process characterized by the lack of reciprocity" (2014, S. 246). An empirischen Ergebnissen orientiert lässt sich festhalten, dass der Dialogbegriff die Praxis unzureichend beschreibt. Zur Lösung dieses Problems gibt es zwei Möglichkeiten: entweder werden normative Ansprüche an die Interaktionen reduziert (z. B. "Limited Dialoge"; Bohm, 2008) oder man operiert mit anderen Begriffen. Letzteres ist eine Forschungsentscheidung in dieser Arbeit. Der Stakeholder-Dialog wird dabei als eine denkbare (wünschenswerte) Ausprägung von Stakeholder Engagement gesehen.

Edward R. Freeman spricht ebenso bevorzugt von *Stakeholder Engagement*. Er unterscheidet eine transaktionale und transformative Ebene der Interaktion: "the transactional level of analysis is the bottom line of managing for stakeholders. It is where there is a concrete interaction between the company and key stakeholders" (ebd., S. 122). Im Fokus stehen hier informationelle Austauschprozesse, d. h. "to take stakeholder concerns into account in the formulation of value creation strategies (…) try to anticipate stakeholder interests in products, services and initiatives" (ebd., S. 125). Transformationale Interaktionen basieren hingegen auf "to create a conversation, multiple channels of communication, and explicit dialogues with key stakeholder groups that are continuous" (ebd., S. 126). Er betrachtet Dialog demnach ganz wertfrei als einen Modus der Stakeholder-Interaktion (ähnlich Phillips, 1997, S. 54; Greenwood, 2007, S. 318; Noland & Phillips, 2010; Huber, 2015, S. 796; Aston, 2016). Engagement ist als Begriff aus weiteren Gründen besser geeignet. Tamara Erikson (2008) argumentiert zum Beispiel, dass er Verpflichtung und Investition in freiwillige Interaktionen zum Ausdruck bringt. Jim Macnamara verweist auf seine psychologische Konnotation (Rhoades et al., 2001) und benennt drei Facetten von Engagement:

> "1) a psychological bond based on affective commitment (i.e. emotional attachment based on a sense of belonging, feeling valued etc.), as well as a cognitive processing of information received and experiences; 2) positive affectivity, a deeper level of positive emotional engagement which involves pride, passion and 'absorption', enthusiasm, energy and even excitement; and 3) empowerment of those we are trying to engage, which psychologists and political scientists say is most effectively achieved through participation" (2014, S. 17).

Praktisch heißt das: Auf Seiten von Unternehmenskommunikatoren geht es zum Beispiel darum, sich um eine Einbindung der Stakeholder zu bemühen, aktiv auf diese zuzugehen und sie rechtzeitig mit Informationen zu versorgen. Auf Seiten der Stakeholder geht es darum, Interaktionsangebote anzunehmen, Informationen aufzugreifen, sie zu verarbeiten und Feedback zu geben. Asymmetrien in kommunikativen Beziehungen werden dabei als gegeben hingenommen. Die Differenzierung selbst ist keine Kunstübung. Der Begriff Stakeholder Engagement knüpft an Forderungen an, Stakeholder Management als Haltungsfrage zu verstehen. Hierfür stehen Schlagworte wie Stakeholderism (Askew, 1997), Stakeholding (Clarke, 1997; Stoney & Winstanley, 2001), Stakeholder Thinking (Nahsi,

1995; Carroll, 1995) bzw. Listening (Scholes & James, 1997). Engagement reicht von einseitig-asymmetrischen zu zweiseitig-symmetrischen Interaktionsmodi. Es umfasst Stakeholder-Information, -Response und -Involvement-Strategien (Morsing & Schultz, 2006) und ist als analytische Kategorie breiter als der Stakeholder-Dialog. Für diese Arbeit wird *Stakeholder Engagement* in Anlehnung an eine verbreitete Definition von O'Riordan und Fairbrass allgemein definiert als:

> "[Stakeholder Engagement are] those practices which an organization undertakes to involve stakeholders in a positive manner in organizational activities. It can compromise the process of establishing, developing, and maintaining stakeholder relations. This can include stakeholder identification, consultation, communication, dialogue and exchange (…). Engagement can be seen as a mechanism to achieve a number of objectives including consent, control, co-operation, accountability and involvement, as a method for enhancing trust or as a substitute for true trust, as a discourse to enhance fairness or as a mechanism for corporate governance" (2014, S. 124).

Im Gegensatz zum Terminus Stakeholder Engagement, der einen handlungs-orientierten und mikroanalytischen Blick auf das Phänomen der Stakeholderkommunikation ermöglicht, steht der Begriff *Stakeholder Management* für eine mesoanalytische und managementtheoretische Betrachtung. Innerhalb dieses Bezugsrahmens sind beide Begriffe untrennbar ineinander verschränkt. Die Verbindung von Organisationskommunikation, Stakeholder Management, Engagement und Corporate Responsibility bringen M. Karmasin und F. Weder mit ihrem Konzept Corporate Communicative Responsibility (CCR) auf den Punkt. Ursprünglich wurde es für Medienunternehmen entwickeln, die als Hersteller quasiöffentlicher Güter eine besondere gesellschaftliche Verantwortung übernehmen (Karmasin & Weder, 2008a; 2009). In einer Monografie übertragen sie die CCR aus ihrem medienwissenschaftlichen Entstehungskontext in die OK (Karmasin & Weder, 2008a). OK wird als zentraler Stützpfeiler des unternehmerischen Ethikmanagements und Stakeholderkommunikation als die tragende Säule der Verantwortungskommunikation einer Organisation beschrieben.

In einigen Arbeiten wird *Verantwortungskommunikation (VK)* als eine Kommunikation von und über Verantwortung beschrieben, d. h. mediale oder organisationale Kommunikationsform, bei denen verantwortliches Handeln als Thema behandelt wird (vgl. Walter, 2010, 2012; Altmeppen & Greck, 2012; Faber-Wiener, 2013; Heinrich, 2013; Altmeppen, 2015). Klaus-Dieter Altmeppen (auch Szyszka, 2011, S. 146; Raupp et al., 2011a, S. 523) definiert VK zum Beispiel als:

„Der Bereich kommunikativen Handelns, der sowohl die Kommunikation von Verantwortung als auch die Kommunikation über Verantwortung beschreibt und analysiert. (...) Verantwortungskommunikation umfasst damit Public Relations als interessengeleitete Kommunikation, bei CSR und CC also die Kommunikation über das gesellschaftliche Engagement von Unternehmen und auch die mediale Kommunikation über die Verantwortungswahrnehmung von Unternehmen" (2011a, S. 249).

Die Definition beschreibt mit den Attributen *von* und *über* zwei wichtige Ausprägungen von VK. Sie ist streng genommen aber unvollständig, weil sie nur auf die Beschreibung von Verantwortung als Gegenstand (Thema) öffentlicher Kommunikation abzielt. Schlussendlich geht es bei VK nicht nur darum, wie und was Organisationen nach innen und außen kommunizieren (*Kommunikation von Verantwortung*) oder wie bzw. was die Presse über ihr Verantwortungshandeln berichtet (*Kommunikation über Verantwortung*), sondern auch und insbesondere um eine *Wahrnehmung von Verantwortung durch Kommunikation*. Aufbauend auf dieser Feststellung konzipieren Karmasin und Weder (2008a) VK zweidimensional als eine Kommunikation von und über Verantwortung mit Stakeholdern und als Verantwortung durch Kommunikation über Mechanismen, die Stakeholder integrieren. Sie positionieren damit Stakeholder Management als zentralen Mechanismus unternehmerischen Verantwortungshandelns in der OK. Verantwortungskommunikation definieren sie als (Tabelle 3.1):

Für die Kommunikationstheorie entwickeln sie Elkingtons Triple Bottom Line (TBL) durch die Integration von Stakeholdern zur Quadriple Bottom Line (QBL) weiter. Sie beschreibt die kommunikative Integration von Stakeholder als Approximation der Integration von Gesellschaft in eine Organisation, aber auch Integration der Organisation in die Gesellschaft. Strategisches Ziel des *Kommunikationsmanagements (KM)* ist das gezielte Schaffen von Strukturen, die eine Stakeholder-Integration ermöglichen und darüber hinaus das gezielte Schaffen von Situationen, die Handlungen in einen größeren Beziehungszusammenhang stellen, anknüpfbar machen (vgl. ebd., S. 127). Ihre QBL verknüpft die drei Ebenen des Sozialen mit der Organisationsethik. Das Kommunikationsmanagement wird so zum Verantwortungsmanagement einer Organisation. Es verfolgt den Anspruch „individuelle Sinnangebote und damit Wertsysteme in den kommunikativen Raum, in das organisationale Feld hinaus zu verlagern und gleichzeitig Sinnangebote in die Organisationsstruktur zu integrieren" (ebd., S. 273). Weder und Karmasin argumentieren:

„Kommunikation ist in diesem Sinne nicht nur Ziel des Verantwortungsmanagements (wie der ökonomische, soziale oder ökologische Wert). Kommunikation ist selbst als Wertschöpfungsfaktor zu begreifen. Darüber hinaus ist Kommunikation

Tabelle 3.1 Verantwortungskommunikation (QBL)

Definition	Dimensionen kommunikativer Verantwortung (CCR)		
„Kommunikation von und über Verantwortung" und	Kommunikation verantwortlichen Handelns, d. h. Unternehmenskommunikation über erfolgte oder unterlassene Verantwortungshandlungen	Kommunikation über Verantwortungsmanagement als „Verantwortungskommunikation"	Verantwortung als Thema öffentlicher Kommunikation
„Verantwortung durch Kommunikation"	Verantwortliche Kommunikation als betrieblicher Wertschöpfungsfaktor	Kommunikation als Verantwortungsmanagement, als „Kommunikationsverantwortung"	Verantwortung als Maßstab für Wirkungen der Organisationskommunikation

selbst (prozessual als Kommunikationsmanagement und strukturell als Kommunikationswege, Kanäle, Netzwerke) Mittel der Verantwortungswahrnehmung und sollte
in entsprechenden Managementkonzepten berücksichtigt werden. Kommunikationsmanagement ist also auf der einen Seite an sich eine Verantwortungsdimension (...).
Auf der anderen Seite ist Kommunikationsmanagement aber auch ein Mittel zur ökologischen, ökonomischen und sozialen Wahrnehmung von Verantwortung" (2011,
S. 423).

Zusammengefasst bedeutet dies: *Stakeholderkommunikation ist eine Variante der
Verantwortungskommunikation*, bei der sich nicht nur die Inhalts-, sondern auch
die Beziehungs- und Bewertungsdimension um die Strukturprinzipien Verantwortung und Nachhaltigkeit und um eine Integration organisationsexterner Akteure in
Entscheidungsprozesse drehen. Unternehmen sind somit Organisationen, die aufgrund von Management und Controlling ihrer Kommunikation prinzipiell dazu in
der Lage sind, verantwortlich zu handeln (Gestaltungsverantwortung) und über
die Konsequenzen dieses Handelns Rechenschaft abzulegen (Wirkungsverantwortung). Dies bedeutet in der Konsequenz, dass Kommunikationsverantwortliche
(Sprecher) nicht nur dazu in der Lage sind, Auskunft darüber zu geben, welche Kommunikationsmaßnahmen sie durchführen, sondern auch erklären können,
warum sie wie handeln und auf welche Strukturfragmente sie sich beziehen
(Bracker, 2017b). Anknüpfend an Lenk und Maring (Lenk & Maring, 1993;
Lenk, 1994; Maring, 2001) ist die Stakeholderkommunikation als Organisations-
und Verantwortungskommunikation ein „zuschreibungsgebundener mehrstelliger
Relations- bzw. Strukturbegriff" (Maring, 2001, S. 14). Mit Stakeholderkommunikation werden Handlungen und Strukturen verknüpft und (re-)produziert (Bracker,
2017a/b; Bachmann, 2017). Ihr Zusammenspiel hat eine ermöglichende oder
begrenzende Wirkung auf Verwirklichungschancen (Capabilities) der beteiligten Akteure. Aufbauend auf bestehenden Operationalisierungsversuchen (Werner,
2002, S. 522; Karmasin & Litschka, 2008, S. 141) liefert Philipp Bachmann mit
seinem Grundmodell der Verantwortung ein für die Begriffssystematik nützliches
Raster (Bachmann, 2017, S. 12 ff.; Bachmann & Ingenhoff, 2017, S. 149 ff.).
Verantwortung ist damit definiert als *fünfstellige Relation*,

„(...) die ein Verantwortungszuschreibender mindestens einer Bezugsperson konkret
in Raum und Zeit vermittelt. Eine Verantwortungszuschreibung zeichnet sich dadurch
aus, dass der zuschreibende Mensch mit seinem Handeln – zumeist Sprechen oder
Schreiben – eine Absicht der Informationsvermittlung an die Bezugsperson(en) verbindet; und zwar der Informationsvermittlung im Sinne der Verantwortungsrelation,
wonach er jemanden (Subjekt) in einem retro- oder prospektiven Sinne (Zeitbezug)
für etwas (Objekt) vor oder gegenüber jemandem (Instanz) aufgrund bestimmter
normativer Standards (Kriterium) verantwortlich macht" (2017, S. 48).

Dabei ist, so Bachmann, in der Praxis des Zuschreibens von Verantwortung weder die Reihenfolge der Glieder klar festgelegt, noch deren Explikation in einer Kommunikationssituation voraussetzbar. Seine Kategorisierung ist rein analytisch und mit sozialtheoretischen Denkfiguren verbunden. An das Schema anknüpfend wird Stakeholderkommunikation (SK) in dieser Arbeit als organisationale Verantwortungskommunikation (VK) verstanden. Sie ist somit indirekt auch ein Bestandteil der öffentlichen Moralkommunikation (vgl. Schultz, 2006, 2009, 2010, 2011a/b; Schmidt & Tropp, 2009; Imhof, 2009; Raupp 2011a/b; Von Grodeck, 2015; Janke, 2016). *Stakeholderkommunikation* wird für diese Arbeit am Beispiel abschließend als eine *fünfstellige Verantwortungsrelation* definiert (Tabelle 3.2):

Tabelle 3.2 Stakeholder- als Verantwortungskommunikation

Zuschreibungsrelationen		Stakeholderkommunikation
„Jemand trägt …	(1) Subjekt	Wirtschaftsunternehmen bzw. ihre Manager (Beispiel: Volkswagen AG)
… in einem retrospektiven oder in einem prospektiven Sinne …	(2) Zeitbezug	Gestaltungsverantwortung als prospektive Verantwortung des Kommunikationsmanagements und Wirkungsverantwortung als parallele bzw. retrospektive Verantwortung des Kommunikationscontrollings.
… für etwas …	(3) Objekt	Die auf Nachhaltigkeitsthemen, d. h. ökonomische (Profit und Wettbewerbsfähigkeit), gesellschaftliche (soziales, politisches, kulturelles Wohlergehen) und ökologische (Zustand der natürlichen Umwelt) Zustände bezogene Kommunikation von Verantwortung als Thema, aber auch die im Rahmen der Realisierung von Verwirklichung (Capabilities) bzw. Handlungserfolge (Functionings) der Stakeholder übernommene Verantwortung durch Kommunikation als Wirkungsmaßstab.
… vor oder gegenüber jemandem …	(4) Instanz	Stakeholder als Einflussnehmer auf oder Betroffene der unternehmerischen Wertschöpfung entlang der gesamten Wertschöpfungskette.

(Fortsetzung)

Tabelle 3.2 (Fortsetzung)

Zuschreibungsrelationen		Stakeholderkommunikation
... aufgrund bestimmter normativer Standards ...	(5) Kriterium	Die Regeln der Gesellschaft (d. h. die Kommunikationsnormen i. A. sowie Normen der Stakeholderkommunikation im Speziellen, d. h. Erwartungen, Anforderungen, Erklärungen, Leitlinien, Standards, etc.).
... Verantwortung"	Attribution	Corporate (Stakeholder) Responsibility.

3.4 Corporate Social oder Stakeholder Responsibility?

Zu interpretativen Schemata der Organisation zählen nicht nur die Auslegungen der Strukturprinzipien (Nachhaltigkeits-/Verantwortungsbegriffe), sondern damit affiliierte Schemata wie z. B. Corporate Sustainability, CSR und Stakeholder Responsibility. Gemäß des Nachhaltigkeitsbegriffes ist *Corporate Sustainability (CS)* allgemein als Beförderung der nachhaltigen Entwicklung durch Unternehmen zu verstehen und nicht bedeutungsgleich mit *Corporate Responsibility (CR)* als gesellschaftliche Unternehmensverantwortung (Marrewijk, 2003; Schaltegger, 2012; Jarolimek & Linke, 2015). Konsensfähig ist in der Kommunikationswissenschaft die Abgrenzung: „Verantwortung [ist] die zentrale Größe, über die sich Nachhaltigkeit realisieren lässt" (Karmasin & Weder, 2008a, S. 66). Somit leistet ein verantwortliches Unternehmenshandeln einen Beitrag zur nachhaltigen Menschheitsentwicklung. Im Gegensatz zur Nachhaltigkeit, welche einen Zustand (besser: Themenspeicher für Entwicklungsfragen) beschreibt, ist Verantwortung ein relationales Konstrukt (Weder & Karmasin, 2017, S. 71 ff.). Nachhaltigkeit umfasst die thematische Struktur (Inhaltsebene) der Beziehung mit Stakeholdern, die wiederum eine Kommunikation von und über Verantwortung ist (Beziehungsebene) (Prexl, 2010; Jonker et al., 2011; Weder 2012). Auch Hentze und Thies argumentieren: „In der Praxis wird der Begriff [Corporate Responsibility] vielfach sogar als Synonym für unternehmerische Nachhaltigkeit verwendet. Überzeugender ist es jedoch, Nachhaltigkeit als ein Leitprinzip von Unternehmensverantwortung zu begreifen (...)" (2014, S. 3 f.). Im Sinne einer *Corporate Personhood* werden MNUs als Handelnde begriffen (Moon et al., 2005). In wirtschaftsethischen Modellen entspricht dies der Kombination eines Personen- und sekundären Verantwortungsmodells (Maring, 2001). Im Personenmodell sind MNUs moralische Akteure sui generis, die in vollem Umfang für Operationen verantwortlich sind, ohne dass ihre Entscheidungen auf die Handlungen ihrer Mitglieder zurückgeführt werden. Im sekundären Verantwortungsmodell wird die Gesamtverantwortung auf die Einzelverantwortungen zurückgeführt, ohne mit dieser identisch sein zu müssen (Goodpaster, 1983; Werhane, 1992). Notwendig ist dies, weil „Korporationen (…) moralisch und rechtlich haftbar sein [können], Zurechenbarkeit im dezidierten Sinn des Wortes bleibt jedoch an Personen gebunden, so dass der Begriff der korporativen Verantwortung genau genommen nur dort sinnvoll ist, wo er sich auf individuelle Verantwortung zurückführen lässt" (Heidbrink, 2011, S. 195).

Die spätmoderne Omnibusvokabel für Unternehmensverantwortung ist *Corporate Social Responsibility (CSR)*. CSR beantwortet die Frage „wem gegenüber sind Unternehmen verantwortlich?" pauschal mit „der Gesellschaft". Eine konsensierte CSR-Definition existiert nicht (May, 2011). CSR ist eine soziale Konstruktion, weshalb gilt: "any attempt to develop an unbiased definition is challenging, because there is no methodology to verify whether it is indeed unbiased or not" (Dahlsrud, 2008, S. 1), wobei: "it is not so much a confusion of how CSR is defined, as it is about what constitutes the social responsibility of business" (ebd., S. 6). Als „dynamisches, diskursgeprägtes und umfassendes" (Bassen et al. 2005, S. 231), "open, aspirational, and polyphonic concept" (Schultz et al., 2013, S. 688) mit fließenden Grenzen zu Citizenship bleibt CSR vage, interpretationsoffen, ist ein "aspirational talk" (Christensen et al, 2013, S. 372) und nicht klar bestimmbar. Weder interpretiert CSR als "allocation and taking of responsibility by an organization towards the stakeholder (…) based on the principle of social, economic and ecologic sustainability" (2017, S. 24). Sie argumentiert ferner:

> "There exist different positions about how to realize responsibility, about how the idea of perception of this responsibility can be implemented and administered in/by an organization or individuals (…) like the following: 'CSR implies economic profit' as one pole and 'responsible behavior and corporate policy exclude each other' (…). The different frames of organizational behavior produce and reproduce the common-sense belief 'responsibility of entities' in the way that they define the CSR issue field; in other words: internally and externally communicated CSR content" (ebd., S. 31).

CSR ist ein Schema, das zwischen den antagonistischen Ansätzen Stakeholder und Shareholder Value verortet ist (Karmasin & Litschka, 2017). Es ist ein Konstrukt sich moralisierender und moralisierter Gesellschaften (Schultz, 2006, 2009; 2010; 2011a/b; Imhof, 2009; Schmidt & Tropp, 2009; Raupp, 2011a), das über Empörung und Skandalisierung im Konnex mit Publizität steht, zumal gilt: "CSR is dealt with almost exclusively in terms of individual malpractice in the media" (Weder & Karmasin, 2017, S. 75; ähnlich Tench et al., 2007; Altmeppen &

Habisch, 2008; Schultz & Kollegen, 2013). Die Fachliteratur strotzt nur so vor CSR-Begriffen und -Konzepten (Jarolimek, 2013). Sie ist bemüht, die Eigenheiten eines kommunikationswissenschaftlichen CSR-Begriffes herauszustellen und diesen von soziologischen (Backhaus-Maul et al., 2010, 2015), politik- (Rieth, 2011), betriebs- (Schneider, 2015) und rechtswissenschaftlichen (Nowrot, 2011) Ansätzen abzugrenzen (Schultz et al., 2013). Als Spezifika werden u. a. ein Fokus auf Reputation, Legitimation, Vertrauen (Raupp et al., 2011), öffentliche Selbst- und Fremddarstellungsleistungen (Winkler, 2016), wechselseitige Aushandlungsprozess und kommunikative Inszenierungen angeführt (Bartlett et al., 2007; Schultz, 2011b; Bentele & Nothaft, 2011). Aufgebaut werden Arbeitsdefinitionen auf der Arbeit von Bowen (1953), der Verantwortungspyramide von Carroll (1979, 1991) und dem Social Performance Modell von Wood (1991) mit Verweis auf reichhaltige Konzeptgeschichte (Dahlsrud, 2008; AKNU, 2012; Carroll, 2008). Es finden sich Schemata wie enge und weite (Raupp et al., 2011; Jarolimek, 2014), responsive, strategische (Porter & Kramer, 2006), explizite und implizite CSR (Matten & Moon, 2008). Es gibt zudem auch Phasen- und Reifegradmodelle (Visser, 2012; Frederick, 2006, 2013) sowie einige Stufenmodelle der Unternehmensverantwortung (Galonska et al., 2007, S. 18 ff.; Raupp et al., 2011, S. 10 ff.; Tench et al., 2012, S. 8 ff.). Als ein „integrativer" (Lorentschik & Walker, 2015) und „dialogischer" Ansatz (Guthey et al., 2006) hat CSR Einzug in diverse Disziplinen gehalten (Garriga & Mele, 2004; Schranz, 2007). Angesichts der üppigen Konzeptentwicklung ist zugleich aber auch nüchtern festzustellen: kaum ein Autor hinterfragt die Eignung von CSR als Operationalisierung von Verantwortung im Unternehmenskontext. Die Konzeptkritik oder „kritische Würdigung" bleibt bis auf Ausnahmen auf die Beschreibung negativer Praktiken begrenzt (May, 2014, S. 96 f.; Ihlen et al., 2014, S. 8 f.). Bekundet wird in der Regel die Enttäuschung über die schwache Ausprägung von CSR und dessen Instrumentalisierung als öffentliches "Green-" oder "Whitewashing" (L'Etang, 1994; Frankental, 2001; Roberts, 2003; Liebl, 2011). Trotz, ja gerade wegen seiner Eingängigkeit als Omnibusvokabel für alles, was mit Ökonomie und Verantwortung zu tun hat, wird CSR wenig hinterfragt (Marc & Fleming, 2012). Begründet wird die Begriffswahl vielfach mit Konventionen ("our decision to use CSR (…) is rooted partly in our agreement with the criticism of the corporate citizenship concept, and partly in the pragmatic reason that most of the research literature uses this term" (Ihlen et al., 2014, S. 6)). Dieser Zugang sollte grundlegend hinterfragt werden. In einer Inhaltsanalyse der CSR-Medienberichterstattung stellt Franziska Weder (2012b, S. 187) fest, dass es sich bei CSR um einen „Argumentationsraum mit wischiwaschi-Übersetzungen", „ungenauen Abgrenzungen",

„Schlagwortsystemen" und „Um-/Neudeutungen" handelt. Und van Oosterhout und Heugens argumentieren:

"It is hard to deny that there is something appealing about the notion of CSR. First, it has strong mobilizing quality. Under its banner, generations of scholars have investigated the impact of managerial decisions on the social environment of business as well as the reciprocal influence (...). Second, it operates as a real-world focal point for managerial initiatives at the business-society interface. A broad range of activities that were previously known under diffuse labels like corporate philanthropy, corporate community involvement, issues-, ethics- and sustainability management, as well as stakeholder integration, -management, and –dialogue are now conveniently rubricated under the more encompassing heading of CSR, and presented as if they were an integrated and coherent set of policies and outcomes. Unfortunately, these mobilizing and organizing qualities alone constitute an insufficient basis for the concept of CSR to make sound academic sense" (2013, S. 215 f.).

Ihrer Auffassung nach haben CSR-Definitionen ein Operationalisierungsproblem, weshalb gilt: "in the absence of such a systematic relationship one can take neither CSR theory building, nor empirical research on CSR, very serious-ly" (ebd., S. 216). Neben diesen konzeptionellen Unschärfen ist auch der Ebenen-Fehlschluss problematisch. CSR suggeriert, dass das Unternehmenshan-deln gegenüber der Gesellschaft rechenschaftsablegbar ist. Das Problem dabei ist, dass die Gesellschaft eine analytische Abstraktion ist, die in strukturationstheore-tischer Hinsicht keinerlei Handlungsqualität besitzt. Weder können ihre Grenzen klar definiert werden, noch ist sie zu kommunikativen Handlungen in der Lage, weshalb sie als Instanz der Rechenschaftsablegung auch nicht in Frage kommt. Das Konzept CSR ist deshalb nicht mehr als ein „konstruierter sozialer Mythos" (Backhaus-Maul & Kunze, 2015, S. 102), eine „kommunikative Schutzbehaup-tung" (Altmeppen, 2011a, S. 255), die im Hinblick auf die organisationsethischen Instanzen der Rechtfertigung von Unternehmen, ihre Stakeholder, kommunikati-onstheoretisch zu dekonstruieren ist. Mit den Worten von Juliana Raupp bedeutet dies "stakeholder theory can offer an operationalization of a complex concept of society by focusing on certain groups within that society" (2014, S. 276). Die Verantwortung gegenüber Stakeholdern kann mithilfe einer Heuristik von Stefa-nie Hiß (2006) wiederum in *Verantwortungsbereiche* untergliedert werden: einen (1) *inneren Bereich*, zu dem Marktverpflichtung und Gesetzesbefolgung zählen ("Compliance"), einen (2) *mittleren Bereich*, in dem gesetzlich nicht vorgeschrie-bene Maßnahmen entlang der Wertschöpfungskette im Rahmen des Kerngeschäfts fallen und einen (3) *äußeren Bereich*, der freiwillige, außerhalb dieser Kette stattfindende Maßnahmen umfasst, wobei das Verantwortungshandeln im engeren Sinne freiwillig ("beyond compliance") ist, also in den mittleren bis äußeren Bereich fällt (vgl. Abb. 3.1).[2]

Quelle: eigene Abbildung in Anlehnung an Hiß, 2006, S. 8

Abbildung 3.1 Verantwortungsbereiche der Corporate Responsibility

Hiß Modell ermöglicht eine Beschreibung der Inhalte, nicht jedoch raumzeitlichen Verortung der kommunikativen Instanzen der Corporate Responsibility. An diese Frage knüpft das Konzept *Stakeholder Responsibility* von Freeman und Kollegen an, die als Kritiker von CSR bemerken: "While we believe that responsibility is a core idea for an enterprise approach, we want to question whether or not the term 'social' captures the essence of responsibility. (...) There is no need to think in terms of social responsibility. In fact, we might even redefine 'CSR' as 'corporate stakeholder responsibility'" (2007, S. 98 f.). Die Mesoanalytik ihrer Stakeholder Responsibility macht Verantwortungszuschreibung operabel und operativ praktikabel, weil Stakeholder als Verantwortungsinstanzen von Unternehmen konkret bestimmt und in Verantwortungs- (Responsibility) oder Rechenschaftshandlungen (Accountability) eingebunden werden (können). Nicht zuletzt stoßen sich die Autoren an der Semantik des Attributes "Social". Sie unterstellen, CSR widerspräche einer integrativen Perspektive, weil es dazu beiträgt, Gegensätze zu perpetuieren (Freeman & Velamuri, 2006) und befürchten "as long as we continue

---

[2]Hiß Schema baut auf A.B. Carrolls Verantwortungspyramide auf. Er sieht die ökonomische Verantwortung ('being profitable') als Fundament, auf der die rechtliche ('obey the law') und ethische ('be ethical') Verantwortung aufbaut, mit der philanthropischen Verantwortung ('Be a good corporate citizen') an der Spitze (Carroll, 1991, S. 42). Kommunikationswissenschaftliche Arbeiten greifen Carrolls Grundgedanken mit der Unterscheidung enger (obligatorischer) und weiter (freiwilliger) CSR auf (Raupp et al., 2011).

to talk about CSR as separate from 'the business' then we are implicitly appro-
ving of the old narrative of business" (Freeman & Moutchnik, 2013, S. 6) und
unterstellen "it is almost an apology for business being about the money (…). If
you change the underlying narrative of business to see it as 'creating value for all
stakeholders', then CSR just isn't necessary" (ebd.). Ihre Stakeholder Responsibility zielt auf eine gemeinsam geteilte und durch die externe Kontroll-Instanz der
Stakeholder abgesicherte Verantwortung ab (vgl. Mahoney, 1994; Phillips, 2003).
Sie ist für diese Arbeit grundlegend, da sie eine organisationsethisch sinnvolle
Operationalisierung der Verantwortungsinstanz der Organisationskommunikation
darstellt.

3.5   Stakeholder als externe Verantwortungsinstanzen

Im Folgenden wird das Nachhaltigkeitsverständnis von J. Elkington (TBL) als
deskriptive Basis für die Beschreibung der thematischen Strukturierung (Inhalte)
der Stakeholderkommunikation herangezogen. Analog dazu beschreiben die QBL
und die Stakeholder Responsibility Instanzen der Rechenschaftsablegung. Hiß
Modell liefert ergänzend hierzu eine nützliche Heuristik zur Beschreibung der
Reichweite der Verantwortung. Mit diesen Konzepten wird für eine differenzierte
Betrachtung von Stakeholderkommunikation geworben. Corporate Responsibility
reicht ferner über die Verantwortung des Unternehmens hinaus. Verantwortungs-
urteile beziehen in der Regel die Kontexte der Unternehmensaktivitäten mit ein
und schreiben auch Stakeholdern (z. B. Staat, NGOs, etc.) Responsibilities zu
(Röttger & Thummes, 2017), denn Corporate und Stakeholder Responsibility
manifestieren sich je in Relation zueinander (Fetzer, 2004, Gerhards et al., 2007;
Seidel, 2011).
    Begriffsgeschichtlich ist der Stakeholder in Abgrenzung zum Shareholder-
Begriff (syn. Stockholder) in den 80er Jahren entstanden. Die mit der Differenzierung verbundene Idee, dass Unternehmen Verantwortung gegenüber mehr als
nur Eigentümern übernehmen, ist zwar weitaus älter (Dodd, 1932) und auch die
erstmalige Verwendung des Begriffes durch William R. Dill (1958) darf nicht vergessen werden. Der Durchbruch ist jedoch unstrittig dem Hauptwerk von Edward
Freeman (1984) zuzuschreiben, der darin seine Stakeholder-Theorie (SHT) als
Alternative zur Shareholder-Value-Theorie (SVT) ausbreitet. Heutzutage begreifen manche Autoren die SHT als Substitut der SVT (Bauer & Hogen, 2009).
Dies wird aber auch kritisch gesehen (Walker et al., 2008). Freeman und Kollegen sind hier der Ansicht: "We can't understand Management for Stakeholders as
anti-shareholder or against the interests of shareholders. Without the support of

the folks and institutions that put up the money, a business can't exist. However, we do believe that if managers try to maximize the interests of any one stakeholder, they will run into trouble" (2007, S. 157). Management *für* Stakeholder ist ein betriebswirtschaftlicher Balanceakt. Im Zentrum steht die Überwindung des Gegensatzes von Markt und Moral (von Freeman als "Separation-Thesis" bezeichnet) durch das Moderieren interner und externer „Stakes" diverser Holder als ein Gebot strategischer und verantwortlicher Unternehmensführung. Den normativen Kern der SHT bilden "three critical characteristics: a focus on value creation, a focus on decision making, and a focus on individual stakeholder relationships" (Freeman & McVea, 2005, S. 64). Anspruch ist die Zusammenführung dreier Dimensionen: in deskriptiver Hinsicht geht es um die strategische Gestaltung von Interaktionen der Unternehmung mit Stakeholdern. In instrumenteller Hinsicht geht es darum zu zeigen, welche Effekte dieses Engagement hat. Die normative Dimension thematisiert, welchen ethischen Prinzipien es folgen sollte (Freeman et al., 2010, S. 211 ff.; ähnlich auch Donaldson & Preston, 1995; Jones et al., 2001).

Die SHT ist keine umfassende Theorie, eher ein anwendungsorientierter, organisationsethischer Ansatz (Phillips et al., 2003). Stakeholder Management ist als Theorie der Praxis entstanden und als Theorie der angewandten Ethik für Praktiker entwickelt worden. Freeman und Kollegen argumentieren diesbezüglich:

> "Stakeholder theory, as its proponents make plain, is best regarded practically or pragmatically, rather than as theory in an ratified sense. In the realm of many practicing social scientists, a theory will be assessed in terms of the comprehensiveness of its account of the problems it addresses. Stakeholder theory has no such comprehensive or explanatory aims. Instead it aims to be useful, to provide tools that managers can use to better create value for the range of their constituents, tools that constituencies can use to improve their dealing with managers, and tools that theorists can use to better understand how value creation and trade take place" (2012, S. 1).

Strukturationstheoretisch sind Stakeholder und Stakeholder Management zentrale interpretative Schemata der Theorie und Praxis verantwortungsorientierter Organisationskommunikation. Mithilfe der beiden Termini lassen sich kommunikative Verantwortungsinstanzen beschreiben (Ferrell et al., 2010). Bachmann hierzu:

> „In der Organisationssemantik hat sich zur Bezeichnung von Verantwortungsinstanzen und Bezugspersonen der Begriff des Stakeholders etabliert. Dabei handelt es sich aus Organisationssicht um eine nützliche Projektion (oder abermals genauer: um ein interpretatives Schema), die es ermöglicht, strategisch relevante Bezugspersonen und normativ bedeutsame Verantwortungsinstanzen zu identifizieren" (2017, S. 107).

Der Akteursbegriff der SHT, der Stakeholder, ist in der kommunikationswissenschaftlichen Literatur inzwischen angekommen (vgl. Kirf & Rolke, 2002; Morsing & Schultz, 2006; Karmasin, 2007; Karmasin & Weder, 2008a, 2014; Moutchnik, 2013; Raupp, 2014; Couldenhove-Kalergi & Faber-Wiener, 2016). Die gängigste Definition stammt von Freeman, der Stakeholder allgemein definiert als: "a stakeholder in an organization is (by definition) any group or individual who can affect or is affected by the achievement of the organization's objectives" (1984, S. 46). Die Erschließung der SHT für die deutsche Kommunikationswissenschaft ist Matthias Karmasin zuzuschreiben (1998, 1999a/b, 2000, 2003, 2005a/b/c, 2006, 2007, 2013, 2015; Karmasin & Weder, 2008a/b; 2014; Karmasin & Krainer, 2015). Seine Stakeholder-Definition baut auf den drei Kriterien Einfluss, Interesse und Betroffenheit auf. Sie lautet: „Als Stakeholder (…) lassen sich alle direkt artikulierten (und organisierten) Interessen bzw. Umwelteinflüsse, die an die Unternehmung herangetragen werden, verstehen und all jene Interessen bzw. Gruppen, die durch das Handeln der Unternehmung betroffen werden (bzw. betroffen werden können)" (1999, S. 184). Der Begriff Stakeholder wird mit gewisser Beliebigkeit eingesetzt. Unstrittig ist jedoch: erstens beschränkt sich sein Geltungsbereich auf die Wirtschafts- und Sozialwissenschaft. In der Rechtswissenschaft ist er unbestimmt (Crane et al., 2005). Zweitens ist er analytisch in "Holder" und "Stakes" unterteilbar. Und drittens ist er inhaltlich an die SHT gekoppelt und ergo an Fragen der nachhaltigen Unternehmensführung gebunden (Freeman et al., 2010).

Die Generik des Stakeholder-Begriffes führte zur Erarbeitung von Heuristiken, die Spezifikationen ermöglichen. Den bisher umfassendsten Versuch unternahm Samantha Miles (2012, 2017). Sie dekonstruierte die Definienda von 885 Stakeholder-Definitionen mithilfe einer Clusteranalyse und erarbeitete so ein Verortungsschema. Ihren Leitfragen (s. u.) liegen folgende Prämissen zugrunde: Stock (Share) und Stake beziehen sich je auf ein spezifisches Verständnis von Eigentum, wobei der Stock eben finanzielle und der Stake nichtmaterielle, ethisch begründbare (Eigentums-)Ansprüche repräsentiert (Freeman, 1984; Freeman & Reed, 1983). Stocks (syn. Shares) sind vertraglich abgesicherte, finanzielle bzw. monetär bemess- und bezifferbare Anteile am (quantifizierten) ökonomischen Erfolg des Unternehmens. Referenzpunkt ist die Maximierung von Ertrags- und Marktwert des Unternehmens (Speckbacher, 1997). Die Stakes sind im Gegensatz dazu inhaltlich weitaus komplexer und nur über Proxys (z. B. Interesse, Bedürfnis, Betroffenheit) konzeptionell beschreibbar (Miles, 2012, 2017). Nimmt man Miles Leitfragen und Definitionskomposita zum Ausgangspunkt, lässt sich das Stakeholderbegriffsverständnis dieser Arbeit einordnen. Stakeholder sind demnach Organisationen, die sich im Umfeld des Unternehmens bewegen und Einfluss auf Volkswagen nehmen (Influence) bzw. auf die das Handeln Volkswagens Auswirkungen hat (Impact) und deren Stakes durch Sprecher vertreten werden. Aufbauend auf der Definition von Freeman und Karmasin und orientiert an den Leitfragen von Miles wird für diese Arbeit der folgende Stakeholder-Begriff formuliert (Tabelle 3.3):

Tabelle 3.3 Leitfragen zur Bestimmung des Stakeholder-Status

Leitfragen und Komposita (Miles 2012, 2017)			Stakeholder-Begriff der Arbeit
WHO?	… are the stakeholders (stkh.)?	Humans, nature, citizens, coalitions, constituents, employees, participants, …	Organisationale, d. h. (komplexe) kollektive Akteure im kommunikativen Umfeld des Unternehmens Volkswagen AG.
	… is identifying stakeholders?	Corporations, organizations, management, …	Kommunikatoren der VW AG (Stakeholder als einseitige Statuszuschreibung).
HOW?	… do stkh. impact the organization?	Benefits, harms, helps, hurts, impacts, influences, interacts, supports, threatens, …	Durch kommunikative Handlungen (z. B. Boykotte, Kaufempfehlungen, etc.).
	… does the organization impact stkh.?	Gain, harm, influence, lose, rights, violations, benefits from, …	Einfluss (influence) bzw. Auswirkung (Impact) als kommunikationsinduzierte Handlungserfolge (Functioning) und/oder Handlungsoptionen (Capability) in Folge der Kommunikation mit Stakeholdern.
WHY?	… are stakeholders identified?	Value creation, moral obligation, resources, responsibility, …	Corporate Stakeholder Responsibility als Selbstverpflichtung des Unternehmens.

(Fortsetzung)

Tabelle 3.3 (Fortsetzung)

Leitfragen und Komposita (Miles 2012, 2017)			Stakeholder-Begriff der Arbeit
WHAT	… is the form of the stake?	Claim, investment, interest, ownership, risk, right, …	Stakes als relationale, mehrdimensionale und multimodale Kategorien, denen man sich mit diversen analytischen Kategorien (Proxy-Begriffen) annähern kann.
	… is the nature of the stake?	Clear, direct, implicit, explicit, legal, moral, normative, …	
	… does the stake relate to?	performance, policies, operations, activities, …	

3.5.1 Externe Holder und deren Stakes

Für eine umfassende Begriffsbestimmung ist es notwendig, die Begriffsdimensionen Stake und Holder zu detaillieren. Für die Frage „*Wer sind die Holder der Stakes?*" sind nach Ansicht des Autors folgende Aspekte konstitutiv:

(a) *Kommunikativ agierende Organisation (Handlungskriterium):* die Forschung dreht sich um die Frage, ob transzendentale (Gott) (Schwartz, 2006) und nichtmenschliche Entitäten (z. B. die natürliche Umwelt) Stakeholder sind (Proargumente: Starik, 1995; Nahsi, Nahsi, & Savage, 1998; Stead & Stead, 1996, 2000; Driscoll & Starik, 2004; Kontra: Phillips & Reichhart, 2000; Orts & Strudler, 2002, 2009). Dieser Diskurs mündet in neuen Konzepten wie "Corporate Environment Responsibility" (DesJardins, 1998) oder "Environmental Embeddedness of Stakeholder Environments" (Laine, 2010). Hier wird die Ansicht vertreten, dass Stakeholder Organisationen sind, die über kollektive ‚Reflexivity' und überindividuelles Handlungsvermögen verfügen.

(b) *Zeitliche Gegenwärtigkeit (Temporalkriterium):* der Fachdiskurs adressiert die Frage, ob zukünftige Generationen Stakeholder sind (Wheeler & Sillanpaa, 1997). Clarkson definiert Stakeholder z. B. als "persons or groups that have, or claim, ownership, rights, or interests in a corporation and its activities, past, present, or future" (1995, S. 106). Diese Frage ist im Hinblick auf das Nachhaltigkeitskonzept relevant (Wieland, 2016). Diese Arbeit beschränkt sich auf die zum Zeitpunkt der Erhebung von Unternehmensvertretern in Datenbanken gelisteten Stakeholder.

(c) *Räumliche Nähe (Reichweitenkriterium):* der Aspekt der raumzeitlichen Nähe wird kaum thematisiert, ist aber wichtig, denn: in Zeiten der Globalisierung und Digitalisierung sind Stakeholder über den gesamten Globus verstreut. In dieser Untersuchung wird der Fokus auf räumlich an VW angrenzende Stakeholder aus der DACH-Region mit Fokus Deutschland gelegt. Begründet wird dies mit dem Schwerpunkt der Maßnahmen auf Präsenzveranstaltungen und kontrollierte Medien, die zumeist einen direkten Kontakt fordern, der eine gewisse räumliche Nähe zu den Standorten oder dem Firmensitz voraussetzt.

(d) *Multiple Rollen (Rollenkriterium):* Moutchnik (2013, S. 23) verweist auf die Klärung der kommunikativen Rollenverteilung als „zentrale Verwirrung" um das Stakeholder-Konzept. Er bezieht sich dabei auf die Frage, ob Stakeholder als Sender auf Unternehmen zugehen und sich selbst organisieren (Kommunikator), oder ob sie vom Unternehmen erst einmal als solche definiert und als Empfänger (Rezipient) organisiert werden. In dieser Arbeit wird davon ausgegangen, dass beides abwechselnd voneinander geschieht. Stakeholderverhalten oszilliert zwischen den Polen Aktivität und Passivität. Sie werden im Gegensatz zu den Betriebswirtschaften jedoch nicht als Akteure mit homogenen Stakes bzw. Rollen betrachtet (z. B. Kunden, nur in ihrer Eigenschaft als Käufer, sondern auch als Bürger, Anwohner, Naturschützer, etc.). Die externen Stakeholder der Volkswagen AG können in ihren Rollenkonfigurationen unterschiedliche Anforderungen haben, die sich inhaltlich überlappen, oder sogar widersprechen können.

Für das Konzept der Stakes und die Frage „*Was sind die Stakes der Holder?*" sind wiederum folgende Merkmale konstitutiv:

a) *Stake als Beziehungsmerkmal (Relationalität):* der Stake eines Holders ist kein vertraglich abgesichertes und dingliches, sondern ein relationales Merkmal. Attas begründet treffend: "if we adopt the contractual understanding of the stakeholder model, we do not really depart from the old shareholder model other than, at most, making explicit whatever implicit contracts already exist. Thus, the special relationship on which the stakeholder model is based must be non-contractual" (2004, S. 314 f.). Ähnlich argumentiert auch Garriga, der von einem Beziehungsvertrag mit Stakeholdern spricht ("a contract based on social relations, where outputs are also social relations. Relational contracts foster what we can call relational goods which promote flexibility, solidarity and autonomy" (2011, S. 337)). Deckungsgleich argumentiert Cappelen. Stakeholder-Beziehungen sind für ihn freiwillige Verpflichtungen und Interaktionen zum wechselseitigen Vorteil (Cappelen, 2004).

b) *Stake als Merkmalsraum (Multidimensionalität):* die konzeptionelle Attraktivität des Stakes fußt auf deren Interpretationsoffenheit (Beschorner, 2011,
S. 163). Carroll bemerkt: "the idea of a stake (…) can range from simply an
interest in an undertaking at one extreme to a legal claim of ownership at the
other extremes" (2005, S. 503). Ein Stake ist nicht zwingend ein singuläres
Merkmal, sondern ein Bündel an Merkmalen, die Bestandteile interpersonaler
oder interorganisationaler Beziehungen sind. Neville und Menguc sprechen
von "multiple conflicting, complementary, or cooperative stakeholder claims
made to an organization" (2006, S. 377). Die Komponenten der Stakes stehen in komplementärer bis konfliktärer Beziehungen zueinander. Goodpaster
(1991) nennt dies auch „Stakeholder Paradox". Einerseits erwarten Holder
von Unternehmen zum Beispiel die Berücksichtigung moralischer Ansprüche.
Anderseits fordern sie eine Gewinnerwirtschaftung unter Wettbewerbsbe-
dingungen. Stakes sind komplex, situativ und dynamisch. Gerade implizite
Stakes sind kaum fassbar, da sie nicht direkt artikuliert werden. Im Raum
steht natürlich aber auch die Frage, ob es zielführend ist, Stakes mehrdimensional zu konzipieren. Dafür sprechen drei Argumente: erstens ist es dadurch
möglich, ökonomische und nichtökonomische Anforderungen in ihrer all-
tagstypischen Verwobenheit zu betrachten; Granovetter dazu: "the theoretical
issue is often not one of economic and sociological arguments conflicting, but
rather of the weakness of both in understanding how actors with simultaneous
economic and non-economic motives will act" (2005, S. 38). Das zweite
Argument tangiert Operationalisierungsfragen. Reduziert man den Stake auf
eine singuläre Kategorie (z. B. Stake als Interesse) wird der Begriff überflüssig, weil dann zwei Konstrukte ein und dasselbe Phänomen beschreiben.
Drittens stimmt die Auslegung mit Freemans Interpretation überein. Er und
seine Kollegen behaupten selbst: "stakes (…) are multi-faceted, and inherently
connected to each other" (2010, S. 27). Multidimensionalität bedeutet, dass
ein Stake diverse Proxys beinhaltet, die diesen näher beschreiben. Beispiele
aus der einschlägigen Literatur hierfür sind:
- *Erwartung (Expectation):* Riesmeyer und Kollegen (2016) begreifen Stakes in erster Linie als Erwartungen von Außenstehenden. „Eine Erwartung
  meint dabei, dass zwei Aussagen in eine (kausale) Beziehung gesetzt
  werden. Erwartungen können auch Anreize zu einer Handlung oder die
  Folgen (auch mögliche Sanktionen) einer Handlung beinhalten" (S. 380).
  Sie stellen Erwartungen als Vorstufe von *Ansprüchen (Claims)* bzw. *Forderungen (Demands)* dar. „Ansprüche gehen einen Schritt weiter, indem die
  Erwartung zusätzlich bewertet wird. Ansprüche sind verbunden mit ‚Wertungen, Wünschen, Forderungen' (…). Während die Erwartung das Sollen

als Kausalzusammenhang beschreibt, integriert der Anspruch gleichzeitig das Wollen", erklären die Autoren (a. a. O.).

- *Interesse (Interest):* Pesquex und Damak-Ayadi (2005) halten Interessen für den besten Begriff, um Stakes zu beschreiben. Ihren Standpunkt begründen Sie mit: "neither needs nor desires are capable of accounting for the foundations of the expectations of diffuse stakeholders (…). More generally, and above and beyond the duality between needs and desires, we might be able to use the concept of people's interest to ascertain the foundations for stakeholdership" (2005, S. 15).

- *Bedürfnisse (Needs) und Bedenken (Concerns):* Perret (2003) sowie Mono und Kollegen (2011) begreifen Stakes als Bedürfnisse und Bedenken. Diese verstehen sie als unterste Stufe eines Eisbergmodells. Die nächsthöhere Stufe sind Interessen und Gründe hinter Positionen, die die dritte und letzte, einzig an der Oberfläche befindliche Stufe darstellen.

c) *Stake als Merkmalszusammenhang (Multimodalität):* Die Fachliteratur hat sich ausführlich mit der Verlinkung von Stakes und Issues als Kommunikationsinhalten beschäftigt (Rohloff, 2008a/b). In dieser Arbeit wird vorausgesetzt, dass sich Stakes anhand von Themen (Sustainability Issues) manifestieren (Deephouse & Heugens, 2009). Dabei besteht eine Verbindung zu Kommunikationsanlässen. Mit Anlass ist jedoch nicht das zugrundeliegende Motiv, sondern der wechselseitige kommunikative Berührungspunkt der Kommunikationspartner gemeint. In der Praxis hat sich hier der Begriff Kanal etabliert, der aufgrund seiner Nähe zur Übertragungsmetapher einfacher Kommunikationsmodelle für eine wissenschaftliche Arbeit jedoch ungeeignet ist. In der Kommunikationstheorie wird von Foren und Arenen gesprochen und in der Marktforschung plastisch von *kommunikativen Berührungspunkten* (Touchpoints) (Esch, 2004; Esch, 2011). Sie sind alle direkten Berührungspunkte der Stakeholder mit Personen, Objekten und Maßnahmen der Unternehmenskommunikation in den Foren und Arenen der Stakeholderkommunikation (Rossa, 2010). Wenn im Folgenden von einer Multimodalität der Stakes die Rede ist, dann ist damit also die inhärente Verbindung der Stakes von Holdern mit Themen und Kommunikationsanlässen gemeint (vgl. Abb. 3.2).

Quelle: eigene Abbildung

Abbildung 3.2 Multimodalität von Stakes

In der Praxis treten Stakes in unterschiedlichster Form auf. Um das Konstrukt für den Leser greifbarer zu machen, werden in Tabelle 3.4 Beispiele angeführt.

Tabelle 3.4 Stakes (Fiktive Beispiele)

Holder	Stakes	Proxys
Aktionäre/Investoren	Wertsteigerung & Wachstum	– Interesse an Weiterentwicklung – Bedürfnis nach Kapitalsicherheit – Forderung nach Renditesteigerung
Führungskräfte	Wirtschaftlicher Erfolg	– Bedürfnis nach Geltung/Reputation – Verantwortungsempfindung ggü. der Belegschaft
Politiker	Steigerung der Wohlfahrt	– Forderung nach Steuerentlastungen – Interesse an der Prosperität der Volkswirtschaft
NGOS	Verantwortliches Handeln	– Forderung nach sozialer Gerechtigkeit – Interesse an der Zukunftsfähigkeit der Gesellschaft
Mitarbeiter	Steigerung der Lebensqualität	– Forderung nach gerechter Entlohnung, Mitbestimmung – Bedürfnis nach Sicherheit und Zufriedenheit – Interesse an Weiterbildungsmöglichkeiten

3.5.2 Stakeholder-Begriff im Deutschen: Anspruchsgruppe, Public, Publikum, Ziel- oder Bezugsgruppe?

Den Begriff *Anspruchsgruppe* als Synonym zum Begriff Stakeholder zu begreifen ist problematisch. Wieland argumentiert: „Ausgeblendet bleibt damit völlig, dass ,Ansprüche' nur derjenige hat, der zuvor Ressourcen in die Bildung und/oder den Erfolg eines Teams investieret. Damit ist er aber immer schon Mitglied dieses Teams und nicht ein dem Team gegenüber externer ,Anspruchsteller'" (2011, S. 264). Außerdem verweist Perrin (2010, S. 5) auf den doppelten Verwendungssinn des „Stake-Holders", der sich in dieser gängigen Übersetzung verliert. Demnach bedeutet "to be at stake", dass etwas auf dem Spiel steht, jemand von etwas betroffen ist (Risikogedanke). "To have a stake" spielt hingegen darauf an, dass jemand einen Anteil an etwas hat (Investitionsgedanke). Der deutsche Begriff Anspruchsgruppe ist konnotativ unzureichend, um diese Facetten wiederzugeben.

Der Begriff der *Publics* geht auf die PR-Theoretiker Grunig und Hunt und deren Frühwerk "Managing Public Relations" zurück. Innerhalb der PR-Theorie ist er dem Relational und Excellence Approach zuzuordnen (Raupp, 2004). Mit Bezug auf eine Definition von Herbert Blumer und als Element der später als Situational Theory of Publics bezeichneten PR-Schule definieren sie Publics als "a group of people who is faced with a similar problem, cognizes that the problem exists and organizes itself to do something about it" (1984, S. 283). Ausgangspunkt ist die Problemfeststellung, dass es im strengen Sinn keine "General Public" gibt und jeder Handelnde Mitglied einer definier- und beschreibbaren Teilöffentlichkeit ist (Ihlen, 2008).[3] Im Frühwerk spielte der Stakeholderbegriff keine Rolle (Grunig, 1979; Grunig & Hunt, 1984). Im Spätwerk bemühen sich Grunig und Repper dann durch Unterordnung um Klärung: "stakeholders who are or become more aware and active can be described as publics" (1992, S. 125). Viele Autoren argumentieren jedoch weitaus weniger differenziert und begreifen "publics" und "stakeholder" als Synonyme (De Bussy & Kelly, 2010; Vasilenko, 2015). Es gibt zudem eine "tendency to conflate the term 'Public' with the strategy literature term of 'Stakeholder'" (Leitch & Motion, 2012, S. 511). Raupp (2014) stellt die Begriffe gegenüber und diskutiert ihr Verhältnis. Sie verweist zunächst auf Gemeinsamkeiten, darunter die Rolle der Moral, die managerial perspective und

---

[3]Problematisch ist eine Gleichstellung mit „Öffentlichkeit". Für Juliana Raupp ist Public "such affairs that affect everyone or that are generally accessible" (2004, S. 309). Public Sphere hingegen "a domain appropriated by citizens and thus one which is not state-run or state-owned" (ebd., S. 309) und die Publics "groups of persons in the environment of an organization" (ebd., S. 310). Die Öffentlichkeit ist demnach annähernd mit "Public Sphere" zu übersetzen, wenngleich selbst das nicht ganz unproblematisch ist.

die deskriptiv-präskriptive Anwendung. Abschließend stellt sie fest: "it seems that the term stakeholder gradually replaces the term public in communication studies" (ebd., S. 287) und kommentiert: "I suggest that the management-oriented theory of stakeholders and the communication oriented theory of publics should be better interlinked and more closely related to each other" (ebd., S. 289). Ihrem Vorschlag wird hier aber nicht entsprochen. Die Begriffe werden weder synonym begriffen noch verbunden. Begründet wird dies damit, dass ökonomische Aspekte (Governance, Wertschöpfung) bei Publics eine untergeordnete Rolle spielen, jedoch von zentraler Bedeutung für den Stakeholder-Ansatz sind. Andere Autoren zeichnen Parallelen zum *Publikum (Audience)* (Ihlen, 2011, S. 158 f.). Im Gegensatz zum Begriff "Public(s)" lässt sich "Audience" eindeutig als „Publikum" eindeutschen. Ihlen geht sogar so weit zu fordern, der Einbezug der Publikumsperspektive sei für das Stakeholderkonzept essentiell (a. a. O.). Es darf jedoch nicht vergessen werden, dass die Termini Audience und Publics nicht trennscharf sind (Ni & Kim, 2009). Ferner gilt es zu berücksichtigen, dass der Publikumsbegriff ein Konzept der Rhetorik- und Medienforschung ist und einen dispersen Akteur beschreibt (Raupp, 2004; Funiok, 2010). Das steht im Widerspruch zur SHT, die annimmt, dass Stakeholder identifiziert, priorisiert und segmentiert werden können.

Die vierte terminologische Trennlinie verläuft zur *Zielgruppe (Target Group)*. Dabei handelt es sich um ein ökonomisches Segmentierungskonzept für Umfelder (Weder, 2010, S. 136). Mit dem Zielgruppenansatz sind zwei Hürden verbunden: erstens die empirische Herausforderung überhaupt Segmentierungen im kommunikativen Feld von Unternehmen vorzunehmen (Freter, 2009). Zweitens die ethische Frage, ob die Zuschreibung des Zielgruppenstatus nicht einer zu instrumentellen Sicht entspricht (Hasebrink, 1997). Jenen normativ-kritischen Standpunkt vertreten zum Beispiel auch Franziska Weder und Mathias Karmasin. Karmasin (2007, S. 82) fordert den „paradigmatischen Abschied vom Konzept und nicht nur dem Begriff der Zielgruppe" und betont, die Abgrenzung sei keine Spielerei, sondern „wesentlich auch um die materiellen, normativen Implikationen [zum Ausdruck zu bringen]" (a. a. O.). Die Stakeholder sind für ihn keine Objekte der Organisation und dürfen deshalb nicht als Ressourcenträger betrachtet werden. Karmasin geht es darum, dass erfolgsstrategische Überlegungen im Zielgruppendenken überpräsent sind, wohingegen im Stakeholderkonzept alle Stakes gleichberücksichtigenswert sind (Karmasin, 2015). Freeman vertritt hier eine gemäßigte Position. Er ist Pragmatiker und lehnt eine normative Überfrachtung des Begriffes ebenso ab, wie eine zu instrumentelle Auslegung (Freeman, 1994).

Nicht zuletzt gibt es eine weitere Grenzlinie zur *Bezugsgruppe (Reference Group)*. Franziska Weder definiert den Bezugsgruppenbegriff wie folgt:

> „Eine Bezugsgruppe konstituiert sich dabei über bestimmte Merkmale, die all ihren Mitgliedern zugeschrieben werden; Die Zuschreibung dieser Merkmale seitens der Organisation ist ‚stabil‘, die Mitglieder der Gruppe sind dabei aber eher wechselnd, die Mitgliederstruktur eher vorübergehend. Der ‚Bezug‘ der Bezugsgruppe zur Organisation, das Beziehungsgeflecht kann: a) räumlich (körperliche Anwesenheit wie Nachbarschaft, Journalisten etc.), b) sachlich (funktionale Anwesenheit wie Lieferanten, Kunden, Vereinsmitglieder, Shareholder etc.) oder c) sozial (existentielle Anwesenheit, d. h. direkte bzw. indirekte Abhängigkeit der Entwicklungspotentiale und Entscheidungsstrukturen zu Organisation wie z. B. Mitgliedschaft, Mitarbeiterstatus, indirekt: Mobbing, Gesundheitsgefahr etc.) vorliegen. Es handelt sich dabei jeweils um den bereits erwähnten ‚Beziehungssinn‘“ (2010, S. 133 f.).

Plausibel ist es, Stakeholder als spezifische Bezugsgruppe einzuordnen. Diese Abgrenzung ist allerdings nicht trennscharf, weil der Begriff Bezugsgruppe im Fach nicht eindeutig definiert und schwammig formuliert ist. Letztlich ist entscheidend: Stakeholderkommunikation ist keine Massenkommunikation[4], weil ein „disperses Publikum“ im Konflikt mit der SHT steht. Stakeholder sind identifizierbar, priorisierbar, segmentierbar. Sie sind real existierende organisationale Akteure im Unternehmensumfeld, deren Sprecher Stakes artikulieren (Westerbarkey, 2013, S. 31). In dieser Hinsicht sind Stakeholder "Special Publics", die sich über Stakes, Themen und Foren beschreiben lassen. Sie sind organisiert, informiert, kritisch, am Unternehmen interessiert, von der Wertschöpfung direkt oder indirekt betroffen, wirken meinungsbildend und bringen sich in öffentliche (soziopolitische) Diskurse ein. Diese Begriffsbestimmung bezieht sich jedoch vorwiegend auf nichtmarktkliche Gruppen und die managementpraktische Auslegung dieses Begriffes (z. B. keine Privat- oder Einzelpersonen). Diese bilden, wie eingangs erwähnt, den an der Praxis orientierten Schwerpunkt der Begriffsauslegung in dieser Arbeit (Tabelle 3.5).

---

[4]D. h. „jede Form der Kommunikation, bei der Aussagen öffentlich durch ein technisches Verbreitungsmittel indirekt und einseitig an ein disperses (nicht konzentriert, räumlich verteilt, nicht bestimmbar) Publikum vermittelt werden“ (Maletzke, 1963, S. 32).

Tabelle 3.5   Akteure im Umfeld der Organisation

Publika	Bezugsgruppen	Stakeholder	Zielgruppen
Unbekannte, nicht weiter konkretisierte/-sierbare und heterogene Gruppe an Rezipienten von Kommunikation in, aus und über Unternehmen	Konkret bestimmbare Gruppen, die einen wie auch immer gearteten Bezug zu einer Organisation haben (können)	"Holder" mit "Stake(s)"; Inhaltlicher Bezug der kommunikativen Beziehung auf Fragen betrieblicher Wertschöpfung	Von ergriffenen kommunikativen Maßnahmen der Organisation gezielt angepeilte Bezugsgruppen
Massenkommunikation		Individualkommunikation	

3.5.3   Typologie externer Stakeholder-Gruppen

In der Fachliteratur findet ein regelrechter Überbietungswettbewerb mit Stakeholder-Gruppen-Klassifikationen statt. Dabei sollte man sich auch einmal grundlegende Fragen stellen. Esben R. Pedersen merkt zum Beispiel kritisch an: "the root problem is perhaps that these classifications are generic, whereas the organizations' stakeholder relationships are specific. (…) Moreover, separating the critical stakeholders from the trivial ones is ultimately an exercise of power" (2011, S. 179). Freeman selbst beschäftigt sich ausführlich mit diesen Punkten. In seinem Frühwerk unterscheidet er noch primäre und sekundäre Gruppen. Primäre Stakeholder sind "vital to the continued growth and survival of any business" (Freeman et al., 2007, S. 50). Sie sind vertraglich gebunden (z. B. Customers, Employees, Suppliers, Financiers). Sekundäre Stakeholder sind im Gegensatz dazu primär kommunikativ an das Unternehmen gebunden (z. B. Competitors, Communities, Government, Special Interest, Consumer Advocate Groups) (1984, S. 24 f.). Er ordnet beide Typen in konzentrischen Kreisen um das fokale Unternehmen (1984, S. 142 f.). Seine "Stakeholder-Map" verfeinert er in späteren Publikationen (vgl. Freeman & Liedtka, 1997). In einem jüngeren Aufsatz kritisiert er dieses Vorgehen rückwirkend stark. Neben der Zentrierung auf das Unternehmen und der indirekt zum Ausdruck gebrachten Relevanzen geht es Freeman und McVea um:

> "Stakeholders are treated not as morally important individuals, but as abstractions, characterized by roles that they play. This approach makes it easy to separate decision making from those stakeholders who are affected by the decision. (...) When stakeholders are thought of in terms of their generic roles rather than as individuals of moral

worth, it is much easier to formulate strategies that are not only inhuman and unethical, but also counter to the long-term interests of the firm" (2005, S. 60).

Die beiden Autoren fordern: "let's move on from theories that revolve around the legitimacy of abstract faceless roles and the division of the same old theoretical pie, between the same old generic groups" (ebd., S. 58). Ihre Argumentation stützt sich auf eine Studie, die nachweist, dass Proximität ein maßgeblicher Treiber verantwortlichen Handelns ist (Jones, 1991). Im Kern geht es hier nicht um physische, sondern kognitive Distanzen, die auch durch Klassifikationen befördert werden. Freeman und McVea fordern deshalb: "Thinking about stakeholders as faceless groups, defined according to abstract roles, can result in individual moral responsibility becoming easier to ignore. (…) Thus, we believe that the conventional language of generic stakeholder groupings can facilitate a neglect of individual ethical consideration" (Freeman & McVea, 2005, S. 63). Aus diesem Grund wird in dieser Arbeit auf eine umfassende theoretische Diskussion generischer Klassifikationen verzichtet, die über die von Freeman o. g. exemplarischen Gruppen hinausgeht und im Empirieteil auf die Segmentierung der Volkswagen AG als praktische Heuristik der Gruppenbildung zurückgegriffen. Das empirische Vorgehen steht jedoch teilweise im Kontrast zur theoretischen Prämisse von Freeman und Liedtka, weil auf eine existierende Segmentierung und zwei Datenbanken der Volkswagen AG zurückgegriffen wurde. Die Empirie weicht hier ergo von der Theorie ab. Dieses Vorgehen schien dem Autor jedoch aus forschungspraktischen Gründen zwingend notwendig. Die Gründe hierfür waren vielfältig (u. a. Zugangsbarrieren, Mitwirkungsbereitschaft, Prämisse der einseitigen Statuszuschreibung) und werden im Kapitel 6. detailliert erläutert. In dem Kapitel befinden sich auch die Definitionen der Stakeholder-Gruppen sowie Beispielorganisationen.

Forschungsstand 4

Um die Ergebnisse der empirischen Fallstudie in einen aktuellen Forschungsstand einzubetten und darüber hinaus die Ausrichtung des theoretischen Bezugsrahmens erklären zu können, ist eine umfassende Beschreibung des aktuellen Forschungsstandes nötig. Die nun folgenden Erläuterungen umfassen neben der allgemeinen Verortung und Einordnung des Untersuchungsgegenstandes umfangreiche Rekonstruktionen des theoretischen und empirischen Standes der Forschung. Bis in etwa Ende des Jahres 2019 erschienene Literatur wurde dabei systematisch berücksichtigt. Die Platzierung des Kapitels 4. nach den Ausführungen zu den sozialtheoretischen und organisationsethischen bzw. -theoretischen Bezugspunkten erfolgt gezielt, da die Kapitel 2 und 3. zunächst die zentralen Begriffe und Konstrukte erörtern und dem geneigten Leser somit als Verständnisgrundlage für die Einordnung des Forschungsstandes dienen, noch bevor die Analysekategorien des Modells in Kapitel 5. detailliert werden. Auf eine Fusion des Forschungsstandes mit der eigenen Theorieentwicklung wurde ferner bewusst verzichtet, um klare Trennlinien zwischen der Eigenkonzeption und Fremdkonzeptionen zu ziehen. Die Ausführungen münden allerdings in auf ausgewählte Leitfragen bezogene Problematisierungen und in auf mit Handlungsempfehlungen verknüpfte Synthesen, welche die Ausrichtung dieser Arbeit sowie die Anknüpfungspunkte für den theoretischen Bezugsrahmen und das empirische Forschungsdesign erörtern.

© Der/die Autor(en), exklusiv lizenziert durch Springer Fachmedien
Wiesbaden GmbH, ein Teil von Springer Nature 2021
T. Lang, *Stakeholder Engagement Analyse*, AutoUni – Schriftenreihe 153,
https://doi.org/10.1007/978-3-658-33987-6_4

4.1 Stakeholderkommunikation in der interdisziplinären Forschung zu Business & Society

Der Untersuchungsgegenstand Stakeholderkommunikation wird interdisziplinär in die Business & Society Forschung (BSF) eingeordnet. Der Begriff ist angelehnt an das gleichnamige Leitjournal des SAGE-Verlages und steht für ein Forschungsfeld, dass sich seit den 1960er-Jahren unternehmensbezogen mit ethischen (u. a. Verantwortung, Nachhaltigkeit) und managementpraktischen Untersuchungsgegenständen (u. a. CSR, Stakeholder Management) beschäftigt. Die breite disziplinäre und inhaltliche Streuung der BSF macht die Rekonstruktion des Forschungsstandes jedoch zu einer Herausforderung. Zwar existieren diverse Review-Artikel (Carroll, 1999; Godfrey & Hatch, 2007; Laplume, Sonpar, & Litz, 2008; Dahlsrud, 2008; Lee 2008; Lee & Mitchell, 2013) und Journal-Spezialausgaben (AMR 1997; BEQ 2002; ZfWU 2004; BEQ 2015), die Überblicke versprechen. Meist arbeiten diese Quellen jedoch nur kleine Ausschnitte dieses weitläufigen Feldes auf.

Um einen systematischen Zugang zu gewährleisten, erfolgte die Aufarbeitung von Literatur und Forschungsstand über Schlagwortrecherchen in einschlägigen Literaturdatenbanken, darunter die Deutsche Nationalbibliothek (DNB), der Karlsruher Virtueller Katalog (KVK) und die Bibliothekskataloge der Freien Universität Berlin und Katholischen Universität Eichstätt-Ingolstadt. Die Suchbegriffe waren Stakeholder und/oder Kommunikation, Management, Engagement, Dialog, CSR, Verantwortung und Nachhaltigkeit. Einschlägige Literatur-Reviews (Locket et al., 2006; Matten & Palazzo, 2008; Palazzo, 2009; Schreck, 2011; Crane et al., 2013; Golob et al., 2013; Bartlett & Devin, 2014; Crane & Glozer, 2016), Handbücher (Morsing & Beckmann, 2006; May et al., 2007; Crane et al., 2008; Schmidt & Tropp, 2009; Raupp et al., 2011; May, 2011; Ihlen et al., 2014; Schmidpeter & Schneider, 2015; O'Riordan et al., 2015; Diehl et al., 2017), Archive und Journal-Alerts kommunikationswissenschaftlicher (Liste der Fachgruppe der DGPuK für PR- und Organisationskommunikation) und wirtschaftsethischer Forschungsnetzwerke (Liste der Fachgruppe für CSR-Kommunikation des Deutschen Netzwerks für Wirtschaftsethik) fungierten ergänzend hierzu als Orientierungshilfe. Vor dem Hintergrund, dass im europäischen Raum ein anderes Verständnis der Konstrukte existiert (z. B. Corporate Responsibility), das sich von angelsächsischen Interpretationen unterscheidet (Crane & Matten, 2004; 2010), konzentriert sich die Aufarbeitung primär auf europäische und deutschsprachige Beiträge. Der einleitende Überblick ist interdisziplinär gehalten, jedoch vorrangig am kommunikationswissenschaftlichen Erkenntnisinteresse orientiert.

In *theoretischer Hinsicht* war auffällig, dass die BSF von Publikationen ohne empirischer Fundierung dominiert wird. Empirische Arbeiten sind unterrepräsentiert. Eingeführt und diskutiert werden unzählige theoretische Modelle und Heuristiken für Stakeholder Management und Corporate Social Responsibility (Rohloff, 2002; 2008; Kirf & Rolke, 2002; Morsing & Schultz, 2006; Faber-Wiener, 2013; Raupp, 2014; Couldenhove-Kalergi & Faber-Wiener, 2016). Dies gilt auch für Edward R. Freeman, der selbst nie empirisch arbeitete (1984, 1994, 1999, 2004; Freeman et al., 2007, 2010) und die Erschließungen seines Ansatzes für die deutschsprachige Kommunikationswissenschaften durch Matthias Karmasin (1998, 1999a/b, 2000, 2003, 2005a/b/c, 2006, 2007, 2013, 2015; Karmasin & Weder, 2008a/b; 2014; Karmasin & Krainer, 2015). Trotz unzähliger Modelle wird nach wie vor ein theoretisch-konzeptionelles Forschungsdefizit attestiert. Laplume und Kollegen diagnostizieren zum Beispiel ein "lack of practicable heuristics" (2008, S. 1177). Und O'Riordan und Fairbrass konkludieren: "a review of the extensive literature in this field reveals that the conceptualization of corporate approaches to responsible Stakeholder Management remains underdeveloped" (2014, S. 121).

In *empirischer Hinsicht* hat sich die Forschung bereits intensiver mit Stakeholder-Dialogveranstaltungen beschäftigt. Untersucht wurden unter anderem Inhalte, Abläufe, Erfolgskriterien, Charakteristika und positive Effekte von Präsenzveranstaltungen (Payne & Calton, 2002; Kapstein & Van Tulder, 2003; Pleon, 2004; Ayuso et al., 2006; Burchell & Cook, 2008; Pedersen, 2011; Johansen & Nielsen, 2011; Schreyögg, 2013; Künkel et al., 2016; Rhein, 2017). Ein zweiter Schwerpunkt sind die Untersuchung von Kommunikaten aus dem Bereich der Onlinekommunikation (Social Media) und vergleichende Analysen von Websites sowie nichtfinanziellen Berichten (Kantanen, 2012; Herzig et al, 2012; Haigh et al., 2013; Colleoni, 2013; Moutchnik, 2012, 2013; Hetze, 2016; Hetze et al., 2016). Ein dritter Schwerpunkt ist die strategische Steuerung (Strukturen, Prozesse, Instrumente) von Stakeholder Management in Unternehmen (Pedersen, 2006; O'Riordan, 2006; O'Riordan & Fairbrass, 2008a/b; Riede, 2011; Habisch et al., 2011; Riede, 2013). Darüber hinaus wurden die finanziellen Auswirkungen einer erfolgreichen Stakeholder-Beziehung auf die Unternehmensleistung beleuchtet (sogen. Social-Financial-Performance-Link; Wood, 1991; Berman et al., 1999; Rowley & Berman, 2000; Hillman & Keim, 2001). Die meisten Werke sind in methodischer Hinsicht Fallstudien mit Querschnittsanlagen, einige davon sogar Auftragsarbeiten (F.A.Z.-Institut, 2016). Im Hinblick auf Publikationsformate überwiegen Aufsätze in Herausgeberbänden, die von Praktikern oder für sie verfasst sind. Stakeholder Management wird hier in der Regel von Sprechern aus Großunternehmen in deutschsprachigen Ländern beschrieben (Prätorius

& Richter, 2013; Lux, 2013; Schöberl, 2015; Zastrau, 2015; Weber, 2015; Tropschuh et al., 2016; Rothensteiner & Sinh-Weber, 2016; Böhme et al., 2016; Bues et al., 2016). Die Mehrzahl der Studien ist deskriptiv. Erhebungen mit multivariaten Analysen sind selten (Habisch et al., 2011; Fifka, 2013; Zerfaß & Müller, 2013; Hauska, 2015). Gleiches gilt für ländervergleichende Forschungsarbeiten, bei denen der Fokus eindeutig auf Industrienationen liegt (Chen & Bouvain, 2009; Habisch et al., 2011; Fifka, 2012; Lintemeier & Rademacher, 2013). Über Stakeholderkommunikation in Schwellen- und Entwicklungsländern ist kaum etwas bekannt (Holtbrügge & Berg, 2004; Coudenhove-Kalergi, 2015).

4.2 Stakeholderkommunikation in den deutschsprachigen Kommunikationswissenschaften

Zu den Spezifika einer kommunikationswissenschaftlichen Fragerichtung zählen innerhalb der BSF nach Ansicht von Karmasin und Weder (2008a, S. 17 ff.) eine Betonung der zentralen Rolle öffentlicher Kommunikation, die Fokussierung auf kommunikative Handlungen und Beschäftigung mit der prinzipiellen öffentlichen Exponiertheit von Unternehmen und damit verbundenen Verantwortungszuschreibungen. Nach Auffassung von Raupp und Kollegen (2011) ist die Forschung zum Thema Unternehmensverantwortung und Stakeholder auch nicht durch einen spezifischen Zugang, sondern vielmehr durch einen Theorien- und Methodenpluralismus gekennzeichnet. Weil kein einheitliches Verständnis des Gegenstandes und der zentralen Begriffe existiert, werden diese höchst unterschiedlich verwandt. Die Auseinandersetzung mit kommunikativer Unternehmensverantwortung steht ihrer Meinung nach ferner in den Anfängen. Kommunikationswissenschaftliche Forschungsarbeiten erschienen seit den 1990er-Jahren schubweise. Stefan Jarolimek (2013; 2014) verweist zum Beispiel auf eine Einschätzung von Archie B. Carroll, wonach es sich um ein vielschichtiges, heterogenes Feld mit lockeren Grenzen, unterschiedlichen Perspektiven und Zugehörigkeiten handle, die bis heute zutreffe. Jedoch bemerkt er auch, Konferenzen und Sammelbände trieben eine Systematisierung voran. Ein Kern des Forschungsfeldes lasse sich jedoch bis heute noch nicht ausmachen. Innerhalb der BSF erforscht die PR- und Organisationskommunikation im Lichte übergeordneter Diskurse (z. B. Moralisierung/Wertewandel öffentlicher Kommunikation) den kommunikativen Umgang von Unternehmen mit Verantwortung. Nach Ansicht von Raupp und Kollegen (2011) haben sich innerhalb dieses Zugangs vier analytische Schwerpunkte gebildet: (1) die Institutionalisierung wirtschaftsethischer Konzepte in der Praxis (z. B. CSR, Nachhaltigkeit); (2) die Praxen kommunikativ verantwortlichen

Handelns; (3) die dazugehörenden Wirkungen (z. B. Reputation, Vertrauen, Glaubwürdigkeit) und der (4) konzeptionelle Abgrenzungsdiskurs. Anlass für die zunehmende Beschäftigung mit Konzepten wie Nachhaltigkeit, Verantwortung und Kommunikation liefert eine ethische Wende ('ethical turn') in der Kommunikationswissenschaft. Hintergrund ist, dass "recent business scandals as well as the 'financial meltdown' have caused organizational communication scholars to turn their attention to questions related to the responsibility (or lack thereof) of today's organization" (May, 2014, S. 87). Kommunikationswissenschaftliche Beiträge stehen quantitativ jedoch im Missverhältnis zu wirtschaftswissenschaftlichen Publikationen (Aguinis & Glavas, 2012; Ihlen et al., 2014). Peter Szyszka stellt fest: „der Fundus kommunikationswissenschaftlicher Literatur, der Kommunikationsproblemen von Unternehmen im Umgang mit sozialer Verantwortung gewidmet ist, ist überschaubar" (2011, S. 131; ähnlich Schmidt & Tropp, 2009; Heinrich, 2013). Und Franziska Weder behauptet: „aus Perspektive der Kommunikationswissenschaften und speziell Organisationskommunikationsforschung ist (…) die kommunikative Verantwortung bzw. Verantwortungskommunikation ein Forschungsfeld mit Potenzial" (2010, S. 178). Martina Hoffhaus (2012) führt diese mangelhafte Auseinandersetzung auf die normative Komplexität der Phänomene sowie den Mangel an geeigneten Modellen und Konzepten zurück. Linke und Jarolimek argumentieren: „die bisherige Randstellung von Moral, Ethik und Verantwortung im Bereich der corporation communications als Oberbegriff der strategischen Kommunikation verschiedener Organisationstypen liegt auch an der Komplexität der Konzepte, die mit zahlreichen aktuellen Fragestellungen der Organisationskommunikationsforschung konkurrieren" (2016, S. 322). Zu all diesen Feststellungen kommt erschwerend hinzu, dass deutschsprachige Beiträge international wenig wahrgenommen werden. In einer vielzitierten Synthese der Referenzliteratur zu Corporate (Social) Responsibility von Ihlen und Kollegen (2011, S. 4 ff.) findet sich zum Beispiel nur eine einzige deutschsprachige Quelle zum Thema CSR und Stakeholder Management.

4.3   Empirischer Forschungsstand

In Ergänzung zur o. g. Verdichtung der Forschungsstandbeschreibungen zentraler Referenzautoren bildet die leitfragengestützte Aufarbeitung und kritische Würdigung einschlägiger Studien und Analysen den Kern der empirischen Forschungsstandbeschreibung. Diskutiert werden bewusst ausgewählte und reichweitenstarke deutschsprachige Erhebungen, die einen umfangreichen und/oder perspektivisch verschiedenartigen Einblick in die Praxen von Stakeholderkommunikation geben.

Die Studien stehen dabei in enger Verbindung zu den Forschungslabeln Corporate (Social) Responsibility und/oder Business & Society. Die nachfolgende Synthese von Studien erhebt keinen Anspruch auf Vollständigkeit. Sie ist der Versuch einer möglichst aussagekräftigen Annäherung an ein diffuses und sehr vielschichtiges Phänomen. Die Ausschnitte genügen nach Ansicht des Autors jedoch, um die Umrisse des Feldes zu erkennen, übergreifende Muster und Entwicklungsstände zu erfassen und die Ergebnisse der Fallstudie in einen „aktuellen Forschungsstand" einzubetten. Die Synthese selbst ist in zwei Studientypen segmentiert:

a) *Selbstdarstellungen von Kommunikatoren:* die Kategorie der „Praxis-" oder „Praktiker-Studien" wird in vielen Publikationen weder erwähnt, noch aufbereitet. Sie gilt als „unwissenschaftlich" und „unseriös", weil in der Regel nur Ausschnitte geschildert werden, die durch positive Selbstdarstellung verzerrt und methodisch unsauber sind. Wenngleich solche Arbeiten dem Anspruch wissenschaftlicher Forschung nicht gerecht werden, wäre es dennoch fatal sie von der Synthese auszuschließen, weil sie einen Beitrag zum Verständnis des Phänomens leisten können, denn sie beinhalten *Selbstbilder von Praktikern.* Grundlage dieser Synthese sind einschlägige Abschlussarbeiten, Publikationen und Aufsätze, die vereinzelt mit den Inhalten der Nachhaltigkeitsberichte (Berichtsjahr 2018) der Unternehmen abgeglichen wurden.

b) *Beiträge der wissenschaftlichen (Grundlagen-)Forschung:* wissenschaftliche Beiträge lassen sich qua Forschungsfragen, methodischer Qualitätskriterien, inhaltlicher Schwerpunktsetzung, Umfang der Auseinandersetzung, oder anhand der Publikationsorgane identifizieren. Sie sind oft in einem unabhängigen Forschungsumfeld entstanden und liefern tendenziell theoretisch fundiertere und perspektivisch neutrale Analysen. Sie sind im Folgenden die zweite, ungleich größere Säule der Forschungsstandrekonstruktion und relevant, weil sie als *Fremdbilder von Forschenden* die o. g. Selbstbilder von Praktikern vervollständigen. Grundlage dieser Synthese sind Monographien und Aufsätze in einschlägigen Journals und Herausgeberbänden.

Die Zusammenfassung der Arbeiten orientiert sich an vorab definierten Leitfragen. Als *Leitfragen für die kritische Würdigung des empirischen Forschungstandes* wurden festgelegt (und im Abschlusskapitel beantwortet):

- Was wird unter Stakeholder Management verstanden?
- Welche Stakeholder sind wesentlich und werden einbezogen?
- Wie ist Stakeholder Management in den Unternehmen organisiert?

- Welchen kommunikativen Leistungssystemen/Akteuren ist es zuordbar?
- Welche marktspezifischen Unterschiede lassen sich erkennen?
- Welche Zielsetzungen werden mit Stakeholder Management verfolgt?
- Welche Maßnahmen (syn. Instrumente) werden eingesetzt?
- In welchen Arenen und Foren findet die Stakeholderkommunikation statt?
- Welche Themenkomplexe werden auf der Inhaltsebene behandelt?
- Wie sind die Kommunikationsbeziehungen gestaltet (Stilistik, Reifegrad)?
- Welche Regeln (Sanktion) gelten für die Stakeholderkommunikation?
- Welche Ressourcen werden aufgewandt (Zeit, Personal, Budget)?

4.3.1 Stakeholder Management: Selbstbilder der Praxis

Unter Veröffentlichungen, die *profitorientierte Unternehmen* beschreiben, fanden sich primär Fallstudien zu Multinationalen (MNUs), jedoch auch Kleineren und Mittelständischen Unternehmen (KMUs). Bezogen auf Branchenzugehörigkeiten liegen erste Erkenntnisse für Sanitär, Automobil, High-Tech, Energieversorgung, Dienstleistung, Banken, Sportvereine und Infrastrukturanbieter vor. Branchenunterschiede ließen sich aufgrund der dünnen Datenlage nicht ermitteln. Zudem gab es kaum Indizien dafür, dass die Unternehmensgröße im direkten Zusammenhang mit der Quantität und Qualität des Stakeholder Managements stand. Im Gegenteil: oft sind es KMUs, die Best Practices etablieren, so zum Beispiel die *Nanogate AG*, die als Technologieunternehmen eine Vielzahl an Stakeholder Management Maßnahmen anbot (z. B. Schüler-Nanocamps, Schulfach Nanotech, Anwohnerdialog) (Zastrau, 2015). Das KMU *Duravit* schilderte zum Beispiel die Instrumente Pressemitteilungen, Stakeholder-Bereich auf der Homepage, Social Media, personalisierte Newsletter, Messestände für Blue Responsibility und CSR-Broschüren (Schrott, 2013). Ähnlich die *Simacek Facility Management Gruppe*, die bei ihren Maßnahmen auf Integrations- und Migrationsprojekte (Förderung von Sprachenhäusern), Diversity-Days, Mitarbeiterschulungen und ein CSR-Reporting verwies (Simacek & Pfneiszl, 2015). Die *BMW AG* nannte dagegen internationale Dialogveranstaltungen und weltweite CSR-Projekte. Bei der Beschreibung der Kommunikationsmaßnahmen war der Konzern jedoch wenig transparent (Schöberl, 2015). Hervorzuheben sind außerdem Aktivitäten von Sportclubs, wie des Fußballvereins *Werder Bremen*. Er verwies auf Maßnahmen wie CSR-Botschafter (Testimonials, z. B. Jan Delay), auf Social Media Kampagnen, Straßenplakate und das ‚Werder Magazin‘ (Laufmann, 2013). Selbiges galt für das österreichische Energieunternehmen *OMV*. Es nannte Corporate Volunteering, CSR-Fortbildungsmaßnahmen

für Führungskräfte, ein Stakeholder-Forum und ein -Beratungsgremium aus aner-
kannten Experten, karikative Aktivitäten und Fortbildungsangebote für Schüler
(Böhme et al., 2016). Das österreichische Energieunternehmen *VERBUND* arbeitete dagegen zum Beispiel mit Online-Befragungen, Stakeholder-Frühstücken,
-Planspielen und -Workshops auf der Vorstands- und Expertenebene (Zöchbauer,
2016). Die mit diesen Maßnahmen verbundenen Zielsetzungen doppelten sich
oftmals. Genannt wurden Argumente wie der gesellschaftlichen Verantwortung
gerecht werden, externe Ansichten in Erfahrung bringen, Meinungsführer ein-
binden, kritische Themen diskutieren, Herausforderungen identifizieren, Risiken
managen, Vertrauen und Glaubwürdigkeit erzeugen, das gesellschaftspolitische
Handlungsfeld gestalten, oder die Wertschöpfung absichern. Selbiges galt für Auf-
zählungen der wesentlichen Stakeholder-Gruppen. Bei der *Raiffeisen Bank Intl.*
AG standen zum Beispiel die Mitarbeiter, Eigentümer und Netzwerkbanken im
Fokus. In zweiter Instanz waren es Geschäftspartner, Ratingagenturen, Kunden,
Investoren, supranationale Institutionen, Verwaltung, Medien, Zivilgesellschaft,
Politik und Verbände, Aufsichtsbehörden und Mitbewerber (Rothensteiner &
Sinh-Weber, 2016). Die *Flughafen München AG* nannte stattdessen ihre Passagiere
und Besucher, Mitarbeiter, Geschäftspartner, Medien, Ministerien, Behörden,
Politik und Verbände, Airlines und die Luftverkehrsbranche sowie die Region
als gleichwertige Gruppen (Bues et al., 2016).

   Das *Stakeholder Management von Non-Profit-Organisationen* unterschied sich
kaum von dem gewinnorientierter Unternehmen. So setzte der *Bundesver-*
band der Volks- und Raiffeisenbanken bei seinen Maßnahmen auf Pressearbeit, Stakeholder-Dialogveranstaltungen, CSR-Berichte, Meinungsumfragen und
Arbeitskreise (Möller & Zuchiatti, 2013). Ähnlich der *Handelsverband BHB*.
Er zählte Politik und Öffentlichkeitsarbeit, Stakeholder-Mitgliedschaften, Broschüren und Arbeitskreise zu seinen Maßnahmen (Stange, 2013). Die *Aus-*
trias Glas Recycling GmbH verwies stattdessen auf Stakeholder-Befragungen,
auf Nachhaltigkeitsfrühstücke, Sonderveröffentlichungen (z. B. Kundengrünbuch
Recycling), Stakeholder-Workshops und -Roundtables (Piber-Malso & Hauke,
2016). Zum Vergleich: der *WWF Österreich* bediente sich neben einer Stakeholder Engagement Policy (Anforderungen an Firmenkooperationen) Firmen-
Projektkooperationen (z. B. mit Spar zur Umstellung des Fischsortiments) (Kaissl,
2016). Neben den o. g., klassischen Engagement-Instrumenten finden sich bei
NPOs auch teils innovative Maßnahmen, zu denen zum Beispiel das feuilleto-
nistische Nachhaltigkeitsmagazin der *Bayerischen Forstwirtschaften* zählt, das in
monothematischen Ausgaben Geschichten über die Forstwirtschaft erzählt und
durch „Vermittlung der emotionalen Seite des Waldes und der Forstwirtschaft im

journalistischen Stil den Leser faszinieren und aufklären will", erläutern Bahn-müller und Kollegen (2013). Auch die Formulierungen der Ziele unterschieden sich nicht wesentlich von profitorientierten Unternehmen. Lediglich bei der Lis-tung zentraler Stakeholder-Gruppen gab es große Unterschiede. Ein gutes Beispiel ist die Austria Glas Recycling GmbH, die nebst den Kommunen und Verbän-den, Lizenznehmern, Mitarbeitern, Medien, Beratern, Bürger, Gesetzgeber, auch Glaswerke und Entsorgungs- und Transportunternehmen erwähnt (Piber-Malso & Hauke, 2016).

4.3.2   Stakeholder Management: Fremdbilder der Wissenschaft

„Stakeholder Profilanalyse. Eine empirische Untersuchung"

Für seine Doktorarbeit führte Fabian Baptist (2008) 42 Leitfadeninterviews mit Nichtregierungsorganisationen (NGOs) und Finanzanalysten. Hierdurch stellte er fest, dass NGOs vermehrt dazu übergehen, ihre kooperativen und konfrontati-ven Rollen gegenüber Unternehmen deutlicher zu artikulieren. Ihr thematisches Interesse wird außerdem breiter. Monitoring und Auditierungen decken heute fast die gesamte Wertschöpfungskette ab. Gleichzeitig existiert eine dauerhaft latente Unzufriedenheit mit der Unternehmensleistung. Negativbilder der Unternehmen sind präziser als Positivbilder. Baptist begründet dies mit deren existentieller Rele-vanz. Zugespitzt formuliert haben NGOs Existenzangst, denn: würden Unternehmen die Dinge richtig machen, wären sie überflüssig. Aus diesem Grund müsse eine NGO ihre Mitglieder und die Öffentlichkeit regelmäßig an Normverletzungen erinnern. Ferner zeigten sich Tendenzen zur Formalisierung von Kooperationen. NGOs versuchten sich via Leitlinien, Standards und Zertifikate abzusichern, um ihre Glaubwürdigkeit und Unabhängigkeit zu schützen. Zum Selbstverständnis der modernen NGO zählen Rollenbegriffe wie Wissensvermittler, Frühwarnsystem, Klientelvertreter, Dialogpartner und kritischer Freund von Unternehmen. Bei den NGO-Informationsmechanismen überwogen Umfragen, Medienanalysen, Internet-recherchen, Analysen von Unternehmensberichten und Audits. Festgestellt wurde ferner, dass Stakeholder-Dialogveranstaltungen eine zentrale Rolle spielen, weil sie beidseitig eine unmittelbare, unverzerrte Kommunikation jenseits der mas-senmedialen Öffentlichkeit ermöglichen. Bei den Einflussstrategien der NGOs beschreibt Baptist fünf Reintypen: 1) Engagement mit Unternehmen (Dialoge, Part-nerschaften), 2) Policies (Labels, Standards), 3) Koalitionsbildung (Initiativen), 4) Kampagnen (Boykotte) und 5) Störungen des Marktgeschehens (Klagen). Hervor-zuheben ist, dass in seiner Studie 80 % der NGOs Partnerschaften als bevorzugten Interaktionsmodus ansahen und tendenziell kooperativ agieren. Baptist begründete:

„Um wirklichen sozialen und ökologischen Wandel zu erreichen, müssen sich NGOs dem Unternehmenssektor stellen und diesem vermitteln, welches Unternehmensverhalten in sozialer und ökologischer Hinsicht richtig und erwünscht ist. Durch Partnerschaften mit NGOs erfahren Manager neue (Entscheidungs-)Dimensionen, werden Verhaltenskodizes entwickelt und bei Unternehmen implementiert. All dies ist mit konfrontativen Maßnahmen schwierig zu behandeln (...)" (ebd., S. 157 f.).

"Different Talks with Different Folks – A Comparative Survey"
André Habisch und Kollegen (2011) erarbeiteten eine ländervergleichende Studie der Dialogangebote von MNUs. Materialbasis waren Nachhaltigkeitsberichte von $n = 27$ deutschen, $n = 24$ italienischen und $n = 22$ amerikanischen MNUs aus dem Jahr 2008. Inhaltsanalytisch ausgewertet wurden eine Gesamtheit von $n = 294$ Dialoginitiativen aus $n = 73$ Firmen. Forschungsleitend war die Frage, welche markspezifischen Unterschiede es gibt und wie sich diese erklären. Betrachtet wurden die Stakeholder-Gruppen a) Customer, b) Supplier, c) Employee, d) Shareholder, e) Community und die Kommunikationsformate 1) Commitees, 2) Conferences, 3) Personal Contact Points, 4) Focus Groups, 5) Forums, 6) Interviews, 7) Surveys. Zur Erklärung marktspezifischer Unterschiede wurde eine Typologie von National Business Systems (NBS) konzipiert. Zu den wesentlichen Ergebnissen zählten: *a) Anzahl der Dialoge*: zu beobachten war eine allgemein geringe Anzahl der Aktivitäten in Deutschland. In den U.S.A. lag der Mittelwert je um einen Punkt höher. Auch war das behandelte Themenspektrum breiter. Begründet wird dies mit einem expliziten CSR-Ansatz (Matten & Moon, 2008). Zudem waren die Maßnahmen wenig divers. Im Schnitt kamen pro MNU nur zwei Dialoginstrumente zum Einsatz. Der Fokus lag auf einer Einbindung primärer Stakeholder (d. h. Mitarbeiter, Kunden, Zulieferer); *b) Level des Involvements*: die Mehrzahl der Angebote war von einem niedrigen Involvierungsgrad und einer einseitigen Informationsversorgung gekennzeichnet; *c) Diversity of Engagement*: die Unternehmen arbeiteten vorwiegend mit den zwei Maßnahmen Konferenzen und Umfragen. Engagement in Multi-Stakeholder-Initiativen war selten; *d) Marktspezifika*: Zu den wichtigsten Maßnahmen deutscher Firmen zählten Konferenzen, Foren und Umfragen. Dabei standen Mitarbeitern und Kunden im Fokus. Die Themen-Vielfalt war eher gering. Am häufigsten wurden die Themen Job Conditions, Stakeholder Needs und Social Disclosure erwähnt. Der deutsche Typ wurde als "Focused Stakeholder Dialoge" konzipiert. Dabei wird auf low-involvement und eine rationale Auswahl möglichst effektiver Maßnahmen gesetzt. Ziel ist ein strukturierter und kontrollierter, nicht jedoch möglichst offener Austausch. Ein Fazit der Studie lautete:

"Firms tend to use few forms of dialog and involve few categories of stakeholders. Conferences and large questionnaire-based surveys are the preferred form of SD. Committees and focus groups are rarely used, suggesting a scarce interest for informal and personal forms of dialog" (Habisch et al., 2011, S. 400).

„Stakeholderdialog zwischen Regulierung und Rhetorik"

Anne G. Pedersen (2011) untersuchte Geschäftsberichte von fünf deutschen und dänischen Chemieunternehmen aus den Jahren 2008 und 2009. Ihre qualitativ-inhaltsanalytische Analyse zielte auf die Dekonstruktion des Sprachbilds Dialog aus sprachwissenschaftlicher Sicht ab (keine Maßnahmenevaluation). Zuerst beschäftigte sie sich mit der Frage, wie und in welchem Umfang Dialoge in den Berichten dargestellt werden und welche Informationen *nicht* gegeben werden. Sie stellte fest, dass der dialogische Anspruch mit Synonymen umschrieben wurde (z. B. Gespräch, Besprechung, Kontakt, Austausch). Als Dialogpartner wurden Stakeholder wie Investoren & Analysten, Mitarbeiter, Kunden & Nutzer, Lieferanten & Geschäftspartner, Politiker, Journalisten, Nachbarn, Verbände, Wissenschaft und die allgemeine Öffentlichkeit genannt. Pedersen bemerkte zudem, dass der Begriff des Dialoges im Zusammenhang mit konkreten Themen fällt (z. B. Klimaschutz). Detaillierte Angaben zu Art, Form, Inhalten, Zeit und Ort waren jedoch in der Regel nicht vorhanden. Zudem widmete sie sich der Frage, inwieweit der Dialogbegriff sprachlich variiert wird und stellte fest: „kennzeichnend für die gewählten Verben ist, dass sie positiv konnotierte Handlungen beschreiben, die von Tatkraft, Initiative und Engagement zeugen" (ebd., S. 96). Unternehmen bemühten sich ergo, in Berichten von positiver Evaluierung zu sprechen und dabei Kontinuität und Vielfalt zu betonen (z. B. Vokabeln wie „intensiv, weiterhin, erneut, offen, regelmäßig, jährlich"). Zum Schluss versuchte sie sich an einer sprachwissenschaftlichen Dekonstruktion mit Ziel der Ermittlung des „dialogischen Potentials" und „eigentlichen Realisierungsgrades" der Unternehmen. Hier diagnostizierte sie Oberflächlichkeit („betont wird also die Wertbeschaffung zu Gunsten aller Stakeholder – wie das praktisch umgesetzt wird, bleibt aber unklar" (Ebd, S. 98)) und Einwegekommunikation („vor allem der Stakeholderinformationsansatz und der Stakeholderresponseansatz treten in den untersuchten Texten auf. Der Stakeholderinformationsansatz scheint jedoch der dominanteste zu sein" (ebd., S. 97)). Ihr Fazit fiel kritisch aus: Berichtslegungen seien vielfach positiv verzerrt. Es mangele deutlich an Konkretion und differenzierter Selbstdarstellung.

"All animals are equal, but ...: management perceptions of stakeholder relationships and societal responsibilities in multinational corporations"
Esben R. G. Pedersen (2011) ging mit einer Querschnittsbefragung von Managern dänischer MNUs der Frage nach "whom managers in multinational corporations (MNCs) consider to be their important stakeholders, and how they describe the societal responsibilities towards these groups and individuals" (S. 177). Pedersen ging es nicht darum zu ermitteln, wie über das Stakeholder Management berichtet wird, sondern welchen Stellenwert es in den Köpfen von Führungskräften hat. Zu diesem Zweck kombinierte er 49 leitfadengestützte Experteninterviews mit Senior Managern mit einer Online-Befragung von 598 Managern verschiedener Hierarchiestufen und Funktionen (Zeitraum 2004 bis 2007) aus vier Schlüsselindustrien: Chemie, Pharma, Maschinenbau, Tagebau. Als erstes wurde erfragt, welche Gruppen für die Manager relevant sind (Perception of Key Stakeholders). Hier war auffällig, dass Entscheider einen deutlichen Unterschied zwischen existenzrelevanten primären (Kunden, Mitarbeiter) und sekundären Stakeholdern (Rest), die als einflussreich gesehen wurden, denen aber keine existentielle Relevanz zugeschrieben wird, machten. Pedersen schlussfolgerte hier: "managers do not believe that social pressure groups/NGOs matter much to business. Actually, the interviews reveal a general lack of awareness when it comes to this stakeholder group" (S. 183) und "managers still perceive traditional stakeholder groups such as customers, and employees as being essential whereas, for instance, local communities and social pressure groups play a more peripheral role" (S. 184). Zweitens beschrieb er, welches Verantwortungsempfinden die Manager hatten (Perception of Key Responsibilities). Hier ermittelte er eine Beschränkung aufs Kerngeschäft ("responsibilities towards the communities/society often relate to the impacts of the core business activities. They are often seen as something that in themselves benefit society" (ebd., S. 185)). Verpflichtungen gegenüber NGOs und Gesellschaftsvertreter werden, so seine Konklusion, zumeist nur im Zusammenhang mit ihrer Fähigkeit zur Störung des Geschäftserfolges thematisiert. Er schließt mit dem Fazit:

> "Managers still hold a rather narrow view of the firm and primarily give priority to a few core stakeholder groups. Customers and employees are perceived to be key stakeholders, whereas, for instance, NGOs and local communities are perceived as being of lesser importance. The results seem to differ from the stakeholder approach to CSR, which suggests that firms should move beyond the shareholder dominated view and traditional forms of organizational control to a broader stakeholder perspective characterized by a high degree of [Stakeholder] collaboration, dialogue and engagement" (ebd., S. 188 f.).

"The Irony of Stakeholder Management in Germany"
Matthias Fifka (2013) erarbeitete eine „systematischen Synthese des Forschungsstandes zum Thema Stakeholder Management in Deutschland". Er formuliert aus
der Literatur heraus zunächst die These, dass es sich bei der Bundesrepublik um
eine Stakeholder-Demokratie handeln müsse. Dies liege am rechtlich abgesicherten
System betrieblicher Mitbestimmung und rheinischen Kapitalismus, der sich vom
Shareholder Value durch die soziale Marktwirtschaft emanzipiert habe. Anschließend diskutierte er empirische Studien. Fifka stellte fest, dass viel Literatur existiert,
diese aber mehrheitlich normativ-instruktiv ist und die empirische Forschung vernachlässigt wurde. Er rezitierte Studien, darunter Holtbrügge und Berg (2004) und
Fifka (2012), die feststellten, dass deutsche MNUs Regierungen und NGOs im
U.S.-Markt mehr Bedeutung zuschrieben als im „Heimatmarkt". Sein Fazit lautet: "depicting Germany as a stakeholder-oriented nation is only half-true at best
(…). A wider consideration of the interests of stakeholders, and their participation
in dialogues is rather underdeveloped" (2013, S. 117). Diese Diskrepanz erklärte
er mit sozioökonomischen Variablen, darunter sozialkulturelle Faktoren wie eine
„stark legalistische Verantwortungshaltung der Deutschen", der „notorische Fokus
auf den Staat", das „durch staatliche Fürsorge geprägte Wohlfahrtssystem", die
„kritische Haltung der Gesellschaft gegenüber Unternehmen" und das „kollektive
Mindset der Akteure" (a. a. O.). Sein Fazit lautete:

> "This clearly separated distribution of responsibility has created a mindset that makes
> voluntary cooperation between the three sectors of society – the government, private
> business, and civil society – an exception, as each sector is perceived to have its pre-
> determined tasks and functions. Additional voluntary communication (…) is thus seen
> to be unnecessary. Even worse, the awareness that such an exchange might be valuable
> for all parties involved has been reduced over the decades because the respective actors
> only think in terms of legally 'prescribed' processes and structures" (S. 116).

„Stakeholderbeziehungen in der CSR-Kommunikation"
Ansgar Zerfaß und Maren Müller (2013) führten im Juni/Juli 2012 eine Onlinebe-
fragung mit 103 CSR-Kommunikationsverantwortlichen deutscher MNUs durch.
In Punkto Zuständigkeiten ermittelten sie, dass die Hauptverantwortungen für das
Stakeholder Management entweder bei der Unternehmenskommunikation (30 %),
Geschäftsführung, oder CSR-Abteilung (22,3 %) lagen. Funktionen wie Marketing,
Personal, Forschung und Entwicklung, Investor Relations, und Rechtswesen wurden
selten genannt (20 % bis 6 %). Beim zweiten Analyseaspekt, den Handlungen fiel
auf, dass die Erstellung von Inhalten (75,7 %) und ein persönlicher Kontakt (60,2 %)
den Alltag der Kommunikationsverantwortlichen bestimmen. An zweiter Stelle

standen Veranstaltungsorganisation, Maßnahmenplanung und Monitoring (je ca. 35 %). Bei der Frage nach dem dominanten Kommunikationsstil stimmten 83,5 % dem Attribut informativ zu. 55,3 % bezeichnen ihn als persuasiv und 41,7 % als argumentativ. Dies ist aufschlussreich, weil die Kommunikationsverantwortlichen sich mit 76,7 % (pro-)aktives CSR-Engagement über gesetzliche Vorgaben hinaus zuschrieben (vs. 50,5 % strategische CSR). Es gab somit deutliche Diskrepanzen zwischen den Erwartungen der Stakeholder und den Urteilen der Unternehmens- kommunikatoren. Bei der Frage nach Rahmenbedingungen wurde ferner deutlich, dass Stakeholder Management stark von informellen Regeln geprägt ist. Zu den wesentlichen Nennungen zählten der GRI-Standard und AA1000SES.

„Spielräume der Verantwortung"
Franziska Weder und Matthias Karmasin (2013) publizierten eine Längsschnitt- studie zur Ermittlung von Verantwortungsspielräumen. Für 1995 (n = 180), 2006 (n = 150) und 2012 (n = 150) wurden Befragungsdaten zur Werthaltung österreichischer Führungskräfte mit den CSR-Vorstellungen der Bevölkerung ver- glichen. Die Ergebnisse zeigen, dass sich die kommunikative Einbindung jahrelang auf die Stakeholder Eigentümer (Shareholder) und Mitarbeiter (Zwischen 80 % und 51 %) beschränkte. Kunden (22 %), NGOs (17 %) und Politik (14 %) folgten mit einigem Abstand. Im Jahresvergleich waren hier keine Abweichungen zu erkennen. Anders sah es bei Entscheidungsbefugnissen zu CSR und Stakeholder Management aus. Hier fand zwischen 2006 (49 %) und 2012 (76 %) eine Verschiebung zugunsten der Gruppe CEO/Geschäftsführung statt. Daraus schlussfolgern sie, dass sich die Unternehmenslenker heute verstärkt einem Stakeholder Management zuwenden. Den Anstieg erklärten sie über ein „Spannungsfeld zwischen dem individualethi- schen, ‚sich in der Verantwortung fühlen' und den Erwartungen, die an Manager unternehmensintern und -extern gerichtet werden" (ebd., S. 14). Sie vermuteten, dass Führungskräfte heute mehr denn je zwischen den von außen an sie herange- tragenen Erwartungen an Transparenz und Dialog und den von der Innenwelt des Unternehmens getriebenen Forderungen nach Geschlossenheit und Vertraulichkeit gefangen sind. Diese Erkenntnis stützten sie mit der Ermittlung der Erwartungen der Bevölkerung an Manager. Hier wurden neben einigen traditionellen Attribu- ten (Fachwissen, Führungsfähigkeit, Einsatzbereitschaft, Flexibilität, Lernfähigkeit, Teamfähigkeit, Fehlertoleranz) über die Jahre zunehmend neue Anforderungen wie soziale Verantwortung, moralische Integrität und Verantwortung gegenüber der Umwelt genannt. Im Relevanz-Set von Managern, so ihr Fazit, hat Stakeholder Management somit insgesamt einen gestiegenen Stellenwert.

„Erfolgsrezept Stakeholder Management – Status Quo in Österreich"
Leo Hauska (2015) zeigte auf der Grundlage von 16 Leitfadeninterviews mit
Unternehmensvertretern in Österreich, wie MNUs an Stakeholder Management
herangehen und mit welchen Herausforderungen sie kämpfen. Seine Interviewpartner waren Kommunikatoren aus den Bereichen Nachhaltigkeit, Marketing, PR und
Investor Relations. Erfragt wurden die Definitionen für Stakeholder Management,
Potentialzuschreibungen, Einbindungsstrategien sowie Kommunikationsmaßnahmen. Dabei entstand eine vierdimensionale Klassifikation: Reputation Enhancer
integrieren Stakeholder in Feedback-Mechanismen und informieren über ihre Entwicklungen mit Ziel Reputationsbildung. Project Implementer beziehen Stakeholder
punktuell in Entscheidungen ein. Strategy Aligner nutzen das Input aus dem laufenden Austausch und lassen es in die Strategieentwicklung einfließen. An positiver
Außendarstellung sind sie kaum interessiert. Und Value Creators sehen Stakeholder
als Ressourcenträger. Sie pflegen Netzwerke, über die Wertschöpfung beidseitig durch organisationale Lernprozesse und Mitgestaltung von Geschäftsfeldern
steigen soll. Der zweite Teil seiner Studie analysierte aktuelle Stakeholder Management Challenges. An erster Stelle wurde die enorme Bandbreite an Erwartungen,
mit denen Stakeholder heute an MNUs herantreten, genannt (z. B. Imageaufbau,
Risikominimierung, Erkennen von Trends, Erschließen neuer Geschäftsfelder).
An zweiter Stelle standen einige Diskrepanzen zwischen Konzeption und Realisation der Engagements und an dritter Stelle unklare Zuständigkeiten. Eine
zentrale Steuerung von Stakeholder Management existierte nach Auffassung von
Hauska in keinem Unternehmen. Verantwortlichkeiten waren verstreut. Auch sei
die Komplexität der Stakeholder-Netzwerke oftmals nicht mehr überschaubar.

„Stakeholder Relations. Nachhaltigkeit und Dialog als Erfolgsfaktoren"
Mit einer großen ländervergleichenden Studie zielten Klaus Lintemeier und Lars
Rademacher (2013; 2016) auf die „Rekonstruktion des gegenwärtigen Diskussions-
und Arbeitsstandes des Stakeholder Managements" und eine „systematische Standortbestimmung der DACH-Region" ab. Ihre Datengrundlage waren 98 teilstandardisierte CATI-Interviews mit Kommunikatoren aus PR-, CSR- und Nachhaltigkeitsabteilungen im Juli-September 2012. Zum Einstieg wurde gefragt, welche Bedeutung
Stakeholder Management hat. 90 % der Befragten gaben an, die Relevanz sei hoch
bis sehr hoch. 78 % rechneten sogar mit einem Anstieg der Stakeholderorientierung in den kommenden Jahren. Zweitens wurde erfragt, wo die Zuständigkeiten
dafür intern liegen. Hier gaben 43 % an, es gäbe keine eindeutige Zuweisung von
Verantwortlichkeiten. 25 % nannten die Unternehmenskommunikation und 8 % das
Vorstandsbüro. Frage drei drehte sich um Ressourcenaufwendung gemessen am

Personaleinsatz. In 40 % der MNUs existierten hier bis zu fünf Vollzeitstellen für Stakeholder Management. Als Kernaufgaben wurden das kontinuierliche Monitoring der Stakeholder, Medienauswertungen und die Befragung wesentlicher Stakeholder (je ca. 50 %) gesehen. Frage fünf behandelte die Zweckschreibungen. 68 % sahen im Stakeholder Management Risikomanagement, 65 % Reputationsmanagement, 65 % die Steigerung von Glaubwürdigkeit, 38 % einen Beitrag zu Entscheidungs- und Planungsprozessen, 37 % Konflikt- und 21 % Projektmanagement. Frage neun ermittelte Zielgruppen und ergab, dass sich externes Stakeholder Management meist auf die Vertreter der Kapitalmärkte beschränkte. Die Nachrangigkeit von Interessengruppen, sozialen Netzwerken und Journalisten wurde mithilfe der nach wie vor starken Kapitalmarktorientierung erklärt. Frage zehn widmet sich Zielen. Hier wurde konkludiert, „dass Stakeholder Management im deutschsprachigen Raum noch kein Leitbild für die strategische Unternehmensführung ist. Einzelne, isolierte Aufgabenstellungen werden bereits aktiv umgesetzt, es fehlt jedoch an einer integrierten Vorgehensweise" (ebd., S. 49). Die vorletzte Frage behandelte Kommunikationsmaßnahmen. Hier ergab sich die Verteilung: Dialogveranstaltung (80 %), Nachhaltigkeitsbericht (50 %), Social Media (44 %), Gespräche mit Anwohnern (36 %) und Stakeholder-Beiräte (18 %). Kritisiert wurde, dass Stakeholder Management nach wie vor nur als Aufgabe der CSR-Abteilung im Zusammenhang mit der Berichterstattung realisiert worden sei. Genannt wurden zudem der UN Global Compact, ISO 14001, GRI und AA1000SES und interne Policies. Ihre Studie schloss mit dem Fazit, Stakeholder Management werde in der Praxis immer noch eher als eine Pflichtübung verstanden.

4.3.3   Synthese und Handlungsempfehlungen

Was wird unter Stakeholder Management verstanden? Die Mehrzahl der Studien operierte ohne Begriffsklärungen. Einige Kommunikatoren fassten nahezu das gesamte Kommunikationsprogramm ihres Unternehmens als Stakeholder-Dialogangebot auf. Wieder andere verstanden darunter nur die CSR-Kommunikationsmaßnahmen. Der größte Teil der Studien verstand den Begriff aber im engeren Sinne als Synonym für die Gestaltung kommunikativer Beziehungen mit kritischen, organisierten Gruppen aus der nichtmarktlichen Unternehmensumwelt (z. B. NGOs).

Welche Stakeholder werden als wesentlich betrachtet und einbezogen? Die konkret einbezogenen Personen/Organisation waren je spezifisch für die Branche und/oder das Unternehmen. Bei den Gruppenbezeichnungen gab es erstaunlich große Schnittmengen. Neben Mitarbeitern, Kunden, Geschäftspartnern und Wettbewerbern zählten zu den marktlichen Stakeholdern Kapitalmarktvertreter (z. B. Investoren, Analysten) und Geschäftspartner (z. B. Lieferanten) und zu den nichtmarktlichen Gruppen Politik (z. B. Parlament, Regierung, Administration, Verbände), Zivilgesellschaft (z. B. NGOs, Stiftungen, Vereine, Kirchen) sowie Wissenschaft und Forschung (z. B. Hochschulen, Forschungsinstitute, Experten).

Wie ist Stakeholder Management (intern) organisiert? Welchen kommunikativen Leistungssystemen ist es zuordbar? Eine eindeutige Zuordnung zu kommunikativen Leistungssystemen (z. B. „Stakeholder Management ist die Aufgabe der PR") war nicht zu erkennen. Zu den am häufigsten genannten Funktionen zählten CSR und Nachhaltigkeit, Public Affairs und Public Relations, Marketing, Strategie, oder Geschäftsführung. Über die zuständigen Unternehmensvertreter (Position, Funktion, Rolle der Sprecher) war kaum etwas bekannt.

Welche marktspezifischen Unterschiede lassen sich erkennen? Es gab signifikante Unterschiede, gerade zwischen den Regionen Nordamerika und Europa. Das Fazit vieler Autoren fiel hier eindeutig aus: Gerade in Deutschland schien die Stakeholderkommunikation einen vergleichsweise geringen Reifegrad zu haben. Die Aktivitäten waren zumeist auf Heimatmärkte und wenige Maßnahmen beschränkt.

Welche Zielsetzung wird mit Stakeholder Management verfolgt? Zu den übergreifend artikulierten Zielsetzungen zählten in erster Linie (Synthese):

- Informationeller Austausch: Ziel der Informiertheit, Nutzung von Expertenwissen, wechselseitige Positionsfindung, verbesserte Entscheidungsqualität.
- Einbindung in Entscheidungsprozesse, eher defensiv motiviert als Reduktion möglicher Widerstände durch einen frühzeitigen Einbezug der "Stakes".
- Erfassung und Monitoring der Ansprüche, Anregungen, Anmerkungen sowie kritischen Rückmeldung im Sinne einer „Umwelt-Radarfunktion".
- Moderation von Ziel- und Spannungskonflikten, d. h. ein antizipierendes und proaktives Chancen-, Risiko-, und Reputationsmanagement.
- Positive Außendarstellung über Steigerung von Image, Reputation, Legitimation, Vertrauen, Glaubwürdigkeit, Akzeptanz, Zufriedenheit.
- Identifikation und Gestaltung gesellschaftlicher und politischer Herausforderungen im Sinne kollektiven Problemlösungen.

Welche Maßnahmen (syn. Instrumente) werden eingesetzt? In welchen Arenen und Foren findet Stakeholderkommunikation statt? Zum Kern der Maßnahmen zählten in erster Linie (Synthese):

- Stakeholder-Dialogveranstaltungen (z. B. Workshops, Roundtables)
- Stakeholder-Befragungen (z. B. Materialität und Reputation)
- Nichtfinanzielles Berichtswesen (z. B. Nachhaltigkeits- & CSR-Berichte)
- Sonderpublikationen (z. B. Nachhaltigkeitsmagazin, Mitarbeitermagazin)
- Kampagnen (je thematischer Fokus auf CSR- und Nachhaltigkeit)
- Mitgliedschafen in Stakeholder-Initiativen, Fachgruppen und Arbeitskreisen
- Newsletter (z. B. elektronisch (per Mail) oder postalisch)
- Stakeholder-Beiräte (z. B. Stakeholder-Council)
- Presse- und Öffentlichkeitsarbeit (z. B. Pressemitteilung/-konferenz)

Die Stakeholderkommunikation schien in erster Linie in den Arenen Events und kontrollierte Medien stattzufinden. Es handelte sich zudem um exklusive Kommunikation mit geschlossenen Öffentlichkeiten, die tendenziell nicht über klassische Presse- und Öffentlichkeitsarbeit (Medienarbeit) adressiert wurden.

Welche Themenkomplexe werden auf der Inhaltsebene behandelt? Es gab wenige Einblicke in die Inhaltsdimension. Dies lag insbesondere an der Regulierung des Zugangs zu Kommunikation und Kommunikaten (Artikel, Pressemitteilungen und Berichte sind frei verfügbar; sonstige Kommunikate nicht öffentlich zugänglich). Die Verortung im Feld CSR/Nachhaltigkeit und eine dreisektoriale Untergliederung der Themen (Ökologie, Ökonomie, Soziales) waren der Regelfall.

Wie sind die Kommunikationsbeziehungen gestaltet? (Stilistik, Reifegrad) Das Stakeholder Management wirkte in der Tonalität selbstkritisch, war mit exklusiven Informationen verbunden und auf übergeordnete Unternehmensthemen (Strategie; keine Produktwerbung) bezogen. Die Studien legten nahe, dass in der DACH-Region vorwiegend Einwegekommunikationen stattfanden. Es dominierte ein einseitig-informativer Kommunikationsstil. Über den Grad der Einbindung externer Stakeholder in Entscheidungsprozesse und die Art und den Umfang der Informationsversorgung sowie Teilhabemöglichkeiten wurde kaum etwas bekannt.

Welche Regeln gelten für die Stakeholderkommunikation? Zu erkennen war ein niedriger Regulierungsgrad. Stakeholder Management ist nicht standardisiert. Zu den zentralen Regelwerken gehörten die Global Reporting Initiative (GRI) und der AccountAbility 1000 Stakeholder Engagement Standard (AA1000SES). Über informelle Regeln der Stakeholderkommunikation wurde nichts bekannt.

Welche Ressourcen werden aufgewandt? (Personal, Budget, Zeit) Über Ressourcenausstattungen und Aufwendungen der Organisationen ist ebenfalls kaum etwas bekannt. Eine Studie beinhaltete Hinweise auf die Personalausstattung.

Diese variierte jedoch stark über alle Unternehmensvariablen hinweg (z. B. Mitarbeiterzahl, Umsatz). Auffällig war: Faktoren wie Unternehmensgröße schienen keinen unmittelbaren Einfluss auf Umfang und Professionalität des Stakeholder Engagements zu haben. Ein Beleg für diese These ist der Umstand, dass KMUs oft Maßnahmen-Pioniere für ressourcenstärkere, jedoch umsetzungsträge MNUs sind.

Aus der Ergebnissynthese werden für die Theorie und Empirie der Arbeit folgende *Empfehlungen zur Schließung von Forschungslücken* abgeleitet:

- Stakeholder Management wurde bisher in erster Linie als Interaktions- bzw. Beziehungsmanagement und Management-Praxis empirisch beleuchtet. Eine ganzheitlich Analyse des Phänomens auf mehreren sozialen Ebenen, die vor allem auch die Mikro- und Makroperspektive beinhaltet, steht noch aus.
- Zentrale Begriffe und Konzepte sind oftmals nicht hinreichend detailliert und operationalisiert. Überdies ist unklar, welche Bedeutung interpretative Schemata für die handelnden Akteure haben (z. B. CSR, CR, Stakeholder, Nachhaltigkeit). Eine umfassende theoretische und auch empirische Fundierung zentraler Konstrukte ist daher empfehlenswert.
- Die Kommunikatorperspektive überlagert die gesamte Forschung zum Thema ("it is perhaps an irony, if not a contradiction, that stakeholder theory is rarely presented from the point of view of stakeholders themselves" (Fitchett, 2005, S. 16)). Stakeholderkommunikation und Stakeholder Management von MNUs muss deshalb zwingend auch einmal aus der Perspektive wesentlicher Stakeholder eines Unternehmens als Wahrnehmungs- und Zuschreibungsphänomen rekonstruiert werden. Der Zugang über Selbstauskünfte der Unternehmen ist stets mit der Gefahr verbunden, dass sich ein eher selbstreferentielles, geschöntes und unvollständiges Bild des Phänomens fortsetzt.
- In der Forschung überwiegt der analytische Blick auf Kommunikate (Medien) und Erzeugnisse (Maßnahmen) von Stakeholderkommunikation. Die Analyse von Outputs beschränkt das Phänomen jedoch auf dingliche Aspekte und wird der Komplexität kommunikativer Handlungen nicht gerecht. Es ist zwingend erforderlich, die analytische Perspektive auf Wirkungen und Effekte kommunikativer Handlungen zu erweitern. Hierzu kann eine mikrosoziale Analyse von Handlungserfolgen und -optionen, wie sie im Folgenden angestrebt wird, einen entscheidenden Beitrag leisten (Mapping der Stakeholder Value Driver).

4.4   Theoretischer Forschungsstand

Im nächsten Teilkapitel, der theoretischen Forschungsstandbeschreibung, werden einschlägige Konzeptionen und Modelle der aktuellen Forschungsliteratur zusammengetragen, um Lücken aufzudecken sowie Ansatzpunkte für die anschließende Modellbildung zu identifizieren. Typologien der Stakeholder-Theorie (Donaldson & Preston, 1995; Freeman et al., 2010) sind ausdrücklich nicht gemeint. Vielmehr geht es um Heuristiken aus der Kommunikationswissenschaft und benachbarten Disziplinen, die eine theoretische Modellierung der Phänomene Stakeholderkommunikation, Stakeholder Management oder Stakeholder Engagement beinhalten. Für die kritische Würdigung dieser Heuristiken wurden auf Basis der Forschungsfragen vier Leitfragen formuliert (Tabelle 4.1):

Tabelle 4.1 Leitfragen für den theoretischen Forschungsstand

Forschungsfragen	Leitfragen für die Problematisierung
F1: Wie lässt sich das Stakeholder Management der Volkswagen AG Nachhaltigkeit aus einer kommunikationswissenschaftlichen Sichtweise im konzeptionellen Rahmen der Verantwortungskommunikation als kommunikatives Phänomen ebenenübergreifend theoretisch beschreiben und modellieren?	– Ist das Phänomen Stakeholder Management schon einmal ebenenübergreifend beschrieben worden? – Welchen sozialen Ebenen lassen sich die bestehenden Konzeptionen und Modelle zuschreiben?
F2: Welche Wertschöpfung entsteht durch das Stakeholder Engagement der Volkswagen AG Nachhaltigkeit in nichtmarktlichen Arenen für die Stakeholder? Anhand welcher Wohlfahrtsfaktoren lässt sich diese erklären?	– Wie und mit welchen Konzepten wird der nichtmaterielle Wertschöpfungsbeitrag beschrieben? – Reichen diese Konzepte aus, um Wertschöpfung für die Stakeholder der Unternehmen auszuweisen?

4.4.1   Heuristiken für Stakeholderkommunikation

„Stakeholder Engagement: rational, prozessorientiert, transaktional"
Das Modell von E.R. Freeman (1984) basiert auf der Annahme, dass sich strategisches Management durch externe und interne Transformationsprozesse gewandelt

hat. Den Umstand, dass heute nicht mehr nur Rohmaterialien in Produkte transformiert werden und Geschäftsmodelle bzw. Wertschöpfungsprozesse komplexer werden, betrachtet er als Auslöser dieser Entwicklung. Damit verbunden ist, dass sich neben klassischen Kräften (Kunden, Kapitalmarkt, Zulieferer) in der Unternehmensumwelt heute Akteure organisieren, die als Stakeholder zunehmenden Einfluss auf die Geschäftstätigkeit ausüben. Freeman skizziert drei Evolutionsstufen der Unternehmensführung: den "Production-, Managerial-" und "Stakeholder-View". Die letzte Stufe zeichnet sich dadurch aus, dass sie das Unternehmen als ein organisationales Beziehungsgefüge in seiner gesellschaftlichen Einbettung im Spannungsfeld der Forderungen aller Gruppen betrachtet und hierfür neue Steuerungsmodi benötigt. Freeman entwickelt in diesem Zusammenhang

"A map of the firm which takes into account all of those groups and individuals that can affect, or are affected by, the accomplishments of organizational purpose. Each of these group plays a vital role in the success of the business enterprise in today's environment. Each of these groups has a stake in the modern corporation, hence the term 'stakeholder', and 'the stakeholder model or framework' (…)" (Ebd, S. 25).

Er sieht Unternehmen in der moralischen und ökonomischen Pflicht, alle sie umgebenden Stakeholder in ihre Geschäftstätigkeit direkt mit einzubeziehen. Um den fokalen Punkt MNU ordnet er Gruppen an, die auf den Sinn, Zweck und die Zielerreichung eine Auswirkung haben, oder von dieser betroffen sind. Die Gestaltung der zur Moderation der Stakes benötigten Interaktionen betrachtet er als Kernaufgabe der Unternehmensführung. Er differenziert drei Ebenen des Stakeholder Management: den 1) rational level, auf dem die Anforderungen systematisch sondiert werden, den 2) process level, auf dem eine formale Einbindung erfolgt und den 3) transactional level, auf dem durch mehr Kooperation Mehrwert für alle Beteiligten geschaffen wird (S. 54 ff.). Im Frühwerk spricht er auch nicht von Stakeholder-Theorie, sondern einem "concept [which] can serve as an umbrella for the development of an approach to strategic management" (S. 247). Freemans Modell ist organisationsethischer und mesoanalytischer Natur.

„Machtstrategisches und normativ-kritisches Stakeholder Management"
Peter Ulrich konstruierte für seine integrative Wirtschaftsethik ein normativ-kritisches Stakeholderkonzept (Ulrich, 1998; Büscher, 2011). Mit der Heuristik legt er einen Fokus auf die ethisch begründbare Legitimität der Stakes externer Gruppen. Die sorgfältige Abwägung der Anforderungen und nachvollziehbare Begründung von Entscheidungen sieht er als eine Variante des strategischen Managements, bei der Stakeholder nicht im machtstrategischen Sinn Objekte einer Organisation sind

(Ressourcen, über die eine MNU frei verfügen kann), sondern Subjekte, die durch formelle Mechanismen der Einbindungen zu einem erfolgskritischen Bestandteil der Organisation werden. Die Stakeholder-Integration schafft Gelegenheiten zum Wissensaufbau und steigert wechselseitig Akzeptanz und Vertrauen. Demgegenüber steht ein machtstrategisches Stakeholder Management, bei dem nur die Gruppen eingebunden werden, die über Deutungs- und Entscheidungsmacht verfügen und die Zielerreichung negativ beeinflussen. In dieser Sichtweise wird der Stakeholder zum Objekt des Unternehmens. Peter Ulrichs Unterscheidung normativer und instrumenteller Ansätze hat die Forschung stark geprägt. Ihm ist vor allem die Stärkung der ethischen Dimension des Stakeholder-Ansatzes zu verdanken.

"Stakeholder Theory: Concepts, Evidence, and Implications"
Thomas Donaldson und Lee Preston (1995) entwickeln aufbauend auf Freemans Modell eine erweiterte Konzeption des Stakeholder Managements. Sie unterscheiden ein Input-Output-Modell des Unternehmens mit linearen Wertschöpfungsketten und marktlichen Gruppen (Investor, Kunde, Mitarbeiter, Zulieferer) von einem multidirektionalen Interaktionsmodell, dass nichtmarktliche Akteure mit umfasst (z. B. Regierung, Verbände). Stakeholder Management besteht ihrer Ansicht nach aus mehr, als nur sozialen Beziehungen. Für sie sind es "attitudes, structures and practices, that, taken together, constitute Stakeholder Management" (S. 67). Sie adressieren den starken mesoanalytischen Fokus des Stakeholder-Ansatzes als Defizit, liefern aber keinen Gegenentwurf. Auf ihrem Plädoyer aufbauend entwickelten Dritte Konzeptionen. In diesem Kontext entstand zum Beispiel das Modell von Eileen Scholes und David James (1997). Es weist drei Dimensionen der sozialen Praxis Stakeholder Management aus: 1) Strategien mit der Schlüsselfrage "to what extend will the strategy affect each group, positively or negatively?", 2) Werte, bei denen es darum geht, "[how] the management style and social awareness of our managers strongly influence the companys reputation" sowie 3) Management-Prozesse und soziale Strukturen. Unter 3) subsumieren sie die Schaffung interner Verantwortlichkeiten und Festlegung von Rollenbildern. Ihr Modell ist einer der wenigen Versuche eine mehrdimensionale Beschreibung des Phänomens anzustoßen.

„Monologisches und dialogisches, themen- und organisationsfokussiertes Stakeholder Management"
Aufbauend auf der Unterscheidung strategischen und kommunikativen Handelns von J. Habermas konzipiert Julia Rohloff (2002) zwei Stakeholder-Management-Modelle. Anhand der 1) Intention der Handlung (strategisches oder kommunikatives Handeln) und 2) Direktionalität der Kommunikation (monologisch oder dialogisch)

unterscheidet sie kommunikatives und strategisches Stakeholder Management. Für Rohloff besticht das strategische Stakeholder Management durch fiktive Dialog- angebote mit dem Ziel von Risikovermeidung und Persuasion. Der Nutzen für Stakeholder ist hier gering, weil sie aus Selbstschutz angehört und in Entscheidungs- prozesse nur indirekt einbezogen werden. Demgegenüber verfolgt das kommuni- kative Stakeholder Management den Anspruch, Stakeholder in echte Dialoge zu involvieren und sich proaktiv mit deren Interessen und Forderungen auseinanderzu- setzen. Rohloff plädiert jedoch nicht für die Orientierung an einem Extrem, sondern nimmt an, dass sich beide Typen ergänzen und verschränkt zum Einsatz kommen (sollten). Deshalb entwickelt sie eine Konzeption des themenzentrierten Stakeholder Managements (SM) (2008b). Auf Netzwerktheorien bezugnehmend behauptet sie, dass bisherige Modelle immer das Unternehmen in den Fokus ihrer Aufmerksamkeit gerückt haben, in der Praxis Unternehmen aber nicht zwingend die zentralen und ein- flussreichsten Akteure sind. Sie plädiert daher dafür, die Unternehmenszentrierung (Organization-Focused SM) durch eine themenzentrierte Analyse (Issue-Focused SM) von Stakeholder-Kommunikationsnetzwerken aufzulösen (Rohloff, 2008a). Julia Rohloff liefert hier eine praktische Heuristik für die Differenzierung von Bezie- hungsstrukturen. Die Mikro- und Makroperspektive wird in ihrem Modell jedoch nicht behandelt.

"Imperfections and Shortcomings of the Stakeholder Models"
Yves Fassin verfolgt in einer Serie von Journalartikeln das Ziel, das Stakeholder- Modell von Freeman weiterzuentwickeln. Ihre These lautet:

> "Curiously, and paradoxically, although the success of the stakeholder model can largely be attributed to the visual power of its graphical presentation, most of the later research and criticisms of stakeholder-theories seem to have ignored or at least partly neglected the graphical framework" (2008, S. 880).

Fassin fordert eine stärkere Berücksichtigung der Heterogenität der Stakeholder, der unterschiedlichen Intensität der Interaktionsbeziehungen sowie Abbildung der Aus- tauschbeziehungen untereinander. Ihr Modell arbeitet mit grafischen Variationen der Relevanz von Akteuren (Größe der Kreise) und deren Interaktionsbeziehungen (Dicke/Richtung der verbindenden Pfeile). Das Unternehmen wird als ein dezentra- ler Punkt abgebildet. In einer zweiten Version erklärt sie: "the hub-spoke model is gradually transformed into a kind of solar system with a central oval sun and surroun- ding planets" (2009, S. 124). In einer dritten Version versucht Fassin dann zusätzlich die Prozessdimension zu stärken. Sie greift Freemans Ansatz der "Stakeholder- Value Chain" auf und entwickelt diesen zur "Value Responsibility Chain" weiter.

Fassin schreibt: "the value responsibility chain extends Stakeholder Management beyond the classical borders of the corporations direct stakeholder model" (2010, S. 43). Über eine differenzierte Beschreibung der Steuerung dieser Interaktionen gehen Fassins Modelle jedoch nicht hinaus.

„Stakeholder-Kompass"
Der Stakeholder-Kompass ist ein kommunikationswissenschaftlicher Ansatz zur systematischen Erfassung und Abbildung wesentlicher Stakeholder aus Sicht von Kommunikatoren. Entwickelt wurde er von Lothar Rolke (2002; 2010), der dem Stakeholder Management drei Kernaufgaben zuschreibt: 1) Bestimmung und Auswahl der wesentlichen Gruppen, 2) Schaffung einer transaktionalen Sichtweise auf die Interaktionen mit der Umwelt und 3) Unterstützung marktlicher Transaktionen durch anspruchsausgleichende Kommunikationsbeziehungen. Novum seines Modells ist die Unterteilung des Umfeldes in vier Stakeholder-Arenen:

* Im *Kapitalmarkt* (Zuständigkeit: Investor Relations) die Kommunikation mit Aktionären und Analysten, um die Liquidität für Wertschöpfungsprozesse abzusichern und Wachstum zu finanzieren (*Finanzkommunikation*).
* Im *Absatzmarkt* (Zuständigkeit: Werbung) die Kommunikation mit Kunden, Partnern und Wettbewerbern zur Anbahnung oder Verhinderung von Verträgen (*Absatzmarkt- bzw. Marketingkommunikation*).
* Im *Akzeptanzmarkt* (Zuständigkeit: PR/Pressearbeit/Lobbying) die Kommunikation mit gesellschaftspolitischen Mittlern, Parteien und Staatsvertretern zur Sicherung von Handlungsspielräumen (*Public Relations/Public Affairs*).
* Im *Beschaffungsmarkt* (Zuständigkeit: Internal Relations) die Kommunikation zwischen Unternehmensleitung, Führungskräften, Mitarbeitern und Lieferanten (*Personalkommunikation*) zur kollektiven Leistungserstellung.

Rolke zeichnet Stakeholder Management als ein übergreifendes, kommunikatives Gestaltungsprogramm. Er beschreibt es als eine die Unternehmenskommunikation unterstützende Funktion auf Grundlage der Werttreiber Image und Reputation.

"Stakeholder-Information, -Response & -Involvement-Strategies"
Viel zitiert ist auch die von Mette Morsing und Friederike Schultz (2006) erarbeitete Unterscheidung dreier Stakeholder-Interaktionsmodi. Aufbauend auf der Sensemaking-Theorie, der Relational Stakeholder Theory und einem Phasen-Kommunikationsmodell diskutieren sie drei Stakeholder-Kommunikationsstrategien:

- *Information-Strategy*: hier ist die Kommunikation unidirektional vom Unternehmen an Stakeholder gerichtet. Ziel ist die Bereitstellung von Information, allerdings nicht notwendigerweise mit persuasiver Absicht, zur objektiven Information ("telling, not listening; 'giving sense' to audiences"). Stakeholder verhalten sich passiv. Aufgabe der Kommunikationsabteilung ist es "to ensure that a coherent message is conveyed in an appealing way and that the focus is on the design of the concept message" (ebd., S. 327). Zu den genutzten Kommunikationsmaßnahmen zählen Broschüren, Magazine und Berichte.
- *Response-Strategy*: hier findet eine asymmetrische Zweiwegekommunikation statt. Das Unternehmen bindet Stakeholder ein, weil ihre Ansichten und Meinungen für die Entscheidungsfindung relevant sind. Die Kommunikation ist eher Senderorientiert: "the company asks its stakeholders questions within a framework that invites predominantly the answers it wants to hear" (ebd., S. 327 f.). Aufgabe der Kommunikationsabteilung ist es, mehr Zustimmung und Unterstützung durch Aufnahme von Anregungen zu schaffen. Zu den genutzten Maßnahmen zählt zum Beispiel die Meinungsforschung (Umfragen).
- *Involvement-Strategy*: die letzte Stufe zielt auf das Ideal symmetrischer Zweiwegekommunikation ab. Interaktionen finden proaktiv statt ("sensemaking & sensegiving"). Persuasion kommt von beiden Seiten (im Sinne einer wechselseitigen Überzeugung von einem besseren Argument). Unternehmen nehmen nicht nur Einfluss auf Stakeholder, sondern auch deren Einflussversuche an ("companies engage frequently and systematically in dialogue with their stakeholders in order to explore mutually beneficial action – assuming that both parties involved in the dialogue are willing to change" (ebd., S. 328). Der Stakeholder ist aktiv als Partner eingebunden. Aufgabe der Kommunikationsabteilung ist die fortwährende Gestaltung reziproker Beziehungen. Zu den genutzten Maßnahmen zählt zum Beispiel eine Dialogveranstaltung.

Das Schema von Morsing und Schultz ist eine nützliche Heuristik zur Unterscheidung von Engagement-Ebenen. Im Fokus stehen erneut Beziehungsstrukturen.

Von der „Stakeholderorientierte(n) Organisationskommunikation" zum „Stakeholder Management als Kommunikationsnetzwerkmanagement"
In seinem Frühwerk bezog sich Karmasin stark auf kommunikationsökonomische Fragen und Mechanismen der Integration der Systeme Publizistik und Ökonomie (Medienmanagement als Stakeholdermanagement; Karmasin 1998; 1999b; 2000; 2003; 2006). Im Spätwerk weitete er seine Überlegungen zu einem organisationskommunikationstheoretischen Modell aus (Karmasin 2005b/c; 2007; Karmasin &

Weder, 2008a). In seinen jüngsten Publikationen fügt er netzwerktheoretische Argumente hinzu, indem er seine Vorstellung der fokalen Organisation als "hub" und die Idee der sozialen Einbettung in einem „größeren Struktur- und Beziehungszusammenhang" integriert (Karmasin 2015; Karmasin & Weder, 2014). Karmasin versteht Stakeholder Management als organisationales Beziehungsmanagement, dass sich vom eher funktionalen Shareholder-Ansatz durch eine reziproke Grundorientierung unterscheidet. Er fordert, dass alle Ansprüche einen Eigenwert besitzen, voller Aufmerksamkeit bedürfen und in Entscheidungen gleichwertig einzubeziehen sind. Im Einbezug aller legitimen Stakes sieht Karmasin die Abkehr vom Zielgruppendenken und eine Erweiterung der ressourcenorientierten Perspektive auf Unternehmen um sozialpolitische Aspekte. Er unterstellt, dass Unternehmen als quasiöffentliche Organisationen eine Doppelrolle haben: sie produzieren Real- (Produkte, Services) und Sozialkapital (Akzeptanz, Vertrauen). Letzteres entsteht durch kommunikative Aushandlungsprozesse. Karmasin erläutert:

> „Der Stakeholder-Ansatz stellt auf dieses Verhältnis rekursiver Konstitution (Dualität und Rekursivität) von Organisation und Gesellschaft ab. Stakeholder Management ermöglicht via Integration von Interessen (Ansprüchen – ‚stakes'), die durch Entscheidungen der Unternehmung getroffen werden und die diese betreffen, die ‚Rückkehr der Gesellschaft' in die Organisation" (2007, S. 74).

Seiner Ansicht nach befördert die Stakeholderkommunikation den Wandel vom zweckrationalen Management hin zu einer ethischen Unternehmensführung. Das Kommunikationsmanagement schafft als Stakeholder Management die hierfür benötigten (gesellschaftlichen) Strukturen und internen Prozesse. Er argumentiert:

> „Stakeholder Modelle sind eine praktikable Möglichkeit, die praktische Vernunft in die Unternehmensführung zu integrieren. Das Modell ist deskriptiv richtig (es beschreibt die Funktionsweise von Unternehmungen in der Informationsgesellschaft), es ist instrumentell anwendbar (und sogar institutionalisierbar) und es ist normativ sinnvoll (indem es die Einbeziehung autonomer, nicht unmittelbar mit dem Leistungsergebnis der Unternehmung korrelierter Interessen in die Entscheidungen der Unternehmung fordert)" (2008a, S. 271).

Den Transformationsprozess bezieht er auf die Auflösung folgender Differenzen:

- Leitdifferenz *Innen/Außen*: die Grenzen zwischen Leistungserstellung (Realkapital) und externer Kommunikation (Sozialkapital) verfließen zunehmend. Es kommt zur Verschränkung. Dabei werden (neue) Möglichkeiten für Involvierungen endogen externer Akteure (Stakeholder) verhandelt.

- Leitdifferenz *Legitim/Illegitim*: die Organisation wird zur Plattform der Aushandlung von Stakes. Sie entwickelt sich zu einem offenen, öffentlichen und sozial exponierten System, das seinen Umgang mit der Öffentlichkeit intensiviert und so lernt, existentielle Schlüsselfragen zu beantworten.
- *Wandel von der Ziel- zur Anspruchsgruppe*: Stakeholder aus der Umwelt der Unternehmen werden nicht mehr nur anhand ökonomischer (Einzahlungen/Auszahlungen) und erfolgsstrategischer Kriterien (Einflusspotential/Macht), sondern soziopolitischer Relevanzkriterien (Legitimität) segmentiert.
- *Wandel von Public Relations zur Stakeholderkommunikation*: die Interaktion folgt dem Paradigma des Dialogs und zielt auf eine Kommunikation mit, nicht über, Stakeholder ab. Die exogene Steuerung ist stark. Die Organisation wird zu einer Plattform der kommunikativen Aushandlung und Befriedigung aller legitimen Stakes. Der Kommunikationsplanungsprozess wird dadurch auf den Kopf gestellt. Am Anfang steht die Frage nach gesellschaftlichen Ansprüchen und nicht mehr den Zielen und Potentialen der Unternehmung. Kommunikation wird als ein offener und rekursiver Prozess neu gestaltet.

Karmasin stellt dem alten Modell der Unternehmenskommunikation als Massenkommunikation ein kommunikationsethisches Modell der Unternehmenskommunikation als Individualkommunikation mit Stakeholdern gegenüber. Er baut damit Brücken zwischen den Literatursträngen zu Stakeholder Management, Organisationskommunikation und Kommunikationsethik. Ferner verweist er auf die unterschiedlichen Ebenen der Integrationsprozesse: 1) Kontext, 2) Regeln, Ressourcen und 3) (prozessuales) Handeln. Hierdurch erweitert er die dominante handlungstheoretische Perspektive auf das Stakeholder Management um Fragen der sozialen Strukturierung. Das Zusammenspiel der sozialen Ebenen wird von ihm allerdings nur ganz grob beschrieben. Karmasin fordert die Mikro-Meso-Makro-Perspektive, liefert sie aber nicht. Eine Operationalisierung seiner Konzeption bleibt aus.

4.4.2   Konzepte zur Ermittlung und Beschreibung des nichtmarktlichen Wertschöpfungsbeitrages (Werttreiber)

Den zweiten Schwerpunkt der Aufbereitung des theoretischen Forschungsstandes bildet neben der Rekonstruktion der Heuristiken eine Synthese der im Zusammenhang mit Stakeholder Management genannten Werttreiber. Diese "Value Driver" sind Konstrukte zur Beschreibung bzw. „Messung" des Erfolges des Stakeholder Engagements aus einer Stakeholder-Sicht. Zusammengetragen sind ausgewählte, nichtökonomische Prozess- und Ergebniskonstrukte der BSF (Szwajkowski, 2000; Karmasin & Weder, 2008a; Walter, 2012; Ihlen, Bartlett, & May, 2014; Riede, 2011, 2013). Die Auswahl der Konzepte basiert auf der Relevanzeinschätzung des Autors und orientiert sich an den Nennungen der Konzepte in der gesamten Fachliteratur zum Thema. Die zentrale Annahme lautet: Stakeholderkommunikation ist dann erfolgreich, wenn sie einen Anstieg dieser Treiber bewirkt oder Chancen schafft, diese Faktoren positiv zu stärken. Die genannten Konstrukte sind vorökonomisch und nichtmateriell, weil sie sich nicht direkt über finanzielle Messgrößen (Ein- und Auszahlungen, z. B. Umsatz, Rendite) abbilden oder monetär bemessen lassen. Es sind Zuschreibungen, mit denen die Wissenschaft und Praxis den Wert, der durch Stakeholderkommunikation entsteht, operationalisiert (Tabelle 4.2).

Tabelle 4.2   Stakeholder Engagement: Value Driver

Begriff	Konstruktspezifikation/Exemplarische Definition	Literatur
Akzeptanz	Wechselseitiges Interesse und die Bereitschaft Events und Medien zu nutzen, sich mit den vermittelten Inhalten und Informationen auseinanderzusetzen, sie zu verstehen und ihnen Glauben und Vertrauen zu schenken und sie ggf. als Basis für zukünftiges Handeln im Sinne einer Feedback- und Dialogkommunikation oder Anschlusshandelns heranzuziehen (Zerfaß & Dühring, 2010, S. 128).	Zerfaß & Dühring, 2010; …

(Fortsetzung)

Tabelle 4.2 (Fortsetzung)

Begriff	Konstruktspezifikation/Exemplarische Definition	Literatur
Zufriedenheit	Zufriedenheit als Einstellung gegenüber einem Objekt (z. B. Magazin, Broschüre etc.) mit kognitiver und emotionaler Komponente. Die Bewertung der gesamten Erfahrungen mit bestimmten Anbietern/Angeboten und deren Produkte/Dienstleistungen beim Abgleich von aktuellen Erfahrungen der Nutzung (Ist) mit dem Soll-Zustand.	Nerdinger et al., 2015 Index: Kano Customer Satisfaction Model; Customer Satisfaction Index (CSI); ...
Authentizität	Bewertung von Kommunikationsangeboten über Unternehmen als Personen (anthropomorphe Wahrnehmung) qua Beziehung zwischen dem vorstellungsbeeinflussenden Konzept der Corporate Identity und dem erwartungsgetriebenen Konzept der Corporate Authenticity, wobei Identität die soziale Adresse ist, auf die sich Authentizität als Resultat der verhaltensleitenden Beobachtung, Beschreibung und Bewertung bezieht (Szyszka, 2012a/2012b).	Szyszka, 2012a/b, 2013, 2014, 2017; ...
Awareness (Wahrnehmung, Bekanntheit)	Kontakt als auditive und visuelle Wahrnehmungsleistung (Reizüberschreitung der Bewusstseinsschwelle mit Ergebnis der Aufmerksamkeitserzeugung). Allgemeine Aktivierung (Awareness) als Vorbedingung der Aufnahme und Verarbeitung von Botschaften: z. B. die Kenntnis von Marken (Brand Awareness).	Schenk, 2007; Reinecke, 2009; ...
Einfluss, Zugang	Struktureller Grad der Einflussnahme einer Organisation auf eine andere Organisation im Sinne des Zusammenspiels von Prozessen der Aktion, Interaktion und Reaktion. Zugang (Access) als Vorstufe des Einflusses (Influence). Eher politikwissenschaftliches Konzept zur Erklärung der Verhaltensänderung im Sinne potentieller Fürsprache zur Durchsetzung einer Unternehmensposition.	Rowley, 1997; Rowley & Moldoveanu, 2003; Hendry, 2005; Frooman, 1999; Frooman & Murrell, 2005; Pajunen, 2005; Barnett, 2007; ...

(Fortsetzung)

Tabelle 4.2 (Fortsetzung)

Begriff	Konstruktspezifikation/Exemplarische Definition	Literatur
Wissen	Wissen als strukturierte Form der Information, als interpersonale oder interorganisationale Transferleistung. Im Gegensatz zum expliziten Wissen, das in Sprache übertragbar ist, ist implizites Wissen persönlich, kontextspezifisch und schwer speicher-/übertragbar.	Grant, 1996, 1997; …
Lernen	Systematischer Wissenstransfer. Fähigkeit von Organisation oder Individuum zur Exploration und Absorption des Wissens der Stakeholder. Eigenständiges Lernen der Organisation in ihrer Gesamtheit, unabhängig von ihren einzelnen Mitgliedern (Bruton, 2016).	Senge, 1996; Deniz-Deniz & Zarraga-Oberty, 2004; Stark, 2008; Bruton, 2016; …
Legitimation	Legitimation als "generalized perception or assumption that the actions of an entity are desirable, proper, or appropriate within some socially constructed systems of norms, values, beliefs and definitions" (Suchmann, 1995, S. 574). Legitimation als ein sozialer Zuschreibungsprozess. Legitimität als Ergebnis dieses Prozesses.	Ashford & Gibbs, 1990; Suchmann, 1995; Munck, 2001; Palazzo & Scherer, 2006; Vaara & Tiernari, 2008; Sandhu, 2012; Deephouse & Carter, 2005; …
Legitimität	Legitimität als Zustand, als steigerungsfähige strategische Ressource der Organisationskommunikation, die durch Prozesse der öffentlichen Aushandlung und Aktivierung durch Bewertungen des Unternehmensverhaltens durch die Stakeholder erfolgt. Ergebnis ist eine begrenzte gesellschaftliche Betriebslizenz ("license to operate").	
Image	„Stark vereinfachte, typisierte und mit Erwartungen verbundene individuelle Vorstellungsbilder von Imageobjekten" (Röttger et al., 2014, S. 154). Attributszuschreibungen, die den momentanen Status der Information, Bewertung und emotionalen Haltung eines Individuums beschreiben. Images als „subjektive Konstruktionen (…), der der Mensch sich vor allem für solche Objekte erzeugt, hinsichtlich derer er über kein direktes zugängliches Wissen, keine unmittelbare, oder eine zu geringe Erfahrung verfügt, um sich ein konkretes Bild zu machen" (Merten, 1992, S. 43).	Merten, 1992; Herger, 2006; Einwiller, 2014; …

(Fortsetzung)

Tabelle 4.2 (Fortsetzung)

Begriff	Konstruktspezifikation/Exemplarische Definition	Literatur
Reputation	„Das öffentliche Ansehen, das eine Person, Institution oder Organisation oder allgemeiner ein (Kollektiv-)Subjekt mittel- oder langfristig genießt und dass aus der Diffusion von Prestige-informationen an unbekannte Dritte über den Geltungsbereich persönlicher Sozialnetze hinaus resultiert" (Eisenegger 2005, S. 24 f.). Resultat der vergleichenden Bewertung der Erwartungen an und Wahrnehmungen von Organisationshandlungen. Statuszuschreibung der Stakeholder, die dann vorgenommen wird, wenn Erwartungszuschreibungen erfüllt werden. Unterschieden wird z. B. (a) kognitiv-funktionale, (b) sozial-normative und (c) expressiv-emotionale Reputation (ebd.).	Fombrun & Shanley, 1990; Fombrun, 1996, 1997; Schwaiger, 2004; Heugens et al. 2004; Eisenegger, 2005, 2007, 2009, Herger, 2006; Barnett et al., 2006; Prauschke, 2007; Helm, 2007; Liehr et al., 2010; Schwalbach, 2015; …
Vertrauen	Vertrauen als Erwartung, dass man sich auf Aussagen von anderen verlassen kann. Zuschreibungsphänomen, das sachliche Komplexität reduziert und soziale Handlungs- und Interaktionsprozesse durch die Reduktion des Risikos opportunistischen Verhaltens reduziert. Vertrauenswürdigkeit als Trias aus Kompetenz, Nicht-Opportunismus und Rechtschaffenheit (Suchanek, 2015).	Endress, 2002; Kohring, 2004; Greenwood & Van Buren II, 2010; Hoffjann, 2012; Lin-Hi & Müller, 2012; Seifert-Brockmann, 2015; Suchanek, 2015; …
Glaubwürdigkeit	In der „Theorie öffentlichen Vertrauens" von Bentele ist Vertrauen ein „kommunikativer Mechanismus zur Reduktion von Komplexität, gleichzeitig Prozess und Ergebnis dieses Prozesses, in dem öffentlich wahrnehmbare Personen, Organisationen/Institutionen und gesellschaftliche Systeme mehr oder weniger öffentlich hergestelltes Vertrauen zugeschrieben wird" (Bentele, 1994, S. 141). Glaubwürdigkeit ist für Bentele z. B. ein nachgelagertes Phänomen: „Glaubwürdigkeit ist eine Eigenschaft, die Menschen, Institutionen oder deren kommunikativen Produkten (mündliche oder schriftliche Texte, audiovisuelle Darstellungen) von jemandem (Rezipienten) in Bezug auf etwas (Ereignisse, Sachverhalte, etc.) zugeschrieben wird" (Bentele, 1988, S. 408).	Bentele 1988, 1994, 2008; Mayer et al., 1995; Eisend, 2003; Herger, 2006; Schoorman et al., 2007; Imhof, 2008b; Bentele & Seidenglanz, 2008; Bentele & Nothaft 2011, 2014;

4.4.3   Synthese und Handlungsempfehlungen

Die Synthese des theoretischen Forschungsstandes ermöglichte die Identifikation von Forschungslücken, die nun abschließend kurz zusammengefasst und in Empfehlungen überführt werden, die die Ausrichtung dieses Forschungsvorhabens als neuen Beitrag zur empirischen und theoretischen Forschung legitimieren.

Ist das Phänomen Stakeholder Management schon einmal ebenenübergreifend beschrieben worden? Welchen sozialen Ebenen lassen sich die bestehenden Konzeptionen und Modellierungen zuordnen? In der Regel wurde Stakeholder Management aus einer interaktionsorientierten und mesoanalytischen Perspektive heraus beschrieben. Im Fokus stand das Beziehungsmanagement einer Organisation. Den Umstand erklärt Øyvind Ihlen zum Beispiel mit: „der größte Verdienst des Stakeholder Management Konzeptes ist es, dass es auf die Beziehungen verweist, die Organisationen unterhalten; in diesem Sinne ist es ein nützliches heuristisches Prinzip" (2011, S. 158). Gesellschaftsstrukturelle Aspekte bzw. die Makro-Ebene wurden in der Forschung zu diesem Thema bislang vernachlässigt. Handlungstheoretisch motiviert standen in erster Linie die Arenen und Foren des Stakeholder Engagements und Kommunikate (Outputs; z. B. Nachhaltigkeitsberichte) im Vordergrund. Empfehlung ist daher eine theoretische und empirische Analyse der Mikro-, Meso- *und* Makro-Ebene. Zur theoretischen Fundierung wurden vielfach nur Theorien kleiner bis mittlerer Reichweite genutzt (Morsing & Schultz, 2006: Grunig & Hunt, 1984). Sozialtheorien wurden bisher nicht herangezogen. Empfohlen wird deshalb die Erarbeitung eines sozialtheoretischen Bezugsrahmens für diese und weitere Analysen. In den Kommunikationswissenschaften war zudem eine inhaltliche Entfremdung vom Kern des Stakeholder-Ansatzes zu beobachten. Konzepte wie Stakeholder und Stakeholder Management werden als „Segmentierungskonzept organisationaler Umwelten" (Linke & Jarolimek, 2016, S. 323) angewandt und an disziplinäre Konstrukte anschlussfähig gemacht (z. B. Öffentlichkeit, Audiences, Publics). Dabei wurde jedoch vernachlässigt, dass es sich bei der Stakeholder-Theorie streng genommen um einen organisationsethischen Ansatz mittlerer Reichweite mit Fokus auf unternehmerische Wertschöpfungsfragen handelt. Insbesondere die Fragen der Stakeholder-Value-Orientierung und Wirkung von Austauschbeziehungen zwischen Unternehmen und ihren Stakeholdern werden inhaltlich zumeist vernachlässigt. Empfohlen wird daher der Bezug mikro- und mesosozialer Effekte auf Aspekte der Wohlfahrt (Stakeholder Value).

Wie und mit welchen Konzepten wird der nichtmaterielle Wertschöpfungsbeitrag beschrieben? Reichen diese Konzepte aus, um Wertschöpfung für die Stakeholder der Unternehmen auszuweisen? Kommunikative Wertschöpfung wird weitgehend mit eindimensionalen Konzepten beschrieben. Dies ist gerade im Hinblick auf die komplexe Natur kommunikativer Handlungen problematisch. Darüber hinaus ist die Betrachtung stark unternehmenszentriert. Stakeholder werden vielfach als Träger strategischer Ressourcen (z. B. Reputation) verstanden. Mit ihren Einstellungs- und Verhaltensänderungen schaffen sie einen (Mehr-)Wert für das Unternehmen. Die Frage, welchen Wert die Kommunikation mit Unternehmen für Stakeholder schafft, bzw. ob und wie sie Wert und welche Wirkungen sie generiert, wurde bisher unzureichend beleuchtet. Empfohlen wird deshalb ein Perspektivenwechsel vom Company zum Stakeholder Value mit Rückgriff auf wohlfahrtsökonomische Konzepte zur Beschreibung von Stakeholder Value (vgl. Kapitel 5).

Die granulare Betrachtung des empirischen und theoretischen Forschungsstandes ließ in der Summe *zwei übergeordnete Beschreibungsdefizite* erkennen: Erstens wird in empirischen Studien primär die Kommunikatorperspektive (Sprecher von Unternehmen) eingenommen. Stakeholder Management ist als Wahrnehmungs- und Zuschreibungsphänomen aus Perspektive externer Stakeholder bislang unzureichend theoretisch beschrieben und empirisch erforscht worden. Zweitens mangelt es nach wie vor an theoretischen Konzeptionen, die Stakeholderkommunikation/Stakeholder Management/Engagement hinreichend gut ebenenübergreifend (Mikro-Meso-Makro-Link) und zugleich analytisch ausreichend differenziert betrachten. Anspruch dieser Arbeit ist es, jene beiden großen Lücken zu schließen. Aufbauend auf der in den Kapiteln 2 und 3. geleisteten, sozialtheoretischen und organisationsethischen Fundierung der zentralen Begriffe und Konzepte, erfolgt im nächsten Kapitel die Detaillierung der wesentlichen Kategorien des strukturations-theoretischen Modells. Giddens Strukturationstheorie fungiert dabei als integrativer Bezugsrahmen für ausgewählte Konzepte kleinerer Reichweite, die eine fundierte empirischen Analyse der Mikro-, Meso- und Makro-Ebene ermöglichen. Mit seinen Begriffen und Denkfiguren lassen sich die Mikro-Ebene (Handlungserfolge und -optionen als mikrosoziale Effekte des Engagement als "Stakeholder Value"), die Meso-Ebene (Management-Praktiken des "Stakeholder Management" als Variante von Kommunikationsmanagement) und die gesellschaftliche Makro-Ebene („Regeln und Ressourcen" der Stakeholderkommunikation, die in kommunikativen Handlungen instanziiert werden) in ihrer dualen und rekursiven Verwobenheit theoretisch beschreiben und empirisch analysieren.

Analysemodell der Fallstudie

Die Problematisierung des Forschungsstandes ließ erkennen, dass in der Mehrzahl der bisherigen Publikationen, die einschlägige Bezüge zum Untersuchungsgegenstand aufweisen, die zentralen, untersuchungsleitenden Analysekategorien meist nicht hinreichend detailliert beschrieben wurden. Vor diesem Hintergrund werden im Folgenden die Kategorien der empirischen Studie sukzessive erörtert und damit der theoretische Bezugsrahmen mit einer strukturationstheoretisch und organisationsethisch fundierten Modellbildung vervollständigt. Das Kapitel führt diese Detaillierungen entlang der drei Analyseebenen Meso, Mikro und Makro schrittweise aus und schließt je mit kurzen Zusammenfassungen, die einen kurzen, kompakten Überblick über die Kategorien und deren Definitionen liefern. Innerhalb der Teilkapitel werden außerdem die zentralen Grundgedanken des Modells ausgearbeitet und vertieft. Für die Meso-Ebene sind dies die Einordnung von Kommunikationsmanagement als Praxis der Steuerung und Bereitstellung von Strukturmodalitäten, der duale Charakter des Kommunikationsmanagements, welches zwischen Gestaltungs- und Wirkungsverantwortung oszilliert, die Verknüpfung von Arenen und Foren mit dem Konzept der Kommunikationsmaßnahmen, die Integration von Sustainability Issues als Sinn- und Strukturkonzept von Kommunikation, die Rolle von Sprechern und die Bedeutung der Organisation von Kommunikation für die Herstellung von (externen) Stakeholder-Öffentlichkeiten sowie die zentrale Rolle von Erfolgskontrollen bzw. Erfolg als Norm für das Controlling von Stakeholder Management als strategisches Kommunikationsmanagement der Volkswagen AG. Für die Mikro-Ebene sind dies die Kopplung von Stakeholder-Value an Stakeholder-Wohlfahrt und deren organisationsbezogene Auslegung und die Nutzung von Stakeholder Capabilities und Funktionsweisen

T. Lang, *Stakeholder Engagement Analyse*, AutoUni – Schriftenreihe 153, https://doi.org/10.1007/978-3-658-33987-6_5

als Operationalisierungshilfen für Giddens, inklusive der dafür notwendigen Voraussetzung, der Diskussion der Verknüpfung des Capability-Ansatzes von A. Sen mit der Strukturationstheorie von A. Giddens und der Stakeholder-Theorie von E.R. Freeman. Für die Makro-Ebene sind dies die Einordnung von Regeln und Ressourcen als fragmentarische Erinnerungsspuren der Handelnden, die mit dem Forschungsmechanismus des Recalls bewusst gemacht werden können, sowie die kompakte Darstellung der einschlägigen Auslegungen von Regeln und Ressourcen in bisherigen Publikationen, die am Ende in der Auslegung und Verortung eben jener Kategorien für das Analysemodell der Arbeit mündet. In Summe wird mit dem Kapitel der theoretische Überbau der Kapitel 2 und 3. aufbauend auf den Erkenntnissen des Kapitels 4. vertieft und der theoretische Bezugsrahmen, das Begriffssystem sowie die entsprechenden Analysekategorien der Untersuchung abgeschlossen.

5.1 Meso-Analyse: Stakeholder Management

5.1.1 Kommunikationsmanagement und Modalitäten

Ausgangspunkt der Meso-Mikro-Makro-Analyse ist die Meso-Ebene. Modalitäten (Meso) fungieren hier strukturationstheoretisch gesehen als Scharniere zwischen Handlungen (Mikro) und Strukturen (Makro). Die Gestaltung und Steuerung von Modalitäten ist die zentrale Leistung des Kommunikationsmanagements einer Organisation. Ortmann und Kollegen erläutern diesbezüglich (Tabelle 5.1):

Tabelle 5.1 Kommunikationsmanagement und Modalitäten

Modalitäten	Strukturfragmente	Instanziierung durch Organisationskommunikation
Schemata	Regeln der Signifikation	z. B. Organisationsvokabular, Leitbild, Logos, Symbole, …
Fazilitäten	Allokative Ressourcen	z. B. Budget, Personal, Zeit, Informationstechnik, …
	Autoritative Ressourcen	z. B. Organisationshierarchie, Bürokratie, …
Normen	Regeln der Legitimation	z. B. Organisationskultur, Entscheidungsroutinen, Kodizes, …

„Wenn Mitglieder in Organisationen miteinander kommunizieren, dann beziehen sie sich reflexiv und rekursiv auf strukturelle Formen – Regeln im Sinne verallgemeinerbarer Verfahren – der Signifikation, die sich auf diese – immer situative, besondere – Weise zu Modalitäten ihres Handelns machen. Sie üben in einer Interaktion Macht aus, indem sie sich auf organisationale Ressourcen beziehen, die sie als Machtmittel (Fazilitäten) in die Interaktionssequenz einbringen. Sie sanktionieren, indem sie ihrem Handeln Normen unterlegen und das Handeln anderer auf der Basis von Normen bewerten und beurteilen, die sie aus einem reflexiven Rekurs auf die Arten und Weisen der Legitimation gewinnen, in Organisationen etwa auf Praktiken der Bewertung von Personen, Leistungen, Prozessen, Kauf- und Verkaufverhalten usw. Und indem sie all das tun, (re-)produzieren sie die organisationalen Strukturen (...)" (2000, S. 320).

Strukturationstheoretisch gesehen vermittelt die Stakeholderkommunikation ergo mit interpretativen Schemata, Fazilitäten und Normen zwischen Handlungen und Strukturen. Das heißt, Stakeholder Management stellt als Kommunikationsmanagement allen am Kommunikationsprozess Beteiligten Interpretations- und Deutungsregeln zur Verfügung. Es formuliert und prüft Normen und ermöglicht nach Innen und Außen durch seine Fazilitäten eine Herrschaft über Dinge, respektive Menschen (Ortmann et al., 1997; Weder, 2008, 2010; Zimmer & Ortmann, 2011). Stakeholderkommunikation ist deshalb letztlich nichts anderes als ein Phänomen, dass sich aus dem dualen und rekursiven Zusammenspiel von Modalitäten, Handlungen und gesellschaftlichen Strukturen zusammensetzt (vgl. Abb. 5.1).

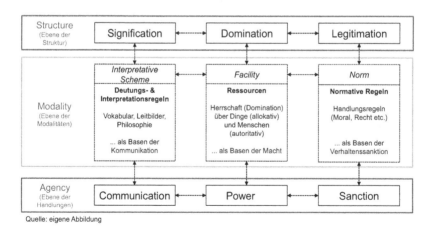

Quelle: eigene Abbildung

Abbildung 5.1 Stakeholderkommunikation als Mehrebenen-Phänomen

5.1.2 Kommunikationsmanagement als Verantwortungskreislauf

Kommunikationsmanagement ist ein Schlüsselbegriff für diverse kommunikative Leistungssysteme des Unternehmens (z. B. Public Affairs, Public Relations) (Röttger et al., 2014, S 113 ff.). Für die Ordnung der Begriffe gibt es keinen fachlichen Konsens. Vielmehr ist die Verwendung spezifisch und vor dem Hintergrund des jeweiligen Erkenntnisinteresses unterschiedlich. Im Folgenden wird angesichts der organisationskommunikationstheoretischen Fundierung die Auffassung vertreten, dass es sich bei Kommunikationsmanagement um einen übergeordneten Begriff handelt. Er umfasst alle Formen und Facetten gemanagter Kommunikation einer Organisation (Kückelhaus, 1998; Szyszka, 2006; Rademacher, 2009; 2010). Der Terminus wird hier nicht aus Konventionsgründen verwandt (Van Ruler & Vercic, 2005). Vielmehr ermöglicht seine managementtheoretische Fundierung einen Anschluss an organisationsethische und strukturationstheoretische Konzepte.

Strategisches Kommunikationsmanagement wird von Ansgar Zerfaß definiert als „Prozess der Planung, Organisation und Kontrolle von Organisationskommunikation" (2014, S. 59). Es steuert "the purposeful use of communication by an organization to fulfill its mission" (Hallahan et al., 2007, S. 3). Zentrale Aufgabe ist die zielorientierte Gestaltung und Evaluation kommunikativer Beziehungen zwischen Unternehmen und ihren Stakeholdern (Merten, 2013a/b). Es kann insofern mit Stakeholder Management gleichgesetzt werden (Karmasin & Weder, 2008a). Zerfaß unterscheidet vier Management-Phasen: 1) *Analysephase*, 2) *Planungsphase*, 3) *Realisierungsphase* und 4) *Kontrollphase* (Details vgl. Zerfaß, 2014, S. 68 f.). Der Prozess verläuft nicht zwingend linear, sondern ist in sich verschränkt (vgl. Abb. 5.2).

Zerfaß strategische Konzeption des Kommunikationsmanagements ist auch eine Antwort auf das *Paradigma der integrierten Kommunikation* (Bruhn 1992, 2003; Rademacher, 2013; Bruhn, 2014). Der Dachbegriff absorbiert dieses Paradigma, weil er in funktionaler Hinsicht die ganzheitliche Integration und zentrale Koordination aller Kommunikationsaktivitäten einer Gesamtorganisation anstrebt (Bruhn et al., 2000; Esch, 2011; Rademacher, 2013; Bruhn, 2014; Diehl et al., 2017). Zerfaß Konzeption ist aufgrund der mangelnden normativen Fundierung für das hiesige Analysemodell allerdings wenig geeignet. Sie wird deshalb für das Modell um zwei Begriffe im Sinne der Verantwortungskommunikation und des Stakeholder-Management-Ansatzes von E. R. Freeman erweitert.

Als ein ethischer Sinn von Verantwortung lässt sich die *Responsibility*, bei der die Akteure für ihre Handlungsfolgen einstehen, von der *Accountability* als

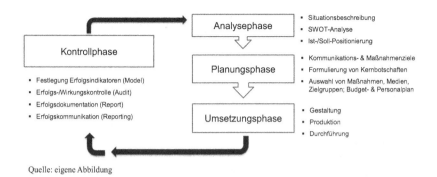

Quelle: eigene Abbildung

Abbildung 5.2   Phasenmodell des Kommunikationsmanagements

"readiness or preparedness of an organization to give an explanation and a justi-
fication to relevant stakeholders for its judgement, intentions, acts, and omissions
(…)" (Rasche & Esser, 2006, S. 252 i. A. an Crane & Matten, 2004, S. 55)
unterscheiden (Heidbrink, 2011). Diese Differenzierung ist enorm wichtig, denn:
Verantwortung für Handlungen zu übernehmen (Responsibility) und darüber
Rechenschaft abzulegen (Accountability) sind zwei Seiten einer Medaille (Swift,
2001; Kaler, 2002b; Rasche & Esser, 2006; Painter-Morland, 2006). Übertragen
auf Stakeholder Management bedeutet dies: es trägt als Kommunikationsmanagement prospektiv eine *Gestaltungsverantwortung* (Responsibility) für Kommunikationsmaßnahmen und als Kommunikationscontrolling retrospektiv-begleitend
eine *Wirkungsverantwortung* (Accountability) für diesbezügliche Effekte bei den
Stakeholdern. Letzteres fungiert als eine Art Meta-Steuerung und greift indirekt
in Management-Prozesse ein, indem es die Messung und Bewertung von Wert-
schöpfungsbeiträgen (z. B. die Ermittlung des Stakeholder Values) steuert (Zerfaß,
2010; Pfannenberg & Zerfaß, 2010; Straeter, 2010; Storck & Stobbe, 2011). Für
den Bezugsrahmen sowie das Analysemodell wird somit festgelegt:

a) *Kommunikationsmanagement* steuert die Anwendung interpretativer Sche-
    mata (Signifikationsregeln) und Fazilitäten (Ressourcen) im Rahmen von
    Stakeholder-Kommunikationsmaßnahmen. Bezogen auf Verantwortungskom-
    munikation entspricht dies einer Ex-Ante-Verantwortung. Es übernimmt eine
    Gestaltungsverantwortung für die Maßnahmen (Input-Output-Relation) in den
    von Zerfaß definierten Phasen Analyse, Planung und Umsetzung.
b) *Kommunikationscontrolling* steuert flankierend dazu die begleitende bis retro-
    spektive Überprüfung von Normeinhaltungen (Legitimationsregeln), indem es

die Erzeugnisse (Output) und Effekte (Outcome; Outflow) der Maßnahmen mit Bezug auf Normen der Organisation (z. B. Effektivität, Effizienz) und Gesellschaft (z. B. Angemessenheit, Akzeptanz) fortlaufend überprüft. Aus der Sicht der Verantwortungskommunikation entspricht dies einer Ex-Post-Verantwortung. Es übernimmt eine *Wirkungsverantwortung* für die durch die Maßnahmen ermöglichten bzw. begrenzten Handlungserfolge und -optionen in der Kontroll- und Evaluationsphase. Strukturationstheoretisch gesehen sind Modalitäten dabei die zentralen Leistungen des Stakeholder Management. Das Spektrum denkbarer Modalitäten ist breit. Das Analysemodell beinhaltet die in Tabelle 5.2 genannten Kategorien. Ihre Auswahl orientiert sich an der Synthese von Theorie und Forschungsstand.

5.1.3 Organisation von Arenen und Foren (Maßnahmen)

Die kommunikativen Felder Markt (Infeld) und Nicht-Markt (Umfeld) wurden als zwei Arenen beschrieben, innerhalb derer sich Kommunikationsforen finden, die durch Kommunikationsmaßnahmen des Unternehmens induziert werden und von Stakeholdern in konkreten Kommunikationssituationen als kommunikative Berührungspunkte mit dem Unternehmen wahrgenommen werden. Es gibt also nicht *die* Öffentlichkeit als eine monolithische Einheit, sondern *Teilöffentlichkeiten*, denen eine (allgemeine) politische Öffentlichkeit übergeordnet ist (Gerhards, 1994, 1996, 1997; Neidhardt, 1994; Gerhards & Neidhardt, 1990). Eine dieser Teil- bzw. Expertenöffentlichkeiten ist die *Stakeholder-Öffentlichkeit*.

Das Arena-Modell wurde vielseitig weiterentwickelt (Raupp, 2004; Imhof, 2003; 2008a; Raupp, 2011b). Für den Bezug auf die Beschreibung von Stakeholder-Teil-öffentlichkeiten, die durch Unternehmen wie Volkswagen gebildet werden, wurde es u. a. von Zerfaß (1996) optimiert. Aufgrund des hohen Abstraktionsgrades eignet sich der Arenen-Begriff allerdings kaum für Interviews. Es handelt sich dabei vielmehr um einen theoretisch-konzeptionellen Rahmen, der die Analyse und Modellbildung leitet. Der Forenbegriff lässt sich hingegen gut mit dem praktischen Begriff *Kommunikationsmaßnahme* operationalisieren. In Anlehnung an Manfred Bruhn sind diese Kommunikationsmaßnahmen (syn. Kommunikationsaktivitäten, Kommunikationsprogramme) definiert als „sämtliche Aktivitäten, die von einem kommunikationstreibenden Unternehmen bewusst zur Erreichung kommunikativer Zielsetzungen eingesetzt werden" (2014, S. 6). Oberste Ebene dieser Maßnahmen sind Kommunikationsinstrumente, definiert als „Bündel von Kommunikationsmaßnahmen nach ihrer Ähnlichkeit" (a. a. O.).

Tabelle 5.2 Stakeholderkommunikation: Management und Controlling

Stakeholder Management	Modalitäten	
Kommunikationsmanagement (Instanz der kommunikativen Gestaltungsverantwortung)	Bereitstellung interpretativer Schemata und Fazilitäten	– Einsatz von Schemata: Stake, Stakeholder, Stakeholder Management, Corporate Responsibility – Organisation von Arenen und Foren: kommunikative Berührungspunkte für Stakeholder – Thematische Strukturierung der Kommunikation: Stakeholder-Themen als Sustainability-Issues – Personelle Begleitung durch Sprecher als Akteure mit Position & Rollenverständnissen – Aufwendung allokativer Ressourcen: Budget, Personal und Hierarchie – Erstellung einer internen Organisation für/von Kommunikation: Strukturen & Prozesse
Kommunikationscontrolling (Instanz der kommunikativen Wirkungsverantwortung)	Normenkontrollen	– Bestimmung von „Erfolg" (Definition, Kriterien) – Mechanismen zur Erfolgskontrolle (Methoden) – Erfolgskennzahlen (Kontrollgrößen/KPIs)

Auf der nächsten Ebene sind die Maßnahmenbereiche Aktivitäten mittleren Differenzierungsrades. Und auf der untersten Stufe dann singuläre Akte der Kommunikation (a. a. O.). Alle genannten Termini sind unterschiedlich konnotiert und fundiert, beschreiben im Kern aber immer Kommunikationsangebote von Unternehmen. Um die Leitfragen einfach und verständlich zu halten, wurden für die Interviews die Begriffe kommunikativer Berührungspunkt und Kommunikationsmaßnahme verwand. Bei der sozial- und kommunikationstheoretischen Abstraktion wird jedoch wieder von Foren und Arenen gesprochen. Zum besseren Verständnis werden in der Abbildung 5.3. entsprechende Beispiele für Arenen, Foren und Maßnahmen aufgeführt.

Arenen	Merkmale		Foren	Maßnahmen (Beispiele VW)
Encounters	• Einfache Begegnung; flüchtig, aber kulturell vorstrukturiert • Zeit und Ort eindeutig bestimmt • Spontane Entstehung und Auflösung denkbar • Mitteilungs- und Verstehenshandlungen erfolgt unmittelbar • Begrenzte Teilnehmerzahl • Möglichkeit zum Rollenwechsel und zur aktiven Beeinflussung der Kommunikationsverläufe	*Präsenzbindung (Interpersonale Kommunikation)*	Gespräche auf der Straße, am Arbeitsplatz, Stammtisch ...	Informationsstand zum Thema „Dieselmotor" in der Berliner Fußgängerzone
Events	• Weder spontan, noch flüchtig • Thematisch, zeitlich und örtlich bewusst geplant • Zugang begrenzt auf klar bestimmbare Akteure • Spezifische Rollen und unterschiedliche Partizipationschancen		Betriebsratssitzung, Vortragsabend, Konferenz, Kongress, Stakeholderdialog ...	Stakeholderdialogveranstaltung in Berlin zum Thema Strategie und Elektrifizierung
Kontrollierte Medien	• Medien unter Kontrolle des Kommunikators • Kommunikation zwischen raumzeitlich getrennten, aber klar bzw. relativ eindeutig bestimmbaren Publika • Anzahl der Beteiligten potentiell unbegrenzt • Verschiedenartige Rollenverteilung	*Keine Präsenzbindung (Medienvermittelte Kommunikation)*	Emails, Infoschreiben, Broschüren, Magazine ...	Newsletter für den Konzern Nachhaltigkeitsbeirat; Magazin „Shift" als selbstkritische Aufbereitung der Dieselkrise
Abstrakte Medien	• Keine Kontrolle des Kommunikators • Bildung durch technisch Medien, die elektronische oder materielle Foren zwischen abwesenden Teilnehmern herstellen und für alle bzw. große Teilnehmerzahlen zugänglich sind • Begrenzte Feedbackmöglichkeiten, daher Minimum an Reziprozität; Trend zum Monolog • Geringe thematische Spezifität • Geringe Kommunikationsdichte bei gleichzeitig hoher Reichweite und Teilnehmerzahl		Massenmedien (Fernsehen, Radio, Zeitung) und offene Datennetze (Internet) ...	

Abstraktion ——————————————————————————————————→ Konkretion

Quelle: eigene Abbildung

Abbildung 5.3 Arenen und Foren der Stakeholderkommunikation

5.1.4 Thematische Strukturierung durch Sustainability Issues

Themen sind zentrale Sinn- und Strukturkonzepte der Inhaltsebene von Stakeholderkommunikation (Definition vgl. Rössler, 2014, S. 461 f.). Als kognitive Strukturkonzepte sind Themen ein „mehr oder weniger unbestimmter Sinnkomplex, über den man reden und zu dem man gleiche oder unterschiedliche Meinungen haben kann" (Bruns & Marcinkowski, 1997, S. 36 f.). Juliana Raupp und Jens Vogelgesang (2009, S. 154) grenzen Themen von *Ereignissen* als situationsbezogenes Geschehen ab. Abstrakt gesehen sind Themen der zentrale Gegenstand öffentlicher Kommunikation. Als kapazitiv begrenzter Themenprozessor verarbeitet Öffentlichkeit in Arenen und Foren Themen und beeinflusst so Meinungsbildung. Wohingegen Themen ein allgemeiner Strukturbegriff für Inhalte sind, sind *Issues* spezifisch auf Unternehmen und Management-Routinen bezogen (Ansoff, 1980; Dutton & Ottensmeyer, 1987; Wartwick & Mahon, 1994; Röttger, 2001; Herger, 2001; Ingenhoff, 2004). Aus diesem Grund ist der Begriff Issues für das Analysemodell auch besser geeignet. Eine grundlegende Definition liefert in dieser Arbeit die Arbeitsdefinition für Corporate und Stakeholder Issues von Diana Ingenhoff:

> „Issues sind die von den Anspruchsgruppen [Stakeholdern] und Organisationsakteuren interpretierten und gestalteten Themen(komplexe) über ein aktuelles oder angekündig-tes Ereignis, die öffentlich und kontrovers diskutiert werden und eine Strategierelevanz infolge eines Organisationsbezugs aufweisen." (2004, S. 44)

Über den eigentlichen Gegenstand sagt der Issue-Begriff per se noch nichts aus. Hierzu wird im Folgenden der Begriff der *Nachhaltigkeits-Issues* verwandt. Dabei handelt es sich um ein interpretatives Schema von Stakeholderkommunikation als Nachhaltigkeitskommunikation (Schönborn & Steinert, 2001; Mesterharm, 2001; Fiedler, 2007; Signitzer & Prexl, 2008; Fieseler, 2008; Michelsen & Godemann, 2008, 2011). Hierbei werden Sustainability-Issues als ein dreidimensionales The-menraster verstanden. Die Unbestimmtheit der Triple Bottom Line ist Chance und Herausforderung zugleich. Chance, weil sich somit eine Möglichkeit bie-tet, diverse Einzelthemen zu subsumieren. Herausforderung, weil die Kategorien nicht trennscharf sind (Tremmel, 2003). Innerhalb des Schemas wird darüber hinaus ein Perspektivenwechsel gefordert. Gemeint ist, dass der Issues-Begriff nicht nur die Perspektive des Unternehmens, sondern auch die aus Stakeholder-Sicht relevanten Nachhaltigkeitsthemen abdecken muss. Damit wird eine der Corporate Sustainability inhärente Doppeldeutigkeit tangiert. Konkret geht es um die Unterscheidung zwischen Nachhaltigkeit als Thema öffentlicher Kom-munikation (Produkt der kommunikativen Leistungen von Journalismus oder PR/Organisationskommunikation (Altmeppen et al., 2017)) und Nachhaltigkeit als normatives Ziel kommunikativen Handelns (Karmasin & Weder, 2008a). Adres-siert wird dieser Gedanke auch von Amartya Sen (vgl. Sen, 2013; ähnlich Dyllick & Hockerts, 2002; Clifton & Amran, 2011; Schaltegger, 2012). Im hiesigen Analysemodell umfassen die Sustainability-Issues demnach alle die Themen, die im Zusammenhang mit einer nachhaltigen Menschheitsentwicklung stehen und beidseitig die Inhaltsebene der Stakeholderkommunikation charakterisieren.

5.1.5 Bereitstellung von Sprechern und Organisation von Kommunikation

In der Stakeholderkommunikation treten Sprecher als Vertreter ihrer Organisatio-nen auf. Sie sind an Positionen, Funktionen und Rollen gebunden und handeln nie frei, sondern innerhalb der von ihrer Organisation definierten Spielräume (z. B. Sprachregelungen). Aus Sicht des Stakeholders lässt sich dieser hand-lungsermöglichende und/oder -begrenzende Spielraum mit dem Konzept der *Rolle* analytisch gut abbilden. Rolle meint schlicht die „Summe der Erwartungen und

Ansprüche von Handlungspartnern, einer Gruppe, umfassenderer sozialer Bezie-
hungsbereiche oder der gesamten Gesellschaft an das Verhalten und das äußere
Erscheinungsbild des Inhabers einer sozialen Position" (Hillmann, 2007, S. 756).
In der Sozialforschung beschäftigt sich die Rollentheorie mit Hypothesen und
Modellen für die Erklärung von Verhaltensweisen (z. B. Rollenkonflikt, Rollen-
überlastung, Rollendiffusion, Rollenidentifikation). Derart komplexe Rollenmo-
delle sind für das Modell allerdings zu detailliert. Zugrunde gelegt wird daher
eine schlichte Differenzierung in *Rollenwahrnehmung*, als die vom Stakeholder
wahrgenommene Sprecher-Rolle des Unternehmensvertreters und *Rollenerwar-
tung* als die an Inhaber (VW-Sprecher) gerichteten Ansprüche und Forderungen
externer Stakeholder. Unter *Position* wird hingegen der „Schnittpunkt verschiedener sozialer Beziehungen, den Platz in einem Gefüge sozialer Beziehungen"
(ebd., S. 691) verstanden. Sie definiert die Gesamtheit der o.g. Gestaltungs- und
Handlungsmöglichkeiten, die eine Organisation dem Inhaber der Rolle ermöglicht. Diesbezüglich interessiert im Modell, welche Funktion dem VW-Sprecher
von Stakeholdern zugeschrieben wird. Position wird im engen Sinne als funktionale Zuständigkeit des Kommunikators innerhalb des Unternehmens verstanden.
Außerdem wird erfasst, welche formale Position der Kommunikator aus Sicht
der Stakeholder in der Aufbauorganisation des Unternehmens inne hat (hierarchische Einbettung, Verortung und Gestaltungs- bzw. Entscheidungskompetenz in
der Gesamtorganisation). Ziel dieser Kategorien ist es, aus Stakeholder-Sicht zu
rekonstruieren, welche organisationsstrukturellen Aspekte die Stakeholder in der
Kommunikation mit dem Unternehmen wahrnehmen und in welchem Umfang sie
Einblicke haben.

5.1.6 Erfolgskontrolle: Kriterien, Methoden, Kennzahlen

Die Formulierung und Prüfung von Normen ist eine zentrale Leistung der Gestaltung und Steuerung von Strukturmodalitäten durch das Stakeholder Management.
Eine zentrale Norm der Stakeholderkommunikation auf Ebene der Organisation
stellt Erfolg als Bewertungskriterium für erfolgreiche und gelungene Stakeholderkommunikation dar. Für die Operationalisierung der Normenkontrollen wird
auf Konzepte aus der Literatur zum Kommunikationscontrolling zurückgegriffen. Zum einen wird ein theoretischer Erfolgsbegriff definiert. Zum anderen wird
mit dem *Wirkungsstufenmodell* eine Heuristik zur Einordnung von empirischen
Aussagen bezüglich *Erfolgskontrollen* vorgestellt
    Bei der Auslegung der Erfolgsbegriffe werden zwei Perspektiven unterschie-
den: aus Sicht des Unternehmens ist das Stakeholder Management erfolgreich,

wenn es gelingt Einstellungs- und Verhaltensänderungen zu bewirken (z. B. Zuschreibung von Vertrauen). Jürgen Schwarz definiert diese *Effektivität* als:

> „Die Kommunikations-Effektivität ist eine Maßgröße für die kommunikative Wirksamkeit, die den Grad der Übereinstimmung der über sämtliche Kommunikationsaktivitäten tatsächlich erreichten ökonomischen und vorökonomischen Ziele mit den damit angestrebten kommunikativen Zielen eines Unternehmens darstellt" (2013, S. 12).

Zugleich geht es darum, dass die Wirkung nach Möglichkeit größer sein muss, als der Aufwand der Maßnahme (Kosten). Diese *Effizienz* ist definiert als:

> „Maßgröße für die kommunikative Wirtschaftlichkeit, die über eine Output-Input-Relation die Ergiebigkeit der monetären und nicht-monetären Mittelverwendung für Kommunikationsaktivitäten im Verhältnis zu den tatsächlich erreichten ökonomischen und vorökonomischen kommunikativen Zielen darstellt" (ebd., S. 11).

Letztlich geht es beim Erfolg von Stakeholderkommunikation aus Unternehmenssicht also um *effektive Effizienz*. Es geht darum, die richtigen Dinge zu tun (Effektivität: Wirkung) und die Dinge ökonomisch richtig zu tun (Effizienz). Am Ende entsteht eine Bewertungskette. Aus Sicht des Umfeldes sind dagegen in der Regel nur Effekte bzw. Wirkungen (Outcomes) für die Erfolgsbewertung entscheidend. Fragen der Wirtschaftlichkeit aus der Sicht des Unternehmens spielen bei externen Stakeholdern keine oder eine eher untergeordnete Rolle. Werden Stakeholder nach Erfolg gefragt, gilt es diese Differenz immer zu berücksichtigen (vgl. Abb. 5.4).

Quelle: eigene Abbildung

Abbildung 5.4   Erfolgsbegriff der Stakeholderkommunikation

Das Kommunikationscontrolling stützt sich auf diverse Basismodelle (vgl. Pfannenberg, 2010; Watson & Noble, 2014; Macnamara 2014). Aus dieser Menge der potentiellen Heuristiken wird der *DPRG/ICV Referenzrahmen für Kommunikationscontrolling (2009)* ausgewählt (Piwinger, 2005; Straeter, 2010;

Pfannenberg & Zerfaß, 2010; Zerfaß & Buchele, 2008). Ansgar Zerfaß hält fest, dass es sich dabei um kein allgemeingültiges Messmodell, sondern „ein gemeinsames Sprachgerüst, das die Verständigung zwischen Kommunikatoren sowie ihren Auftraggebern, Controllern, Agenturen und Medien- und Meinungsforschungsinstituten erleichtern soll" (2015, S. 731), handelt. Das Modell präzisiert und systematisiert Erfolgsbegriffe, indem es sechs Stufen kommunikativer Erfolgsmessung ausweist und ist für das hiesige Analysemodell geeignet, weil Wirkungen (Outcomes) als Schleifen begriffen werden (Kommunikate überschreiten Bewusstseinsschwellen und lösen anschließend Wirkungen aus; z. B. die Einstellungs- und Verhaltensänderungen als Outcomes; Absatz- und Umsatzsteigerung als Outflows). Die Stufe 1) Input beinhaltet finanzielle und personelle Ressourcenaufwände für Kommunikation. Kennzahlen sind z. B. Budgethöhe und Personaleinsatz. Als Methode kommen Aufwandserfassung und Betriebs-/Prozesskostenrechnungen zum Einsatz. Die Stufe Output umfasst die Produkte der Unternehmenskommunikation (Kommunikate). Der 2) interne Output bezieht sich auf die Effizienz und Qualität dieser Erzeugnisse. Klassische Erfolgskennzahlen sind Budgettreue, Durchlaufzeiten, Fehlerquoten, oder Zufriedenheit der Auftraggeber. Die Methoden sind z. B. Verständlichkeitstests, Inhaltsanalysen oder Budget-Statistiken. Der 3) externe Output beschreibt hingegen die Reichweiten und Inhalte der Maßnahmen. Kennzahlen sind z. B. der Umfang der Rezeption von Pressemitteilungen, Visits auf Websites und der Share of Voice; Methoden Reichweiten- und Medienresonanzanalysen und Onlinekennzahlen (z. B. page impressions). Darauf folgt die Stufe der Wirkungen (Outcomes). Kommunikative Wirkungen sind definiert als „kognitive, affektive und/oder konative Veränderung (Outcome-Effekte) bei einem einzelnen oder einer Gruppe in Folge eines persönlichen oder medial vermittelten Kommunikationsangebotes (Output)" (Rolke & Zerfaß, 2014, S. 881). Nachgewiesen werden in den meisten Fällen keine kausalen (d. h. direkten, linearen) Ursache-Wirkungs-Relationen. Maximal möglich ist die statistische Absicherung plausibler Wirkungszusammenhänge. Der 4) direkte Outcome umfasst die positive Steigerung von Nutzung, Wahrnehmung oder Wissen. Kenngrößen sind Awareness, Recall und Recognition. Der 5) indirekte Outcome beschreibt die Einflussnahme auf Meinungen, Einstellungen, Emotionen und Absichten. Kognitionen und Verhaltensdispositionen werden u. a. über Image, Reputationsanstieg, Kaufbereitschaft oder Kundenzufriedenheit ermittelt. Methoden sind z. B. Beobachtungen, Experimente (z. B. Ad-Tests), Befragungen (z. B. Reputation-Survey). Die Stufe 6) Outflow umfasst materielle Effekte (finanzielle Ein- und Auszahlungen). Größen sind hier z. B. Umsatz, Kostenreduktion, Reputations- oder Markenwerte.

Das Methodenspektrum hinter dem Referenzrahmen ist breit und wird hier nicht näher behandelt. Einen Überblick liefern Review-Artikel, allgemeine und methodenspezifische Publikationen (vgl. Buchele, 2008; Pfeffferkorn, 2009; Straeter, 2010; Pfannenberg & Zerfaß, 2010; Macnamara, 2014; Rolke & Zerfaß, 2014. Zu den verbreiteten Instrumenten der Erfolgskontrolle von Unternehmenskommunikation zählen die Medienresonanzanalyse (Raupp & Vogelgesang, 2009), Image- und Reputationsanalyse (Eisenegger & Imhoff, 2007), Akzeptanzmessung (Zerfaß & Dühring, 2010) sowie Methoden des Marketingcontrollings (z. B. Recall oder Recognition-Tests) (Reinecke & Janz, 2009). Eine entscheidende Rolle spielen neben Methoden und Techniken auch Kennzahlen (vgl. Storck & Stobbe, 2011). Während Wirkungsindikatoren die direkten Effekte der Kommunikation bei den Stakeholdern (Outcome) beschreiben, beziehen sich Leistungsindikatoren auf betriebliches Input, Output und Outflow und sind ressourcenäquivalente Leistungen. Die *Key Performance Indicators (KPI)* sind demnach Schlüsselkennzahlen, die als Aggregationen auf den o.g. Grundformen aufbauen. Ein KPI kann sowohl ein Zahlenwert (absolute Zahlen oder Verhältniszahlen), als auch nur eine qualitative Größe oder eine Kombination aus beidem sein (Lauterbach, 2014). Im Modell und in der Studie geht es darum, aus Stakeholder-Sicht die Kriterien und Instrumente der Erfolgskontrolle als Normenkontrolle abzufragen. Diese Konstrukte fungieren als nützliche Heuristik für die Systematisierung von Stakeholder-Aussagen.

5.1.7   Kategorien der Meso-Ebene: Zusammenfassung

Zusammenfassend lässt sich festhalten: Als eine Stakeholder-Öffentlichkeit selbst erzeugende und zugleich der Stakeholder-Öffentlichkeit ausgesetzte Organisation (Karmasin & Weder, 2008a, S. 17 ff.) ist eine MNU bzw. ist die Volkswagen AG mit den unterschiedlichsten Sustainability-Issues und diesbezüglichen Stakes seiner Stakeholder konfrontiert. Diese Stakeholder-Impulse kommen aus einem sich zunehmend moralisierenden Umfeld (Bowie & Dunfee, 2002). Dabei ist die MNU "in an ever-brightening spotlight from which it is virtually impossible to escape, and where stakeholders of all stripes can and do seek – and obtain information" (Waddock & Googins, 2014, S. 33). Die Stakeholderkommunikation ist deshalb nicht nur eine organisationsethisch wünschenswerte Form der Kommunikation, sondern auch strategisch notwendig, um die Stakes von externen Gruppen auszuhandeln. Stakeholder Management sichert die Existenz und den Fortbestand eines Unternehmens ab. Die o. g. Analysekategorien wurden deshalb gezielt ausgewählt, um mesoanalytische Aspekte von Stakeholderkommunikation als die von externen Stakeholdern wahrgenommenen Teilaspekte des Phänomens Stakeholder Management analysieren und beschreiben zu können (Tabelle 5.3).

Tabelle 5.3 Analysekategorien der Meso-Ebene

Organisationskommunikation und Modalitäten		
Kommunikationsmanagement (Instanz der kommunikativen Gestaltungsverantwortung)	Bereitstellung interpretativer Schemata und Fazilitäten	– Einsatz von Schemata: Stake, Stakeholder, Stakeholder Management, Corporate Responsibility – Organisation von Arenen und Foren: kommunikative Berührungspunkte für Stakeholder – Thematische Strukturierung der Kommunikation: Stakeholder-Themen als Sustainability-Issues – Personelle Begleitung durch Sprecher als Akteure mit Position & Rollenverständnissen – Aufwendung allokativer Ressourcen: Budget, Personal und Hierarchie – Erstellung einer internen Organisation für/von Kommunikation: Strukturen & Prozesse
Kommunikationscontrolling (Instanz der kommunikativen Wirkungsverantwortung)	Normenkontrollen	– Bestimmung von „Erfolg" (Definition, Kriterien) – Mechanismen zur Erfolgskontrolle (Methoden) – Erfolgskennzahlen (Kontrollgrößen/KPIs)

Ausgehend von der Scharnier-Logik und der Meso-Ebene werden im Folgenden die Kategorien der Mikro- und Makro-Ebene erläutert. Dies ist der letzte Schritt der Modell-Konstruktion. Zum Schluss erfolgt eine Synthese und Darstellung des gesamten Analysemodells.

5.2   Mikro-Analyse: Stakeholder Capabilities & Functionings

5.2.1   Stakeholder-Wohlfahrt als Stakeholder Value

Überträgt man Giddens Denkfigur von Kommunikation als Befähigung (→ *Dialektik von Ermöglichung und Begrenzung*), ist theoriegeleitet davon auszugehen, dass das Zusammenspiel der drei Ebenen im Kommunikationsprozess eine ermöglichende oder beschränkende Wirkung auf Handlungserfolge und -optionen der Stakeholder hat. Giddens Capability-Konstrukt ist in der sozialtheoretischen Form allerdings unspezifisch und nicht operabel. Das Konzept wird deshalb im Folgenden inspiriert durch zwei Autoren (Litschka, 2015; Röttger, 2016) durch die Stakeholder Capabilities und Stakeholder Functionings als sozioökonomische Wohlfahrtsindikatoren (Stichwort: Stakeholder Value) unter Rückgriff auf A. Sens Capability-Ansatz für die Mikroanalyse operationalisiert (vgl. Abb. 5.5).

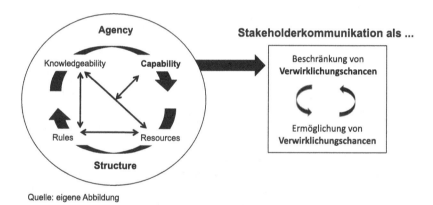

Quelle: eigene Abbildung

Abbildung 5.5   Stakeholder Engagement als Ermöglichung und Begrenzung

Der *Stakeholder Value* ist ein basales Schlüsselkonzept des Stakeholder-Ansatzes (Freeman, 1984; Figge & Schaltegger, 2000). Freeman und Kollegen (2010) unterscheiden zwei Prozesse der Wertschöpfung: Value Creation als kooperativen, konstruktiven Prozess, bei dem Unternehmen gemeinsam mit Stakeholdern Wert erzeugen und Value Capture als destruktiven Prozess, bei dem sich alles um Produktions-, Besitz- und Verteilungsfragen dreht. Den Stakeholder-Value beschreibt Freeman (1984) als ein nach vorne gerichtetes und positives

Produkt (Value *Creation*), bei dem Unternehmen nicht mehr nur Wert für sich
selbst, sondern vor allem auch Stakeholder generieren. Dieser Wert ist im Umfeld
immaterieller Natur (Freeman & Auster, 2013). Freeman schreibt: "business
isn't just about transactions. It's about relationships (…). And it is about how
these relationships are dependent on each other. Stakeholder theory is about
how we cooperate together to create value" (Freeman & Moutchnik, 2013,
S. 6). Bis auf die Formulierung dieser normativen Eckpfeiler bleibt Freeman
bei seiner Konzeption des Stakeholder Value aber bewusst unspezifisch. Er lässt
offen, wie sich sein Konzept operationalisieren lässt. In der BSF finden sich
hierzu diverse Ansätze. So begreift Clarkson (1995; 1998) mit seiner Corporate-
Stakeholder-Performance zum Beispiel die Qualität des Beziehungsmanagements
von Unternehmen als Erfolgsgröße. Für ihn nehmen Unternehmen Verantwortung gegenüber und gemeinsam mit Stakeholdern war, indem sie auf Anliegen
ihrer Stakeholder (Stakeholder Issues) und nicht die der Abstraktion Gesellschaft
(Societal Issues) eingehen, da "corporations manage relationships with stakeholder groups rather than with society as a whole" (1995, S. 92). Im Stakeholder
Value sieht er eine

> "Measure of stakeholder satisfaction by evaluating data concerning the actions and
> record of the company with regard to the management of particular stakeholder issues
> and the levels of responsibility that the company has assumed or defined" (S. 109).

Als Erfolgsgröße kommt der Anstieg der Akzeptanz unternehmerischer Maßnahmen zum Einsatz. Sachs und Kollegen sind dagegen der Auffassung, dass sich
der Stakeholder Value als dreistellige Relation auffassen lässt. Für sie gilt:

> "Corporate success is understood as Stakeholder Value, which is based on three licen-
> ses: the licenses to innovate, to compete, and to operate. Stakeholders contribute to
> these three licenses through their benefit and risk potentials" (2008, S. 470)

Ihr Stakeholder Value ist von drei Merkmalen gekennzeichnet: er ist maximalis-
tisch, weil der Zweck jeder Organisation darin besteht, für ihre Stakeholder so
viel Wert wie möglich zu schöpfen. Er ist perzeptiv, weil

> "Value is a subjective concept, is not a single phenomenon, is multifaceted and can be
> different for each stakeholder group. Consequently the understanding of value and its
> creation is distinct to each stakeholder relationship" (2015, S. 43).

Und er ist kooperativ, weil er das Resultat eines Poolings gemeinsamer Ressourcen ist. Auch Myllykangas und Kollegen (2010) argumentieren, es gehe darum zu

zeigen, dass ein Ziel von Unternehmen darin bestehen müsse, für alle Stakeholder Wert zu schöpfen. Wertschöpfung sei nicht zwangsweise ein Transaktionsprozess. Die Qualität sozialer Beziehungen könne von ökonomischen Theorien gegenwärtig nicht vollständig erklärt werden. "The ability of a firm to create enduring relationships with its stakeholders" und "understand[ing] changing stakeholder relationships from the value creation viewpoint", sei es, die Wert schaffe (ebd., S. 65 f.). Koschmann und Kollegen (2012) fordern analog eine Abkehr von Ressourcen-abhängigkeits- und Transaktionskostentheorien, ein "understanding of value outside of the economic use of the price mechanism" (S. 333). Ihr Argument lautet:

> "We need to investigate their [Value creation for stakeholders] communicative constitution and the ways in which communication processes facilitate the emergence of distinct organizational forms that have the capacity to act upon, and on behalf of, their members. We assume that questions of value are always preceded by ontological considerations: the value of something depends on what it is, the character of its being. (...) we argue that increasing and assessing their [Stakeholders] value should be based on processes associated with communicative constitution" (ebd., S. 334).

Das sozialwissenschaftliche Verständnis des Stakeholder Values lässt sich über eine Abgrenzung zum *Shareholder Value* schärfen. Als Theorie umfassend ausgearbeitet wurde der Shareholder Value u. a. von Alfred Rappaport (1986; 1995). Eine Fehlannahme lautet, er sei ein auf Investoren und Anteilseigner begrenztes Konzept. Der Shareholder Value fordert zwar den Ausgleich finanzieller Interessen, ist aber nicht auf finanzwirtschaftliche Akteure, sondern rein ökonomische Kriterien fokussiert (Kürsten, 2000). Wertschöpfung wird lediglich an finanziellen Größen festgemacht (z. B. Kurswertsteigerungen, Auszahlungen). Trotz des eindimensionalen Wertschöpfungsbegriffs (Wertzuwachs als Kapitalakkumulation) handelt es sich um ein äußerst komplexes Konzept. Rappaport skizziert den Shareholder Value beispielsweise als Netzwerk der Zielsetzungen des Unternehmens, aus dessen Führungsentscheidungen (Operation, Investition, Finanzierung), finanziellen Werttreibern (u. a. Wertsteigerungsdauer, Umsatzwachstum, Gewinnmarge, Gewinnsteuersatz, Kapitalkosten, Investition in Umlauf- und Anlagevermögen) und den Bewertungskomponenten des betrieblichen Cashflows.

An zweiter Stelle der Abgrenzung steht der von Michael E. Porter und Mark R. Kramer (2006, 2011, 2015) propagierte *Shared Value*. Schlicht gesagt versucht dieses Konzept Wettbewerbsvorteile nicht über eindimensionale Beschreibungen (z. B. Kernkompetenzen, Marktanteile) zu erklären, sondern das Unternehmen als Ganzes zu begreifen und dessen gesamte Wertschöpfungskette (Value Chain) auf erfolgskritische Faktoren hin zu analysieren. Dabei werden neben primären (z. B.

Logistik, Produktion, Vertrieb) vor allem auch sekundäre Aktivitäten (insbesondere Kommunikation als unterstützende Aktivität) betrachtet, in denen unerkannte Wettbewerbsvorteile schlummern (Wieland & Heck, 2013). Angenommen wird, dass die Wettbewerbsfähigkeit eines Unternehmens und gesellschaftlicher Wohlstand zusammenhängen. Shared ist der Value also insofern, als dass die Steigerung der Wettbewerbsfähigkeit von Unternehmen eine Steigerung gesellschaftlichen Wohlstandes nach sich zieht (Porter & Kramer, 2006). In einem Schlüsselaufsatz diskutieren Porter und Kramer drei Zielfelder: 1) Produkte und Märkte neu begreifen: bestehende Märkte sollen besser beliefert und neue Märkte mit Produkten und Innovationen erschlossen werden, die auf einem Mehrwert für Markt und Gesellschaft ausgerichtet sind; 2) Neubewertung der Wertschöpfungsproduktivität: indem Unternehmen die Qualität und Quantität ihrer Produkte und Produktionsprozesse soweit optimieren, dass sie natürliche und soziale Ressourcen schonend einsetzen, treiben sie den Fortschritt voran; 3) Aufbau lokaler Cluster: Unternehmen sollen nicht mehr isoliert von den Wirtschaftskreisläufen ihrer Umgebung, sondern sozial eingebettet agieren (z. B. Einbindung regionaler Zulieferer/Mitarbeiter) (Porter & Kramer, 2011). Möglich gemacht wird diese Haltungsänderung durch die fortwährende Unterstützung der Unternehmensführung, den Einsatz kooperativer Ressourcen und produktbezogene Innovation (Porter & Kramer, 2015). Ähnlich dem Stakeholder Value hebt der Shared Value als Gegenentwurf zum Shareholder Value den Mehrwert für Wirtschaft und Gesellschaft hervor. Er betrachtet Wertschöpfung aber als betriebs- bzw. volkswirtschaftliches Anliegen, als Resultante aus Effizienzsteigerung, Produktivitätssteigerung und der Erschließung neuer Geschäftsfelder. Kritiker sprechen daher oft von einem wertentleerten und funktionalistischen Konzept, das einerseits im neoklassischen Paradigma der Profitmaximierung gefangen bleibt, zeitgleich aber auch durch einfache Begriffe und seine Anwendungsorientierung das normative Ideal positiver Wertschöpfung vorantreibt (Beschorner & Hajduk, 2015, S. 275 ff.).

An dritter Stelle steht der *Public bzw. Social Value*. Dieses Konzept stammt aus dem angelsächsischen Theoriediskurs über New Public Management und wurde von Mark Moore für den öffentlichen Sektor entwickelt. Moore (1995) verweist auf die Besonderheit öffentlicher Unternehmen, die effizient und effektiv agieren müssen, darüber hinaus aber auch politischen Ansprüchen gerecht werden sollen und öffentliche Aufgaben erfüllen müssen. Ihre Wertschöpfung findet im Dreieck zwischen Legitimation und Unterstützung, öffentlichen Werten und operativer Exzellenz statt. Ihr Wertbeitrag ist zugleich ein Beitrag zum Gemeinwohl, weil er auf Koproduktion, Wertschätzung und Akzeptanz abzielt. Der Public

Value löst strukturelle Tradeoffs durch selbstorganisierte gesellschaftliche Beteiligung und demokratische Kontrollen als Alternative zur hierarchischen Steuerung. Das Konzept findet in der Kommunikationswissenschaft u. a. in der Medienethik Anwendung und wird als Realisierung einer umfassenden Gemeinwohlverpflichtung verkauft (Karmasin, 2011; Hasebrink, 2007). Ähnlich dem Stakeholder Value betont Public Value den Stellenwert von Kommunikation, Koorientierung, Koproduktion und Partizipation. Mit seiner Gemeinwohlorientierung und dem mehrdimensionalen Wohlfahrtsbegriff liefert der Ansatz eine sozialwissenschaftliche Sicht auf kommunikative Wertschöpfung. Im Gegensatz zum Stakeholder Value ist er jedoch vorwiegend makroanalytisch. Außerdem ist das Konzept auf öffentliche Organisationen und massenmediale Kommunikation bezogen, wogegen sich der Stakeholder Value auf (freie) Wirtschaftsbetriebe und die Mikro- und Meso-Ebene der Wertschöpfungsdebatte bezieht.

Zusammenfassend ergeben sich folgende Charakteristika für *die Bestimmung des Stakeholder Value* als konzeptionellen Rahmen von Stakeholder-Wohlfahrt:

1) *Subjektzentriert*: der Stakeholder steht im Mittelpunkt der Wertschöpfung. Er ist kein Objekt oder Ressourcenträger der Organisation, sondern Partner.
2) *Relational*:. Kern sind koorientierte, koproduktive, interorganisationale Kommunikationsbeziehungen zwischen Unternehmen und ihren Stakeholdern.
3) *Normativ*: an Wertschöpfungsprozesse werden normative Ansprüche gestellt: sie sollten zum „guten“, „richtigen“, „gerechten“ Leben beitragen.
4) *Mehrdimensional*: Wertschöpfung wird über nichtfinanzielle Größen abgebildet (z. B. Reputation, Legitimation, Akzeptanz; nicht Umsatz, Rendite).

Der Stakeholder Value ist ein normativer Referenzrahmen, der sich vor allem für eine nichtmarktliche Perspektive auf Stakeholder-Wohlfahrt eignet, weil er die mehrdimensionale Konstituiertheit unternehmerischer Wertschöpfung betont. Für dieses Modell wird der Stakeholder Value als Rahmen zur Einordnung von Capabilities und Funktionsweisen als Konstrukte der Mikro-Analyse verwendet.

5.2.2   Capability-Ansatz und Strukturationstheorie

Die Strukturationstheorie benötigt für ihr Capability-Konzept aufgrund der schwachen Bestimmtheit eine Operationalisierungshilfe. Die Wahl fällt aus mehreren Gründen auf den Capability-Ansatz (CA). Erstens sind die Menschenbilder beider Theorien deckungsgleich. Handlungssubjekte werden als autonome, reflexive und verantwortlich handelnde Akteure porträtiert ("Sen's vision is similar to that of Giddens for whom agency indicates the individual's capacity for action" (Ballet et al. 2007, S. 192)). Zweitens betonen Giddens und Sen beide die sozialstrukturelle Rückkoppelung sozialen Handelns. Sen spricht von "socially dependent individual capabilities" (2002, S. 81) und davon, dass individuelle Handlungsoptionen untrennbar mit gesellschaftlichen Strukturen verknüpft sind (Deneulin, 2010, S. 107 f.). Sens CA liefert ein erprobtes konzeptionell-methodisches Instrumentarium, um die Wohlfahrt individueller oder korporativer Akteure und kommunikative Wertschöpfung als Stakeholder Value greifbar zu machen (Robeyns, 2005, S. 109 f.). Ausgangspunkt ist Sens Kritik an bereits bestehenden Ansätzen der Wohlfahrtsökonomie (z. B. Utilitarismus, Ressourcenökonomie) sowie der Gerechtigkeitstheorie von J. Rawls.

Sen hat seinen Ansatz über unzählige Publikationen hinweg (u. a. choice, welfare & measurement (1982), commodities & capabilities (1987), wellbeing, agency & freedom (1985), inequality re-examined (1992), the quality of life (1993), development as freedom (1999)) konkretisiert, jedoch anders als Giddens nie in einem Hauptwerk zusammengetragen. Die Referenz-Literatur zum CA ist vorwiegend angloamerikanisch. Es gibt einige wenige deutschsprachige Arbeiten (Volkert, 2005; Graf et al., 2011; Sedmak et al., 2011). Der CA wird oft mit Fähigkeiten-Ansatz übersetzt (Graf, 2011). Dies ist jedoch irreführend. Akkurater ist die Übersetzung Verwirklichungschancenansatz mit den *Capabilities* als *Verwirklichungschancen* und *Functionings* als *Funktionsweisen* (Neuhäuser, 2013). In der deutschen Kommunikationswissenschaft wurde der Ansatz bislang kaum angewandt. Zwei Ausnahmen sind M. Litschkas (2013, 2015) „Media Capabilities" und U. Röttgers (2016) „befähigungsorientiertes Kommunikationsmanagement". Röttger behauptet sogar der Ansatz habe „bislang im Prinzip keine Beachtung gefunden" (Röttger, 2016, S. 338). Diese Aufarbeitung ist primär an A. Sens Ausführungen orientiert, da sein Ansatz konzeptionell offener ist (Voget-Kleschin, 2013). Autoren wie Martha Nussbaum (2000, 2011) beziehen Sens CA zu stark auf Gerechtigkeits- und Verteilungsfragen (Stewart, 2013). Der CA ist keine singuläre und homogene Theorie, sondern ein Sammelbegriff für „normative Analyserahmen für individuelles Wohlergehen" (Rauschmayer et al., 2014, S. 30). Gemeinsamer Nenner ist ihre Kritik an der Mainstream-Ökonomie. Sie werfen ihr informationelle Unterversorgung und eine Überbetonung der Nutzenorientierung vor (vgl. Sen & Williams, 1982). Die theoretische Reichweite des CA ist disputabel. Treffend scheint die Verortung als Theorie mittlerer Reichweite und Bezeichnung als wohlfahrtsökonomischer Ansatz unter Zurückweisung der Aussage, es handle sich um eine Gerechtigkeitstheorie (Robeyns, 2005, 2006, 2016; Comin et al., 2008; Graf, 2011). Ingrid Robeyns spricht von einem "open-ended framework or a broad evaluative paradigm, and not a fully fleshed-out theory" (2010, S. 86) und führt aus:

"The capability approach is primarily and mainly a framework of thought, a mode of thinking about normative issues; hence a paradigm – loosely defined – that can be used for a wide range of evaluative purposes. The approach focuses on the information that we need in order to make judgments about individual well-being" (2005, S. 96).

Der CA stützt sich auf Werturteile (z. B. Zufriedenheit). Im Vordergrund steht die Wahl- und Handlungsfreiheit des Subjekts. Lebensqualität wird nicht auf Güter und Nutzen reduziert, sondern hängt von den Möglichkeiten zur selbstbestimmten Wahl von Optionen guter Lebensführung ab. Es sind also nicht die Mittel (Means), sondern die Zwecke und Ziele (Ends) das zentrale Maß der Wohlfahrt (Neuhäuser, 2013, S. 69). Übertragen auf Unternehmen und deren Stakeholder-Beziehungen bedeutet dies nach Auffassung von Benedetta Giovanola:

"The central question is whether an organization provides an environment conducive to human growth and fulfillment and whether good corporate policy can encourage and nourish individual growth, by fostering opportunities for all" (2011, S. 169).

Die universelle Leitfrage einer derart verstandenen Evaluation eines Stakeholder Value lautet "which capabilities [were] expanded, whose and how much?" (Alkire, 2010, S. 33). Es geht um den Beitrag von Unternehmen zur individuellen Entwicklung ihrer Stakeholder, um einen "focus on doings and beings and the freedom to achieve them, instead of the goods and resources that people can access or possess" (Çakmak, 2010, S. 96). Zentral ist die Frage, inwieweit der Stakeholder Value durch Kommunikation aus Organisationen gestärkt werden kann. Normativer Kern des CA ist das aristotelische Konzept der *Eudaimonie* (Sen, 1987). Sen fordert, dass "the enhancement of living conditions must clearly be an essential – if not *the* essential – object of the entire economic exercise and that enhancement is an integral part of the concept of development" (1988, S. 11). Sens Anspruch ist es mit dem CA alternative Informationsbasen zur Wohlfahrtsmessung, jedoch keine neue Theorie zu entwickeln (Sen, 1999a; Martins, 2011). Er schreibt:

"How well a person is must be a matter of what kind of life he or she is living, and what the person is succeeding in 'doing' or 'being'. (...) Commodity command is a means to the end of well-being, but can scarcely be the end itself. To think otherwise is to fall into the traps of what Marx (1887) called 'commodity fetishism' – to regard goods as valuable in themselves" (1999a, S. 19).

Der Grad der individuellen Wohlfahrt beinhaltet somit die Verfügbarkeit und den Umfang von Möglichkeiten zur Realisierung guter Lebensführung (Leßman 2006, S. 34). Dem CA liegt demnach die normative Prämisse von Freiheit als Bewertungskriterium menschlicher Entwicklung zugrunde (Scholtes, 2005, S. 23 ff.). Freiheit wird als Wohlfahrtsfaktor begriffen und für universell wertvoll erachtet (Alkire et al., 2010, S. 2 ff.). Gemeint ist der instrumentelle Wert der Freiheit (Wert der Handlungsergebnisse), aber auch ihr intrinsischer Wert (Wert, der durch Wahlmengen aus Handlungsmöglichkeiten entsteht) (Neuhäuser, 2013, S. 32 ff.).

5.2.3   Stakeholder Capabilities und Funktionsweisen

Funktionsweisen (Functionings) sind die realisierten Verwirklichungen von Akteuren, die tatsächlich erreichten, manifesten Handlungsergebnisse. Sen schreibt:

> "A functioning is an achievement of a person: what he or she manages to do or to be, and any such functioning reflects, as it were, a part of the state of that person" (2003, S. 5).

Funktionsweisen sind „alle tatsächlich realisierten und vorhandenen Zustände und Tätigkeiten (beings and doings) eines Menschen" (Neuhäuser, 2013, S. 64). Sie repräsentieren wertgeschätzte Aspekte sozialen Daseins und bestehen aus Zuständen (beings), Aktivitäten und Handlungen (doings). Analytisch sind diese Facetten jedoch oft nicht klar unterscheidbar. Eine abschließende Aufzählung von Funktionsweisen ist zudem oft nicht möglich, weil sie subjektspezifisch sind (Sen, 2005). Funktionsweisen haben unterschiedliche Komplexitätsgrade. Sie reichen von einfachen (z. B. Ernährung) hin zu äußerst komplexen Zuständen (z. B. Selbstachtung) und Aktivitäten (z. B. Teilhabe) (Leßmann, 2011). Einfache Funktionsweisen (z. B. Ernährung) sind für Stakeholder vermutlich weniger relevant. Von Belange sind eher komplexe Funktionsweisen, zu denen Sen zum Beispiel Aspekte wie Wertschätzung, Integration, Partizipation zählen würde (Sen, 1993, S. 36 f.). Sie zielen auf "intrinsically valuable achievements" (Clark, 2005, S. 1360) der Stakeholder ab. Hierbei muss betont werden, dass Sen erwähnt, dass die Funktionsweisen auch negative Effekte haben können. Sie erklären nicht nur "well-being" sondern auch "ill-being". Weil Sens CA nie auf Stakeholderkommunikation angewandt wurde, kann theoriegeleitet jedoch nur vermutet werden, welche "beings" und "doings" Bestandteil von Stakeholder-Funktionsweisen sind. In Anlehnung an Sen wird für das Modell folgende *Arbeitsdefinition für Stakeholder Functionings* festgelegt:

> Stakeholder Funktionsweisen sind Zustände ('Beings'), Handlungen und Aktivitäten ('Doings'), die Stakeholder durch Stakeholderkommunikation verwirklichen.

Als Maß für Stakeholder-Wohlfahrt reichen Funktionsweisen alleine nicht aus, da "functionings only represent wellbeing in the form of its realization" (Ballet et al., 2013, S. 29). *Verwirklichungschancen* (Capabilities) sind das Schlüsselkonzept, das den CA substantiell von anderen Ansätzen unterscheidet. Sen schreibt:

> "Closely related to the notion of functionings is that of the capability to function. It represents the various combinations of functionings (beings and doings) that the person can achieve. Capability is, thus, a set of vectors of functionings, reflecting the person's freedom to lead one type of life or another" (1992, S. 39 f.).

Clemens Sedmak spricht hier auch von „Freiheiten, sich für bestimmte Tätigkeiten ('doings') und Seinsweisen ('beings') zu entscheiden" (2013, S. 19). Rauschmayer und Kollegen sehen darin „Möglichkeiten, wertgeschätzte Ziele im Sinne einer bestimmten Lebenssituation zu realisieren" (Rauschmayer et al., 2014, S. 30) und Röttger „Auswahlmenge(n) an Entfaltungsmöglichkeiten" (2016, S. 339) bzw. „Bündel(n) an potenziell realisierbaren Lebensentwürfen" (a. a. O.). In seinem Frühwerk spricht Sen noch von einzelnen Handlungsoptionen (Capability). In späteren Werken weitet er sein Verständnis auf Capabilities als Merkmalsbündel aus. Der Plural soll Interdependenzen zwischen Wahlmöglichkeiten hervorheben. Sen geht es darum, dass Handelnde Bündel von Funktionsweisen aus Optionsmengen ihrer Verwirklichungschancen auswählen. Neuhäuser verdeutlicht:

> „Es macht einen Unterschied, ob er [eine beliebige Person] fastet, sich in einem Hungerstreik befindet oder aus Mangel an Nahrungsmitteln (ver)hungert. In den ersten beiden Fällen hat dieser Mensch die Fähigkeit, Nahrung zu sich zu nehmen. Er hat sich freiwillig dafür entschieden, auf die Nahrungsaufnahme zu verzichten. In dem ersten Fall tut er dies möglicherweise für seine Gesundheit und im zweiten Fall vielleicht aus politischen Gründen. In dem dritten Fall hingegen hat dieser Mensch nicht die Fähigkeit, Nahrung zu sich zu nehmen. Er hat sich nicht freiwillig für den Verzicht auf Nahrungsaufnahme entschieden, sondern er muss hungern. (...) Dies ist der zentrale Punkt der Unterscheidung von Fähigkeiten [Capabilities] und Funktionsweisen [Functionings]. Es wäre falsch, nur auf tatsächliche Funktionsweisen zu schauen, weil die Fähigkeiten ebenfalls von Bedeutung sind. (...) Es gibt noch einen weiteren Grund

(...). Ein Argument von Sen gegen alternative Ansätze besteht darin, (...) dass sie individuelle Unterschiede zwischen Menschen vernachlässigen. Sie konzentrieren sich zu sehr auf Mittel wie Güter und Ressourcen und vernachlässigen, dass Menschen unterschiedlich viel damit anfangen können. Die Unterscheidung von Funktionsweisen und Fähigkeiten erlaubt es, diesen Punkt einzufangen" (2013, S. 66 f.).

Würde man diese individuelle Wahlfreiheit nicht berücksichtigen, wäre der Wohlfahrtsbegriff informationell unvollständig. Robeyns bemerkt hierzu:

"Capabilities are real opportunities which do not refer to access to resources or opportunities for certain levels of satisfaction; rather, they refer to what a person can do and to the various states of being of this person. Capabilities are a person's real freedoms or opportunities to achieve functionings. Capabilities refer to both what we are able to do (activities) as well as the kind of person we can be" (2016, S. 9 f.).

Vereinfacht gesagt: Sen geht es nicht nur darum, was Subjekte aktiv tun oder getan haben, sondern auch darum, was sie tun könnten. Sedmak bekräftigt:

„Fähigkeiten [capabilities] sind ‚powers', die von ‚agents' getragen und durch das Hilfszeitwort ‚können' ausgedrückt werden. Sie hängen mit Potentialität, Kompetenz und Opportunität zusammen – und damit mit der Möglichkeit, dem Mandat und der Gelegenheit, eine Situationsveränderung herbeiführen zu können. Eine Fähigkeit zu besitzen, heißt die Macht zu haben, eine Situation zu verändern. So gesehen ist eine Fähigkeit Transformationsgewalt, die einen Gestaltspielraum erschließt und eine Situation umformen lässt, gleichzeitig aber auch einen Spielraum voraussetzt – nämlich die Möglichkeit, zu entscheiden, ob die Fähigkeit zur Anwendung gebracht wird oder nicht" (2011, S. 33 f.).

Capabilities sind aus diesem Grund eine eigenständige analytische Kategorie. Sie sind keine Fähigkeiten ("Abilities"), weil sie kein abstraktes Können, sondern reale Verwirklichungsoptionen darstellen (Neuhäuser, 2013, S. 159). Aus ethischer Sicht sind sie Manifestationen positiver Freiheiten (Scholtes, 2005, S 27 f.). Allerdings lassen sich Capabilities und Functionings empirisch nicht klar trennen, da Handlungserfolge von Handlungsoptionen schwer abgrenzbar sind. Daher „geht [es] nicht darum alle möglichen Fähigkeiten mit größter Genauigkeit zu erfassen. Vielmehr reicht es in bestimmten Kontexten, bestimmte Fähigkeiten mit hinreichender Genauigkeit zu erfassen" (Neuhäuser, 2013, S. 79). Ein weiterer

Punkt ist, dass Sens CA oft unterstellt wird, er würde Wohlfahrt nur aus Perspektive von Individuen abbilden. Das ist inkorrekt. Sein Ansatz ist offen für die Messung der Wohlfahrt von Organisationen (Stewart, 2005; Ibrahim, 2006; Garriga, 2014). Organisationen wird unterstellt sie seien überindividuell handelnde Entitäten, deren kollektive Capabilities überindividuelle Capabilities sind. Alkire erklärt:

> "The term 'collective' or 'group' serves to acknowledge and draw the analyst's attention to the fact that the person's enjoyment of these capabilities (causally) is – at present and probably also in the future – contingent upon their participation in the group" (2010, S. 38).

Stakeholder Capabilities sind demnach kollektive, nicht individuelle Capabilities. Das individuelle Wohlfahrtsverständnis der Sprecher geht im überindividuellen Wohlfahrtsbegriff der Organisation auf, denn: "group capabilities are made up of individual capabilities – indeed they are the average of the capabilities (and sources of capabilities) of all the individuals in the selected groups" (Stewart, 2005, S. 192). Diese Prämisse ist für die empirische Analyse dieser Arbeit grundlegend. In Anlehnung an Sen wird für das Modell deshalb folgende *Arbeitsdefinition für Stakeholder Capabilities* festgelegt:

> „Stakeholder Capabilities sind Auswahlmengen an Aktivitäten und Handlungen ('Doings') und Zuständen ('Beings'), die sich im Rahmen der Stakeholderkommunikation als Verwirklichungschancen für Stakeholder ergeben."

5.2.4 Kategorien der Mikro-Ebene: Zusammenfassung

Sens CA wurde zur Operationalisierung der Strukturationstheorie herangezogen, um die Handlungsdimension des Modells (Mikro-Ebene) zu detaillieren. Es handelt sich um die Integration eines sozioökonomischen Ansatzes kleinerer Reichweite in die Strukturationstheorie und nicht umgekehrt. Der Bezugsrahmen fungiert als sozialtheoretischer Überbau des CA (zur Möglichkeit und Notwendigkeit solcher Konstruktionen vgl. Longshore Smith & Seward, 2009; Comim, 2010; Robeyns, 2016). Beschrieben werden drei Teilaspekte der Stakeholder-Wohlfahrt (Tabelle 5.4):

Tabelle 5.4 Stakeholder Value: Aspekte

Aspekte der Wohlfahrt	Dimension des Sozialen	Analysekategorien
Erreichtes Ergebnis (Achievement)	Handlungserfolg (Agency-Achievement)	Funktionsweisen der Stakeholder (Stakeholder Functionings)
Entscheidungsfreiheit (Freedom of Choice)	Handlungsoption (Agency-Freedom)	Verwirklichungschancen der Stakeholder (Stakeholder Capabilities)
Handlungsrahmen (Constraint & Enablers)	Strukturmodalitäten (Agency-Structure)	Regeln (Rules) & Ressourcen (Resources) der Stakeholderkommunikation

Mithilfe beider Konzepte gewinnt das Modell analytische Schärfe. Weil die Konzepte der Capabilities und Funktionsweisen Stakeholdern kaum geläufig sein dürften, wurde im Leitfaden mit dem allgemein geläufigen Begriff der Wertschöpfung und dem in der Nachhaltigkeits-Community bekannten Begriff Stakeholder Value operiert. Die Interviewpartner wurden alle gebeten, je die Wertschöpfungs-modelle ihrer Organisation zu beschreiben und auf kommunikativ beeinflusste Wertschöpfungsfaktoren ("Value Driver") einzugehen. Die Reflexion wurde als Grundlage für die Ermittlung von Capabilities und Funktionsweisen genutzt (Tabelle 5.5).

Tabelle 5.5 Analysekategorien der Mikro-Ebene

Stakeholder-Wohlfahrt und Stakeholder Value		
Doings		Beings
Handlungen und Aktivitäten	Zustände	Wahlfreiheiten
z. B. Wissensaufbau, Involvierung, Positionierung, Vernetzung, Vermittlung	z. B. Informiertheit, Unabhängigkeit, Wertschätzung	z. B. Finanzierung, Konflikt, Kritik
Stakeholder Functionings		Stakeholder Capabilities

Die Herausforderung dabei ist, dass es sich bei Capabilities um latente Merk-male handelt, die nicht direkt beobachtbar sind und nur über Selbstauskünfte in Erfahrung gebracht werden können, die jedoch Verzerrungen unterliegen (z. B. soziale Erwünschtheit, angepasste Präferenzen; vgl. Eiffe, 2011). Zudem können positive Freiheiten nie objektiv beschrieben werden. Comim bemerkt dazu:

"While it is simple to argue that this emphasis on freedom or capability reflects the agency aspect of a person, trying to measure it is more difficult. Not just any increase in autonomy counts, only those that reflect an expansion of valuable opportunities" (2010, S. 163).

In einigen Fällen können Capabilities zudem auch nicht von Funktionsweisen getrennt werden. In diesem Fall empfiehlt Sen:

"In fact, the capability set is not directly observable, and has to be constructed on the basis of presumption. (...) Thus, in practice, one might have to settle often enough for relating well-being to the achieved – and observed – functionings, rather than trying to bring in the capability set (when the presumptive basis of such a construction would be empirically dubious)" (1992, S. 52).

Die Literatur ist sich zudem weitgehend einig, dass:

"There is no single mechanism for creating capabilities indicators. The best combination to create indicators seems to result from a compromise between conceptual clarity (indicators should reflect the concepts that they are meant to reflect – if one uses the expression 'capabilities', then one should certainly comply with the CA measurement characteristics) and multi-stakeholder priorities and goals (in the case of capabilities, variables should reflect autonomous normative views)" (Comim, 2010, S. 194 f.).

Ferner gilt: "capabilities evaluation is less precise, because it includes those dimensions that are very hard to quantify" (Robeyns, 2006, S. 362). Trotz all dieser Herausforderungen ist Sens CA ein vielversprechender Ansatz. Nach Ansicht von Röttger zählen zu seinen Vorzügen unter anderem die Intensivierung des Normen- und Wertebezugs strategischer Kommunikationen, eine Integration ethischen Verhaltens in Organisationen, die Anregung von Debatten über Fragen des guten Lebens und die Untersuchung von Fällen, in denen Kommunikation mit Interessenausgleichen (Stakes) konfrontiert ist (Röttger, 2016, S. 347 f.). Zu ergänzen ist der prinzipielle theoretisch-konzeptionelle Mehrwert des Ansatzes für die kommunikationswissenschaftliche Theoriebildung. Außerdem die reiche Informationsbasis, der humanistische Geist und das mehrdimensionale Wertschöpfungsverständnis des gesamten Ansatzes (Pressman & Summerfield, 2002; Alkire, 2005). Der CA eignet sich zur Ermittlung nichtmarktlicher Wertschöpfungsbeiträge, weil er den Stakeholder Value vom Stakeholder ausgehend als Handlungserfolge und Handlungsmöglichkeiten beschreibt. Nicht zuletzt gilt der Ansatz als empirisch erprobt (Eiffe, 2011; Agee & Crocker, 2013). Die Literatur hat sich ausführlich mit Operationalisierungen beschäftigt (Anand et al., 2005, 2006; Alkire, 2002; 2005a/b; 2010; Volkert, 2005; Leßman, 2011). Zu seinen

Schwächen zählen hingegen seine analytische Komplexität, der stark deskriptive Charakter und die normative Überhöhung des positiven Freiheitsgedankens (Neuhäuser, 2013; Röttger 2016).

5.3   Makro-Analyse: Strukturfragmente (Regeln, Ressourcen)

5.3.1   Strukturfragmente als Erinnerungsspuren

In Kapitel 2. wurde erläutert, dass sich Regeln und Ressourcen auf der Handlungsebene instanziieren und sonst nur Erinnerungsspuren im Gedächtnis der Handelnden sind. In den Kommunikationswissenschaften wurden Regeln und Ressourcen strukturationstheoretisch begründet und für die PR- und Organisationskommunikation bisher wie folgt operationalisiert (Synthese):

Kommunikationsregeln: Weder zählt zu Signifikationsregeln „Wahrnehmungs- und Interpretationsschemata [die] als Grundlage des Handelns (…) eine kognitive Ordnung einer Organisation [bilden]" (2008, S. 349) und zu Legitimationsregeln „die normative Ordnung einer Organisation" (ebd., a. a. O.). Hingegen subsumiert Bracker (2017a, S. 269) unter organisationalen Regeln der Signifikation eine Unternehmensmission, Vision, CSR-Definition und Zielsetzung. Die Regeln der Legitimation sind für sie organisationsinterne Normen (informelle Leitlinien). Für Klare sind Signifikationsregeln der Gesellschaft dagegen die Interpretations- und Deutungsregeln, welche auf Verständigung abzielen, also „(überwiegend implizit vorliegende) kognitive Interpretations- und Kategorisierungsgrundlagen, die der Einordnung von Einzelereignissen dienen (etwa Schemata, Skripte, Stereotype, oder Frames)" (2010, S. 98). Deutungsregeln bringt sie in Verbindung mit der symbolischen Diskursordnung der Gesellschaft. Neben den Regeln der Sprache sind dies zum Beispiel Kategorisierungs- und Argumentationsmuster, Kommunikationsstile und Deutungsregeln des Mediensystems (Themenselektion, -einordnung, -evaluation, -spektren und -karrieren). Gesellschaftliche Regeln der Legitimation sieht sie als Handlungsregeln, die auf Akzeptanz abzielen und Rechte und Verpflichtungen abstecken (Normen, die konkret vorgeben, welche Handlungen erwartet, erlaubt, erwünscht sind). Dazu zählt Klare die Moral- und Rechtsordnung, allgemeine Umgangsregeln (Begrüßungen, Höflichkeitsrituale, etc.), Spielregeln für pers. Begegnungen (Rollensets), Umgangsregeln des Geschäftslebens, Professionalitätsmaximen, Erwartungen an die Handlungsweise von Unternehmen, das Ausmaß öffentlichen Drucks auf selbige, Regeln des Wirtschaftssystems, Handlungsregeln des Mediensystems, mediale Selektions- und Verarbeitungsmechanismen sowie journalistische Verarbeitungsroutinen (ebd., S. 125 ff.). Bracker und Kollegen (2017, S. 162 ff.) zählen zu den Signifikationsregeln einer Organisation darüber hinaus Vision, Mission, grundlegende Handlungsprinzipien, das Wording und CSR-Definitionen. Die Regeln der Domination umfassen für sie Governance-Mechanismen, Arbeitsroutinen, informelle Regeln und die Relevanz von CSR. Zu den Legitimationsregeln zählt sie Recht und Gesetz, Regeln der Profession, informelle Leitlinien sowie Ethik- und Verhaltenskodizes.

Kommunikationsressourcen: Röttger (2000; 2005) versteht unter allokativen organisationalen Ressourcen die materielle Ausstattung von PR-Funktionen (Budget und Personal). Zu den autoritativen Ressourcen zählt sie Informationszugänge und Entscheidungsbefugnisse innerhalb der Organisation, d. h. Rechte, Aufgaben und Kompetenzen der PR, Zugang der PR zu organisationsinternen Informationen, externe Informationskompetenz (Zentralisierung der Kontakte, Informationsmonopol) sowie organisationsinterner Einfluss. Zerfaß (2004) versteht unter allokativen Ressourcen der Gesellschaft die materiellen Voraussetzungen für Mitteilung und physische Fähigkeiten wie Artikulationsfähigkeit und Atemtechnik. Autoritative Ressourcen sind Deutungs- und Handlungsregelungen der gesellschaftlichen Ordnung. Klare (2010, S. 125 ff.) sieht in den allokativen Ressourcen der Gesellschaft jedwede technische, mediale und kommunikative Infrastruktur (Distributionsnetzwerke, Massenkommunikationsmedien: Zeitung, TV, Radio, Internet), Medienorganisationen (Nachrichtenagenturen), Räume (Messen, Räume) sowie die Verfügbarkeiten von Dienstleistern (Agenturen; Medienforschung). Unter autoritativen Ressourcen subsumiert sie die grundlegende Verteilung von Macht (Ausstattung der politisch-administrativen, wirtschaftlichen, soziokulturellen Sphären) und abstrakte Integrationsmechanismen (Vertrauen, Images, einflussreiche Beziehungen). Bracker (2017a, S. 269) listet unter allokativen Ressourcen der Organisation Personal, Budget und Rohstoffe. Autoritative Ressourcen umfassen die hierarchische Position von Kommunikationsabteilungen sowie informelle Ressourcen: Vernetzung, Glaubwürdigkeit und Anerkennung. Bracker und Kollegen (2017, S. 162 ff.) erweitern diese allokativen Ressourcen um die Aspekte Herrschaftsgewalt über Rekrutierung, Ressourcenkoordination und Zuständigkeit für Kommunikationskanäle (Reichweiten der Sprecherfunktion). Bei autoritativen Ressourcen werden ergänzend Vertrauen, Integrität und Reputation, Labels (z. B. fair trade) sowie Entscheidungsfreiheiten und der Zugang zu interner Information genannt.

Einige der genannten Operationalisierungen reichen über Giddens Konzeptverständnis de facto hinaus. Diskutabel ist u. a., ob er Regeln des Monologs

als Deutungsregeln einordnen würde (Klare, 2010). Die Synthese bestätigte den
ersten Eindruck, dass die strukturationstheoretischen Konzepte Regeln und Ressourcen zwar nicht konsensiert, aber hinreichend gut ausgearbeitet sind. Auf
eine weiterführende Detaillierung wird deshalb verzichtet. Die für die Makro-
Ebene in das Modell überführten Regel- und Ressourcen sind eine an den o.g.
Operationalisierungen orientierte Auswahl.

5.3.2 Kategorien der Makro-Ebene: Zusammenfassung

Es wurde bereits festgestellt, dass die Operationalisierungen der Regel- und Ressourcenbegriffe von Giddens entweder auf Unternehmen (Regeln und Ressourcen
der Organisation) oder deren soziale Umwelten (Regeln und Ressourcen der
Gesellschaft) bezogen wurden. Wissend, dass die Grenzen fließend sind (z. B.
finden sich gesellschaftliche Regeln teils in Organisationsregeln wieder) wurde
versucht, aus bisherigen Operationalisierungen eine sinnvolle Auswahl zu treffen,
die beide Dimensionen hinreichend berücksichtigt und inhaltlich auf Stakeholderkommunikation zuschneidbar ist. In der nachfolgenden Auswahl gehen ergo
zwei Sichtweisen auf: Regeln und Ressourcen der Stakeholderkommunikation aus
Sicht der Stakeholder als Bestandteil der Kommunikation mit Unternehmen sowie
Regeln und Ressourcen aus Sicht der MNU als Bestandteil der Kommunikation
aus Unternehmen mit Stakeholdern. Für das Modell werden in Anlehnung an
die Regel- und Ressourcenbegriffe (Kapitel 2) folgende zwei Arbeitsdefinitionen
festgelegt:

> *Regeln der Stakeholderkommunikation* sind Regeln der Signifikation und Legitimation.
> Signifikationsregeln sind diejenigen Wahrnehmungs-, Deutungs- und Interpretations-
> schemata, die für die Stakeholderkommunikation von Unternehmen konstitutiv sind.
> Legitimationsregeln sind Normen der Gesellschaft bzw. Organisation, auf die sich
> diese Kommunikation bezieht oder rückbezogen wird.
>
> *Ressourcen der Stakeholderkommunikation* sind allokative und autoritative Ressour-
> cen. Allokative Ressourcen sind Ressourcen, die als Bestandteil von Stakeholderkom-
> munikation eine Herrschaft über materielle Dinge beinhalten. Autoritative Ressourcen
> ermöglichen analog hierzu die Herrschaft über Menschen.

Strukturationstheoretisch wird argumentiert, dass Stakeholder in der Lage sind
gesellschaftliche Strukturen, die sich in ihren kommunikativen Routinen im
Umgang mit Unternehmen instanziieren (praktisches Bewusstsein), durch systematisches Fragen eines Forschenden (Selbstauskünfte: Interviewsituation) diskursiv bewusst zu machen (vgl. Bewusstseinsmodell in Kapitel 2). Diese Form

der Strukturanalyse ist jedoch mit Einschränkungen verbunden. Giddens bemerkt selbst, dass die Reflexionsfähigkeit begrenzt ist. Es kann deshalb nicht erwartet werden, dass Stakeholder ein vollständiges Abbild gesellschaftlicher Strukturen erzeugen, weshalb bevorzugt von *Strukturfragmenten* gesprochen wird. Um die Rekonstruktion zu stimulieren, wurden alle u. g. Analysekategorien in Leitfadenfragen überführt und mit methodisch variierenden Interviewer-Impulsen versehen (z. B. stellvertretendes Antworten: „Versetzen Sie sich bitte (…)" und Recall: „Können Sie sich an Ihre letzte Kommunikation mit VW erinnern? (…)/Bitte versetzen Sie sich jetzt in diese Situation zurück."). Das teilstandardisierte Vorgehen bot sich an, um Fragen (Stimuli) abhängig von der Auskunftsbereitschaft und Reflexionsfähigkeit der Akteure individuell vertiefen zu können. Für das Modell wurden insgesamt folgende Analysekategorien ausgewählt (Tabelle 5.6):

Tabelle 5.6 Analysekategorien der Makro-Ebene

Strukturfragmente: Regeln und Ressourcen der Stakeholderkommunikation	
Regeln der Signifikation	Herrschaft über Kommunikation: – Diskursregeln (Kommunikation & Argumentation: Stil & Image) – Thematisierung (Interpretation & Deutung: Botschaften & Schlüsselnarrative) – Abstrakte Integrationsmechanismen (Symbole, Claims, Slogans)
Regeln der Legitimation	Herrschaft über Sanktion: – Umgangsregeln des Engagements (Etikette, Professionalitätserwartungen – Standards, Normen und Regelwerke für Stakeholder Management – Normierungserwartung und Formalisierungswünsche der Stakeholder
Allokative Ressourcen	Herrschaft über Dinge: – Orte, Räume und Zeitpunkte der Stakeholderkommunikation – Genutzte (mediale) Infrastruktur (Medien, Formate, Dienstleister)

(Fortsetzung)

Tabelle 5.6 (Fortsetzung)

Strukturfragmente: Regeln und Ressourcen der Stakeholderkommunikation	
Autoritative Ressourcen	Herrschaft über Menschen: – Verfügung über Zeit, Agenden und Kommunikationshandlungen – Qualität und Quantität der Versorgung von Stakeholdern mit Information – Abgabe von Einfluss auf Entscheidungsprozesse an Stakeholder
Domination (Meta-Ebene)	– Einfluss machtbedingter Asymmetriefaktoren auf kommunikative Teilhabe

Nach den Regeln der Signifikation wurde mithilfe eines Erinnerungsmechanismus (Recall) gefragt, an welche Deutungs- und Argumentationsmuster der VW-Kommunikatoren sich Stakeholder erinnern. Ferner wurde erfragt, in welchem Setting der letzte Austausch mit der Volkswagen AG stattfand (mediale Infrastruktur) und wie der Kommunikationsstil empfunden wurde. Außerdem wurde erfragt, mit welcher Symbolik und mit welchen zentralen Narrativen das Unternehmen aus Stakeholder-Sicht gearbeitet hat. Die Fragen dienen dazu, wesentliche Wahrnehmungs,- Deutungs- und Interpretationsschemata herauszuarbeiten. Nach den Regeln der Legitimation wurde ohne einen Erinnerungsmechanismus erfragt, welche Normen aus Sicht der Stakeholder für Stakeholderkommunikation im Allgemeinen gelten. Erfragt wurden sowohl die informellen Regeln (z. B. Professionalitätsmaximen, Umgangsstandards) als auch der Stakeholder-Wissensstand über die Art und den Geltungsbereich formeller Normen (z. B. Standards, Kodizes, Policies). Ergänzend hierzu wurden Erwartungen an den Regulierungsbedarf und Formalisierungsgrad abgefragt. Für die allokativen Ressourcen wurde zunächst allgemein das Setting und die Nutzung kommunikativer Infrastruktur (Medien, Formate, Dienstleister), von Räumen und Örtlichkeiten abgefragt (Strukturfragmente). Ergänzend hierzu wurden die Stakeholder um individuelle Einschätzung der Ressourcenaufwendung der Volkswagen AG (Budget, Zeit, Personal) gebeten.

In bisherigen Anwendungen der Strukturationstheorie wurden Herrschaft (Domination) und Macht (Power) uneinheitlich operationalisiert. Giddens Theorie wurde zum Beispiel um Kategorien wie Machtfigurationen, -beziehungen oder -mechanismen ergänzt (Altmeppen, 2011b) oder Domination als eigene Strukturdimension mithilfe eines „strukturationstheoretischen Würfels" ausgewiesen (Bracker et al., 2017). Derartige Interpretationen emanzipieren sich teilweise

sehr stark von Giddens ursprünglichem Verständnis der Konzepte. Machtzu-
wachs erfolgt laut Giddens in Situationen, in denen Handelnde ihre Fähigkeiten
der Kontrolle über Regeln und Ressourcen, d. h. eine Herrschaft über Dinge
oder Menschen ausüben. Machtverlust erfolgt, wenn diese Verfügung nicht oder
nur eingeschränkt aktiviert werden kann und ihnen ihr Eingriff in den Verlauf
der Dinge entgleitet (Küpper & Felsch, 2000). Dieser, vergleichsweise enge
Machtbegriff wird auch hier zugrunde gelegt. Manifestationen von Macht werden als die Verzerrungen von Gesprächssituation durch ressourcen- (Allokativ:
z. B. Informationsvorsprünge) und regelbedingte Asymmetrien (Signifikation:
z. B. Dominanz von Argumentationsmustern) begriffen, die nicht innerhalb einer
Dimension auftreten, sondern quasi jeder Dimension inhärent sind (Macht und
Herrschaft als Metakategorien). Aus diesem Grund wurde zwar ein gezielter
Gesprächsstimulus gesetzt (Frage nach der Empfindung der (A)Symmetrie der
Gesprächssituationen), die Kategorien Macht und Herrschaft jedoch als Meta-
kategorie kodiert. Außerdem wurden die Stakeholder um ihre Einschätzung
individueller Gestaltungsmöglichkeiten gebeten (autoritativ: Einflussnahme auf
Entscheidungsprozesse).

5.4   Strukturationstheoretisches Analysemodell

Zum Abschluss wird das Meso-Mikro-Makro-Analysemodell zusammengeführt.
Dem Modell wurden die Denkfiguren Dualität und Rekursivität von Handlung und
Struktur und Dialektik von Ermöglichung und Begrenzung zugrunde gelegt. Giddens Sozialtheorie fungierte dabei als ein Fundament für organisationstheoretische
und sozialökonomische Konzepte, die der Beschreibung des Phänomens dienlich
sind. Die Integration fand auf zwei Ebenen statt: Auf der horizontalen Ebene
integriert das Modell auf der Handlungsebene (Mikro) den Stakeholder Value
mit Stakeholder Funktionsweisen (Functionings) und Verwirklichungschancen
(Capabilities) als Indikatoren kommunikativ induzierter Stakeholder-Wohlfahrt
(Value-Driver). Es handelt sich hierbei um Konzepte zur Beschreibung mikrosozialer Effekte (Outcomes) des Stakeholder Engagements. In den Leitfaden flossen
sie als Fragen zum Wertschöpfungsmodell und damit verbundenen Handlungen,
Aktivitäten, Zuständen und Wahlfreiheiten ein. Für das Management und die
Organisation von Stakeholderkommunikation durch Unternehmen (Meso) wurde
angenommen, dass Stakeholder Management Modalitäten bereitstellt, also die
Anwendung interpretativer Schemata (Signifikationsregeln), Fazilitäten (Ressourcen) und Normen (Sanktionsregeln) für Stakeholder Engagements steuert. Für

die Analyse von Strukturfragmenten (Makro) wurden die strukturationstheoretischen Konzepte der Regeln und Ressourcen verwandt. Weil diese Konzepte in der Fachliteratur hinreichend operationalisiert sind, wurde eine Auswahl getroffen und diese inhaltlich auf den Untersuchungsgegenstand zurechtgeschnitten.

Auf der *vertikalen Ebene* wurden organisationsethische und -kommunikationstheoretische Konzepte integriert. Das Kommunikationsmanagement steuert als Verantwortungsmanagement der Organisationskommunikation die kommunikative Integration der externen Stakeholder. Dieser Kreislaufprozess ist zweidimensional: er ist Kommunikation von Verantwortung und Verantwortung durch Kommunikation; ist Management von und Management durch Kommunikation (mit Stakeholdern). Hierdurch ergibt sich das nachfolgende, dreisektoriale Analysemodell als eine schematisch vereinfachte Gesamtdarstellung aller bisher in den Kapiteln 2, 3 und 5. behandelten zentralen Begriffe, Konzepte und analytischen Kategorien (vgl. Abb. 5.6). Das Analysemodell ermöglicht durch seine Mehrebenen-Struktur eine umfassende Beantwortung beider Forschungsfragen, wobei die Mikro-, Meso- und Makro-Aspekte jeweils getrennt voneinander beleuchtet werden (vgl. Tabelle 5.7). Die Meta-Analyse ist eine weitere und zusätzliche Auswertungsdimension, die vor dem Hintergrund

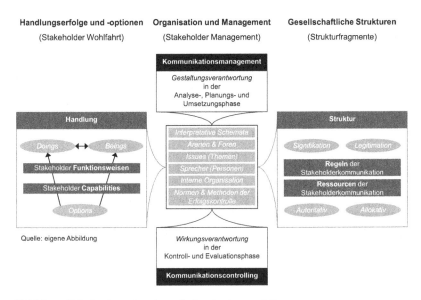

Abbildung 5.6 Strukturationstheoretisches Analysemodell

Tabelle 5.7 Strategien zur Beantwortung der Forschungsfragen

Forschungsfrage	Vorgehen und Analysekategorien
F1: Wie lässt sich das Stakeholder Management der Volkswagen AG Nachhaltigkeit aus einer kommunikationswissenschaftlichen Sichtweise im konzeptionellen Rahmen der Verantwortungskommunikation als kommunikatives Phänomen ebenen-übergreifend theoretisch beschreiben und modellieren?	– Meso-Analyse: Organisation und Management (Modalitäten: Interpretative Schemata, Fazilitäten, Normenkontrollen) – Makro-Analyse: gesellschaftliche Strukturfragmente (Regeln und Ressourcen der Stakeholderkommunikation) – Mikro-Analyse: Stakeholder Value & Value Driver (Capabilities und Funktionsweisen) – Meta-Analyse: Stakeholder, Krise, Verantwortung und Kommunikation (nachträgliche Hinzufügung)
F2: Welche Wertschöpfung entsteht durch das Stakeholder Engagement der Volkswagen AG Nachhaltigkeit in nichtmarktlichen Arenen für die Stakeholder? Anhand welcher Wohlfahrtsfaktoren lässt sich diese erklären?	– Mikro-Analyse: Stakeholder Value & Stakeholder Value Driver (Stakeholder Capabilities und Funktionsweisen)

der weitgehenden Thematisierung von Verantwortung und Kommunikation im Kontext der „Dieselkrise" in den Leitfadeninterviews nachträglich mit aufgenommen wurde. Dabei handelt es sich um eine rein empirische Ergebnisdiskussion, deren zentrale normative Konzepte in das Modell eingebettet wurden (vgl. Kapitel 3).

Empirische Methode

6

6.1 Qualitative Fallstudie am Beispiel Volkswagen AG

6.1.1 Verortung im qualitativen Forschungsprogramm

In dieser Thesis wird das qualitative Forschungsparadigma als die Programmform und die Fallstudie als die Designform der empirischen Studie festgelegt (Flick, 2014, S. 14 & 173). Das Label „qualitativ" wird als Forschungsprogramm verstanden, das sich durch gemeinsame Prämissen und Charakteristika auszeichnet, die den Prozess kommunikationswissenschaftlicher Erkenntnisgewinnung leiten (vgl. Lamnek, 2010). Begründet wird die Verortung im qualitativen Programm mit der Passung von Theorie und Empirie. Zum einen spricht Giddens selbst von der hermeneutischen Entdeckung sozialer Muster und beschreibt einen offenen Verfahrensweg als bevorzugten Prozess der Erkenntnisgewinnung. Zum anderen verlangt der ethische Bezugsrahmen der Arbeit (Stakeholder Value; Verantwortung) eine vom Handlungssubjekt und dessen Wahrnehmung ausgehende, einfühlend-verstehenden Rekonstruktion. Um den Programmdiskurs an der Stelle nicht unnötig zu vertiefen, wird auf weiterführende Literatur zur qualitativen Forschung verwiesen (Helfferich, 2005, S. 7 ff.; Lamnek, 2010, S. 19 ff.; Flick, 2014, S. 25 ff.).

Die Fallstudie ist ein Basisdesign der qualitativen Forschung und der detaillierten Analyse von Einzelfällen gewidmet (Flick, 2014, S. 177 ff.). Als ursprünglich ethnografisches Verfahren ist sie heute eine gängige Designform in der empirischen Kommunikationsforschung (Von Rimscha & Sommer, 2016). Schwierig ist ihre Einordnung (Gerring, 2007, S. 115). Obwohl Fallstudien in der Kommunikationswissenschaft oft angewandt werden, werden sie in einschlägigen

© Der/die Autor(en), exklusiv lizenziert durch Springer Fachmedien Wiesbaden GmbH, ein Teil von Springer Nature 2021
T. Lang, *Stakeholder Engagement Analyse*, AutoUni – Schriftenreihe 153, https://doi.org/10.1007/978-3-658-33987-6_6

Methodenkompendien immer noch kaum beschrieben (Scheufele & Engelmann, 2009; Brosius et al. 2012; Möhring & Schlütz, 2013). Einfach gesagt handelt es sich um ein methodenpluralistisches Design, dass sich in erster Linie durch die gegenständliche Fokussierung auf einen singulären Fall und nicht einen spezifischen Erhebungs- und Auswertungsverfahrensweg auszeichnet (Simons, 2009). Die Fallstudie wird hier definiert als eine "in-depth exploration from multiple perspectives of the complexity and uniqueness of a particular project, policy, institution or system in a 'real-life' context. It is research based, inclusive of different methods and is evidence-led" (ebd., S. 21). Neben der Singularität des Falls zählen zu den typischen Merkmalen (vgl. Gerring, 2007; Simons, 2014) eines Fallstudiendesigns:

- Bewusste Auswahl einzelner Fälle: Das Sampling erfolgt bewusst und gezielt. Ausgewählt werden Fälle, die als typische, besonders aufschlussreiche oder repräsentative Beispiele für Probleme oder Populationen gelten (Typizität).
- Tiefendeskription: Fallstudien zielen nicht auf kausalanalytische Inferenz ab. Sie erkunden vielmehr die Tiefe und innere Komplexität sozialer Phänomene und versuchen dabei deren Kontextbedingungen mit einzubeziehen.
- Hypothesengenerierung/Theoriebildung: Fallstudien sind zumeist explorativ. Sie vertiefen ein Phänomen und versuchen es möglichst umfassend zu erfassen, beschreiben und erklären (interne Validität als Stärke).
- Querschnittsanlage: Fallstudien sind zumeist einmalige Erhebungen. Als Momentaufnahmen beschreiben sie Zustände zum Zeitpunkt ihrer Erhebung.
- Offene, kategoriengeleitete Auswertung: die Diskussion der Ergebnisse folgt einem iterativen Interpretationsprozess. Es werden sukzessive Muster im Datenmaterial herausgearbeitet und mehrstufig verdichtet.

Die Verallgemeinerbarkeit der mit Fallstudien gewonnenen Erkenntnisse ist leicht eingeschränkt, aber dennoch gegeben. Helen Simons argumentiert diesbezüglich:

"One of the potential limitations of case study often proposed is that it is impossible to generalize. This is not so. However, the way in which one generalizes from a case is different from that adopted in traditional forms of social science research that utilize large samples (randomly selected) and statistical procedures and which assume regularities in the social world that allow cause and effect to be determined. (...) Making inferences from cases with a qualitative data set arises more from a process of interpretation in context, appealing to tacit and situated understanding for acceptance of their validity. Such inferences are possible where the context and experience of the case is richly described so the reader can recognize and connect with the events and experiences portrayed" (2014, S. 465).

Eine Schlüsselentscheidung des Fallstudiendesigns ist die Festlegung der Grenzen des Falls (Case Boundaries). Hier ist der Fall das Untersuchungsobjekt der Volkswagen AG. Untersuchungssubjekte sind die nichtmarktlichen Stakeholder des Unternehmens. Ziel ist es, die nichtmarktliche Stakeholderkommunikation der MNU Volkswagen AG aus Perspektive dieser, ihrer Stakeholder ebenenübergreifend zu beschreiben (Stakeholderkommunikation als Wahrnehmungs-/Zuschreibungsphänomen). Die analytischen Schwerpunkte entsprechen den im Modell enthaltenen Kategorien und Konzepten auf den drei Ebenen des Sozialen.

Für die Wahl des Fallstudiendesigns sprach das qualitative Erkenntnisinteresse der Arbeit. Das Fallbeispiel Volkswagen AG ermöglicht Rückschlüsse auf andere Populationen (Volkswagen als Proxy für die deutsche Automobilindustrie und Großkonzerne). Bei der Feingliederung des Falls wurde entschieden: als Mehrmarkenkonzern verfügt „Volkswagen" über zwei ähnlich konnotierte Glieder: zum einen die Volkswagen AG als „Volkswagen Pkw" (die Marke), zum anderen die „Volkswagen Gruppe" (der Konzern). Eine Differenzierung beider Entitäten gegenüber den Stakeholdern wurde nicht vorgenommen, sondern stets pauschal nach „Volkswagen" gefragt. Dies geschah zum einen, weil Stakeholder diese komplexe Struktur oftmals nicht unterscheiden (können). Ihre Projektionen und Wahrnehmungen beziehen sich in der Regel auf „Volkswagen" („VW") als totale korporative Entität. Anderseits hatte die Marke Volkswagen nie eigene Funktionseinheiten für nichtmarktliche Stakeholderkommunikation. Diese Aufgabe wurde stets von der Konzernfunktion „Außenbeziehung und Nachhaltigkeit" abgedeckt, da sich die Zentrale von Marke und Konzern an einem Standort befand. Ist in dieser Arbeit von „Volkswagen" die Rede, ist demnach primär der Konzern und sekundär die Marke gemeint. Die *Wahl des Unternehmens Volkswagen AG* wird mit zusätzlichen Argumenten begründet. Mit 640.000 Mitarbeitern, 199 Standorten und 13 Marken zählt der VW-Konzern zu den größten privatwirtschaftlichen Unternehmen der Welt. Zweitens ist VW als ein „soziales Unternehmen" bekannt. Dazu tragen Faktoren wie starke betriebliche Mitbestimmung, regionale Verwurzelung und staatliche Kapitalisierung bei. Volkswagen ist ein prototypisches Beispiel für ein gesellschaftlich eingebettetes Unternehmen, weshalb vor allem im Heimatmarkt Deutschland ein breites Kontaktnetzwerk zu externen Stakeholdern erwartet wurde. Drittens trägt die Rechtsform AG zur verstärkten öffentlichen Exponiertheit bei. Die Fremdkapitalisierung zieht öffentliche Rechenschaftsablegungen (finanzielles und nichtfinanzielles Berichtswesen) gegenüber den Stakeholdern nach sich. Alle diese Faktoren lassen einen hohen Professionalisierungsgrad der Stakeholderkommunikation vermuten.

Innerhalb des qualitativen Forschungsprogramms und dem Untersuchungsdesign Fallstudie mit der Volkswagen AG als Untersuchungsobjekt und nichtmarktlichen Stakeholdern als Untersuchungssubjekten kamen als Erhebungsinstrument qualitative Leitfadeninterviews mit Stakeholdern und als Auswertungsinstrument eine softwaregestützte, qualitative Inhaltsanalyse zum Einsatz.

6.2   Leitfadeninterviews mit nichtmarktlichen Stakeholdern

6.2.1   Leitfadeninterview als Stakeholder-Befragung

Als zielgerichtete, künstlich geschaffene Kommunikationssituation ist die Befragung von Scheufele und Engelmann allgemein definiert als:

> „Eine Methode, bei der Menschen systematisch, nach festgelegten Regeln zu relevanten Merkmalen befragt werden und über diese Merkmale selbst Auskunft geben. (...) Dabei fungieren die vom Interviewer gestellten Fragen als Stimulus, um die verbale Reaktion auszulösen, also Antworten zu erhalten" (2009, S. 119).

Die erkenntnistheoretische Grenze des Instrumentes ist die Erschließbarkeit von Bewusstseinselementen (Wissen, Wahrnehmung, Einschätzung), wobei die Frage-Impulse einerseits eine vertiefte Reflexion ermöglichen, anderseits Aussagen auch verzerren können (Reaktivitätsproblematik) (Scholl, 2009, S. 22 f.). Für die empirische Fallstudie wurden leitfadengestützte Interviews mit Stakeholdern als Befragungsform gewählt. Der Leitfaden fungierte hierbei als eine Gedächtnisstütze, Gesprächsstrukturierung und schuf darüber hinaus eine gewisse Vergleichbarkeit der Antworten (Gläser & Laudel, 2010, S. 90 f.). In den Typologien qualitativer Interviewformen (Flick, 2014, S. 194 ff.) unterscheiden sich Leitfadeninterviews durch Merkmale wie Auswertungsziel (tieferes Verstehen), Gestaltung des Fragebogens (an der Theorie orientierte Konstruktion; flexibles Fragen), Interviewsituation (offen; konservations- und alltagsnah), Auswahl der Befragten (bewusste Ziehung), Auswertungslogik (sprachliche Abstraktion; schematische Verdichtung) und Aufbau des Erhebungsinstrumentes (offen) (vgl. Möhring & Schlütz, 2003; Scheufele & Engelmann, 2009; Meyen et al., 2011). Die besondere Eignung des Erhebungsinstrumentes für die Fallstudie ergibt sich aus der Fragestellung. Diese Interviewform ist für eine Beschreibung von Wahrnehmungs- und Zuschreibungsphänomenen mit ethischen Fragestellungen nahezu ideal (Karmasin & Weder, 2011). Sie ist überdies ein erprobtes Mittel zur Exploration der Beziehungen zwischen Unternehmen und ihren Stakeholdern, weil sie auch Möglichkeiten zur Kommunikation und gemeinsamen (ethischen) Reflexion bietet (Karmasin & Weder, 2008a). Zudem sprachen der Feldzugang und Fallzahl für die Wahl. Nichtmarktliche (institutionelle) Stakeholder sind im Unterschied zu Kunden zum Beispiel nur in begrenzter Zahl verfügbar und für wissenschaftliche Erhebungen schwer zu gewinnen. Nicht zuletzt ist die dynamische Operationalisierung eine Stärke des Verfahrens. Abhängig von Situation, Gesprächsverlauf, Auskunftsbereitschaft und Reflexionsvermögen der Befragten lassen sich Fragen vertiefen, reduzieren oder überspringen. Der Gesprächsfluss wirkt dadurch natürlicher. Auf Basis dieser Merkmale lassen sich die geführten Stakeholderinterviews wie folgt eingrenzen und verorten (Tabelle 6.1):

Tabelle 6.1 Forschungsentscheidungen und Begründungen

Forschungsentscheidungen		Begründung
Zielgruppe	Kommunikationsverantwortliche der Stakeholder	Von Volkswagen als relevant erachtete und daher in kommunikativen Austausch einbezogene Sprecher von Organisationen.
Anzahl der Befragten	Einzelinterviews	Tiefendeskriptionsinteresse, da wenig Wissen über das Thema vorhanden war; Sensibilität der „Dieselkrise" als Interviewkontext-Thema; Keine großen Samples möglich (begrenzte Anzahl bzw. Verfügbarkeiten der Stakeholder; Zugangsbarrieren).
Auswahl	Theoriegeleitet und Forschungspragmatisch	Annähernd gleiche Verteilung der Zugehörigkeiten zu Stakeholdergruppen, orientiert an Zugangsmöglichkeiten, Verfügbarkeiten und der Teilnahme- bzw. Auskunftsbereitschaft.

(Fortsetzung)

Tabelle 6.1 (Fortsetzung)

Forschungsentscheidungen		Begründung
Modus	Persönlich-mündlich	Möglichkeit zur Kontextualisierung von Information und Beantwortung von Rückfragen; Hilfestellung bei Fehlinterpretationen steigert die Ergebnisqualität und Teilnahmebereitschaft.
Tempus	Retrospektiv	Rückblickende Rekonstruktion der Kommunikation von Stakeholdern mit der Volkswagen AG (Momentaufnahmen).
Standardisierungsgrad	Qualitative (Leit-)Fragen (offen formuliert)	Regelgeleiteter, weder vollkommen flexibler, noch gänzlich vordefinierter Kommunikationsverlauf, da Freiheit zu Vertiefung abhängig vom Gesprächsverlauf benötigt wird.

6.2.2 Erhebungsverfahren: leitfadengestützte Experteninterviews

Die Stakeholder-Leitfadeninterviews werden theoretisch als qualitative Experten-interviews eingeordnet (Helfferich, 2005, 24 ff.). Befragt wurden Individuen in den von ihnen repräsentierten beruflichen Rollen (z. B. als Geschäftsführer, Referatsleiter, Referent) mit wissenssoziologischen Motiven (Stakeholder in ihrer Eigenschaft als Wissensträger). Experteninterviews werden in der Regel als Leit-fadeninterviews geführt. Dies geschieht aufgrund der „Erwartung (...), dass in relativ offenen Gestaltung der Interviewsituation die Sichtweise des befragten Subjektes eher zur Geltung kommen als in standardisierten Interviews oder Fra-gebögen" (Flick, 2014, S. 194). Qua Zielsetzung, der Exploration von Wissen, sind sie zweifach bestimmt: über die Technik der gewählten Interviewführung (Leitfaden mit offenen Fragen) und das zugrunde liegende Erkenntnisinteresse (Expertenwissen). Für die Bestimmung des Expertenstatus war dabei maßgeblich:

„Das Wissen muss sich vom Alltagswissen unterscheiden (sonst wäre es kein Expert
Innenwissen), es ist nicht allen zugänglich (sonst bräuchte man keine ExpertInnen),
das Wissen erweist sich alltäglichem Wissen überlegen (sonst könnte man sich auf das
eigene Wissen verlassen), es bedient sich einer theoretischen Perspektive (sonst hätte
es keinen Erklärungswert). Es ist also nicht nur der Inhalt des Wissens, sondern auch
die spezifische Ordnung der Wissensrepräsentation, die ihre Expertise charakterisiert"
(Froschauer & Lueger, 2009, S. 243)

Für die Methode liegen heute einige Standardwerke vor (Meuser & Nagel, 1991,
2009; Gläser & Laudel, 2010; Bogner et al. 2009, 2014). Die Einführung und
erstmalige Begründung der Eigenständigkeit als Erhebungsverfahren geht auf
Michael Meuser und Ulrike Nagel (1991) zurück. Ihr Ansatz ist zeitlos und
wird auch dieser Forschungsarbeit zugrunde gelegt. Meuser und Nagel (1991)
begriffen den Expertenbegriff ursprünglich als eine vom Forscher verliehene und
vom Forschungsinteresse geleitete Statuszuschreibung. Experten waren für sie
Repräsentanten einer Organisation bzw. Funktionsträger, die Verantwortung für
Problemlösungen tragen und über Informations- oder Entscheidungsprivilegien
verfügen. Diesen „klassischen Expertenbegriff" haben sie über die Jahre weiterentwickelt. Ihr „überarbeiteter Expertenbegriff" zeichnet sich vor allem durch eine
Abkoppelung des Status von der Berufsrolle, Loslösung von der formalen Position
(Abkehr von der Verberuflichung des Experten-Status) und eine wissenssoziologische Bestimmung des Status aus (vom Fach- und Spezial- zum Handlungswissen)
(2009, S. 42 ff.).

Die Bestimmung des Experten-Status ist abhängig vom Erkenntnisinteresse.
Im Allgemeinen lässt sich jedoch sagen, dass eine rein funktionale Bestimmung
oft wenig zielführend ist (Bogner & Menz, 2009, S. 67 ff.; Gläser & Laudel, 2010,
S. 11 ff.; Bogner et al., 2014, S. 9 ff.). Für die Fallstudie wird der nichtmarktliche
Stakeholder als Interviewpartner in Anlehnung an Michael Meuser, Ulrike Nagel
und Anthony Giddens anhand folgender drei Kriterien als Experte bestimmt:

- Funktionale Bestimmung: Der Stakeholder wird als einseitige Statuszuschreibung der Volkswagen AG verstanden. Analog dazu ist der Status Experte eine
vom Forscher vorgenommene Stakeholder-Statuszuschreibung.
- Positionelle Bestimmung: Befragt werden Kommunikationsverantwortliche.
Sie sind diejenigen Mitarbeiter der Organisation, die in den kommunikativen
Austausch mit Volkswagen einbezogen sind, weil Sie eine bestimmte Position
oder Funktion innerhalb ihrer Organisation wahrnehmen, die sie für VW als
wesentlich und interaktionsrelevant erscheinen lässt.

- Wissenssoziologische Bestimmung: Stakeholderwissen ist Expertenwissen. Als Betriebswissen umfasst es das Erfahrungs- und Handlungswissen der Befragten. Als Kontextwissen umfasst es das Wissen über Routinen und Abläufe der Stakeholderkommunikation (Meuser & Nagel, 1991, S. 446).

Aufbauend auf dieser Einordnung werden die Spezifika des strukturationstheoretischen Expertenbegriffes kurz erläutert. Dem Verständnis von Giddens nach ist das Stakeholder-Wissen primär praktisches Handlungswissen, ergo Wissen, dass über Stimuli (Fragen) des Forschenden diskursiv bewusstgemacht werden kann (vgl. Kapitel 2). Es handelt sich um ein ebenenübergreifendes Wissen über die Beschaffenheit und Funktionsweise des kommunikativen Umfeldes des Unternehmens. Detailliertere Ausführungen dazu finden sich in Giddens Modernisierungstheorie. Für Giddens ist die Wandlung der Moderne unter dem Gesichtspunkt der Dynamik der Wissensproduktion ein Teil der institutionellen Reflexivität. Ihre Keimzelle sind Expertensysteme als die „Systeme technischer Leistungsfähigkeit oder professioneller Sachkenntnis, die weite Bereiche der materiellen und gesellschaftlichen Umfelder, in denen wir heute leben, prägen" (Giddens, 1996, S. 40 f.). Experten sind laut Giddens gerade im Bereich abstrakter Systeme (z. B. Wirtschaft) wichtig, weil deren interne Logik so komplex ist, dass sie nicht ohne Weiteres durchschaut werden können (ebd., S. 52 ff.). Sie haben die Funktion Vertrauen in diese Systeme herzustellen. Die Gefahr einer „Laisierung" des Experten ist dabei akut, denn seine Expertise ist stets darauf angewiesen wirkungsvoll inszeniert zu werden, um überall Anerkennung zu finden (Giddens, 1991a, 1996). Im klassischen Expertenbegriff ist das Expertenwissen somit primär Sach- und Fachwissen. Giddens Expertenbegriff zeichnet sich hingegen dadurch aus, dass er stärker auf die Handlungsorientierung des Wissens abzielt (vgl. hierzu auch Bogner & Menz, 2009, S. 12 f.). Meuser und Nagel konstatieren diesbezüglich:

„Nimmt man die Giddensche Unterscheidung von praktischem und diskursivem Bewusstsein auf, so lässt sich diese Form des Expertenwissens, das sich auf habitualisierte Formen des Problemmanagements bezieht, zwischen den beiden Polen verorten. Es ist kein völlig vorreflexives Wissen auf der Ebene von Basisregeln (...) nicht vergleichbar dem grammatikalischen Regelwissen, dass die meisten zwar intuitiv beherrschen, aber nur in Teilen explizieren können; es ist aber auch kein Wissen, das die Experten ohne weiteres einfach ‚abspulen' können. Sie können über Entscheidungsfälle berichten, auch Prinzipien benennen, nach denen sie verfahren; die überindividuellen, handlungs- bzw. funktionsbereichsspezifischen Muster des Expertenwissens müssen jedoch auf Basis dieser Daten [Transkripte als die Vertextlichungen leitfadengestützten Befragungen] rekonstruiert werden" (2009, S. 51)

Das Expertenwissen der Stakeholder ist somit vorwiegend praktisch angewandtes Wissen. Es ist handlungsleitendes Wissen (Nicht „Wissen über etwas", sondern „Wissen, wie etwas ausgeübt wird/funktioniert"). Der Experte ist gewissermaßen nur das Medium, der Wissensträger und nicht das Objekt des Erkenntnisinteresses. Es ist die "Knowledgeability" sozialer Akteure, auf die mit dieser Unterscheidung abgezielt wird. Bogner und Kollegen unterscheiden anhand ihrer Zielsetzung explorative, systematisierende und theoriegenerierende Experteninterviews (2014, S. 22 ff.). Die hier gewählte Form des Experteninterviews ist in dieser Typologie als Mischform zu verorten. Die Interviews dienen einerseits der systematischen Ordnung des Gegenstandbereiches (explorativ), anderseits der empirischen Fundierung des theoretischen Analysemodells (theoriegenerierend/-validierend).

Die Konstruktion des Leitfadens erfolgte in einem mehrstufigen Prozess auf Basis der Kategorien des Analysemodells. Zunächst wurden die Fragen aus der Theorie heraus entwickelt. Bei der Formulierung wurden Hinweise, Ratschläge und Prüffragen der Fachliteratur berücksichtigt (vgl. Helfferich, 2005, S. 158 ff.; Scholl, 2009, S. 174 f.; Gläser & Laudel, 2010, S. 144 ff.; Meyen et al, 2011, S. 91 ff.; Bogner et al. 2014, S. 27 ff.). Im Anschluss erfolgte ein Abgleich mit einigen bei der Aufarbeitung des Forschungsstandes entdeckten Erhebungsinstrumenten. Abschließend wurde die Tauglichkeit des Leitfadens mithilfe von drei Pretest-Interviews geprüft und das Erhebungsinstrument für die gesamte Feldphase finalisiert. Dabei wurde auf die Dauer der Befragung, die Qualität und das Verständnis der Leitfragen geachtet. Zu den wesentlichen Änderungen am Leitfaden nach den drei Pretest-Interviews zählten: Schärfungen der Fragen (Vereinfachungen; Streichungen); Reduktionen und Synthesen (Zusammenfassungen); Herausarbeitung der Dominationsaspekte (Machtmanifestationen bei Regeln und Ressourcen); Optimierung der Metastruktur (Struktur des Leitfadens; Abfolge der Fragen). Alle Pretests-Interviews flossen in die Auswertung mit ein. Waren Fragen in der finalen Fassung des Erhebungsinstrumentes enthalten, die in der Pretest-Fassung gefehlt haben, oder inhaltlich zu stark abgewandelt wurden, wurden diese nicht kodiert.

Bei der Identifikation und Auswahl der Interviewpartner wurde auf die Grundlagen der qualitativen Fallauswahl (Flick, 2014, S. 158 ff.) und Grundgedanken des theoretischen Samplings zurückgegriffen. Der Umfang der Teilnahmegesamtheit und die Relation zur Grundgesamtheit wurde im Erhebungsprozess über das „Sättigungsgefühl" des Forschenden gesteuert und in einer Kontaktierungshistorie transparent dokumentiert. „Sättigung" meint, dass „keine zusätzlichen

Daten mehr gefunden werden können, mit deren Hilfe der Soziologe weitere
Eigenschaften der Kategorie entwickelt kann" (Glaser & Strauss, 1998, S. 69).
Abgezielt wurde auf eine möglichst aussagekräftige innere Repräsentation der
Teilnahmegesamtheit, die dann erreicht war, als der Kern wichtiger Stakeholder
(typische Partner, z. B. Verbände) vertreten, zugleich aber auch diverse kritische
Akteure (typische Gegenspieler, z. B. NGOs) befragt waren. Dieses Vorgehen
unterscheidet sich vom "covenience sampling". Es wurden nicht die am einfachsten zugänglichen Akteure (Kriterium: Annehmlichkeit) ausgewählt, sondern jene,
die typische Merkmale erfüllen (Helfferrich, 2005, S. 152 ff.). Forschungsleitend
war dabei die Annahme, dass es sich bei dem Stakeholder um eine einseitige
Statuszuschreibung durch die Volkswagen AG handelt. Die Interviewpartner wurden aus diesem Grund anhand der Grundgesamtheiten der Kontaktdatenbanken
der Volkswagen AG (Reputation Survey und Stakeholder Panel) ermittelt (d. h.
Stakeholder-Status als eine einseitige Zuschreibung der Volkswagen AG, die sich
über Sample-Zugehörigkeiten ausdrückt). Diese Grundgesamtheiten sind Eigentum der Volkswagen AG und öffentlich nicht zugänglich, wurden jedoch den
Gutachtern bereitgestellt. Folgende Forschungsentscheidungen wurden getroffen
(Tabelle 6.2):

Tabelle 6.2 Forschungsentscheidungen und Begründungen II

Forschungsentscheidungen	Begründung
Bewusste Fallauswahl (Keine Vollerhebung)	Die Grundgesamt der Stakeholder von VW konnte nicht abschließend bestimmt werden, da nicht auszuschließen ist, dass es Stakeholder gibt, die von VW als solche nicht erkannt werden, aber für sich diesen Status beanspruchen ("Stakeseeker"; vgl. Holzer, 2007). Die Ziehung der Kontakte erfolgte deshalb auf Basis der Datenbanken (Quellsamples) der VW AG.
Zwei Quellsamples	Rekrutierung aus dem „Volkswagen Group Stakeholder Panel" und dem „Volkswagen Global Reputation Survey Sample". Diversifikation der Quellen zur Ausbalancierung des Samples (potentielle Verzerrungen).

(Fortsetzung)

Tabelle 6.2 (Fortsetzung)

Forschungsentscheidungen	Begründung
Ausgewogene Verteilung der Stakeholder (Einzelorganisationen) über drei Cluster hinweg	Ausgewogene Verteilung über drei Stakeholder-Cluster hinweg: – NGOs (Zivilgesellschaft) – Politik & Verbände – Wissenschaft & Forschung Diese Clusterung ist/war eine Sample-Strukturvorgabe von Volkswagen.
Mittlere Zugangsebene	Oftmals eingeschränkte Verfügbarkeiten der Leitungsebene (A-Level).
Kommunikationsverantwortliche	Kommunikatoren der Stakeholder: Einbezug in den Austausch mit VW.

Das Stakeholder-Panel ist im Nachhaltigkeitsbericht 2016 wie folgt beschrieben:

„In Zusammenarbeit mit dem Institut für Markt, Umwelt und Gesellschaft (imug) haben wir ein Stakeholder-Panel etabliert, dass unsere Nachhaltigkeitsaktivitäten, insbesondere jene der Nachhaltigkeitsberichterstattung, seit über 20 Jahren verfolgt und kritisch kommentiert. Das Stakeholder-Panel umfasst etwa 100 nationale und internationale Stakeholder aus den Bereichen Politik, Wissenschaft, Finanzmarkt und Zivilgesellschaft" (Volkswagen AG, 2016).

Zum Zeitpunkt der Erhebung umfasste das Panel National N = 73 bestätigte Stakeholder-Kontakte aus Deutschland. Die Kommunikationsangebote für Panelisten waren eine Einladung zur Teilnahme an Stakeholder-Dialogveranstaltungen, jährliche Befragungen und die Aussendung der Nachhaltigkeitspublizität (Nachhaltigkeitsbericht und -magazin). Im Gegensatz dazu ist die Reputationsstudie eine jüngere Kommunikationsmaßnahme. Der Nachhaltigkeitsbericht 2017 erläutert:

„In Zusammenarbeit mit einem Meinungsforschungsdienstleister haben wir im Berichtsjahr zudem den Global Stakeholder Reputation Survey 2017 durchgeführt. In Deutschland, den USA und China wurden insgesamt 300 Meinungsführer aus Wissenschaft, Zivilgesellschaft, Medien, Politik und Finanzmarkt befragt. Neben der „TOGETHER – Strategie 2025" gingen in die Konzeption der Studie auch der Volkswagen Wertekodex und eine Analyse wesentlicher Themen ein, wie sie für die Nachhaltigkeitsberichterstattung Pflicht ist" (Volkswagen AG, 2017).

In räumlicher Hinsicht wurden beide Grundgesamtheiten auf Interviewpartner aus Deutschland („Heimatmarkt" des VW-Konzerns) beschränkt. Dieser Fokus war forschungsökonomisch und inhaltlich motiviert. Bei der Rekonstruktion des Forschungsstandes wurde nachgewiesen, dass Stakeholder im Heimatmarkt in der Regel stärker eingebunden und mit den Kommunikationsmaßnahmen von Unternehmen besser vertraut sind. Zudem existiert im deutschsprachigen Raum ein einheitliches Verständnis der Konzepte C(S)R, Nachhaltigkeit, Stakeholder und Stakeholder Management, das sich von angelsächsischen Ansätzen unterscheidet (Karmasin & Apfelthaler, 2017). Eine Ausnahme war eine internationale NGO, die als einziger nicht-deutschsprachiger Stakeholder mit einem Interview auf Englisch in die Erhebung einfloss. Aufgrund der Sprachbarrieren wurde dieses eine Interview auf Englisch geführt. Befragt wurden prinzipiell Kommunikationsverantwortliche der Stakeholder, in dieser Arbeit definiert als:

„Diejenigen Mitarbeiter der Stakeholder, die in den kommunikativen Austausch einbezogen sind, weil sie eine bestimmte Position und Funktion innerhalb ihrer Organisation haben, die sie für Volkswagen als interaktionsrelevant erscheinen lässt."

Bei dieser Zielgruppe handelte es sich vorwiegend um Fachsprecher und nicht die Sprecher für Presse- und Öffentlichkeitsarbeit. Konkret befragt wurde die mittlere Hierarchieebene der Organisation, da aufgrund der begrenzten Verfügbarkeit der Leitungsebene kaum Gespräche terminiert werden konnten (Zugangsbarrieren wie z. B. Verfügbarkeit oder Gatekeeper wie Sekretariate) und sich die Auskunftsbereitschaft sowie das Handlungswissen dieser Hierarchie-Ebene als ertragreicher erwies. Die Kontaktierung erfolgte mit einem teilstandardisierten Anschreiben per E-Mail, welches kurz, knapp, präzise und in praktischer Sprache verfasst war. In dem Anschreiben wurde der Interviewer aus forschungsethischen Gründen transparent als Industriepromovend vorgestellt und das Vorhaben praxisorientiert erläutert. Um die Gesprächsbereitschaft zu erhöhen, trugt das Anschreiben die Signatur eines Unternehmensvertreters. Damit in der Gesprächssituation möglichst keine Verzerrungen entstehen, wurden stets je zu Beginn der Interviews kurz die Forschungskonstellation erläutert und eine unabhängige Rolle des Interviewers garantiert. Dieses Vorgehen war zwischen dem Lehrstuhl und Unternehmen abgestimmt und orientierte sich an Empfehlungen der Methoden-Literatur zur Befragung anspruchsvoller Gruppen (Trinczek, 2009). Für die Interview-Führung hatte dies jedoch zur Konsequenz, dass trotz der Klärung der Interviewer von den Interviewten zum Teil als Unternehmensvertreter angesprochen wurde.

Die Auswahl der Gesprächspartner erfolgte auf Basis der rückgemeldeten Verfügbarkeiten und Teilnahmebereitschaften. In der telefonischen Anschlusskommunikation wurde für das Interview je ein Zeitfenster von 90 Minuten festgelegt, um kurze Einführungen (Kennenlernen, Kontextinformation) voranstellen zu können. Der Leitfaden wurde im Vorfeld nicht bereitgestellt, auch nicht auf Anfrage, weil das Interview auf den natürlichen Informationsstand der Befragten abzielen sollte. Erfolgte nach Erstkontaktierung keine Rückmeldung, erfolgte im Abstand von zwei bis drei Wochen eine individuelle Erinnerung. Um den Eindruck einer großflächigen Stakeholder-Befragung zu vermeiden, erfolgte die Kontaktierung auf Empfehlung der Volkswagen AG in vier zeitlich versetzten Erhebungswellen. Die innere Zusammensetzung der Wellen lässt sich der Kontaktierungshistorie entnehmen. Einen kompakten Überblick inklusive Begründungen der Auswahl liefert die nachfolgende Tabelle (Tabelle 6.3).

Tabelle 6.3 Erhebungswellen der Befragung

Welle	Begründung der Auswahlentscheidung
(1) Interview-Pretests	Erste Welle: Oktober bis November 2017 Bewusste Auswahl von Stakeholdern, die eine enge Beziehung mit der Abteilung Nachhaltigkeit hatten; Für den Erstkontakt und Test des Erhebungsinstrumentes empfahl sich die Arbeit mit vertrauten Akteuren (z.B. Kooperationspartner; langjährige Stakeholder-Kontakte des Leiters Nachhaltigkeit).
(2) Panel-Teilnehmer an Stakeholder-Dialogveranstaltungen und internen CSR-Konferenzen der Jahre 2016 und 2017	Zweite Welle: November 2017 bis Januar 2018 Teilnehmer des Volkswagen Group Stakeholder Panels, die nachweislich an den letzten Stakeholder-Dialogen (Hannover 2016; Hannover 2017) bzw. der Nachhaltigkeitskonferenz des VW-Konzerns teilgenommen haben. Die Teilnahme an Arenen und Foren mit Präsenzbindung ließ eine besondere Vertrautheit mit den Kommunikationsangeboten des VW-Konzerns erwarten.
(3) Restliche Mitglieder des Stakeholder Panels National (DACH)	Dritte Welle: Januar 2018 bis März 2018 Teilnehmer des Volkswagen Group Stakeholder Panels, die an einer weiteren Dialogveranstaltung (Berlin 2017) teilgenommen haben, oder nachweislich Kommunikationsangebote nutzen (Befragungen; Nachhaltigkeitspublizität). Darüber hinaus ausgewählte Kontakte der Global Reputation Survey DE.

(Fortsetzung)

Tabelle 6.3 (Fortsetzung)

Welle	Begründung der Auswahlentscheidung
(4) Befragte der Group Global Reputation Survey im Heimatmarkt Deutschland	Vierte Welle: März 2018 bis Juni 2018 Teilnehmer des Volkswagen Group Stakeholder Panels und ausgewählte Kontakte aus dem Sample der Group Global Reputation Survey DE.

Die Ausschöpfungsquote betrug 39 Prozent. Von N = 84 Kontaktierungen konnten n = 33 Stakeholder-Interviews realisiert werden. Befragt wurden n = 15 Mitglieder des Stakeholder Panels (45 % der Auswahlgesamtheit) sowie n = 18 Respondenten der Reputation Survey Deutschland (55 %). Befragt wurden Stakeholder aus den drei durch die Samples von Volkswagen vordefinierten, nichtmarktklichen Stakeholder-Kategorien: 1) Wissenschaft & Forschung („WuF"), 2) Politik & Verbände („PuV") und 3) NGOs („NGOs"). Bei den N = 84 Kontaktierungen handelte es sich um alle zum Erhebungszeitpunkt verfügbaren, nichtmarktlichen Stakeholder-Kontakte der Abteilung VW Konzern Nachhaltigkeit der Volkswagen AG (Tabelle 6.4).

Tabelle 6.4 Erhebung: Stakeholder-Cluster

Cluster	Interne Definitionen der Volkswagen AG
Wissenschaft & Forschung	„Akteure, die über ein fundiertes und brauchbares fachlich-sachliches Expertenwissen verfügen. Hierzu zählen Hochschulen, Universitäten und Forschungsinstitute."
Politik & Verbände	„Organisationen, die für ihre Mitglieder auf den politischen und öffentlichen Entscheidungs- und Willensbildungsprozess Einfluss nehmen. Hierzu zählen Behörden und Ämter, Unternehmens- und Stakeholderinitiativen, Verbände, Vereine und Gewerkschaften."
NGOs	„Vereinigungen zivilgesellschaftlicher Interessen, die auf die Gestaltung von Gesellschaft und deren Werte Einfluss nehmen. Hierzu zählen NGOs, Stiftungen, Think Tanks, Kirchen und Glaubensgemeinschaften sowie Kunst-, Kultur- und Bildungseinrichtungen."

Der Erhebungszeitraum war Mitte November 2017 bis Mitte Juni 2018. Insgesamt dauerte die Feldphase etwas mehr als 6 Monate (plus 1 Monat für 3 Pretests). Die durchschnittliche Interviewdauer lag bei 78 Minuten. In der Teilnehmergesamtheit (n = 33) waren innerhalb der drei o. g. Stakeholder-Cluster die folgenden Organisationen vertreten (Tabelle 6.5):

Tabelle 6.5   Teilnehmergesamtheit

Cluster	Typus	Einzelorganisation
(1) Wissenschaft und Forschung (n = 12 Befragte)	Universitäten & Hochschulen	– Universität Sankt Gallen (USG) – Georg-August-Universität Göttingen – Universität Kassel – Carl von Ossietzky Universität Oldenburg – Friedrich-Alexander-Universität Erlangen Nürnberg (FAU) – Technische Hochschule Ingolstadt (HSI)
	Business Schools	– Cologne Business School (CBS) – Hamburg School of Business Administration (HSBA) – Handelshochschule Leipzig (HHL)
	Forschungsinstitute	– Leibniz Institut für Zoo- und Wildtierforschung (IZW) – Institute for Advanced Sustainability Studies (IASS)
(2) Politik und Verbände (n = 11 Befragte)	Behörden	– Umweltbundesamt (UBA)
	Wirtschaftsverbände	– Bundesverband der Deutschen Industrie (BDI) – Verband der Automobilindustrie (VDA) – Unternehmensverbände Niedersachsen (UVN)
	Professionsverbände	– Institut der Wirtschaftsprüfer Deutschland (IDW) – Dt. Vereinigung für Finanzanalyse & Asset Management (DVFA)
	Gewerkschaften	– Vereinte Dienstleistungsgewerkschaft (Ver.di) – Deutscher Gewerkschaftsbund (DGB)
	Netzwerke & Initiativen	– Biodiversity in Good Company Initiative – Forum Nachhaltige Entwicklung der dt. Wirtschaft (Econsense) – Stifterverband

(Fortsetzung)

Tabelle 6.5   (Fortsetzung)

Cluster	Typus	Einzelorganisation
(3) NGOs (n = 10 Befragte)	Nationale NGOs	– Bund für Umwelt und Naturschutz Deutschland (BUND) – Südwind-Institut für Ökonomie und Ökumene – Deutsches Rotes Kreuz (DRK)
	Non-Profits	– Junge Tüftler
	Pol. Stiftungen	– Friedrich-Naumann Stiftung für die Freiheit (FNSt.)
	Internationale NGOs	– Transparency International Deutschland (TID) – International Council on Clean Transportation (ICCT) – Deutsches Global Compact Netzwerk (DGCN) – World Business Council for Sustainable Development (WBCSD) – Terre des hommes (Tdh)

Die Interviews wurden alle persönlich und immer vor Ort geführt, um Einblicke in die jeweilige Lebenswelt der Stakeholder zu erhalten. Gesprächsort war in der Regel ein Besprechungsraum oder das Büro der Stakeholder. Kumulativ betrachtet verteilt sich die Stichprobe geografisch auf die folgenden Intervieworte (Abbildung 6.1):

Abbildung 6.1   Geografische Verteilung der Intervieworte

Die Dokumentation demografischer Merkmale (z. B. Geschlecht, Alter, Herkunft der Stakeholder) im Sample war nicht möglich, weil die Erfassung personenbezogener Daten durch die Datenschutzbestimmungen der Volkswagen AG sowie des Meinungsforschungsinstitutes (Vorgaben aus DSGVO, ADM), welches die Reputation Survey durchführt, untersagt war. Diese Arbeit unterliegt rechtlich diesen Vorgaben, weil die Stakeholder auf Basis der Datenbanken der Volkswagen AG kontaktiert wurden und im Rahmen der Promotion eine Geheimhaltungsverpflichtung unterzeichnet wurde. Dokumentiert werden aus diesem Grund nur positionelle Angaben. Bei der hierarchischen Verortung der Befragten ergab sich eine Verteilung zugunsten der obersten bis mittleren Ebene der Hierarchie der Organisationen. Da die Stakeholder mit dem VW-Konzern auf unterschiedlichste Weise im Austausch standen, wurde im letzten Teil des Interviews (Regeln und Ressourcen) abhängig vom Typus der Einbindung unterschiedlich befragt. Sofern an einer Präsenzveranstaltung (Panel-Dialogveranstaltung) teilgenommen wurde, bezog sich die Reflexion des Kommunikationsverhaltens des VW-Konzerns mit Erinnerungsfragen (Recall) auf eben dieses Format. Sofern die Stakeholder an keiner Präsenzveranstaltung teilgenommen haben, wurden die Fragen auf die Evaluation des allgemeinen Kommunikationsverhaltens des VW-Konzerns bezogen. Dies geschah aus zwei Gründen: erstens aufgrund der theoretischen Vorannahme, dass sich die Strukturen als Erinnerungsspuren (memory traces) im Gedächtnis der Befragten diskursiv bewusst machen lassen (Giddens, 1984). Zweitens aufgrund der empirischen Notwendigkeit den Gegenstand der Reflexion fokussieren zu können (Tiefendeskription) und dabei direkte (persönliche) Kommunikationserfahrungen von indirekten zu unterscheiden. Als Filter fungierte hierfür eine einleitende Frage nach den vom Stakeholder zuletzt genutzten Kommunikationsmaßnahmen (Abbildung 6.2).

■ Oberste Führungsebene (A-Level: z.B. Geschäftsführer, Präsident)

▨ Mittlere Führungsebene (B-Level: z.B. Abteilungsleiter, Lehrstuhlinhaber)

░ Arbeitsebene (C-Level: z.B. Referent, Projektleiter, Programmkoordinator)

Abbildung 6.2 Hierarchische Verteilung der Interviewteilnehmer

Im Verlauf der Erhebung kristallisierte sich heraus, dass in einigen Interviews vermehrt krisenbezogene Aussagen auftraten, die teils im direkten, teils im indirekten Zusammenhang mit den Leitfragen standen. Weil sich die Reflexionen inhaltlich um die Aspekte Verantwortung, Krise und Kommunikation rankten, ist den diesbezüglichen Aussagen in der Ergebnispräsentation auch ein eigenständiges und zusätzliches Teilkapitel mit Bezug auf Verantwortung gewidmet (Meta-Analyse). Während der Erhebungsphase geschahen außerdem die folgenden Ereignisse:

- Beurlaubung und Rehabilitation von Dr. Thomas Steg, Generalbevollmächtigter für Außenbeziehungen und Nachhaltigkeit: im Januar 2018 wurde öffentlich berichtet, dass die von BMW, Daimler und VW betriebene Europäische Forschungsvereinigung für Umwelt und Gesundheit im Transportsektor (EUGT) 2013 in den USA Stickoxid-Tests mit Primaten finanziert hatte. In der Konsequenz wurde der Top-Manager am 30. Januar 2018 beurlaubt. Eine unabhängige Prüfung ergab, dass kein pflichtwidriges Verhalten oder arbeitsrechtlich relevante Verstöße festgestellt wurden.
- BVerwG-Urteil zu Fahrverboten in deutschen Innenstädten: in seinem Urteil vom 28. Februar 2018 erklärte das Bundesverwaltungsgericht Diesel-Fahrverbote in deutschen Innenstädten für grundsätzlich zulässig. Rund um dieses Urteil wurde eine intensive Debatte um die Verantwortung dt. Automobilhersteller für eine technische Nachrüstungen alter Dieselfahrzeuge geführt.
- CEO-Wechsel und Änderungen in der Führungsstruktur des VW-Konzerns: am 12. April 2018 beschloss der Aufsichtsrat des VW-Konzerns Änderungen in der Führungsstruktur des Unternehmens. Dr. Herbert Diess folgte als Vorstandsvorsitzender auf Matthias Müller. Die personellen Veränderungen auf der Führungsebene zogen in den Folgemonaten tiefgreifende Veränderungen in der Organisationsstruktur nach sich.

Die o. g. kritischen Ereignisse schlugen sich im Einzelfall in den Reflexionen und Verantwortungsurteilen der Stakeholder nieder. Die Auflistung selbst dient dazu, dem interessierten Leser die Kontextereignisse der Erhebung näherzubringen. Bei der Interviewführung ergaben sich zudem zwei Besonderheiten. In beiden Fällen wurde entschieden aufgrund des inhaltlichen Mehrwertes der Interviews die Aussagen trotz den Abweichung von der Norm zu kodieren.

- Steuerungsprobleme: Der Geschäftsführer eines Verbandes machte sich das Interview zunutze, strategisch die eigenen Themen zu platzieren (politisches Agenda-Setting). Die starke Gesprächssteuerung durch ihn hatte eine geringe

Abdeckung der Leitfadenkategorien zu Folge. In die Kodierung flossen daher nur die von ihm konkret beantworteten Fragen ein.

- Rollendualität: Ein Stakeholder wurde als ein Vertreter aus Wissenschaft und Forschung kontaktiert. Weil er neben seiner Professur eine Teilzeit-Stelle bei einem Zulieferer bekleidete, antwortete er im Interview oft aus der Perspektive eines Zulieferers. Das Interview floss dennoch in die Kodierung ein, weil seine Aussagen insgesamt überaus aufschlussreich waren.

6.2.3   Auswertungsverfahren: qualitative Inhaltsanalyse

Zwischen Erhebung und Auswertung stand die Transkription als Transformationsprozess, der aus mündlichen Aussagen textliches Sekundär- bzw. Analysematerial werden ließ. Transkribiert wurden alle die mit Tonband aufgezeichneten Aussagen der Stakeholder mit inhaltlichen Bezügen zu den Kategorien des Analysemodells. In den Transkripten wurden grammatikalische (Lesefluss), jedoch keine inhaltlichen Korrekturen vorgenommen. Unvollständige Sätze, Auslassungen und belanglose Exkurse wurden nicht transkribiert. Die Antworten wurden so anonymisiert, dass sie selbst für die Insider der Organisation nicht bzw. sehr erschwert zurückverfolgbar sind. Mit den Interviewpartnern und dem VW-Datenschutzbeauftragten wurde vereinbart, das die Namen der antwortenden Kommunikationsverantwortlichen und ihre Organisationszugehörigkeiten (Organisationsnamen) in der Auswertung anonymisiert werden (faktische Anonymisierung auf der Gruppenebene, orientiert an Medjedović & Witzel, 2010). Dieses Vorgehen hatte auch motivationale Gründe. Durch die Zusicherung von Anonymität wurde die Teilnahmebereitschaft spürbar erhöht. Die Transkription selbst folgte klar definierten Transkriptionsregeln, die sich im Anhang der Arbeit befinden.

Die Auswertung der Interviews erfolgte kategoriengeleitet. Dabei ist festzuhalten, dass es „für die Auswertung von Experteninterviews (...) (noch) kein kanonisiertes Verfahren [gibt]" (Bogner et al., 2014, S. 71). Theoretisch können alle inhaltsanalytischen (codebasierten) Auswertungsverfahren angewandt werden. Die besondere Eignung der Inhaltsanalyse für Leitfadeninterviews wurde in der Kommunikationsforschung im Allgemeinen sowie für ethische Fragestellungen zum Thema Unternehmensverantwortung im Speziellen bereits begründet (vgl. Jarolimek & Raupp, 2011; Lock & Seele, 2015). Nach einer Definition von Klaus Merten ist die Inhaltsanalyse „eine Methode zur Erhebung sozialer Wirklichkeit, bei der von Merkmalen eines manifesten Textes auf Merkmale eines nicht-manifesten Kontextes geschlossen wird" (1995, S. 59). Die kommunikationswissenschaftliche Literatur verfügt über einen breiten Kanon potentieller Analyseverfahren. Die meisten Publikationen behandeln jedoch oftmals nicht die

Analyse von Transkripten. Leitfaden-Interview-Inhaltsanalysen „messen" nämlich in erster Linie Text, zielen aber auf weitaus mehr, nämlich die Frage, wie aus manifesten Inhalten etwas über das Selbstverständnis der Macher und Funktionsweisen sozialer Phänomene geschlossen werden kann (Meyen et al., 2011, S. 139 ff.). Sie sind insofern inferenzanalytisch, weil sie das Ziel verfolgen, Rückschlüsse auf einen Kommunikator und sein Umfeld zu ziehen (diagnostischer Ansatz). Die Frage, ob auf Basis von Texten auf Selbstverständnisse und Funktionsweisen geschlossen werden kann, ist jedoch im Fach nicht unumstritten (Rössler, 2017).

Der Analysegegenstand sind in der Studie somit Vertextlichungen bereits getätigter Aussagen (sekundäre Inhaltsanalyse). Transkriptionen sind schließlich bereits eine erste Verdichtung und Reduktion von Informationen (non- und paraverbale Merkmale mündlicher Kommunikation sind z. B. nicht enthalten). Erkenntnistheoretisch liegt die Grenze des Verfahrens in der Analyse manifester, auf Selbstauskünften basierender Inhalte (Brosisus et al., 2012, S. 129 ff. und S. 143 ff.). Für die dieser Studie zugrundeliegende Inhaltsanalyse erschien aufgrund des vorhandenen Vorwissens zum Gegenstand (Theorie, Forschungsstand) eine Kombination theorie- und materialgeleiteter Kategorienbildung sinnvoll. Die Bildung der Kategorien (Codes) und die Material-Einordnung (Kodierung) erfolgten schrittweise, mit Rückbindung an das Untersuchungsmaterial. Zugleich war die Auswertung durch die Leitfaden-Kategorien grob vorstrukturiert. Im Folgenden wird deshalb von einer qualitativen Inhaltsanalyse und einer Kombination deduktiver und induktiver Auswertungsschritte gesprochen (vgl. Bogner et al., 2014, S. 71 ff.). Analyseeinheit waren die zusammenhängenden Aussagen der Stakeholder bezogen auf ihre persönliche Wahrnehmung und Einschätzung des Austausches mit Volkswagen. Um die intersubjektive Überprüfbarkeit zu verbessern, erfolgte der Kodierprozess softwaregestützt mit MAXQDA (2018). Der Prozess selbst war am vierstufigen Auswertungsmodell von Meuser und Nagel orientiert (Meuser & Nagel, 1991, S. 455 ff.; Bogner et al., 2014, S. 71 ff.). Im Vergleich zu anderen, denkbaren Auswertungsmodellen (z. B. Gläser & Laudel, 2010, S. 197 ff.) ist ihr Schema durch eine textnahe Verfeinerung der Kategorien und ein mittelkomplexes Vorgehen gekennzeichnet. Die Offenheit und Flexibilität der Kodierstrategie ist eine Stärke des Modells. Als „interpretative Auswertungs-" und „Entdeckungsstrategie" (Meuser & Nagel, 1991, S. 452 f.) zielt ihr Kodierschema darauf ab, in den Transkripten thematische Einheiten als inhaltlich zusammengehörige, jedoch über die Texte verstreute Passagen zu identifizieren und sukzessive zu verdichten. Der Ursprungstext wird durch die Kategorisierung und Zusammenfassung schrittweise auf das benötigte Abstraktionsniveau gehoben. Die erste Stufe (Paraphrase) ihres theoretischen Modells wurde allerdings mit der Begründung ausgespart, dass man erst in der Interpretationsphase merkt, wie wichtig eine Passage ist. Die Paraphase-Stufe war aber auch aus praktischen Gründen (z. B. Umfang der Textstellen reduzieren) nicht notwendig. Jede zusätzliche Verdichtung birgt am Ende auch die Gefahr von Informationsverlusten (Bogner et al, 2014, S. 78 ff.) (Tabelle 6.6).

Tabelle 6.6 Auswertungsmodell: Kodierstufen der Analyse

Kodierstufe	Idealtypische Erläuterung des Verfahrensweges
Bildung von Überschriften	Zuordnung der Textstellen zu Themenkomplexen (Überschriften bzw. Kategorienbildung); Titulierung orientiert an der Wortwahl der Interviews; Mehrere Überschriften pro Texteinheit denkbar; Vermeidung soziologischer Begriffe zwecks Offenheit für Interpretationsmöglichkeiten (erste Verdichtung zur thematische Strukturierung und Titulierung; Aufbrechen der Sequentialität des Textes; Ebene der Einzelinterviews).
Thematischer Vergleich	Suche nach vergleichbaren Textstellen über Interviews hinweg (Querlesen); Bestimmung einheitlicher Codes für übergreifende, themengleiche Passagen; Vergleich der Textstellen und Verfeinerung bzw. Vereinheitlichung der Kategorien; Auszeichnung durch metaphorische (Gegenstandsangemessenheit) und analytische Qualität (Triftigkeit, Vollständigkeit, Interne Validität) (zweite Verdichtung des Materials; Ebene der interviewübergreifenden Kodierung).
Soziologische Konzeptualisierung	Ablösung von der Terminologie und den textnahen Codes durch Bündelung und Überführung in Wissenschaftssprache (soziologische Abstraktion), d.h. „das gemeinsame im Verschiedenen wird – im Rekurs auf soziologisches Wissen – begrifflich gestaltet, d.h. in die Form einer Kategorie gegossen" (1991, S. 462); Suche nach gemeinsamen oder ähnlichen Relevanzen und Deutungen quer zu den Codes aus dem Schritt „thematischer Vergleich"; Wechsel von der Selbstbeschreibung der Experten auf die Ebene der soziologischen Fremdbeschreibung; Verallgemeinerbarkeit bleibt jedoch auf das Material beschränkt (erste, materialgebundene Abstraktion).
Theoretische Generalisierung	Einbezug von und Einordnung in soziologische Theorien; Erkennung und Beschreibung interner Zusammenhänge; Bezug zu und Konstruktion von Konzeptualisierungen; Konfrontation von Theorie und Empirie im Sinne der „Interpretation der empirisch generalisierten ‚Tatbestände'" (1991, S. 464); Ziel: Prüfung der Passung und ggf. Weiterentwicklung von theoretischen Konzepten und Deutungsmustern; Verallgemeinerbarkeit über das Material hinaus für eine der Auswahlgesamtheit ähnliche Grundgesamtheit (zweite, universelle Abstraktion und Loslösung vom Material).

6.3   Maßnahmen zur Qualitätssicherung

Während des Forschungsprozesses wurden überdies ausgewählte Maßnahmen zur Qualitätssicherung eingesetzt, die im Folgenden kurz erläutert werden. Qualitätssicherung meint den intentionalen Rückgriff auf ausgewählte und methodenspezifische Gütekriterien der sozialwissenschaftlichen Forschung. Wohl wissend, dass die Frage nach der Eignung von Gütekriterien für qualitative Studien noch nicht abschließend beantwortet ist, wurden aus der Methoden-Forschung (z. B. Steinke, 1999; Helfferich, 2005; Meyen et al., 2011; Flick, 2014) dennoch grob typische Probleme und Herausforderungen für die Erhebung und Auswertung identifiziert und darauf aufbauend einige Maßnahmen ergriffen. Einen Überblick hierzu liefert Tabelle 6.7.

Tabelle 6.7   Qualitätssicherung: Ergriffene Maßnahmen

Kriterium	Ergriffene Maßnahmen
Mögliche Verzerrung durch Anwesenheit und Interviewerverhalten (Reaktivität)	Als methodenendogenes Problem der Befragung eingeschränkt kompensierbar; Versuch der Reduktion durch gezielte Schulung der Interviewfähigkeiten des Interviewers im Rahmen eines Seminars zur qualitativen Interviewtechnik.
Objektivität verstanden als die Frage, ob zwei Forscher unabhängig voneinander zu gleichen Analyseergebnissen kommen (können)	Intersubjektive Nachzollziehbarkeit von Verfahren und Ergebnissen durch vollumfängliche Dokumentation des Forschungsprozesses: u.a. Volltranskription, Offenlegung der Kategorienbildung durch Rohdaten und Codierleitfaden, Bereitstellung der Kontaktierungshistorie und nicht-anonymisierte Daten der Interviewteilnehmer vor dem Hintergrund eines erhöhten Transparenzbedarfs.
Reliabilität verstanden als Reproduzierbarkeit der Analyseergebnisse	Teilstandardisierung der Auswertung erlaubt eine systematische und vergleichende Rekonstruktion; Offenlegung des Kodierprozess mittels der Rohdaten; Vorstrukturierung der Kategorien durch den Leitfaden (Vergleichbarkeit).

(Fortsetzung)

Tabelle 6.7   (Fortsetzung)

Kriterium	Ergriffene Maßnahmen
Interne Validität verstanden als inhaltliche Passung, Exklusivität, Trennschärfe und Vollständigkeit der Kategoriensysteme sowie einheitliches Verständnis für Interpretation und vollständige Abdeckung aller theoretisch bedeutsamen Dimensionen	Entwicklung des Kategoriensystems im Wechselspiel zwischen Theorie und Material (Iterationsprozess). Darüber hinaus dreifaches Pretesting: - Kognitives Pretesting: Anwendung von Kontroll- und Prüffragen aus der bereits bestehenden Methodenliteratur zum Leitfaden-/Experteninterview. - Kommunikatives Pretesting: Kommunikative Validierung durch Präsentation und Diskussion des Instrumentes in einem Doktorandencolloquium. - Empirisches Pretesting: Datenerhebung und Auswertung von $n = 3$ Stakeholderinterviews mit anschl. Revision der Kategorien/Leitfadenfragen.
Externe Validität verstanden als Generalisierbarkeit der Aussagen	Auswahl eines prototypischen Fallbeispiels deutscher Industrieunternehmen; Teilstandardisierung von Erhebungsinstrument und Auswertungsverfahren; jedoch auch Einschränkung aufgrund besonderer Umstände („Dieselkrise") und Spezifika des VW-Konzerns (z.B. Geschäftsmodell, Exponiertheit).
Natürlichkeit verstanden als Nähe zum Objekt und Subjekt der Untersuchung	Interviewführung im natürlichen Setting: Besuch der Interviewpartner am Arbeitsort; Kontextsensible Interviewführung; kleinere Vorabrecherchen zu Person, Status, aktueller Situation und den Themen des Stakeholders. Erzeugung von Vertrautheit durch einen lockeren Gesprächseinstieg („Smalltalk") und pers. Kennenlernen im Vorfeld der eigentlichen Interviewsituation.

Meso-Analyse: Stakeholder Management

Die folgenden vier Auswertungskapitel sind der empirischen Fallstudie gewidmet. Ausgangspunkt der Ergebnisdiskussion ist die Prämisse von der Meso-Ebene als „Scharnier" zwischen der Makro- und der Mikro-Ebene. Ziel ist eine Meso-Mikro-Makro-Analyse des Gesamtphänomens, die mit einer dem Kontext der Erhebung geschuldeten Meta-Analyse über Verantwortung und die „Dieselkrise" abgerundet wird. Mit den empirischen Befunden am Ende der jeweiligen Kapitel wird somit die erste Forschungsfrage beantwortet:

> *F1: Wie lässt sich das Stakeholder Management der Volkswagen AG Nachhaltigkeit aus einer kommunikationswissenschaftlichen Perspektive im konzeptionellen Rahmen der Verantwortungskommunikation als ein kommunikatives Phänomen ebenenübergreifend theoretisch modellieren und empirisch fundieren?*

Im Anschluss an die explorativ-deskriptiven Ergebnisdiskussionen in den Kapiteln 7 bis 10 werden die wesentlichen Erkenntnisse der Fallstudie im Schlussteil (Kapitel 11) theoretisch abstrahiert. Die Zitationen der Stakeholder-Aussagen wurde je mit der Transkript-Quelle belegt („SH" für Stakeholder; „1" für Interviewnummer 1 und das Gruppen-Kürzel: „PuV" für Politik und Verbände, „WuF" für Wissenschaft und Forschung, „NGO" für Nichtregierungsorganisationen). Die Antworten gaben wie vermutet zu erkennen, dass der Konzern und nicht die Marke primärer Interaktionspartner war. Begründet wurde dies auf Nachfrage hin mit juristischen (Accountability der Holdinggesellschaft), finanziellen (Konzern als börsennotierte, juristische Entität) und strategischen (Konzern als Steuerungseinheit für die Marken- und Regionalgesellschaften) Argumenten:

© Der/die Autor(en), exklusiv lizenziert durch Springer Fachmedien Wiesbaden GmbH, ein Teil von Springer Nature 2021
T. Lang, *Stakeholder Engagement Analyse*, AutoUni – Schriftenreihe 153,
https://doi.org/10.1007/978-3-658-33987-6_7

"I think the relationships with Volkswagen is historically also at Group-level. It is the legal entity represented. And it has always been our entry point to have discussions. To my knowledge, and I looked it up before coming here, it has always been Group-level. It has never gone down to the brand-level (…)." (SH 26, NGO)

Alle Stakeholder-Antworten sind erinnerte Wahrnehmungen und Werturteile und beziehen sich ergo auf den VW-Konzern. Dies bedeutet allerdings nicht, dass subsidiäre Entitäten kein Stakeholder Engagement betreiben. Vielmehr übernimmt die Holding bei Stakeholdern (z. B. NGOs, Verbänden) so etwas wie die Kommunikationshoheit über Untergliederungen. Der Konzern ist somit für viele Stakeholder die erste Anlaufstelle und ihr zentraler Kommunikationspartner.

7.1   Einsatz interpretativer Schemata: Stake, Stakeholder, Stakeholder Management & Corporate Sustainability

Die Befragten wurde einleitend gebeten wichtige Schlüsselbegriffe zu definieren. Mithilfe dieser Fragen wurden sie auf das Interview eingestimmt und zentrale Begriffe als interpretative Schemata der Stakeholderkommunikation ergründet.

7.1.1   Stakeholder und ihre Stakes

Bei den Begriffsbestimmungen von *Stakeholder* und *Stake* wurde vorwiegend die *Anspruchsgruppe* als deutsches Synonym genannt. Diese Übersetzung wurde jedoch auch problematisiert: „Anspruchsgruppe ist, wenn ich einen Anspruch ans Unternehmen habe. Ich kann aber auch durch Aktionen betroffen sein, auf die ich keinen Einfluss habe, aber ich habe bei mir trotzdem einen negativen Impact", bemerkte ein Interviewpartner (SH 19, WuF). Weitere Synonyme waren Interessengruppe, Meinungsmacher, Kommunikationspartner und Zielgruppe mit Erwartungshaltung. Nahezu alle Befragten versuchten den Begriff exemplarisch zu bestimmen. Ihre Beispielnennungen beinhalteten primär externe, institutionell relevante und organisierte Gruppen mit Einfluss (pos./neg.) auf das Unternehmen (Tabelle 7.1).

Tabelle 7.1 Stakeholder-Gruppen: Beispiele

Organisationsmitglieder	„Infeld" (Marktbeziehung)	„Umfeld" (Nicht-Markt)
– Mitarbeiter – Arbeitnehmer	– Kunden/Konsumenten – Zulieferer/Lieferanten – Aktionäre/Investoren – Eigentümer – Geschäftspartner – Analysten	– Gewerkschaften – Sozial- & Umweltverbände – NGOs/Politik/Staatliche Stellen – Verbraucherschutzorganisationen – Nachbarschaften der Standorte – Bürgerinitiativen – Allgemeine Öffentlichkeit

Stakeholder wurden als Individuen, Gruppen oder Organisationen verstanden. Die Mehrheit nutzte deren *Kommunikationsfähigkeit* als konstituierendes Statusmerkmal. Eine breitere Begriffsbestimmung, die die Natur oder gesellschaftliche Institutionen (Demokratie, Öffentlichkeit) umfasst, fand nicht statt. Meist verstanden die Interviewpartner unter einem Stakeholder Einzelpersonen mit klar definierter Organisationszugehörigkeit, d. h. als Sprecher von Organisationen, die eine meinungsbildenden Funktion innerhalb der Gesellschaft haben.

„Für mich sind Stakeholder Personen, aber in ihrer Funktion als Repräsentanten bestimmter Organisationen, also institutionell gestützte Personen, die jetzt im Fall von Volkswagen, die wichtig in dem Feld sind, in dem man sich bewegt und die man deswegen sogar aus eigenem Interesse in die Entscheidungsprozesse einbeziehen sollte, weil sie einem wahrscheinlich dabei helfen zum einen Fehler zu vermeiden oder zum anderen, wenn es jetzt z. B. politische Stakeholder sind, weil sie einem Knüppel zwischen die Beine legen können (...)." (SH 31, WuF)

Auf theoretischer Ebene plädierten viele der Interviewpartner für einen möglichst breiten Stakeholderbegriff. Argumentiert wurde zum Beispiel „Volkswagen macht das Auto fürs Volk. Und in dem Sinne: per Produkt macht es quasi schon jeden zum Stakeholder" (SH 8, PuV). Die Interviewgespräche offenbarten jedoch starke Diskrepanzen zwischen Theorie und Praxis. Obwohl der Begriff als „Abstraktum" (SH 15, PuV) breit interpretiert wurde, reduzierte die Mehrheit der Befragten ihre Beispiele auf kritische und organisierte Gruppen im nichtmarktlichen Umfeld des Unternehmens. Der Status wurde außerdem als eine einseitige, rechtlich nicht definierte Zuschreibung begriffen, die auf der selektiven Wahrnehmung und Priorisierung von Führungskräften beruht („Ich finde es teilweise etwas anmaßend, wenn die Unternehmen auf jemanden zugehen und ihm sagen sie sind jetzt ein Stakeholder von uns" (SH 25, NGO)). Auch klang an, dass damit Erwartungen an Informationsprivilegien und Partizipationsqualität einhergehen.

„Wir sind sicherlich ein Kommunikationspartner dabei und wir können das auch mehr werden, aber für mich ist ein Stakeholder schon – und da sind wir bei der Definition – jemand, der in einer anderen Art und Weise – die Qualität ist schwierig zu beschreiben – aber, da muss mehr sein, als einfach nur eine Kommunikationsschiene. Da muss natürlich auch eine gewisse Möglichkeit der Gestaltung von Dingen dabei sein, dann ist man Stakeholder." (SH 32, NGO)

Den Definientia der Stakeholder ließen sich darüber hinaus weitere Statuskriterien entnehmen. Dazu zählten Aspekte wie Beobachtung, Beurteilung, Beeinflussung, Betroffenheit, Interesse, Anspruch, Erwartung, Meinung, Positionierung, Kontakt, Austausch sowie ein enger Bezug zu Standort oder Strategie des Unternehmens. Tabelle 7.2 liefert einen Überblick über die am häufigsten genannten Aspekte und beinhaltet typische Beispieldefinitionen der Interviewpartner.

Tabelle 7.2 Stakeholder-Definitionen: Kriterien & Beispiele

Referenz	Statuskriterien	Beispieldefinition
Beobachtung/Beurteilung Beeinflussung (Einfluss)	– Wechselseitige, direkte oder indirekte, positive oder negative Beeinflussung. – Mehr als Kommunikation: Gestaltungsoptionen, Abhängigkeiten, starker Einfluss auf den wirtschaftlichen Erfolg oder die Reputation. – Regelmäßige Beobachtung, Beurteilung und Bewertung des Unternehmens.	„Für mich ist die bilaterale Einflussbeziehung ganz wichtig, die darin besteht, dass wir eine wechselseitige Beziehung haben, dass man sich gegenseitig beeinflussen kann, Stakeholder das Unternehmen und das Unternehmen den Stakeholder." (SH 27, WuF).
Betroffenheit (Auswirkung)	– Direkte oder indirekte, positive oder negative Betroffenheit der Stakeholder von den Entscheidungen und Maßnahmen des Unternehmens sowie Betroffenheit des Unternehmens durch die faktische, aber auch potentielle Einwirkung der Stakeholder auf Ansehen und die Wertschöpfungsketten. – Umfasst die aktive/passive Wirkungsmacht sowie Chancen/Risiken der Geschäftstätigkeit.	„Stakeholder sind all diejenigen, die vom Handeln des Unternehmens betroffen sind, oder das Handeln beeinflussen können. (…). Und zum Zweiten würde ich gerne die Gruppe der Stakeholder benennen, die in Zukunft in relativer Weise vom Handeln des Unternehmens betroffen sind, oder die – anders gesagt- die Erwartung haben, von diesem nicht geschädigt zu werden." (SH 24, WuF).

(Fortsetzung)

Tabelle 7.2 (Fortsetzung)

Referenz	Statuskriterien	Beispieldefinition
Interesse	– Interesse des Stakeholders an Entscheidungen und Themen eines Unternehmens.	"For me it is very much linked to interest, so interest in terms of a topical or an institutional interest in establishing good, solid, trustful and productive relationships (…)." (SH 10, NGO).
Anspruch & Erwartung	– Ein gegenüber dem fokalen Unternehmen Volkswagen gestellter, legitimer Anspruch. – Wechselseitige Erwartungen unterschiedlicher Härtegrade und Form (z. B. unternehmerisches Wohlverhalten, Nichtschädigung).	„Ein Stakeholder bzw. eine Stakeholdergruppe zeichnet sich für mich sehr stark dadurch aus, dass sie einen legitimen Anspruch gegenüber dem fokalen Unternehmen erheben kann." (SH 2, WuF).
Meinung & Positionierung	– Wesentliche Meinung bzw. Einfluss auf gesell. Meinungsbildung; konträre Ansichten zu einem gesellschaftsrelevanten Thema.	„Ein Stakeholder sollte eine Rolle in der Gesellschaft haben, die meinungsbildend ist." (SH 1, PuV).
Bezug zu Strategie oder Standort	– Berührungspunkt mit bzw. Impact auf Produkt oder Produktentwicklung. – Relevanz für Zielerreichung: Bezug zur Vision und Mission des Unternehmens, zum Unternehmenszweck und/oder den Standorten.	„Als Unternehmen habe ich eine Strategie. Und von dieser Strategie leiten sich natürlich Themen ab, die ich gerne diskutieren möchte. Und je nachdem, (…) habe ich natürlich andere Stakeholder, die ich manage." (SH 14, WuF).
Kontakt & Austausch (Restkategorie)	– Dauerhafte Austauschbeziehung. – Transferleistung ggü. und wechselseitige (Vertrauens-)Beziehung mit Unternehmen. – Akteure mit starker (crossektoraler) Vernetzung über diverse Bereiche hinweg.	„Dieser Anspruch [eines Stakeholders] basiert darauf, dass man in irgendeiner Art und Weise in einer Beziehung steht. Das ist ein relationales Konstrukt." (SH 2, WuF).

Alle Interviewpartner wurden im Anschluss gebeten, ihren Stake gegenüber der Volkswagen AG näher zu beschreiben. Hierbei war auffällig, dass kaum programmatische Anliegen thematisiert wurden (Beispiele: Engagement für Biodiversität, Sicherung von Beschäftigung, Dekarbonisierung). Stattdessen wurde viel über die Verquickung beruflicher und privater Anliegen gesprochen.

„Mein Stake als Wissenschaftler wäre eine kritische und wissenschaftliche Perspektive auf das Unternehmen, was ich ja in der Forschung, was auch ein Case für die Lehre ist. (…). Aber dann bin ich natürlich auch Konsument. Gut, Ich selbst habe zwar gar kein Auto, insofern fühle ich da die Stakes gar nicht so intensiv… Ich bin natürlich auch Bürgerin und Volkswagen spielt grundsätzlich eine große Rolle, auch politisch in Deutschland. Aber ich sehe jetzt meine Stakes vor allem auf der beruflichen Ebene. Und da ist es für mich eben, sind es interessante Daten." (SH 21, WuF)

Das Interesse an Volkswagen war oft oberflächlich. Im Professionellen schwangen zudem private Stakes mit. Stakes auf rein beruflichen Anliegen zu reduzieren wäre demnach ungenügend. Die Rollenvielfalt (Stakeholder als Sprecher, Kunde, Bürger, etc.) ist dem Konstrukt inhärent. Bisweilen wurde die Interaktion auch nur aus privaten Gründen oder einem Grundbedürfnis nach allgemeiner Informiertheit aufrechterhalten (SH 17, PuV). Die Vielschichtigkeit der Stakes erschwerte nicht zuletzt deren Systematisierung. Unter potentiellen Klassifikationsschemata erwies sich die Unterscheidung aktiver und passiver Stakes als praktikabel. Aktive Stakes sind härter (z. B. Forderung, Position) und passive Stakes weicher formulierte Stakeholder-Anliegen (z. B. Anregung, Empfehlung). Einen aggregierten und abstrahierten Überblick der offenen Nennungen liefert Tabelle 7.3.

Tabelle 7.3 Passive und Aktive Stakes

Passive Stakes	Aktive Stakes
– Betroffenheit durch politische oder ökonomische Abhängigkeiten von Volkswagen. – Verfügbarkeit von Volkswagen als beobachtbares und bewertbares (Forschungs-)Objekt. – Erhalt und Ausbau einer kontinuierlichen kommunikativen Beziehung mit/zu Stakeholdern.	– Gelegenheiten zur (kritischen) Meinungsäußerung. – Einbringung von Sachverstand und Expertise. – Intensivierung/Verbesserung von Kooperationen. – Interessenvertretung bzw. Positionsabstimmung. – Wissenszuwachs und Persönlichkeitsentwicklung.

Bei den passiven Stakes wurden vorwiegend finanzielle und politische *Abhängigkeit* und die damit verbundene *Betroffenheit* von Geschäftstätigkeiten genannt.

„VW ist für uns ein Kunde, ein Auftraggeber. Unser Stake ist, dass dieser Auftraggeber existiert. Wenn es unserem Auftraggeber schlecht geht, geht es früher, oder später auch uns schlecht. Wir sind ganz existentiell interessiert an der langfristigen Kontinuität und dem wirtschaftlichen Erfolg von VW." (SH 15, PuV)

An zweiter Stelle wurde die grundlegende *Verfügbarkeit von Volkswagen als ein beobachtbares und bewertbares Objekt* erwähnt (SH 7, WuF). Aufschlussreich ist die Aussage eines Wissenschaftlers, der in der Beobachtung und Bewertung ohne aktive Beteiligung seine Stakeholder-Rolle als erfüllt ansah.

> „Für mich als jemanden, der eher so ein secondary bzw. periphery Stakeholder ist, ist eine Beziehung at stake, die per Definition ein Anspruch ist. Wir müssen hier ja kein Gespräch führen. Sie müssen mir nicht zuhören und ich muss ihnen nichts erzählen. Gleichzeitig gibt es einen gewissen Wunsch nach einem Austausch, auch danach, dass die Definition der Beziehung, dass man sagt: da möchte ich ernst genommen werden. Oder da habe ich den Wunsch. Also for me at stake ist how we define our relationship. Aber das ist ein viel offener Begriff, als ihn andere Stakeholdergruppen haben. Und to define the relationship, dazu gehört für mich: we communicate, I get information, I am able to communicate information to you und daraus etwas zu entwickeln. (…). Da gibt es quasi ein Austauschinteresse, eine Möglichkeitenwolke, in der Information, Einfluss rumschweben. Und at stake ist, inwieweit es gelingt, dass gemeinsam zu identifizieren und zu realisieren." (SH 28, WuF)

Die aktiven Stakes umfassten hingegen erstens Optionen, sich durch Engagement weiterzuentwickeln. Die Interaktion wurden als Quelle der Inspiration und Mittel zum *Wissensaufbau* und zur *Persönlichkeitsentwicklung* gesehen (SH 6, WuF). An zweiter Stelle stand die Erwartung *Plattformen zur kritischen Meinungsäußerung* bereitzustellen. Dies wurde mit der Hoffnung verbunden, durch Wortbeiträge Einfluss auf die Ausrichtung von VW nehmen zu können (SH 31, WuF). Gerade den mitgliedschaftsbasierten Organisationen waren darüber hinaus *Optionen zur Meinungsbildung und -äußerung* wichtig, da ihre Existenz auf die kommunikative Verstärkung durch Volkswagen angewiesen war (SH 8, PuV). Ihre Stakes drehten sich um *Sprechhandlungen* und *Sprachbilder*. Eine Verbandsvertreterin bemerkte zum Beispiel, sie habe es interessant gefunden auf der letzten Stakeholder-Dialogveranstaltung mitzubekommen, wie Volkswagen Themen ‚frame' (SH 31, WuF). Nicht zuletzt gab es den Stake *Expertise einzubringen*. „Unser Stake wäre (…) dass wir eine evidenzbasierte Beraterfunktion übernehmen, die durch die Gesellschaft bezahlt wird", sagte ein Lehrstuhlinhaber (SH 14, WuF). Darüber hinaus wurden *Multiplikationseffekte* angesprochen. „Unsere Botschaft wird viel stärker gehört, wenn Sie durch Volkswagen-Lautsprecher gerufen wird. Das sehe ich als Stake", bemerkte ein NGO-Vertreter (SH 22, NGO). Zudem wurden der *Einfluss auf die Geschäftstätigkeiten* und *gemeinsame, proaktive Vertretung politischer Interessen* genannt. Befragte aus dem Cluster Politik und Verbände beschrieben ihren Stake diesbezüglich vorwiegend als *Positionsabstimmung*.

„Das, was wir machen sollte auch irgendwo mit Volkswagen abgestimmt sein. (…).
Und da ist unser Stake, erstmal versuchen wir, so die Logik einzunehmen, ok, wie,
wo gibt es denn Interessen, Austausch, haben wir die Infos die wir brauchen, um auch
hier in die richtige Richtung zu ziehen. (…). Insofern ist unser Stake da auch einfach
Volkswagen und unsere Interessen irgendwo zusammenzubringen, um unsere Rolle
als mitgliedergetriebene Organisation erfüllen zu können." (SH 9, PuV)

In allen Antworten dominierte die *Chancenperspektive*. Negative, risikoorientierte
Definitionen waren kaum enthalten. In erster Linie ging es den Befragten darum,
ihren Stake anhand von Interaktionsvorteilen positiv zu beschreiben. Kamen
Risiken zur Sprache, wurden sie auf Reputationsverluste bezogen (SH 14, WuF).

7.1.2   Facetten des Stakeholder Managements

Den Begriff *Stakeholder Management* assoziierten die Befragten mit einer *Out-
side-In-Perspektive* auf Unternehmen (SH 33, NGO; SH 5, NGO). Ihre Synonyme
waren Relationship und Key Account Management. Ein Respondent verwies auch
auf die *Nähe zum Issues Management* und behauptete „also wir machen ja fast
nur noch Issues Management und kein Stakeholder Management" (SH 2, WuF).
Umstritten war die Gleichsetzung von Stakeholder Management und Interessenvertretung (SH 10, NGO). Letzteres schien aus Stakeholder-Sicht zu eng, um die
Vielfalt der Aufgaben des Stakeholder Managements zum Ausdruck zu bringen.
Die Definientia wurden für eine strukturierte Diskussion in *normativ-kritische und
instrumentell-deskriptive Elemente* unterteilt (Donaldson & Preston, 1995).
    In normativ-kritischer Hinsicht ging es einerseits um Anforderungen an
die Partizipationsqualität der Stakeholder-Öffentlichkeiten. Anderseits wurden
Sollens-Erwartungen an die Wirkungen und Ergebnisse der Interaktionen formuliert (Tabelle 7.4).
    In instrumentell-deskriptiver Hinsicht wurde das Stakeholder Management
erstens neutral als Prozess der Identifikation, Priorisierung und Segmentierung
organisierter Akteursgruppen verstanden, zweitens als Prozess der kontinuierlichen Konsultation von und Kooperation mit Stakeholdern beschrieben, drittens
als Prozess der Persuasion von Meinungsführern und positiver (teilöffentlicher)
Selbstdarstellung skizziert, viertens als ein Vermittlungsprozess zur Ausbalancie-
rung konfligierender Interessen erklärt und fünftens als Prozess der Aufnahme
und internen Weitergabe externer Signale und Impulse verstanden. Stakeholder
Management wurde dabei als Prozess bzw. Instrument ("Management Tool")
innerhalb des Sustainability Managements verortet, das an ein Corporate Issues
Management gekoppelt ist. „Stakeholder Management ist in meinen Augen nicht

Tabelle 7.4 Stakeholder Management: Normativ-kritische Aspekte

Elemente	Facetten der offenen Nennungen	Beispieldefinitionen
Partizipationsqualität	In beide Richtungen Diskurs auf Augenhöhe organisieren (SH 3, NGO); Unmittelbarer, enger, ehrlicher und intensiver Dialog (SH 11, PuV); Freie und offene Meinungsäußerung ohne Barrieren (SH 14, WuF); Stakeholdern die Möglichkeit geben, ihre Agenda einzubringen (SH 19, WuF); Kommunikation in beide Richtungen organisieren, reflektieren und spiegeln (SH 23, PuV); Erwartungen aufnehmen und erfüllen, Versprechen einlösen, Vertrauen aufbauen und Konsistenz zwischen Kommunikation und Handeln herstellen (SH 24, WuF).	„Stakeholder Management soll ja irgendwo sicherstellen, dass das Unternehmen nicht im eigenen Saft schmort. Nicht im eigenen Saft schmoren, genau. Das Unternehmen soll sich als Teil einer Gesellschaft verstehen, die es aber auch kennenlernen muss." (SH 12, PuV).
Ergebnisqualität	Eine langfristige und gesellschaftliche Perspektive einnehmen (SH 3, NGO); Weiterentwicklung von Wissen und Persönlichkeit (SH 6, WuF); Allgemeinheit und Gemeinwohl im Blick behalten (SH 11, PuV); Gesellschaft verstehen und kennenlernen (SH 12, PuV); Verbindung von Gesellschaft und Führungskräften (SH 25, NGO).	„Das Stakeholder Management hat die Aufgabe für die Führungspersonen im Unternehmen den Kontakt zum Boden herzustellen, die Gesellschaft und Umwelt, in der das Unternehmen agiert, mit dem Unternehmen zu verbinden." (SH 15, PuV).

verantwortlich für die Umsetzung der Ergebnisse, sondern nur für das rein prozessuale", argumentierte zum Beispiel ein Befragter (SH 2, WuF). Soziale Beziehungsaspekte waren den Definientia ebenso inhärent wie die Aspekte Kommunikation und interorganisationale Interaktion. Stakeholder Management wurde somit in erster Linie als mesoanalytischer Begriff verstanden, der die Interaktionen von Unternehmen mit meinungsbildenden Expertenöffentlichkeiten umfasst (Tabelle 7.5).

Tabelle 7.5   Stakeholder Management: Instrumentell-deskriptive Aspekte

Elemente	Facetten der offenen Nennungen	Beispieldefinitionen
Assessment & Monitoring kritischer Gruppen	Identifikation und Priorisierung kritischer Gruppen (SH 8, PuV); Identifikation, Assessment, Beurteilung und Systematisierung der Stakeholder (SH 27, WuF); Rekrutierung relevanter Stakeholder (SH 31, WuF).	„Identifikation der Stakeholder des Unternehmens, das Assessment, oder die Beurteilung der Stakeholder, d. h. also Systematisierung, welche Stakeholder sind wichtig und welche sind unwichtig." (SH 27, WuF).
Externe Konsultation & Kooperation	Kooperationen mit verschiedenen Ebenen der Politik (SH 4, WuF); Stakeholder-Kennen und mit ihnen in den Kontakt treten (SH 8, PuV); Systematische Interaktion mit Gruppen im Umfeld (SH 9, PuV); Konsequente Einbindung von Gruppen, die ich innerhalb des Konzerns benötige (SH 19, WuF); Strategischer Austausch mit Externen (SH 21, WuF); Mittel zum Zweck, um Stakeholder einzubeziehen sowie Entscheidungen über die Formatwahl (SH 31, WuF); Einbezug repräsentativer gesellschaftlicher Institutionen (SH 11, PuV).	„(…) hat erstmal die Aufgabe für die Firma einen Vorteil herauszuziehen und Informationen zu generieren, der für die Weiterentwicklung, d. h. langfristige Ausrichtung und Zukunft der Firma entscheidend ist. Und dafür ist es natürlich notwendig, die Meinungen der einzelnen Stakeholder und ihre Ansichten anzuhören und dann im Rahmen der Moderation Widersprüche, die sich aus den Anforderungen der verschiedenen gesellschaftlichen Träger ergeben, klar herauszuarbeiten." (SH 1, PuV).
Persuasion & positive Außendarstellung	Ein positives Bild in Kreise unterhalb der allgemeinen Öffentlichkeit tragen (SH 4, WuF); Bedürfnisse gezielt eruieren und darauf eingehen, sie zufriedenstellen oder positiv beeinflussen (SH 5, NGO); Stakeholder gewogen halten oder zufriedenstellen (SH 33, NGO).	„Ich stelle mir vor, dass man damit meint, die Bedürfnisse der Stakeholder zu eruieren und darauf einzugehen. Und in einer Form, die dann die Stakeholder irgendwo positiv beeinflusst oder zufriedenstellt." (SH 5, NGO).

(Fortsetzung)

Tabelle 7.5 (Fortsetzung)

Elemente	Facetten der offenen Nennungen	Beispieldefinitionen
Mediation von Interessen, Konflikten, Erwartungen	Mediation von Meinungen (SH 1, PuV); Ziel- und Spannungskonflikte identifizieren (SH 3, NGO); Positionen einsammeln und nach Außen geben (SH 13, PuV).	"(…) is managing the mutual expectations, alignment of those expectations, discussing them, definig them and ultimately delivering on those expectations across various teams or whoever is then responsible for delivering." (SH 26, NGO).
Interne Weitergabe & Verarbeitung externer Signale/Impulse	Ideen aus verschiedenen Sektoren der Gesellschaft aufgreifen und in das Unternehmen überführen (SH 4, WuF); Erwartungen aufnehmen, bündeln und an interne Stellen weitergeben (SH 17, PuV); Ansprüche aufnehmen, verstehen, beurteilen (SH 18, PuV); Strukturierte Identifikation von Anliegen und gesellschaftlich relevanten Themen (SH 27, WuF); Bedürfnisse und Wünsche identifizieren sowie gesellschaftliche Trends und Entwicklungen erkennen (SH 30, NGO)	„Für mich sind es klassisch diese Roundtables, die es jetzt bei ihnen gab, die andere Hersteller genauso machen, die ich früher bei Daimler auch selbst organisiert habe, wo man versucht die Stakeholder an einen Tisch zu bekommen, um einerseits zu gucken, was sind denn die Bedürfnisse, oder die Wünsche, oder die Trends sozusagen." (SH 30, NGO)

Dreh- und Angelpunkt vieler Definitionen war das Spannungsverhältnis zwischen Teilhabe/Inklusion und Steuerung/Exklusion. Einige wenige Interviews boten die Gelegenheit, diesen Aspekt zu vertiefen. Stimulus des Interviewers war hier die Bitte an die Befragten, das gegenwärtige Stakeholder Management von Volkswagen in das Schemata *Management of, for oder with Stakeholders* einzuordnen.

„With ist wahrscheinlich zu viel. Also die Partizipationsrechte, die jetzt zum Beispiel der Betriebsrat bei Volkswagen hat, die haben die Stakeholders nicht. Ich glaube auch vernünftigerweise nicht. Und with ist zu stark. Of hatte ich ja schon eingeordnet, dass sie zum Teil versuchen können, Informationen zur Verfügung zu stellen. Sie können auch versuchen, diese Informationsversorgung zweiseitig zu machen, auch zu wissen, was Stakeholder für Anforderungen stellen, Meinungen haben." (SH 7, WuF).

In fast allen Aussagen fanden sich zwei entgegengesetzte Argumentationsmuster. Einerseits Instrumentalisierungsvorwürfe, die darauf fußten, dass die Einbindung durch Volkswagen bei Befragten den Eindruck erweckte, die Stakeholder würden als ein Legitimationsfaktor missbraucht. Kritik galt hier der „undemokratischen" Seite des Stakeholder Managements (Selektion, Kontrolle, Steuerung).

> „Stakeholder Management ist für mich auch ein sehr technischer Begriff, wenn man bedenkt, dass man hier auch mit Menschen zu tun hat. (…). Was ich semantisch heraus höre ist, dass Stakeholder eingehegt und gesteuert werden sollen. Ich höre aus dem Begriff nicht heraus, dass die Stakeholder hier Impulse in das Management geben, oder gemeinsam ein Unternehmen beeinflussen." (SH 12, PuV)

Auf der anderen Seite vertraten die Interviewpartner die Ansicht, die Zwänge des operativen Managements (Zeitdruck, Ressourcenmangel, Steuerungszwänge) begrenzten Partizipationsmöglichkeiten. Überdies hoben sie hervor, dass der Begriff oftmals falsch verstanden werde, denn: „Management ist an der Stelle eher auf die Unternehmen, Unternehmungsführung als planbares Steuern ausgerichtet. Wenn Sie jetzt Pressure-Groups im engeren Sinne haben, werden die sich bewusst nicht steuern lassen (…)" (SH 7, WuF). Der Zusatz *Management* war Projektionsfläche des Urkonfliktes zwischen instrumentellen Zielen und normativen Erwartungshaltungen. Ein Verbandssprecher spitzte zu: „Der Begriff Management heißt ja nicht: mach die Türen auf, dann kann hier jeder mal reinkommen und etwas rumbrüllen. Sondern das entsprechend zu gewichten. Das ist zwar undemokratisch und das hört dann vielleicht auch keiner gerne, aber zwingend notwendig" (SH 18, PuV). Jener Spannungskonflikt zwischen instrumentellen und normativen Aspekten von Stakeholder Management als Management of, for und with (external) Stakeholders ist dem Konstrukt inhärent.

7.1.3 Stakeholder Management, Corporate Sustainability und (Social) Responsibility

Nachhaltigkeit wurde von den Stakeholdern als ein Prozess, Ziel- oder Endzustand begriffen, der sich durch positive Wertschöpfung von Unternehmen einstellt (SH 32, NGO). Die Betonung der Gleichwertigkeit und Gleichrangigkeit der Trias von "People, Planet & Profits" dominierte durchgehend die Definienda.

„Also Nachhaltigkeit, da halte ich es ganz klassisch an der Triple Bottom Line orientiert. Das man sagt ok, ich habe als Unternehmen nicht nur eine Verpflichtung, eine Accountability für meine finanzielle Performance, die ich zu verbessern versuchen sollte. Und im Idealfall diese drei Dimensionen gleichzeitig bedienen zu können, da einen Fortschritt generieren zu können, das ist Nachhaltigkeit." (SH 27, WuF)

Praktisch zeigte sich bei den Detaillierungen der Themen jedoch eine Übergewichtung ökologischer und sozialer Issues. Ökonomische Issues waren vergleichsweise unterrepräsentiert. Allerdings wurde häufig auf die Zusammenhänge und Zielkonflikte innerhalb und zwischen den Dimensionen verwiesen.

„Also Nachhaltigkeit ganz klassisch definiert ist ja soziale, ökonomische und ökologische Nachhaltigkeit. So definiere ich das auch tatsächlich, als ein ganzheitliches Thema. Die drei verschwimmen ja auch an ganz vielen Stellen." (SH 22, NGO)

Eine verbreitete Fehldeutung, so die Feststellung eines Befragten, sei es zu denken man könne die Nachhaltigkeit managen: „Es geht nicht darum, die Nachhaltigkeit abstrakt zu managen. Es geht darum, nachhaltig zu managen. Und das hat mehr mit Innovation, Wertschöpfung, Strategie zu tun" (SH 6, WuF). Nachhaltigkeit wurde von den Interviewpartnern als gesellschaftspolitischer Leitbegriff verstanden, der sukzessive Eingang in Unternehmen fand. Die Automobilindustrie verwendet ihn ihrer Ansicht nach als Sprachbild für gesellschaftlich wünschenswertes Handeln. In den Interviews klang durch, dass seit der Begriffsentstehung eine Okkupierung dieses Schemas stattfand. Nachhaltigkeit, so eine Stakeholder-These, sei als terminus im Kontext gesellschaftlicher Entwicklungsfragen genesen und positiv besetzt worden. Unternehmen zielen darauf, diese positive Deutung zu übernehmen, um nach außen hin gegenüber Stakeholder-Öffentlichkeiten ihre Zukunftsfähigkeit und Gesellschaftskonformität zu demonstrieren.

„SH23: Grundsätzlich verstehe ich darunter die Dreiseitigkeit Soziales, Ökologisches, Ökonomisches. Ich bin auch einverstanden damit, dass man, um die Umsetzung vernünftig auf die Reihe zu kriegen, weil diese Austarierung nicht einfach ist (…). Ich sehe bloß, das ist nicht der einzige, aber ein Grund dafür, dass sich die Nachhaltigkeitsdebatte in eine ganz bestimmte Richtung entwickelt hat und inzwischen sehr stark von Unternehmen dominiert wird, ähnlich wie die CSR-Debatte, wo ich denke, dass das für diesen Ansatz insgesamt nicht gut ist.

TB: Eine Art betriebswirtschaftliche Instrumentalisierung?

SH23: Es besteht die Gefahr. Weil dann natürlich auch eine ganz bestimmte Sprache dazu kommt, die andere Leute ausschließt. Weil auch das, was Nachhaltigkeit am

Anfang ausgezeichnet hat, siehe Brundtland folgende, dass man die Ansicht formulieren konnte, dass nicht alles auf einer ökonomischen Interessensdurchsetzung beruht." (SH 23, PuV)

Die Befragten wurden zudem gebeten, das Verhältnis von Corporate Sustainability und Stakeholder Management zu bestimmen. Innerhalb des Sustainability Managements stand Stakeholder Management für sie für einen nach außen gewandten und inklusiven Managementansatz.

> „Um nachhaltiger sein zu können, ist ein Stakeholder Management unerlässlich, weil mich gerade die Stakeholder auf Defizite, auf Bedürfnisse hinweisen können, was die soziale und die ökologische Performance betrifft. Da tun sich ja Unternehmen häufig schwer, das einzuordnen. Im Bereich Soziales und im Bereich Ökologie ist das Stakeholder Management ein wertvolles Tool, um das überhaupt erst einmal in Erfahrung zu bringen. Bei der finanziellen Dimension ist es relativ offensichtlich, was die Stakeholder erwarten, wie jetzt Aktionäre, Anteilseigner oder andere Kapitalgeber. Da ist die Stoßrichtung ziemlich klar. Aber bei der sozialen und ökologischen Dimension, die auch beide unheimlich breit sind, da ist das Stakeholder Management auch für die Orientierung des Unternehmens ganz wichtig." (SH 27, WuF)

Sustainability Management stand aus Stakeholder-Sicht für inhaltliche (sozio-ökologische Issues) und Stakeholder Management für kommunikative Aspekte (Interaktion) einer nachhaltigen Unternehmensführung (SH 7, WuF).

> „Ich würde sagen, dass sich das Unternehmen im Nachhaltigkeits- und CSR-Diskurs als einer von vielen gesellschaftlichen Akteuren positioniert, der seine Verantwortung nur wahrnehmen kann, wenn er hört, was die anderen gesellschaftlichen Akteure für Erwartungen an das Unternehmen haben. Und deshalb steht Stakeholder Management im Kontext Nachhaltigkeitsmanagement für einen inklusiven Ansatz." (SH 12, PuV)

Unter *Corporate Responsibility* verstanden die Befragten eine weiter gefasste Verantwortung von Unternehmen für den Schutz von Mensch und Natur (vgl. die Dominanz von Ökologie und Soziales im Nachhaltigkeitskonzept). Am CSR-Begriff entzündete sich jedoch viel Kritik, die auf die falsche Übersetzung des Attributes "social" mit sozial und eine mangelnde Akteursperspektive im Konstrukt abzielten (SH 7, WuF; SH 25, NGO). Ein Großteil der Befragten verstand unter CSR zudem philanthropische Maßnahmen (z. B. Ausbau eines Freizeitheimes), also „Geld geben, Corporate Giving, Charity, Sponsoring" (SH 19, WuF). Ein eher kleiner Teil assoziierte es mit der freiwilligen Verantwortungsübernahme im Kerngeschäft des Unternehmens. Das Attribut "Responsibility" sorge, so eine

These, zudem für den (wirtschafts- und sozial)ethischen Spin der Verantwortungs-debatte (SH 9, PuV). Beiden Responsibility-Konzepten ist aus Stakeholder-Sicht die Aussöhnung des „Antagonismus zwischen Gesellschaft und Wirtschaft" (SH 2, WuF) inhärent. Ein Professor bemerkte „CR" und „CSR" befördern die fak-tische und gewünschte Einbettung eines Unternehmens in die Gesellschaft („das Unternehmen steht der Gesellschaft nicht gegenüber und versucht Interessen aus-zutarieren. Es muss sich als integraler Bestandteil der Gesellschaft begreifen. Und die Gesellschaft muss das annehmen" (SH 2, WuF)). Die Aufgabe von Stakehol-der Management wurde auch hier entlang einer inklusiven und akteurszentrierten Perspektive beschrieben.

> „(…) Wenn wir uns das moderne Verständnis von CSR anschauen, dann geht es um
> – klassische EU-Definition – die Auswirkungen auf die Gesellschaft. Das heißt um zu
> wissen, was im Bereich der CSR von mir als Unternehmen erwartet wird, muss ich
> ja meine eigene Höhlenperspektive irgendwo verlassen und muss mich den Anforde-
> rungen, die an mich gestellt werden, stellen. Und diese Fähigkeit zu erkennen, was
> von diesen Anforderungen, die an mich gestellt werden, müssen jetzt legitimerweise
> ein Bestandteil meines Kerngeschäfts werden, oder von mir bearbeitet werden, das ist
> Aufgabe des Stakeholder Managements. Das heißt, ich kann mir eine gute CSR, die
> deutlich über Spenden hinausgeht, ohne den Begriff des Stakeholders einfach nicht
> vorstellen, ohne den Begriff eines fundierten, normativen Stakeholder Managements.
> Um die Frage dann kurz zu beantworten: es ist die Basis, es ist der Kern." (SH2, WuF)

Diese Akteursperspektive, so das Fazit vieler Befragten, unterscheide Stakeholder Management letztlich von C(S)R und Sustainability. Ihnen ging es hierbei um die Betonung des synergetischen Zusammenspiels von Inhalten (Issues) und sozialen Beziehungen (Relationships). „Da wo das Stakeholder Management eine starke Akteurs-Perspektive einnimmt, muss ich mich schon sehr stark kanalisieren, um mich von der Idee freizusprechen, dass es hier nicht nur handelnde Personen gibt, oder Gruppen, die ich adressieren kann. Jetzt sprechen wir heute sehr stark über Issues. Und das geht mit CSR ganz gut einher", sagte zum Beispiel ein Professor (SH 2, WuF). Corporate (Social) Responsibility und Sustainability sind darüber hinaus aus Sicht der Stakeholder für sich alleine genommen ungenügend, um auch das strategische Eigeninteresse des VW-Konzerns (Erfolg, Selbsterhalt) aus-zudrücken. Den konzeptionellen Mehrwert des Stakeholder Management sahen sie darin, strategische und instrumentelle Aspekte im Verantwortungsdiskurs zu stärken.

> „Beim Stakeholder Management würde ich noch das konzernspezifische Eigeninter-
> esse jenseits der Responsibility sehen, also z. B. bestimmte Marktverschiebungen zu

erkennen, neue Themen zu erkennen, wie wir vorhin besprochen haben. Das kann und soll man im verantwortungsbewussten Geiste betreiben, aber das wären für mich zwei verschiedene Ebenen. (...). Weil, wenn ich über CR rede, ich persönlich, dann denke ich an sozial- und umweltpolitische Verantwortlichkeiten, auch politisch. Bei Stakeholder Management denke ich aber auch an die Weiterentwicklung des Konzerns als Unternehmen, die unternehmerische Perspektive." (SH 4, WuF)

7.1.4 Fazit: Interpretative Schemata im Stakeholder Management

Die Definitionen der Stakeholder ließen erkennen, dass es sich bei den Leitbegriffen um *juristisch unbestimmte Schemata für Fach- und Expertenöffentlichkeiten* handelte, die außerhalb ihrer Arenen einen geringen Bekanntheitsgrad hatten. Der Geltungsbereich von Begriffen wie Stakeholder, Stake und Stakeholder Management beschränkte sich auf "Special Publics" im In- und Umfeld von Unternehmen. *Stakeholder* sind weder Anspruchs- noch Interessengruppen. Der Begriff steht für sich und lebt von seiner Bedeutungsbreite. Theoretisch beschrieb er institutionell interaktionsrelevante Organisationen und deren Sprecher. In seiner praktischen Auslegung reduzierte er sich im Kontext der nachhaltigkeitsthemenorientierten Stakeholderkommunikation auf die Anliegen nichtmarktklicher Gruppen. Die Organisationszugehörigkeit dieser Sprecher war neben Informationsprivilegien und Partizipationsqualität ein Basiskriterium. Der Stakeholder-Status, im Kern eine einseitige Zuschreibung durch Führungskräfte, war an Kriterien wie Expertise, Multiplikation und Betroffenheit geknüpft. Die *Stakes* der Holder waren vielfältig. Proxies waren u. a. Beobachtung, Betroffenheit, Bewertung, Interesse, Anspruch, Erwartung, Meinung, Position, Kontakt. Stakes sind somit ein abgestufter, mehrdimensionaler Merkmalsraum, in dem sich heterogene Konstrukte befinden. Persönliche und berufliche Stakes ließen sich zudem kaum trennen. Ferner stand oft die Chancenperspektive im Fokus (Interaktionsvorteile). Stakes gegenüber Volkswagen wurde zugleich generisch formuliert. Zwar gab es durchaus auch konkrete programmatische Anliegen, in den meisten Fällen waren es aber offene Erwartungen mit wenig Konkretion und ohne Verbindlichkeit. Stakeholder als "Pressure Groups" zu begreifen, ginge ergo zu weit. Sie sind im Kontext Nachhaltigkeit und C(S)R kritische Ratgeber und Begleiter von Transformationsprozessen.

Stakeholder Management erwies sich als terminus technicus zur Beschreibung der Beziehungsebene (Akteursdimension) und Nachhaltigkeit als Kernbegriff für die Inhaltsebene (sozial-ökologische Themen) verantwortungsvoller Unternehmensführung. Normativ implizierte der Begriff Erwartungen an Partizipations-

und Ergebnisqualitäten der Interaktion. In instrumentell-deskriptiver Hinsicht waren die bestimmenden Merkmale Aspekte wie Identifikation, Priorisierung und Segmentierung kritischer Gruppen, Konsultation von und Kooperation mit Stakeholdern, Persuasion von Meinungsführern, öffentliche Selbstdarstellung und Vermittlungen an der Grenzstelle Innen-Außen. Unter dem Begriff *Nachhaltigkeit* verstanden die Stakeholder primär ökologische und soziale, sekundär ökonomische Themen. Heuristische Basis war die Triple Bottom Line (TBL). Die theoretisch postulierte Gleichwertigkeit und Gleichrangigkeit der drei Dimensionen war praktisch nicht haltbar. In jüngerer Vergangenheit, so die These eines Befragten, kam es überdies zur Okkupierung dieses Kernbegriffes durch Unternehmen. Strukturationstheoretisch gesehen handelt es sich um ein positiv besetztes, interpretatives Schema, das sich Konzerne zu eigen machen, um ihre Handlungs- und Zukunftsfähigkeit zu signalisieren bzw. prinzipielle Gesellschaftsorientierung auszuweisen. Innerhalb des Sustainability Managements beschreibt Stakeholder Management vor allem die Beziehungspflege zu kritischen und einflussreichen Teilöffentlichkeiten ("Special Publics"). Nachhaltigkeit umfasst hingegen den thematischen Rahmen dieser interorganisationalen Beziehungsmuster. Im direkten Vergleich zeigte sich ferner, dass *Corporate (Social) Responsibility* vorwiegend mit philanthropischen Aktivitäten gleichgesetzt wurde. Eine strategische Dimension oder der Bezug zum Kerngeschäft wurde dem Begriff CSR nicht zugeschrieben.

7.2 Thematische Strukturierung der Kommunikation: Sustainability Issues als Stakeholder-Themen

Im Anschluss an die Bestimmung von Schlüsselbegriffen wurden die Stakeholder gefragt, welche Nachhaltigkeitsthemen ihre Interaktionen mit der Volkswagen AG bestimmen. Diese *Sustainability Issues* der Stakeholder-Unternehmensbeziehung wurden entlang der Triple Bottom Line (TBL) strukturiert und in eine tabellarische Abbildung überführt. Die offenen Nennungen untermauerten, dass es beim Stakeholder Management im Kern um soziale und ökologische Issues geht. Die Clusterung offenbarte zudem eine theoretisch-konzeptionelle Lücke. Die drei Dimensionen der TBL reichen nicht aus, um die gesamte Bandbreite der relevanten Issues abzudecken (vgl. Abb. 7.1). Elkingtons TBL fehlte mindestens eine vierte Kategorie (deshalb hier die Ergänzung um „Plus X") für Querschnittsthemen aus Bereichen wie zum Beispiel Sustainability Management, Corporate Governance, Nachhaltige Mobilität oder Stakeholder Engagement. Aufgabe des Stakeholder Managements sei es alle Facetten der Sustainability Issues zu beleuchten.

Soziale Issues ("People")
- Beschäftigungssicherung
- Arbeitgeberattraktivität
- Arbeitszufriedenheit
- Zukunft der Arbeit
- Digitalisierung & Automatisierung
- Mitarbeiterqualifizierung
- Fähigkeiten (Skills) der Zukunft
- Achtung von Menschenrechten

Ökonomische Issues ("Profits")
- Unternehmensstrategie (Vision & Mission)
- Innovationsmanagement und Technologieführerschaft
- Nachhaltiges Investment (Socially Responsible Investment)
- Zusammenarbeit mit Wettbewerbern / strategische Allianzen mit neuen Partnern
- Elektrifizierung des Produktportfolios
- Alternative Antriebs-technologien (CNG, Brennstoffzelle)
- Digitalisierung (Konnektivität, vernetztes Fahren)
- Selbstfahrende Fahrzeug-systeme (Autonomes Fahren)

Ökologische Issues ("Planet")
- Dekarbonisierung (CO_2) als Beitrag zum Umwelt- und Klimaschutz
- Schadstoffregulierung (CO_2-Standards, Real Drive Emissions, Neue Prüf- und Testzyklen)
- (Weiter gefasste) Reduktion von Emissionen (NO_x, Abrieb)
- Lärmbelästigung
- Biodiversität, Tier- & Artenschutz
- Ressourcenschonung in der Produktion (Kreislaufwirtschaft)
- Rohstoffbeschaffung für E-Autos (Seltene Erden: Kobalt, Lithium)

Sonstige Issues ("Plus X")

Sustainability Management
- Nachhaltigkeits- bzw. CSR- Strategie
- Nachhaltigkeitsberichterstattung (inkl. Prüfungslegung)
- Transparente, saubere Lieferketten

Corporate Governance
- Besetzung von Aufsichtsrat und Vorstand

Culture, Compliance & Integrity
- Integritäts- und Wertemanagement (Ehrlichkeit, Aufrichtigkeit)
- Unternehmenskultur und Personalführungsmodell
- Responsible Lobbying (Spenden, Sponsoring, Anti-Korruption)

Stakeholder Engagement
- Rückgewinnung von Vertrauen und Glaubwürdigkeit
- Transparenz, Offenheit und gesellschaftliche Akzeptanz

Sustainable Mobility Solutions
- Neue Mobilitätsdienstleistungen (Mobility as a Service)
- Intermodale Mobilitätsangebote (Schnittstelle Pkw - ÖPNV)
- Verkehrswesen i.A. (Verkehrssicherheit, Verkehrsaufkommen)

Quelle: eigene Abbildung

Abbildung 7.1 Sustainability Issues der Stakeholder

„Einerseits natürlich Wohlfühlthemen, die nicht so konfliktträchtig sind. Die sind für alle Beteiligten angenehmer. Wenn man aber von Stakeholder-Veranstaltungen spricht, spricht man auch davon, dass eine Kontroverse entstehen sollte, in welcher Form auch immer. Dort kommt man nicht umhin auch die kritischen Themen zu beleuchten. Letzten Endes weiß jeder: die Medaille hat nicht eine, sondern immer zwei Seiten. Da ist es nur fairer, gerade auch wenn man im politischen Bereich unterwegs ist, dass man zumindest darauf hinweist, dass es eben auch mal ein paar dunklere Punkte sage ich mal gibt und nicht nur alles hell ist, was man da macht. Nur das schafft Vertrauen." (SH 20, NGO)

Im Rahmen der nichtfinanziellen Berichterstattung ermittelt die Volkswagen AG regelmäßig "Material Issues". Der Prozess, genannt Wesentlichkeitsanalyse, wird im Nachhaltigkeitsbericht jährlich detailliert erläutert. Wichtige Quellen sind zum Beispiel Branchenanalysen, Stakeholderbefragungen, Unternehmensstrategie, Expertenworkshops und Reporting-Standards. Diese Fallstudie ergab diesbezüglich: die aktuelle Handlungsfelder-Matrix (2019) erfasst nicht alle wesentlichen Issues. Zu den von Volkswagen nicht adressierten, jedoch aus Stakeholder-Sicht wesentlichen Handlungsfeldern zählten zum Beispiel Unternehmensstrategie, Nachhaltigkeitsmanagement, Technologieführerschaft, Nachhaltiges Investment, Korruptionsbekämpfung, Kulturwandel, Zukunft der Arbeit,

Sicherung von Standorten und Beschäftigung, Responsible Lobbying, Nachhaltige Mobilitätsangebote (alternative Antriebe; autonomes und vernetztes Fahren), neue Mobilitätsangebote, nachhaltige Lieferkette und bessere Kommunikation (Vertrauen, Glaubwürdigkeit, Offenheit, Transparenz). Mit Blick auf die Theoriebildung trat damit eine den Sustainability Issues inhärente Asymmetrie zutage. Theoretisch geht es um die gleichrangige und gleichwertige Betrachtung von Ökologie, Ökonomie und Soziales. Praktisch werden jedoch vorwiegend soziale und ökologische Issues genannt, denen ökonomische Issues nachgeordnet sind. Dies spricht für den Einsatz von Nachhaltigkeit als Sammelbegriff für nichtfinanzielle Themen.

7.3 Organisation von Foren: Kommunikative Berührungspunkte mit Stakeholdern

Die Interviewpartner wurden gebeten, jeweils alle aktuellen kommunikativen Berührungspunkte (Touchpoints) mit dem VW Konzern aufzuzählen. Die Frage war offen formuliert und Mehrfachnennungen zulässig. Ziel war es keine Häufigkeitszählung zu erzeugen, sondern das Spektrum der Foren zu explorieren und primäre und sekundäre Kommunikationsarenen mit Stakeholdern zu identifizieren.

7.3.1 Foren mit Präsenzbindung als Interaktionsschwerpunkt

Foren mit Präsenzbindung spielten im Stakeholder Management der Volkswagen AG eine zentrale Rolle. An erster Stelle stand das *persönliche Gespräch*. Es fand teils als zufallsgetriebene *Encounter* statt, war zumeist aber eine kleinkreisige (zwei bis fünf Teilnehmer) intentionale Begegnung. Die Gespräche waren immer vertraulich und wurden zumeist bilateral ("one-by-one": Leiter und Stakeholder; Dreiecksgespräche: Leiter, Referent, Stakeholder) geführt. Es waren nie Telefon- oder Videokonferenzen. Das geschlossene und persönliche Setting ermöglichte aus Stakeholder-Sicht ein freies Sprechen.

> „Bei mir ist es hauptsächlich ein persönlicher Austausch, sind es bilaterale Gespräche auf der Arbeitsebene mit VW-Vertretern, z. B. im Rahmen von Arbeitstreffen, informellen Treffen, am Rande einer Veranstaltung, wenn man sich da trifft, sich unterhält. Das ist für mich das Wichtigste, weil ich hier den Eindruck habe, dass ich einen direkten Draht habe. Direkt, offen und ungefiltert." (SH 15, PuV)

Der persönliche Austausch wurde in der Regel gesucht, um ungefiltert Meinungen einzufangen. Teils handelte es sich aber auch um Informationsgespräche, in denen es zum Beispiel um Unternehmensinitiativen, technische Sachfragen oder aktuelle Positionen ging (SH 1, PuV). Das Forum des *persönlichen Gespräches* wurde aufgrund seiner geringen Teilnehmeranzahl, seiner Vertraulichkeit (nichtöffentlich) und Offenheit („aus dem Nähkästchen plaudernd" (SH 15, PuV)) geschätzt. Vielfach war es ein Austausch mit kritischen Stimmen (z. B. NGOs). Neben den Sondierungs- und Informationsgesprächen wurden Beratungsgespräche erwähnt. Ein Professor sagte zum Beispiel, dass er bereits mehrfach einen Konzernvorstand beriet (SH 4, WuF). Darüber hinaus wurden High-Level-Gespräche thematisiert. Zwar war der Austausch hier auch stets direkt, persönlich und vertraulich, aufgrund der Größe (drei bis acht Personen) und Hierarchie der Teilnehmer (je die oberste Führungsebene) wurde jedoch diplomatischer gesprochen und auf offizielle Sprachregelungen zurückgegriffen. Teils existierten für diesen Gesprächstyp sogar Eigennamen (z. B. „Sherpa-Treffen" (SH 9, PuV)). Größter Mehrwert pers. Gespräche mit Volkswagen waren aus der Stakeholder-Sicht der direkte Zugang zu Entscheidungsträgern und der ungefilterte Einblick in Themen. Vor allem das „Eins-zu-Eins mit dem Vorstand" hatte hohen Stellenwert (SH 18, PuV).

Zweitwichtigster Touchpoint waren die *Anfragen*. Diese Schriftkommunikationen (z. B. Briefe an den CEO/CFO) wurden klassisch per Post oder Email gestellt und beantwortet. Im Gegensatz zum pers. Gespräch hatte diese Kommunikationsform weitaus mehr Verbindlichkeit. Die Stakeholder-Anfragen wurden in der Regel auf oberster Ebene (Geschäftsführer einer NGO) an den VW-Konzern gerichtet, der diese Stufe in seinen Antworten spiegelte (d. h. Antwortentwurf vom Fachbereich; Aussendung mit Signatur CEO). Dritter Encounter-Touchpoint waren die *Mitarbeiterbekanntschaften*. Einige Befragte sprachen hier von Freunden oder Bekannten, die bei oder für VW gearbeitet haben und sie mit Informationen versorgten. Im Gegensatz zu den bereits genannten Foren handelte es sich in diesem Fall jedoch eher um Alltags- und nicht Fachgespräche ("Small-Talk").

Unter den *Events mit Präsenzbindung* stand die *Stakeholder(Panel)-Dialogveranstaltung* an erster Stelle, eine VW-Tagesveranstaltung mit Konferenzcharakter, die den direkten Austausch zwischen ausgewählten Führungskräften beider Seiten ermöglicht. Dieses Event fand im Schnitt zweimal pro Jahr in deutschen Metropolen in der Größenordnung von 30–80 Teilnehmern statt („den direkten Austausch habe ich im Tagesgeschäft eigentlich wirklich nur über die Treffen, die wir haben. Das klassische Stakeholder Panel, der Dialog, den wir ja haben. Das ist der klassische Point of Entry" (SH 2, WuF)). Geschätzt wurde diese Dialogveranstaltung vor allem aufgrund der Unmittelbarkeit der Gesprächssituation und Breite der Informationsdarbietung (SH 7, WuF; SH 15,

PuV)). Die Kombination von Netzwerkmöglichkeiten, Information und vertraulichen Diskussionen in solchen Formaten wurden in vielen Interviews positiv hervorgehoben.

> „Ich bevorzuge dann bei den unterschiedlichen Kanälen auch lieber die Möglichkeit des direkten Gesprächs, des persönlichen Austausches, auch gerne in Foren mit anderen zusammen, weil gerade die Partizipation von vielen Leuten, die verschiedenen Gesichtspunkte können solche Prozesse wirklich bereichern und haben auch einen Nutzen für alle Beteiligten." (SH 11, PuV)

Vereinzelt wurden *Stakeholder-Workshops, -Webinare* und *-Roundtables* erwähnt (SH 29, NGO; SH 30, NGO). Bei den Veranstaltungen wurden zudem *Gremiensitzungen* genannt. Angesprochen wurden Sitzungen von Mitgliederorganisationen aus Politik und Verbänden, Fach-, Arbeits- und Steuerungskreise, Projektgruppen oder Ausschüsse, in denen Stakeholder und VW-Vertreter mitwirken (SH 13, PuV). Außerdem wurden interne Gremiensitzungen des Konzerns genannt, zu denen die Stakeholder jedoch unregelmäßig eingeladen waren. In diesen Foren ging es um die Einsteuerung von Meinungen, die Vorstellung von Projekten oder Studien mit VW-Bezug (SH 32, NGO). Außerdem nannten die Stakeholder *Gastvorträge* als einen Berührungspunkt (SH 13, PuV; SH 29, NGO). Ein viel genanntes Forum waren zudem *Veranstaltungseinladungen* (z. B. die Teilnahme an einer Ausstellung in der Konzernrepräsentanz). Umgekehrt nannten einige auch die Teilnahme von VW-Vertretern an Events (SH 15, PuV). Diese Veranstaltungen wiesen zumeist einen Hauptstadt- (Berlin) und selten einen Standort-Bezug (z. B. Wolfsburg) auf. Ähnlich verhielt es sich mit der *Teilnahme an Veranstaltungen Dritter.* Hierzu zählen die Befragten zum Beispiel Fachtagungen und Konferenzen (SH 19, WuF). Erwähnt wurde auch die *Veranstaltungsunterstützung* in Form von direkten (z. B. Konferenzsponsoring) oder indirekten Zuwendungen (z. B. Raumleihgaben) durch Volkswagen. Stakeholder-Beispiele waren hier Preisgelder und Fahrzeugleihgaben (z. B. Shuttle-Service). Ein NGO-Sprecher sagte: „und es ist ja auch gut, wenn Dritte, so wie wir die Räume mieten können, weil so kriege ich Leute zu VW, insofern ist das eine Win-Win Situation für alle Beteiligten" (SH 20, NGO). Eher selten wurden gemeinsam durchgeführte *Kooperationsveranstaltungen* genannt (SH 13, PuV). An vorletzter Stelle nannten die Befragten *Qualifizierungsangebote.* Hierzu zählten Seminare und Workshops der Stakeholder für Mitarbeiter. Nicht zuletzt wurden auch *Werksführungen* für Besuchergruppen der Stakeholder (z. B. Studierende) erwähnt (SH 2, WuF).

7.3.2 Kontrollierte Medien als zweites Standbein

In der Arena der *kontrollierten Medien* zählten die Befragten vor allem das (nicht-finanzielle) *Berichtswesen* zu ihren zentralen Berührungspunkten. Zwei Stakeholder nannten den *Geschäfts-* und neun den *Nachhaltigkeitsbericht*. Nichtfinanzielle Berichte waren vor allem NGOs und Wissenschaftsvertretern extrem wichtig. Erstere verwendeten ihn gerne als Grundlage für ihre Anfragen und Kampagnen, letztere als glaubwürdige (weil testierte) Datenbasis ihrer Forschungsprojekte.

> „Für ganz viele Studien, die ich in diesem Bereich gemacht habe, ist das [der jährliche Nachhaltigkeitsbericht] das primäre Medium gewesen. Zu sagen: ok wir machen da jetzt ein bestimmtes Verhalten bzw. eine bestimmte Ausrichtung auf Basis des Berichtes. Natürlich auch, weil man davon ausgeht, dass die Information, die man dort bekommt richtig ist, entweder testiert ist, oder weil sich das Unternehmen das nicht leisten kann, hier irgend einen Unfug reinzuschreiben." (SH 27, WuF)

Die Nachhaltigkeits-Magazinpublikation "Shift" folgte unmittelbar auf den Konzern-Nachhaltigkeitsbericht. Als flankierendes Medium soll es durch den offenen und selbstkritischen Umgang mit Themen aus einer Stakeholder-Perspektive überzeugen. Die Bewertung dieses Mediums fiel tendenziell besser aus als die beider Berichte. Letztere wurden zwar häufiger genannt, aber kritischer bewertet.

> „Und dieses Shift-Magazin, das finde ich wirklich positiv. Habe ich vorhin schon erwähnt, das finde ich durchaus aussagekräftiger und ansprechender als Ihren aktuellen Nachhaltigkeitsbericht. (…) weil es Spannungskonflikte offener thematisiert. Und der Nachhaltigkeitsbericht, den habe ich (…) zum Teil so ein bisschen als Selbstbeweihräucherung empfunden." (SH 11, PuV)

Neben der gesamten Berichterstattung (Report und Magazin) nannten Stakeholder zudem die *E-Mail-Verteilerkommunikation* von Volkswagen als zentralen Berührungspunkt. Sechs Stakeholder verwiesen in diesem Kontext auf Korrespondenzen aufgrund ihrer Mitwirkung im Volkswagen Stakeholder Panel (SH 9, PuV). Ganze 10 von 33 Befragten nannten außerdem ihre Mitgliedschaft im *Stakeholder Panel* als primären kommunikativen Berührungspunkt.

> „Ich fand eigentlich das Stakeholder Panel, das Sie da haben, klang sehr gut, auch als Austauschgremium. Es klang auch so, als wäre es ein bisschen näher dran, irgendwie interner etwas, als so die üblichen Stakeholder-Dialoge, die ja meistens von Beratungen gemanaged werden. (…). Und wenn es so ein bisschen näher am Unternehmen dran ist, wirkt es interessanter. Weil ja heutzutage, aber da spreche ich natürlich stark für

mich, ich sehr viele Einladungen zu diesen Dialogen bekomme. Das hat sich ja in den letzten Jahren verändert. Es werden eben immer mehr, heißt auch man wird als Stakeholder selektiver. Früher bin ich zu jeder Einladung gegangen, weil es interessant, etwas Neues war. Heute muss man selektiv sein, weil ich nicht jede Woche auf einen Stakeholder-Dialog gehen kann, vor allem auch nicht, wenn es mit Reisen verbunden ist. Also schaue ich, welche Stakeholder-Dialoge wirken auf mich so, dass ich das Gefühl habe, dass ich da einen Impact habe." (SH 21, WuF)

Vierter Touchpoint waren *Stakeholder-Befragungen*. Die Befragungen der Stakeholder waren zum Beispiel Audits oder Umfragen zu Nachhaltigkeitsthemen. Zu den Befragungen des VW-Konzerns zählten eine Materialitätsbefragung, Reputationsbefragung und Berichtsevaluationen. Der fünfte Stakeholder-Touchpoint waren *Newsletter*. Erwähnt wurden vorwiegend die externen Newsletter des Volkswagen Konzern-Betriebsrates und der Kommunikationsabteilung.

„Ich mache diese jährliche Befragung zum Nachhaltigkeitsbericht mit. Das zwingt mich persönlich dazu, dass ich dann auch regelmäßig das lese, wo ich in der Tendenz, weil ich grundsätzlich eher kritisch gegenüber der Automobilwerbung bin, einfach mal sehe, wie die Präsentation von Volkswagen dort diskutiert wird. Ich habe das auch so kennengelernt, dass ich es durchaus kritisch spiegeln kann und weiß jetzt nicht, was der Konzern damit macht. Aber für mich ist es jedenfalls auch eine gute Möglichkeit mich selbst zu reflektieren und zu hinterfragen." (SH 32, PuV)

Nicht minder wichtig waren *Informationsportale* wie die *Konzernhomepage* und das *Lieferantenportal*. Letzteres kam jedoch nur bei Beauftragungen zum Einsatz und ist kein Interaktionsangebot im engen Sinn. Ganz anders die Homepage. Unter dem Reiter Nachhaltigkeit fanden viele Stakeholder Informationen über das VW- Nachhaltigkeitsmanagement. *Digitale Angebote* (z. B. Social Media) *oder Instrumente der Pressearbeit* (z. B. Pressemitteilung, Broschüre) *wurden jedoch nicht erwähnt.* Diese Foren beinhaltet die Stakeholderkommunikation von Volkswagen zumindest aus Sicht der Rezipienten nicht. Sechster Touchpoint waren *Werbung und allgemeine Produktinformation*. Hierzu zählten die Interviewpartner zum Beispiel Werbebroschüren, Produktkataloge und Kundenbriefe. Ein NGO-Sprecher sprach sogar davon, er werde „von Volkswagen mit Werbemitteln umgurtet" (SH 3, NGO). Erwähnt wurden überdies *Gemeinschaftspublikationen*. Beispiele waren *Gastbeiträge* (z. B. Stakeholder-Artikel für das Betriebsrats-Magazin) oder *Interviews* der Stakeholder für das Intranet. Zu den Gemeinschaftspublikationen zählten *Positionspapiere*, die zum Beispiel mit Verbänden veröffentlicht wurden.

7.3.3   Abstrakte Medien als übergeordnetes Diskursfeld

Im Vergleich zu Encounters, Events und kontrollierten Medien spielten abstrakte Medien beim Stakeholder Management keine Rolle. Wurden sie erwähnt, reflektierten Stakeholder zumeist ihr generelles Mediennutzungsverhalten oder aber thematisierten den Einfluss der journalistischen Berichterstattung auf ihre Willens- und Meinungsbildung. Angemerkt wurde, die Stakeholder-Wahrnehmungen seien grundsätzlich stark von der Medienberichterstattung geprägt.

> „Ich glaube schon, dass der größere Teil dessen, was ich da mitkriege über die Medien läuft. Einfach auch, weil der Konzern immer wieder solche und solche Anlässe bietet nachzulesen, was ist denn da jetzt wieder abgegangen. Das kann auch mal positiv sein. Da gibt es nur leider immer wieder Fälle, wo man sich fragt: wie kann das denn jetzt schon wieder sein? Das ist also der größere Teil, den ich so mitkriege. Wie gesagt: VW ist nicht die Papierfabrik Schäufele. Über die liest man auch einfach nichts. Da könnte ich keine Informationen aus der Presse erhalten." (SH 24, WuF)

Die Frames der Medienberichterstattung prägten oftmals das Bild der Stakeholder vom Konzerns. Die Rede war von der „Überstrahlung" des VW-Image durch die negative Medienberichterstattung (SH 28, WuF). Begründet wurden die Priming-Effekte mit Volkswagens öffentlicher Exponiertheit und dem Nachrichtenwert der Krise. Ein Politik-Vertreter dazu: „Ich nutze natürlich die Presse. Also Online und Papier und habe da einen Automatismus, dass ich immer anhalte, wenn VW als Schlagwort fällt" (SH 23, PuV). Bemerkt wurde ferner, dass diese massenmediale Präsenz ein der „Dieselkrise" geschuldetes, eher deutsches Phänomen ist.

> "I know for a fact the German papers are the most critical. It is called Volkswagen-Bashing, is it not? It is probably a very reflexive and very Germanophone way, a very self-critical way of dealing with things: come on, how can a company like Volks-wagen, XYZ, how could this happen? Unverständlich und Skandal, lalalala. It goes very deep into the German culture. And the Anglo-Saxon approach is more investigative, trying to find out what happened and draw wider conclusions on is this just there or elsewhere. I don't know where the German media now stands, but there was a wider discussion whether this is just Volkswagen or not. (…). Having the luxury of reading various languages. Whenever I can read in German I do, on Saturdays I am reading the NEWS [German Newspaper]. And it is definitely a different tone." (SH 26, NGO)

Die Befragten differenzierten sehr deutlich zwischen der veröffentlichten Meinung (Published Opinion), der öffentlichen Meinung (Public Opinion) und Meinungen ihrer Organisationsmitglieder (Membership Opinion).

„Das, was in der Presse gesagt und geschrieben wird ist nicht unsere Meinung, aber es ist in der Regel in etwa die Meinung der Menschen mit denen wir direkt sprechen. Wenn wir etwas kommunizieren müssen wir es immer spiegeln an dem, was an dem gleichen Tag, eine Woche vorher in der Presse stand." (SH 15, PuV)

Gleichzeitig gaben sie zu verstehen, dass diese direkte Kommunikation unterhalb des „Öffentlichen" von Ihnen dankbar angenommen wurde, um sich durch zusätzliche und direkte Informationsquellen eine bessere Meinung bilden zu können.

„Ich sehe das, was da berichtet wird auch kritisch. Der Journalismus hat ja sehr stark an Qualität verloren. Insofern bin ich schon auch offen für das, was mir der Konzern direkt mitteilt." (SH 17, PuV)

„Der erste Schritt ist natürlich das Öffentliche, weil das oftmals am schnellsten ist. Ich versuche aber auch das relativ schnell mit Informationen, die eher aus dem Unternehmensumfeld kommen, zu spiegeln. Vor allem über den persönlichen Austausch. Ich will ja eine zweite Meinung." (SH 23, PuV)

Die Stakeholder unterschieden zwei Bereiche der Meinungsbildung: einerseits die allgemeine, durch die massenmediale Berichterstattung induzierte Öffentlichkeit, andererseits die vom Unternehmen durch direkte und exklusive Kommunikationen geschaffene Stakeholder-Expertenöffentlichkeit. In ersterer nehmen sie Meinungen und Deutungsangebote auf und entwickeln diese in letzterer gemeinsam mit ihren Peer-Gruppen weiter. So entstehen Argumente und Meinungen, mit denen sie sich und ihre Organisation im Anschluss in größeren Öffentlichkeiten kommunikativ (re)positionieren können. Ein Beispiel hierfür sind Kommentierungen von Programmen und Initiativen des Unternehmens in Pressemitteilungen, denen oftmals Dialogveranstaltungen oder Informationsgespräche vorausgehen.

„SH23: (...) Es gibt nicht so etwas, und das ist nicht nur bei Unternehmen ein Problem, dass man im Prinzip für die Fachöffentlichkeit sozusagen ein Diskursfeld stärker braucht. Verstehen Sie, was ich meine?

TB: Ich verstehe. Also für die General Public läuft das über die Medien und dann gibt es Special Publics, kritische Experten-Öffentlichkeiten, in denen Fachdiskurse stattfinden...

SH23: Genau. Darauf würde ich abzielen und das ist auch ein Problem, das ich hier im Haus immer wieder habe. Wenn ich sage ein ganz bestimmtes Thema: Verkehr ist jetzt nicht eine Kernkompetenz des SH23. Es ist Soziales, Rente, Arbeitsmarktpolitik. Ich muss darum kämpfen, wenn ich mein Vorstandsmitglied zu bestimmten Themen platzieren möchte, dann ist erstmal das Hauptargument was ist sonst noch an Nachrichtenlage, womit kommt der Vorsitzende und passt da noch eine zweite Message dahinter. Und dann muss ich mich hinten anstellen." (SH 23, PuV)

Die Stakeholderkommunikation dient somit dazu, gezielt Meinungen in Expertenöffentlichkeiten zu bilden. Diese Stakeholder-Arenen werden von *Push-Kommunikationen des Unternehmens* beherrscht, weil die Stakeholder Unternehmensbotschaften tendenziell passiv rezipieren.

„Es ist ja jetzt nicht so, dass ich händeringend nach Informationen von Volkswagen suche. Ich lasse mich eher berieseln." (SH 25, NGO).

„Da gibt es, denke ich auch eine Abstufung, was man sozusagen direkt mit Stakeholder-Vertretern und was man in der allgemeinen Öffentlichkeit macht." (SH 3, NGO)

„Da ich aber an der Schnittstelle zwischen Wirtschaft und Unternehmen arbeite und VW aus unterschiedlichen Perspektiven mehr, oder weniger nie intensiv, aber zumindest seit 20 Jahren kenne ist das Bild schon differenzierter." (SH 25, NGO)

Hauptkontaktpunkte der Stakeholder waren somit Encounters (direktes Gespräch) und Events (Dialogveranstaltung), dicht gefolgt von kontrollierten Medien als eine Begleitpublizität (Bericht, Magazin). Einige der genannten Berührungspunkte ließen sich als Institutionen oder Projekte jedoch nicht klar in das Schema einordnen. Hierzu zählten *Gastprofessuren, Stiftungslehrstühle, Forschungsprojekte* und *Mitgliedschaften in Gremien wie dem Stakeholder Panel oder Nachhaltigkeitsbeirat.* Die Interviewpartner nannten darüber hinaus *Industriepromotionen und Lehrkooperationen* als spezifische Formate für Wissenschaft und Forschung. Ein Beispiel war hier ein Studierendenprojekt, „wo es darum ging, gesellschaftliche Probleme in verschiedenen Regionen der Welt, insbesondere Mexiko und Südafrika, daraufhin zu beleuchten, ob und inwiefern sie eine Relevanz für Volkswagen haben" (SH 24, WuF). Ein zweites Beispiel war eine kooperative Seminarreihe mit Unternehmensvertretern als Gastdozenten (SH 2, WuF).

7.3.4 Fazit: Arenen und Foren im Stakeholder Management

Der Schwerpunkt des Stakeholder Managements liegt auf Encounters und Events. Ergänzend dazu werden kontrollierte Medien eingesetzt. Die Stakeholder nannten vorwiegend Foren mit Präsenzbindung (z. B. pers. Gespräch, Dialogveranstaltung) und kontrollierte Medien (z. B. Nachhaltigkeitsmagazin). Die Interviews ergaben eine *Kern-Peripherie-Struktur von Foren und Arenen*. An der ersten Stelle standen pers. Gespräche, gefolgt von Stakeholder-Dialogveranstaltungen. An dritter Stelle das Berichtswesen, insbesondere die nichtfinanzielle Publizität, dicht gefolgt von E-Mail-Verteilerkorrespondenz und Stakeholderbefragungen. Social Media (z. B. Twitter, LinkedIn) war kein Bestandteil der angebotenen bzw. genutzten Maßnahmen. Einziger digitaler Touchpoint war die Konzernhomepage. Stakeholderkommunikation findet somit in Foren und Arenen mit Präsenzbindung unterhalb der allgemein zugänglichen Öffentlichkeit statt. Unternehmen wie Volkswagen gehen mit Push-Kommunikation auf ihre Stakeholder zu. Diese verhalten sich eher passiv und erwarten auf ihre Bedürfnisse zugeschnittene Kommunikationsangebote (Themen, Formate, Tonalität). Viele Interaktionsroutinen gab es im Cluster Politik und Verbände. Der Austausch wirkte hier sehr regelmäßig und bediente sich institutionalisierter Touchpoints (z. B. Gremienarbeit, Mitgliedschaften, Positionspapiere). An zweiter Stelle stand der Austausch mit Vertretern aus Wissenschaft und Forschung. Dieser war schwächer institutionalisiert, nutzte jedoch bekannte Foren (z. B. Gastprofessur, Promotion, Lehrauftrag). Der Austausch mit NGOs (z. B. Umwelt-NGOs) schien hingegen unterentwickelt und erfolgte oftmals ad-hoc. Details siehe Abbildung 7.2. Die absoluten Häufigkeiten dienen der Illustration und sind nicht repräsentativ.

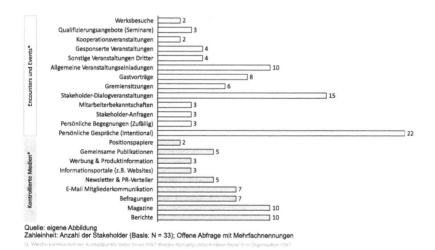

Quelle: eigene Abbildung
Zahleinheit: Anzahl der Stakeholder (Basis: N = 33); Offene Abfrage mit Mehrfachnennungen

Abbildung 7.2   Kommunikative Berührungspunkte der Stakeholder

## 7.4	Personelle Begleitung: Position & Rolle der VW-Sprecher

Die Stakeholder wurden gefragt, mit welchen VW-Sprechern sie interagierten und wo sie deren Position in der Linie (Aufbauorganisation) verorteten. Grundlage der Auswertung sind die faktischen Positionen der aus Datenschutzgründen anonymisierten Namensnennungen der Führungskräfte. Im Anschluss an die hierarchische Verortung wurden die Befragten gebeten, die Rolle des Stakeholder-Sprechers von VW, mit dem sie primär im Austausch standen, näher zu beschreiben. Der zweite Stimulus zielte auf die Exploration von Rollenprofil und Rollenerwartungen des Sprechers ab. Bewertungsobjekt war jeweils der Leiter Konzern Nachhaltigkeit. Die Aussagen selbst oszillieren zwischen Erwartungen an die Rolle (Idealbilder) und faktischen Rollenhandlungen (Realbilder im Sinne der ausgefüllten Rolle).

### 7.4.1	Hierarchien und Funktionen der VW-Stakeholder-Sprecher

Primärer Stakeholder-Kontakt waren Sprecher aus dem oberen Managementkreis (OMK). Über- und nachgeordnete Ebenen waren seltener involviert. Lediglich ein Befragter erinnerte sich an direkte Kommunikation mit dem CEO. Fünf verwiesen jedoch auf dessen zentrale symbolische Rolle als oberster Sprecher des VW-Konzerns. Faktisch fand der Austausch meist ein bis zwei Ebenen unterhalb des Top-Managementkreises (TMK) statt (TMK als erste Hierarchieebene unter dem Vorstand, gefolgt von OMK, MMK und Arbeitsebene). Aus der Stakeholder-Sicht lag dies an den begrenzten Verfügbarkeiten („die haben andere Dinge zu tun"; SH 14, WuF) und der eingeschränkten Aussagefähigkeit des TMKs bei Fachthemen (SH 6, WuF). Als ersten Kontakt unterhalb des CEO nannten neun von 33 Befragte den Generalbevollmächtigten für Außenbeziehungen. Über diese zwei Top-Manager hinaus wurden keine weiteren Sprecherkontakte auf der Ebene des TMK genannt. Fanden direkte Kontakte statt, trafen Stakeholder-Repräsentanten meist auf ihren hierarchisch äquivalenten Ansprechpartner ganz getreu dem Prinzip „Ebene trifft auf Ebene" (SH 13, PuV). Der TMK-Kontakt wurde allgemein als eher distanziert beschrieben und angedeutet, er finde zumeist nur in größeren Foren statt (SH 20, NGO). Die meisten Nennungen fielen in dem Cluster Oberer-Management-Kreis (OMK). 31 von 33 Befragte beschrieben hier den Leiter Nachhaltigkeit als ihren primären Stakeholder-Kontakt ("for the moment, the main interlock that we have is PERSON, the head of sustainability management. In the recent past we haven't really been below and above that" (SH 26, NGO)).

Für die Stakeholder ist er das „Gesicht" (SH 2, WuF) der nichtmarktlichen Stakeholderbeziehungen. Sehr aufschlussreich war zudem, dass er als Sprecher in öffentlichen Kommunikationen aus Stakeholder-Sicht kaum stattfand.

> „Für mich war es ein bisschen aus dieser schwachen persönlichen Bekanntschaft heraus PERSON, wobei ich mich da immer gefragt habe, wieso man ihn in der Öffentlichkeit nicht so sehr wahrgenommen hat. Ich hatte zumindest nicht den Eindruck, dass er, aufgrund der doch gewichtigen Funktion, dass er das sehr stark kommuniziert. (…). Es ist eher so ein bisschen unterm Radar geblieben." (SH 27, WuF)

Auffällig war zweitens, dass nahezu keine Kontakte aus der Kommunikationsabteilung genannt wurden. Daraus ließ sich schließen, dass Stakeholder Management bei Volkswagen in erster Linie nicht von Kommunikationsfunktionen betrieben wird („Leute, die die Kommunikation von Volkswagen im engeren Sinne, z. B. der Chef der Kommunikation, die nehme ich überhaupt nicht als Sprecher für Nachhaltigkeit wahr" (SH 12, PuV)). Mit großem Abstand folgten Ansprechpartner aus angrenzenden Fachabteilungen sowie dem Betriebsrat. Zu den sonstigen Sprecherkontakten zählten Leiter aus den Bereichen Konzernforschung Umwelt und Beschaffung Nachhaltigkeit. Erst an vierter Stelle stand die Konzernkommunikation. Fünfter Kontakt nach Häufigkeit war der Betriebsrat.

Zu den Kontaktpersonen auf Ebene des Mittleren-Management-Kreises (MMK) zählten die Stakeholder je Fachverantwortliche aus den Bereichen Nachhaltigkeit und Außenbeziehungen. Im Bereich Nachhaltigkeit war dies der Leiter Berichterstattung. Im Bereich Außenbeziehungen wurden Leiter aus den Abteilungen politische Kommunikation und der Konzernrepräsentanz in Berlin genannt. Dieser Bereich verantwortet unter anderem das politische Lobbying. Auffällig war drittens, dass selten Kontakte auf der Arbeitsebene (Angestellte im Tarifbereich) genannt wurden. Der Stakeholder-Austausch mit den Sprechern von Volkswagen schien insgesamt vorwiegend hierarchisch organisiert zu sein.

> „Ja, das waren die für mich wahrnehmbaren Sprecher bzw. Menschen beim VW-Konzern. Und wenn ich die besucht habe, war jetzt nicht vorne irgendwie ein Großraumbüro mit 20 Leuten. Wenn ich die Kollegen bei BMW besuche, dann stellen die alle vor und man hat plötzlich 25 bis 30 Leute um sich und geht danach Essen. Da kann man spüren, dass da etwas dahinter steckt. Vielleicht ist das im VW-Konzern ähnlich, aber mir wurden diese Personen nie vorgestellt. Im VW-Konzern ist das Hierarchie-denken scheinbar anders. Die Leute gibt es bestimmt, die werden aber halt nicht vorstellt, weil jetzt ist der Chef wichtig und nicht der Mitarbeiter." (SH 19, WuF)

Einige Stakeholder sahen in der starken Management-Orientierung aber auch den Vorteil, ihr Feedback direkt und top-down in den Konzern hineintragen zu können (SH 24, WuF). Bisweilen war den Befragten die hierarchische Stellung ihrer VW-Kontakte auch egal („da bin ich eigentlich flexibel, solange diese Ebene am Ende dann auch Entscheidungen treffen kann, oder weiß, wer sie treffen kann" (SH 21, WuF)). In Teilen äußerten sie den Wunsch, Volkswagen solle die Arbeitsebene mit einbeziehen (SH 15, PuV; SH 21, WuF). Ein zweiter Kritikpunkt betraf den prinzipiellen Mangel an weiblichen Sprechern (SH 8, PuV). Die Kommunikation mit Volkswagen wurde als von Männern dominiert wahrgenommen. Das Set der Sprecher blieb aus Stakeholder-Sicht über die Jahre hinweg stabil. Daraus lässt sich ableiten, dass Stakeholder Management von erfahrenen Sprechern und personeller Konstanz lebt. „Ich habe jetzt nicht so ein gutes Namensgedächtnis, aber ich weiß, dass es da eine handvoll Leute gibt, die regelmäßig in diversen Arenen und Foren für Volkswagen unterwegs sind", bemerkte ein Stakeholder (SH 11, PuV). Üblicherweise waren es erfahrene Manager, die den Stakeholdern gegenüber auftraten. Mit den Worten der Interviewpartner „sehr reife Personen", für die galt „die haben den Hintern in der Hose und sagen: pass auf, das gefällt dir nicht, ist aber so" (SH 18, PuV). Die Stakeholder-Sprecher verfügten aus Sicht der Stakeholder im Allgemeinen über viel Kommunikationserfahrung, lange Betriebszugehörigkeit und gutes Standing in ihrer Expertenöffentlichkeit (SH 25, NGO). Das oberste Management übernahm die Federführung bei den Stakeholder-Kontakten und der Leiter Nachhaltigkeit war in der Regel "Key Account" der Interviewpartner. Für die Sprecherkontakte ergab sich bei n = 33 Interviews die Häufigkeitsverteilung in Abbildung 7.3. Die Daten dienen der Illustration und sind nicht repräsentativ.

7.4.2 Rollenzuschreibungen an die VW-Stakeholder-Sprecher

Als Primäraufgabe des VW-Stakeholder-Sprechers wurde in erster Linie genannt, er müsse Unternehmensthemen für Außenstehende greifbar machen.

> „Für mich ist er derjenige, der das Thema Nachhaltigkeit in Volkswagen für Außenstehende erlebbar machen muss. Er muss derjenige sein, der mir ein Gefühl dafür gibt, was VW umtreibt und womit sich das Unternehmen glaubhaft beschäftigt. (...). Und er soll es, ja das ist so die Metapher, die mir gerade in den Sinn kommt, für mich erlebbar und sprachfähig machen." (SH 2, WuF)

Thematisiert wurde, dass der Sprecher den Stakeholdern ein holistisches Bild der aktuellen Lage des Konzerns vermitteln muss, welches über punktuelle Eindrücke

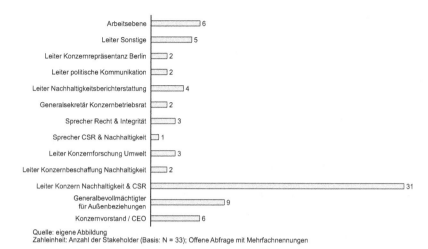

Quelle: eigene Abbildung
Zahleinheit: Anzahl der Stakeholder (Basis: N = 33); Offene Abfrage mit Mehrfachnennungen

Abbildung 7.3 VW-Sprecherkontakte nach Betriebsfunktionen

hinausgeht. „Er muss mir ein Bild vermitteln können, wofür VW steht, wohin es sich bewegen soll. Das bedarf einer Stelle, wo man sehr viel Zugang zu Wissen hat und ein sehr gutes Gesamtbild prägen kann", bemerkte ein Stakeholder (SH 2, WuF). Für die Stakeholder nimmt der Sprecher ihre Impulse auf und spielt sie dem TMK weiter. Dazu gehört die Fähigkeit, Diskrepanzen frühzeitig zu erkennen und Handlungsgrenzen für die strategische Programmplanung auszuloten.

> „Es ist meine Hoffnung, dass sie selbst eine visionäre Rolle einnehmen. Dass sie aufgrund ihrer Nähe zum Vorstand auch Ideen vorschlagen können, die visionär sind und beratende Funktion für den Vorstand einnehmen. Dass sie gleichzeitig auch in der Organisation verankert sind, sodass sie Strömungen intern aufnehmen können. Dass sie sagen, ok da brennts oder da gibt es Diskrepanzen, die sollte man diskutieren. Weil sie das Unternehmen gut kennen, wissen sie auch, wie weit man gehen kann und wo man vielleicht in schwieriges Fahrwasser kommt." (SH 6, WuF)

Der VW-Sprecher leistet Vermittlungsarbeit an der Schnittstelle Innen-Außen. Als „Grenzgänger" (SH 6, WuF) sondiert er Signale aus der Stakeholder-Umwelt.

> „Sie sind Grenzgänger nach innen, aber auch nach außen. Und wenn sie geschickt sind, nehmen sie von außen gute Ideen auf. Sie sollten sehr offen sein, nicht wertend. Nicht, wenn einer sagt, VW sollte Gasantrieb machen, das haben wir schon 10mal

durchdiskutiert, brauchen wir nicht. Sondern okay, da sollte ich nochmal überlegen. Wertschätzend, Respekt, Augenhöhe, das sind so ganz wichtige Sachen." (SH6, WuF)

Er ist sich dabei bewusst, dass er als „Gesicht" des Konzerns fungiert und zentrale Projektionsfläche für die Stakeholder-Erwartungen bleibt.

„Das ist natürlich so, dass in so einem Unternehmen, was als große neutrale Masse steht, nehme ich am Ende nur die Person wahr, die ich kenne. Und für die ich dann Verantwortungszuschreibungen überhaupt vornehmen kann. Und da ist er dann halt eines der Gesichter, die für dieses Thema stehen." (SH 7, WuF)

Unterstellt wurde darüber hinaus fachliche Expertise und Kommunikationserfahrung. Der VW-Stakeholder-Sprecher sei tolerant, sympathisch und glaubwürdig. Indem er Spannungskonflikte offen anspreche und selbstkritisch auftrete, distanziere er sich vom Pressesprecher bzw. "Public Relations Officer" (SH 21, WuF).

„Die [Stakeholder-Sprecher] sprechen viel häufiger über Challenges und nicht Probleme, weil sie wissen, es kann im Moment auch keiner besser machen. Die sind viel ehrlicher und sagen, was sind gerade die Management-Herausforderungen, was machen wir vielleicht noch nicht so gut, sollten wir noch besser machen. (…). Gerade die CSR-Leute können ja sehr vorsichtig sein, trauen sich überhaupt nicht, über etwas zu reden und man hat das Gefühl, die sind eher so PR-Leute, kommen häufig ja auch aus dem Kommunikationsbereich, und erzählen immer nur, dass im Unternehmen alles super ist. Und das ist nicht der Fall." (SH 21, WuF)

Prägnante Metaphern waren diesbezüglich die des „Brückenbauers" (SH 24, WuF) und "Boundary-Spanners" (SH 28, WuF). Der (ideale) Stakeholder-Sprecher kann gut zuhören. Er nimmt Signale auf, gibt sie intern weiter und ist in der Lage, Konzernpositionen zu erläutern. Einfühlen ist eine tragende Säule seiner Akzeptanz.

„Das wichtigste ist wahrscheinlich ein Brückenbauer. Was bedeutet: Zuhören können. Das ist eine der wichtigsten, auch durchaus herausforderndsten Aufgaben, das mitzubekommen, was interessiert hier eigentlich. Und das aber auch aufnehmen können, zurückspielen können. Zu sagen: also gut, unsere Position ist aber so und so und aus dem und dem Grund. Und jetzt gucken wir, wie wir da eine Brücke bauen, oder gemeinsamen Grund schaffen, auf dem wir dann andere Sachen aufbauen können (…). Diese verschiedenen Verständnisse, die es gibt, versuchen zusammenzubringen und das man sagt: ich kann einerseits die Position des Unternehmens vertreten, bin mir aber bewusst, dass sie in manchen Punkten von der Position eines BUND, oder VDI, oder wie auch immer abweichen wird. Oder die der Presse." (SH 24, WuF)

Als „Vermittler des Guten oder nicht so Guten" (SH 1, PuV) transportiert er Botschaften in beide Richtungen. Weil er auch in Foren der Stakeholder auftritt, kann er der Führung seines Unternehmens einen kritischen Spiegel vorhalten.

> „Er muss nahbar sein. Er muss greifbar sein, er muss präsent sein, er muss sich zeigen. Er darf den Dialog nicht scheuen, auch den kritischen nicht. Und in seinem Auftreten ist es tatsächlich auch so, ich fand es wirklich gut, wie er es gemacht hat, denn dieses differenzierte Wahrnehmen an Zwischentönen. Nicht auf eine glatte Unternehmensposition sich zurückziehen, sondern auch das Mandat haben, zu sprechen und sich konziliant zu zeigen und zu sagen: ja, das können wir besser machen, ohne Frage, da habe ich keine bessere Antwort drauf. Und da greift Amt und Persönlichkeit an dieser Stelle ineinander und zwar in Extremform. Das ist aber der oberste Stakeholder Manager, die Managerin, das ist die Aufgabe und die Rolle wie er und sie sie wahrnehmen soll. Also Inside-Out-Outside-In. Diese Schnittstellenfunktion." (SH 8, PuV)

Die Stakeholder erwarten keine Entscheidungs- sondern Vermittlungskompetenz. Er „muss wirklich dazu in der Lage sein, diese Wünsche und Rückmeldungen der Stakeholder, wenn es sein muss bis zur Vorstandsebene zu transportieren", so ein Befragter (SH 11, PuV). Es geht darum, dass er Meinungen zu kritischen Themen auslotet, einfängt und an interne Entscheidungsträger zurückspiegelt.

> „Also der Sprecher, der diese Rolle einnimmt und diese Themen im Unternehmen bearbeitet, der spricht in der Regel nicht mit Gretchen auf der Straße, sondern mit einer kritischen Fachöffentlichkeit. Das sind Leute, jetzt grob gesagt, die wissen, woher der Hase läuft und denen kann man und muss man auch kein X für ein U vormachen. Das bedeutet, ich muss dort nicht eine Maske der Unternehmenskommunikation aufsetzen, sondern in meinem Verständnis sind es Schnellboote, die auch auf einer Vertrauensbasis kritische Themen ausloten können und auch müssen. Sie haben dafür ein Mandat des Unternehmens, aber ehrlich gesagt, finde ich auch, es gehört zur Aufgabe dieser Sprecher, auch einmal dieses Mandat zu verlassen und aufgrund ihrer Persönlichkeit oder mit ihrer Persönlichkeit auch einen Schritt weiterzugehen und Dinge zu testen. Testballons, Brücken zwischen den Welten bauen, auch einmal Grenzen übertreten, das Unternehmen herausfordern, Grenzen zu übertreten." (SH 12, PuV)

Nach innen berät er Vorstand und Management. Seine Aufgabe ist insofern durch und durch politisch. Im Gegensatz zum Lobbyisten tritt er aber nicht als Advokat auf. Er wirkt vielmehr als „Berater" und „Vermittler" (SH 13, PuV). Gute rhetorische Fähigkeiten sind für diese Schnittstellenarbeit unerlässlich. Der Sprecher ist zudem um Neutralität bemüht, verhält sich am Ende aber doch parteiisch, weil er der Position des VW-Konzerns verpflichtet ist. Ein Politikvertreter argumentierte diesbezüglich, er greife externe Meinungen auf und gebe ihnen einen "Spin", indem er aufzeige, was Volkswagen täte, passe zu dem, was die Gesellschaft vom Unternehmen fordere (SH 15, PuV). Indem er externen Druck und Anforderungen sondiert, versucht er intern als ein "Change Agent" (SH 3, NGO) Themen zu treiben. Er nutze seinen Aussagenspielraum und schöpfe ihn aus (SH 5, NGO). Ein NGO-Vertreter sagte: „er darf nicht alles sagen, was er weiß. Er darf aber auch wesentliche Dinge nicht verschweigen und schon gar nicht die Unwahrheit sagen" (SH 20, NGO). Sein Auftreten wirke stets „reflektiert" und „transparent" (SH 22, NGO). Er dresche, so die Meinung eines NGO-Sprechers, keine PR-Phrasen nach dem Motto, er wolle jetzt alle davon überzeugen, dass alles in Ordnung ist, sondern offeriere Dialog und Teilhabe. Für Außenstehende sei er das Ventil für Kritik am Fehlverhalten des Unternehmens, sei er ein „Blitzableiter" (SH 29, NGO).

„Er ist die Gallionsfigur, das Symbol da draußen. Ein bisschen so wie der 'dont shoot the Messenger'. Er wird nicht anders können als sein Gesicht hinzuhalten", sagte ein Verbandssprecher (SH 18, PuV). Der VW-Sprecher ist überdies in vielen Themenfeldern zu Hause und antwortet als ein Generalist (SH 17, PuV). Er zeige nüchterne Offenheit, beschönige nicht, suche den proaktiven Umgang mit Feedback und liefere argumentativ Begründungen für Auslassungen (SH 2, WuF). Positiv bewertet wurden außerdem seine Qualitäten als Mediator (SH 8, PuV). Der Sprecher könne zwischen den Zeilen lesen (SH 13, PuV) und sei gut im „Zuhören, Moderieren, Empathie für den anderen zeigen, Verstehen was die Position ist und wie man ihm vielleicht entgegenkommen kann" (SH 30, NGO). „Das ist, glaube ich, ein ganz entscheidender Punkt. Ist da ein Kanal offen, oder ist da kein Kanal offen. Und die Botschaft von SPRECHER, und das ist eine sehr zentrale Botschaft, ist für mich: egal, wo diese Person genau hängt und wie einflussreich sie ist, ist da ist immer ein Kanal offen", attestierte ein NGO-Vertreter (SH 32, NGO). Das gleiche gilt für sein Auftreten. Er wurde als „nahbar", „greifbar" und „präsent" (SH 10, WuF; SH 8, PuV) beschrieben, wirkte „zugänglich" (SH 20, NGO), strahlte „Fachkompetenz" und „Zuverlässigkeit" aus (SH 33, NGO).

7.4.3 Fazit: Stakeholder-Sprecher im Stakeholder Management

Mit Blick auf die Position und Funktion der VW-Sprecher lässt sich konkludieren: Ansprechpartner aus klassischen Kommunikationsfunktionen (Konzernkommunikation) traten kaum in Erscheinung. In erster Linie waren es Leiter aus

Fachfunktionen, die den Stakeholder-Kontakt pflegten, bei Volkswagen nament-
lich aus den Bereichen der Außenbeziehungen und Nachhaltigkeit. Daraus lässt
sich schließen: Stakeholder Management wird bei Volkswagen aus Sicht der
Stakeholder (aber auch faktisch) nicht von der Konzernkommunikation verantwortet. Unter dem Radar der allgemeinen Öffentlichkeit pflegen die Stabsstellen
den direkten Austausch mit Expertenöffentlichkeiten und Meinungsführern. Kom-
munikationsstäbe arbeiten bestenfalls flankierend. Diese Stellen verantworten
einen direkten Austausch mit Expertenöffentlichkeiten ("Special Publics") und die
Konzernkommunikation die allgemeine Presse- und Öffentlichkeitsarbeit ("General Publics"). In hierarchischer Hinsicht waren die Sprecher aus dem OMK
die Hauptkontaktpunkte der Stakeholder. Im TMK wurden nur der CEO und
der Generalbevollmächtigte genannt. Der Kontakt mit dem CEO war sehr selten und nur wenigen Stakeholdern vorbehalten. Er fungiert als Gallionsfigur des
Stakeholder-Dialoges (Personifizierungseffekt). Gleiches gilt für den Generalbevollmächtigten. Er trat in erster Linie bei hochrangigen Kontakten und in größeren
Foren in Erscheinung. Stakeholder Key Account war der Leiter Nachhaltigkeit.
Die Involvierung des MMK erfolgte vereinzelt, zumeist bei gewissen Fachthemen. Die Rollen- und Funktionsbeschreibungen des Leiters Nachhaltigkeit zielten
unter dem Strich auf seine Qualitäten als Intermediär ab. Das erklärt, weshalb
kommunikative Fähigkeiten stark im Fokus standen. Nucleus der Beschreibungen waren die Rollen „Brückenbauer" und „Grenzgänger". Bemerkenswert
war ferner, dass die Befragten den Sprecher nicht als Advokaten („Lobbyisten"), sondern als einen Berater bis Vermittler ansahen. Genau hier wurde die
Grenze zur politischen Interessenvertretung deutlich. Theoretisch besteht die
Aufgabe des Stakeholder-Sprechers darin, wechselseitig die Botschaften an der
Grenze spezifischer Teilsysteme zu transportieren. Sektorkopplungen und Kultur-
konflikte zwischen Wirtschaft, Politik, Wissenschaft und Zivilgesellschaft sind
quasi sein Tagesgeschäft. Diese Sprecherrolle ist durchaus anspruchsvoll. Das
Kompetenzprofil geht über "Public Relations Professionals" und öffentliche Spre-
cherfunktionen (Pressesprecher) hinaus. Abstrahiert lässt sich die Rolle gut mit
der Beherrschung komplexer Kommunikationen beschreiben. Der Umgang mit
Konflikten, Widersprüchen und Kontroversen im Hinblick auf schwierige Fachthemen aus den Bereichen Mobilität, Umwelt und Nachhaltigkeit zeichnet das
Profil inhaltlich aus. Exemplarisch hierfür ist die nachfolgende Aussage eines
Sprechers aus dem Cluster Politik und Verbände.

„[Aufgabe des Sprechers ist es] komplexe Kommunikation zu beherrschen. Komplexe
Dinge so darstellen zu können, dass man, da geht es noch gar nicht mal in erster Linie
darum, komplexe Zusammenhänge einfach und allgemeinverständlich zu formulieren,

sondern eine Kommunikation zu beherrschen, in der auch Kontroversen, Widersprüche nicht einfach weggeredet werden, oder marketing-mäßig gut überdeckt werden, sondern wo es tatsächlich darum geht, wie können wir es so diskutieren, dass am Ende für das Unternehmen etwas Vernünftiges dabei rauskommt und man sich nicht aufgeblasen fühlt, wenn man da rausgeht." (SH 23, PuV)

7.5 Aufwendung allokativer Ressourcen: Budget, Personal, Hierarchie

Alle Stakeholder wurden offen nach ihrer Einschätzung des mit dem Stakeholder Management direkt verbundenen, allokativen Ressourceneinsatzes des VW-Konzerns gefragt. Im Fokus standen die Ressourcen Budget, Personal und Hierarchie.

7.5.1 Einsatz von Budget und Personal

Beim Budgeteinsatz taten sich die Befragten schwer, qualifizierte Schätzungen abzugeben. Nur etwa ein Drittel nannte Zahlen. Die Interviewpartner schätzten hier mehrheitlich, dass die Aufwendungen des VW-Konzerns für das nichtmarktliche Stakeholder Management insgesamt exklusive Personalkosten 500.000 bis 3 Millionen Euro jährlich betragen. Bei den Schätzungen gab es einige Ausreißer, die bei „unter 200.000" und „5 bis 10 Millionen Euro" lagen. Die Antworten ließen außerdem erkennen, dass in den Schätzungen Eigenleistungen Fremdleistungen überwogen, einige Tätigkeiten jedoch outgesourct werden (z. B. Event Management). NGOs taten sich als Stakeholder-Cluster insgesamt deutlich schwerer, Aufwände zu schätzen. Aufschlussreich ist dieses Antwortmuster, da NGO-Sprecher dem Konzern einerseits enorme ökonomische Potenz(en) zuschrieben, andererseits kaum dazu in der Lage waren, konkrete Ressourcenschätzungen abzugegeben.

Die zweite Frage zielte auf die Schätzung des allgemeinen Personalaufwandes ab. Schätzeinheit waren Vollzeitstellen (sog. Full-Time-Equivalents, FTEs) in der Nachhaltigkeitsabteilung, in der Stakeholder das Stakeholder Management mehrheitlich verorteten. Zwei Drittel der Befragten gaben Schätzungen ab. Davon schätzen zwei Drittel einen einstelligen Anteil FTEs (1–9 FTEs). Der Großteil dieser Teilmenge vermutete hier unter fünf FTEs, einschließlich einer Führungskraft. Etwa ein Drittel schätzte einen niedrigen zweistelligen Wert (10–20 FTE). Zwei Stakeholder schätzen die Personalstärke auf über 21 FTEs. Im Schnitt ergab sich hier eine durchschnittlich geschätzte Personalstärke von 10 FTEs. Einige Inter-viewpartner gaben jedoch zu verstehen, dass Kopfzahlen (sog. "Headcounts") überbewertet werden; „Ich schätze bei Ihnen sind es unter zehn Personen. Ich denke, wenn ich meine Studenten hier frage, dann kommen die bestimmt auf höhere Werte. Weil man ja weiß, das sind Hunderttausende, die da bei Volks-wagen arbeiten" (SH 2, WuF). Von den zwei Dritteln, die Schätzungen abgaben, argumentierte ein Viertel mit Zuordnungsproblemen. Ihrer Ansicht nach ist für Außenstehende keine Trennung zu angrenzenden Fachbereichen (z. B. Inves-tor Relations) erkennbar, weshalb der Headcount nicht beziffert werden kann. Zudem wurde argumentiert, dass neben der Personalstärke der Zentrale auch das internationale Netzwerk der Liaison Offices einbezogen werden müsse. Für dieses erweiterte Personalmodell von Zentrale und Zweigstellen wurden ca. 50 FTEs geschätzt (SH 30, NGO). Drei Interviewpartner verwiesen auf die kom-plexe Multi-Level-Governance des VW-Konzerns (d. h. Konzern steuert Marken, Marken steuern Regionen und Standorte). Sie vermuteten mehrere hundert Ange-stellte weltweit, die sich Vollzeit mit Nachhaltigkeit und Stakeholder Management beschäftigten. Es wurde aber auch argumentiert, Headcounts seien kein gutes Maß für den Wirkungsgrad der Abteilung. „Was bringt es, wenn man 80 FTE hat, wenn die für sich ihre eigene autopoietische Schließung in der Nachhaltigkeitswelt fei-ern und quasi unternehmensinterne Umwelt sind und nur Rauschen für den Rest des Konzerns produzieren", spitzte ein Wissenschafts-Vertreter zu (SH 28, WuF).

7.5.2   Einsatz von Hierarchie

Ergänzend zum Budget- und Personaleinsatz wurden die Stakeholder gebeten, ihre Einschätzung des Einsatzes von Hierarchie als Organisationsressource abzugeben. Festgemacht wurde diese Einstufung an der interne Aufhängung des Leiters Nach-haltigkeit als deren Hauptkontaktpunkt. Zwei Drittel aller Befragten gaben Schät-zungen ab. Ihre Urteile gründeten auf pers. Interaktionen mit Führungskräften sowie Wettbewerbsvergleichen. Die Stakeholder gaben allgemein zu verstehen, dass sie Volkswagen als hierarchisches Unternehmen wahrnehmen. Den Leiter Nachhaltigkeit verorteten sie majoritär in einer Stabsstelle unterhalb des CEOs. Geschätzt wurden ein bis zwei Zwischenebenen und eine direkte Berichtslinie an selbigen. Diese enge Anbindung sei eine „Minimalnotwendigkeit" (SH 7, WuF).

„Je höher, je mehr auch entschieden werden kann von einer Person, zu der man in den Kontakt kommt, umso qualitativ wertvoller ist der Dialog für uns. Wenn man das Gefühl bekommt als NGO man redet jetzt hier mit denselben drei, vier Leuten,

wo Sie sagten, die persönliche und direkte Beziehungen ist gut, aber wenn man das
Gefühl bekommt, da sind zwei Leute jetzt dafür abgestellt, um den NGO-Sektor zu
bespaßen, aber die Musik geht woanders ab, dann fühlt man sich relativ schnell nicht
gut aufgehoben. (…). D.h. in so einer Stakeholderkommunikation ist diese Ableitung
in Richtung Entscheidungsprozesse, egal wo sie dann am Ende gefällt werden, eine
ganz wichtige Komponente." (SH 32, NGO)

Als Ressource schien Hierarchie vor allem dann wichtig, wenn Stakeholder auch
Advocacy-Ziele verfolgten. Die Cluster Politik und Verbände sowie NGOs maßen
Hierarchie prinzipiell eine höhere Bedeutung bei, als Vertreter des Wissenschafts-
betriebs. Behauptet wurde ein hoher Rang des Sprechers sei nötig, um den Zugang
zu internationalen Gesprächsarenen offenzuhalten.

„Wenn Sie jetzt das UN Global Compact Private Sector Dinner nehmen. Jemand der
nicht mindestens Top-Management-Rang hat, würde dort nie eingeladen und das heißt
auch nicht gehört werden. Es gibt gewisse organisatorische Zwänge, die es erfordern,
dass der oberste Sprecher für den Stakeholder Dialog mit den dementsprechenden
Schulterklappen ausgezeichnet ist. Reden wir über ein Panel der Heinrich-Böll-
Stiftung zum Thema Corporate Responsibility geht es vielmehr um die Fähigkeiten
der einzelnen Personen, vollkommen unabhängig von deren Rang." (SH 8, PuV)

Der Sprecher sei hoch aufgehangen, habe im VW-Konzern jedoch begrenzten
Einfluss auf Entscheidungen, war ein gängiges Fazit. Daraus lässt sich schließen, dass die hohe hierarchische Stellung einen funktionalen (Zugang zu Arenen)
und symbolischen (Einfluss) Hintergrund hat, sich aber nicht in faktischer Ent-
scheidungsgewalt wiederspiegelt. Dies kumulierte in dem Vorwurf, VW stelle
einen „Frühstücks-Direktor" (SH 18, PuV) bereit, der keinen Einfluss habe. Aus
Stakeholder-Sicht war dies an der Positionierung in Gesprächsrunden erkennbar.

„Ich würde sagen SPRECHER steht wahrscheinlich hoch in der Hierarchie, aber hat
praktisch wahrscheinlich relativ wenig zu sagen. (…). Das würde ich ganz konkret
daran sehen, dass SPRECHER in diesen Roundtables immer ganz alleine saß und
SPRECHER in der Mitte saß und dann hinter ihm zwei Leute, neben ihm zwei Leute,
die ihn beraten haben. Es ist also auch Positionierung im Gespräch." (SH 30, NGO)

Einige Stakeholder betonten jedoch, dass sich die Wirksamkeit der Arbeit des
Stakeholder-Sprechers nicht an seiner hierarchischen Aufhängung ablesen lasse.

„Ich glaube nicht, dass es zwingend ist, dass derjenige extrem hoch aufgehangen ist.
Das Unternehmen, das ich gut kenne ist STAKEHOLDER. Kennen Sie SPRECHER?

Er ist der Außenminister der STAKEHOLDER zum Thema Nachhaltigkeit. Und auch derjenige, der in Punkto Stakeholder-Dialog viel macht. Er hat den Rang eines Gruppenleiters. Er hat zwei, drei, vier Hierarchieebenen über sich in punkto Nachhaltigkeit. Und trotzdem, ob Sie in New York sind, ob Sie in Brüssel sind, oder ob Sie in Berlin unterwegs sind, er ist der Name der genannt wird, wenn es um den Stakeholder-Dialog der STAKEHOLDER geht. (…). Muss diese Person zwingend die höchstmögliche hierarchische Aufhängung haben? Würde ich nicht unterschreiben, denn ich kenne ein Beispiel, wo es anders ist." (SH 8, PuV)

Die Betonung des Aspektes lässt einmal mehr vermuten, dass es bei Stakeholder Management vorwiegend nicht um politisches Lobbying, sondern um Programmgestaltung und Vermittlungsleistungen geht. Viel wichtiger als Hierarchie war den Stakeholdern, dass ihnen zugehört wird, ihre Anliegen aufgenommen werden und sie intern an Entscheidungsträger weitervermittelt werden.

„Es ist mir wichtig, jemanden zu haben, an den ich mich wenden kann, der meine Dinge wahrnimmt und der unsere Forschung kennt und Potential ableiten kann und das an entsprechender Stelle überführt. Ob das nun im Top-Management-Bereich ist, oder SPRECHER, das ist für mich an dieser Stelle eigentlich eher von sekundärer Bedeutung. Es muss nur wahrgenommen werden (…)." (SH 10, WuF)

7.5.3   Fazit: Allokative Ressourcen im Stakeholder Management

Bei der Beschreibung der allokativen Ressourcen fielen häufig die Adjektive „professionell" (SH 9, PuV) und „überschaubar" (SH 2, WuF; SH 9, PuV). Relativ zur Unternehmensgröße und im direkten Vergleich zu den Wettbewerbern wurde dem VW-Konzern ein vergleichsweise geringer Ressourceneinsatz attestiert. Ein Stakeholder verwies auf die Notwendigkeit der Unterscheidung eines engeren und weiteren Verständnisses von Stakeholder Management. Für die Einbindung von Mitarbeitern durch Human Resources oder die Kommunikation mit Kunden durch Vertrieb und Marketing wende Volkswagen viele Ressourcen auf. Das Engagement nichtmarktklicher Stakeholder sei dagegen unterentwickelt (SH 15, PuV).

„Als ich versucht habe, mehr Einblick in die Praxis zu gewinnen, habe ich erstmal erfahren, wie wenige Ressourcen man dort reinsteckt. (…). Es gibt sicherlich Unternehmen, die im Verhältnis einen weitaus größeren Anteil darauf entfallen lassen als Volkswagen." (SH 2, WuF)

„Für das normale Geschäft habe ich den Eindruck, dass die Kollegen da den Pfennig schon ziemlich umdrehen müssen und es auch nicht leicht haben, für ihre Belange auf Anhieb die Unterstützung zu bekommen. Ich denke, es könnte mehr getan werden, um es mal kurz auszudrücken. (…). Ich glaube, da ist einfach nicht genügend Budget da." (SH 33, NGO)

Zusammenfassend: Im Allgemeinen waren die Stakeholder der Ansicht, dass der Ressourcenaufwand im Stakeholder Management überschaubar ist. Über alle Antworten hinweg ergab sich als Deutungsmuster professionell, aber unterbesetzt und unterfinanziert. Die Antworten bezogen sich hier auf das in dieser Arbeit vertretene, engere Verständnis von Stakeholder Management als Beziehungspflege zu Expertenöffentlichkeiten mit Bezug auf Sustainability Issues. Der Budgetaufwand wurde im Schnitt bei 500.000 bis 3 Millionen Euro p.a. vermutet. NGOs taten sich mit Schätzungen am schwersten. Vermutet wird, dass ihre kritische Distanz gegenüber Volkswagen dazu führt, dass sie dem Unternehmen zwar viel Potenz zuschreiben, jedoch kaum Einblicke haben und deshalb realitätsfremder schätzen. Der Personalaufwand wurde auf etwa 10 FTEs in der Zentrale geschätzt. Die Schätzungen bezogen sich auf die Stärke der Abteilung Nachhaltigkeit, in der das Stakeholder Management als eine Stelle verortet wurde. Im internationalen Modell (Zentrale und Zweigstellen) lagen die Schätzungen hier im Schnitt bei 50 FTEs. Der Aufwand von Hierarchie wurde an der internen Aufhängung des Leiters Nachhaltigkeit festgemacht. Die Befragten verorteten diesen in einer Stabsstelle ein bis zwei Stufen unterhalb des CEO mit direkter Berichtslinie an Selbigen. Die hohe Stellung begründeten sie mit der hierarchischen Unternehmenskultur, funktionalen (Zugang zu Arenen) und symbolischen (Suggestion von Einfluss) Faktoren. Insgesamt nahmen die Stakeholder Volkswagen als ein stark hierarchisches Unternehmen war, dass für nichtmarktliches Stakeholder Management in einem vergleichsweise geringem Umfang allokative Ressourcen mobilisiert.

7.6   Kommunikationsorganisation: Strukturen & Prozesse

Um mehr über die interne Organisation des Stakeholder Management zu erfahren, wurden die Interviewpartner gefragt, was sie über interne Strukturen und Prozesse für Stakeholder Management bei Volkswagen wissen. Im Anschluss daran wurden sie gebeten, das interne Organisationsmodell aus ihrer Erinnerung an Informationen von Volkswagen diesbezüglich zu beschreiben. Dies geschah, um das Steuerungsmodell der Funktion aus der Außensicht zu ergründen.

7.6.1 Stakeholder-Einblicke in die Organisation und ihre Abläufe

Etwa ein Drittel der Stakeholder gab zu verstehen, dass sie über gute Einblicke in den VW-Konzern verfügen. „Mein Einblick in Volkswagen ist nicht schlecht, aber er ist nicht so, dass ich mich aufspielen könnte", sagte ein Politikvertreter (SH 16, PuV). Zwei Drittel gaben an, über wenig bis keine Einblicke zu verfügen. Befragte mit viel Einblick begründeten diesen mit Organigrammen (SH 7, WuF) oder durch Unternehmenspublizität bereitgestellten Informationen über Managementsysteme (SH 31, WuF)). Darüber hinaus wurden langjährige Partnerschaften („wir sind schon seit 2013 zusammen in der Kooperation. (…). Da kann man schon eine ganze Menge Wissen anhäufen" (SH 33, NGO)) und persönliche Arbeitserfahrungen in Großkonzernen angeführt (SH 30, NGO). Fast allen Aussagen war das Deutungsmuster einer hohen organisationalen Komplexität inhärent („das ist eine riesen Organisation. Ein Tanker (…)" (SH 16, PuV)). Mit dieser Komplexität assoziierten die Befragten meist ein hohes Maß an Bürokratie (SH 5, NGO). Häufig interagierten Stakeholder mit VW-Sprechern, die sich selbst kaum kannten bzw. unter denen es keinen routinierten Austausch gab (SH 22, NGO). Dies spricht für Silo-Kultur und an offiziellen Berichtslinien orientierte Kommunikationswege. Unter den zwei Dritteln, die wenig bis keinen Einblick hatten, fiel mehrfach die Metapher "Black-Box" (SH 27, WuF). VW, so die These, habe es bis zur „Dieselkrise" geschafft, weitgehend verschlossen zu bleiben. Erst der Skandal habe eine Öffnung nach außen erzwungen (SH 27, WuF). Ein zweiter Interviewpartner relativierte, Informationen über die interne Organisation seien öffentlich zugänglich und zum Beispiel in Berichten einsehbar, er habe jedoch noch nie aktiv nach ihnen gesucht (SH 27, WuF). Die Wahrnehmung der Volkswagen AG als komplexe und weitgehend undurchsichtige Großorganisation erklärt die herausragende Bedeutung von Sprecher-Kontakten und dem Umstand, dass Einige anmerkten, interne Strukturen und Prozesse seien für sie weitgehend irrelevant (SH 14 & SH 28, WuF; SH 15, PuV).

„Es gibt für mich zwei interessante Schienen. Die eine ist, wenn man einen interessanten, bilateralen Austausch mit eher technischen Leuten hat, die einem eine ehrliche inhaltliche Rückmeldung zu Studien z. B. geben können. (…) aber dafür brauche ich die Struktur nicht wissen, dafür muss ich nur wissen, kennt sich die Person mit dem Thema aus (…). Die andere Schiene wäre Einfluss. Wenn man sich jetzt die Hoffnung macht und sagt: wenn wir mit den richtigen Leuten im Konzern sprechen, können wir deren Mindset ändern. Dafür wäre es dann wichtig zu wissen, ob die Person tatsächlich Einfluss hat. Und dafür müsste man natürlich wissen, wie jetzt die Struktur ist." (SH 30, NGO)

Aus der Stakeholder-Sicht ist Stakeholder Management über eine einzige Stelle in der Nachhaltigkeitsabteilung organisiert, die eine „Zuarbeit von Fachabteilungen und kompetenten Betrieben, Funktionsbereichen bekommt" (SH 11, PuV). Einige Tätigkeiten werden an Dienstleister ausgelagert (z. B. Erstellung Nachhaltigkeitsberichte) (SH 5, NGO). Stakeholder Management wird aus Stakeholder-Sicht von einer Stabsstelle gesteuert, die sehr „hoch angebunden", „schon sehr wichtig" ist (SH 14, WuF) und im Querschnitt strategische Themen steuert. Neben der kleinen, schlagkräftigen Abteilung attestierten Stakeholder einen prinzipiellen „Mangel interner Governance" (SH 29, NGO). Sie sahen zudem die Gefahr, dass Stakeholder Management aufgrund der fehlenden Rückkopplungen an Strategie und Kerngeschäft als eine „PR- oder Greenwashing"-Maßnahmen erscheinen (SH 12, PuV). Die Stakeholder vermuteten die Aufhängung der Einheit direkt an der Unternehmensleitung in den Bereichen Strategie, Compliance oder Kommunikation (SH8, PuV; SH 21, WuF; SH 28, WuF). Verwiesen wurde auf gängige Organisationsmodelle anderer Unternehmen mit direkter Berichtslinie an den CEO. Diese Anbindung ist aus Stakeholder-Sicht schwach, jedoch vorhanden und maßgeblich für den Erfolg ihrer Aktivitäten (SH 8, PuV; SH 21 & SH 27, WuF). Die faktische Verortung der Abteilung in den Konzern Außenbeziehungen (bis etwa Mitte 2018) und anschließend in der Einheit Konzern Strategie (ab Mitte 2018) deckt sich mit ihren Einschätzungen. Eine potentielle Aufhängung in der Kommunikation sahen sie kritisch. Aus Stakeholder-Sicht dürfe das Thema nicht kommunikativ angegangen werden, sondern müsse immer strategisch ausgerichtet werden. Als zentrale Herausforderungen benannten die Stakeholder die mangelnde Weisungsbefugnis dieser Stabsstelle gegenüber nachgeordneten Ebenen (SH 12, PuV) und den hohen Abstraktionsgrad der von ihr gesteuerten Themen (SH 7, WuF).

„Wenn Sie es typischerweise machen, wie ein Unternehmen es in dieser Größe macht, dann würde man sagen: Es ist eine Stabsstelle unterhalb des Vorstandes. Manchmal ist es aber auch klassisch gewachsen und dann hängen sie am Marketing bzw. an der Kommunikation dran. Ich wage schon immer zu sagen, Unternehmen, die es gut machen, die es ernsthaft machen, die es umfassend machen, die machen es als Stabsstelle unterhalb des Vorstandes, nicht innerhalb des Marketings." (SH 27, WuF)

„Eine Frage ist immer: Wo ist die [Abteilung] aufgehangen? Bei der Deutschen Bank hängt sie komplett in der Kommunikation und so sieht dann auch die Arbeit aus. (…) Ganz wesentlich ist die Ernsthaftigkeit. Und die hängt eng damit zusammen, wo berichtet die Abteilung hin. Ich habe auch keinen Grund auf eine Kommunikationsabteilung zu schimpfen, aber wenn das Thema der Kommunikation untergeordnet ist, kann es gar so strategisch nicht sein. Weil wenn man ehrlich ist: Die sind auch nicht unbedingt so aufgestellt, dass sie die Strategen vor dem Herrn sind." (SH 18, PuV)

Ein Befrager sah die Hauptaufgabe der Einheit darin, Transformationsprozesse zu begleiten. Die Einbindung externer Stakeholder diene dazu, dieses Change Management zu betreiben und zu legitimieren (SH 6 PuV). Nachhaltigkeitsmanagement wurde als themengetriebener Steuerungsprozess beschrieben, bei dem die Inhaltsebene (Sustainability Issues) von der Beziehungsebene (Stakeholder Management) flankiert werden muss. Ein Stakeholder aus der Wissenschaft behauptete, es gehe vor allem darum, außerhalb des VW-Konzerns Schnittstellen zu bespielen. Die Nachhaltigkeitsabteilung agiert als Polyp, der sich der Stakeholder-Issues annehme und sie in den Konzern hineindiffundieren lasse, bis diese ins operative Geschäft runtersedimentieren (SH 28, WuF). Ihre Mitarbeiter sind "Liaison Officer" und vermitteln zwischen der Innenwelt ("Inside-Out") und Außenwelt ("Outside-In") (SH 26, NGO). Die Funktion nimmt Impulse auf (Stakeholder Management), gibt diese weiter und lanciert auf diese Weise im Unternehmen gesellschaftlich erwünschte Programme und strategische Initiativen. Bei der Thematisierung interner Abläufe ging es in erster Linie um die Routinen des Engagements. Der Geschäftsführer eines politischen Spitzenverbandes schilderte zum Beispiel, dass es bisher keinen Regelprozess zur Beantwortung externer Anfragen gebe und die Organisationseinheit solche Prozesse steuere (SH 16, PuV).

Entgegen der hierarchischen Firmenkultur machte das Stakeholder Management vielfach den Eindruck es sei dezentral organisiert. Auf Konzern-Ebene unterstellten die Stakeholder eine gut funktionierende „Scharnierfunktion" zwischen Fachbereichen, deren Durchgriff aber schwach ist (SH 2, WuF). Ein Interviewpartner behauptete zum Beispiel, seine Kontakte seien Mitarbeiter, die sich untereinander nicht kannten, vielleicht voneinander gehört haben, aber in der Arbeitswelt nicht verbunden sind (SH 4, WuF). Trotzdem wurde der Zentrale in Wolfsburg die Steuerungshoheit zugesprochen. Aus der Stakeholder-Sicht ist es „eine Abteilung, die da die Feder führt. Mit einem Direktor, Bereichsleiter, der direkt an den Vorstand berichtet" (SH 6, WuF). Zu den Kernleistungen dieser Einheit zählte ein Stakeholder "influence, exchange, dialogue, capture, lead, feed, inform or whatever issues you can find around your own internal stakeholder management" (SH 26, NGO). Unklar schien jedoch, wie das Verhältnis zu den subsidiären Einheiten ausgestaltet ist. Hier wurden unterschiedliche Szenarien beschrieben.

"There is two theories to it. There is this theory of you throw a lot of resources behind the sustainability coordination function, manpower, outside expertise, etc. That is one theory, to strengthen this for making the group more muscle. The other theory is you keep it lean, but then develop a lot of equity by putting money into a network, seeing the stuff progress on the brand level." (SH 26, NGO)

Die Stakeholder vermuteten eine schwache Steuerung und lose Abstimmung. Die Zweigstellen verfügen aus ihrer Sicht über viel Autonomie und agieren losgelöst von der Zentrale. Die Funktionen werden zwar teils von den Marken und Regionen „gespiegelt" (SH 2, WuF), diese agieren als Satelliten, die in einer hierarchischen Dachstruktur zusammengeführt werden, traditionell starke Marken haben jedoch eigene Organisationsmodelle (SH 14, WuF). Der Umstand wurde als spezifisches Modell der Subsidiarität im VW-Konzern deklariert (SH 28, WuF).

"I sense there is the desire to build one or two ambitious things at central level that would then trickle down to the brands. It is about being on the forefront of the debate again versus rather. I know that doesn't fit with sustainability, but it is about catching up with all the sustainability and perception challenges and to place one or two flags to say: this is something that Volkswagen Group is doing, followed by its brands and implemented by its brands." (SH 26, NGO)

Dieses komplexe Governance-Netzwerk erschwert es der Zentrale aus ihrer Sicht, Koordinationsaufgaben wahrzunehmen. Gründe hierfür sind z. B. kulturelle Unterschiede, räumliche Distanzen, aber auch konfligierende persönliche Agenden.

"In the end of the day, what can a coordination function do vs. what do the brands do. This is a big internal discussion. How do you coordinate the different levels. (…). It is not the people complexity, but the complexity of very strong brands underneath the group level and above. (…). At the end of the day this is – at least for what I discussed with SPEAKER – this is a huge challenge. The challenge of alignment, a common language, a joint ambition, that the independent brands feel like they're part of a bigger ambition. (…). You have to bring everybody along without giving the feeling that you are leading. Of course you are just nudging. It is a very difficult task. (…). It is always great to say: a central function has a lot of influence. But you know, if you sit in LOCATION and others are in LOCATION that makes it hard. Also for us. At the end of the day, a lot gets lost in translation, but also in traffic." (SH 26, NGO)

7.6.2   Fazit: Organisationsmodell im Stakeholder Management

Ein Drittel der Stakeholder verfügte über gute, zwei Drittel über wenige bis keine Einblicke in den VW-Konzern. Grundlage der externen Einschätzungen waren Organigramme, Briefing-Unterlagen, Kooperations- oder Arbeitserfahrungen. Zentrale erklärende Bedingung war die organisationale Komplexität des Konzerns. Für Stakeholder ist es einerseits die Größe, die Volkswagen intransparent wirken lässt, anderseits die historische Verschlossenheit des Konzerns. Interne Strukturen sind komplex, Prozesse träge und wenig transparent. Es wurde angenommen, dass in Silo-Manier mit Kommunikation entlang offizieller Berichtslinien gearbeitet wird. Funktionseinheiten traten oftmals isoliert voneinander in den Dialog mit externen Stakeholdern. Weil die Stakeholder interne Strukturen und Prozesse nicht durchblickten, verließen sie sich auf die ihnen bekannten Sprecher als Ankerpunkte. Die interne Organisation wirkte personen-, nicht prozessgetrieben. Strukturell wurde Stakeholder Management als eine Stelle in der Nachhaltigkeitsabteilung verortet. Diese Organisationseinheit operiert als Schnittstelle zwischen den Fachbereichen und steuert im Querschnitt netzwerkartig subsidiäre Einheiten. Als Stabsstelle verfügt sie über eine direkte Berichtslinie an den CEO und Aufhängung in der Strategie (vormals Außenbeziehungen). Ihre (potentielle) Aufhängung in der Kommunikation wurde kritisch gesehen. Aus Stakeholder-Sicht bestand dabei die Gefahr, das Stakeholder Engagement kommunikationsgetrieben zu betreiben. Herausforderungen waren die mangelnde Weisungsbefugnis der Zentrale und der hohe Abstraktionsgrad ihrer Issues. Change-Management betreiben Nachhaltigkeitsabteilungen durch ihre Arbeit als Grenzstelle (sogen. Outside-in-Inside-out-Funktion), indem sie Stakeholder-Impulse aufnehmen und intern in Programme oder Projekte überführen bzw. Ideen von oben in den Konzern diffundieren lassen. Der Eindruck von einer mangelnden Durchsetzungskraft der Zentrale war jedoch weit verbreitet.

7.7 Normenkontrolle: Erfolgsbegriffe und -kontrollen

Alle Stakeholder wurden gefragt, wann Stakeholder Management aus ihrer Sicht erfolgreich ist. Ziel war es ihre Verständnisse von und Kriterien für eine gelungene Stakeholderkommunikation zu ermitteln. Im Anschluss daran wurde gefragt, welche Verfahren bzw. Instrumente der Erfolgskontrolle der VW-Konzern aus ihrer Sicht gegenwärtig für seine Stakeholderkommunikation einsetzt.

7.7.1 Erfolgsbegriffe und -kriterien der Stakeholder

Ein Befragter merkte an, dass seine Beurteilung auf zwei Ebenen stattfinde. Eine sei die der Kommunikation, die andere die der Ergebnisse. Er denke vom Ende her und stelle die Ergebnisse in den Vordergrund (SH 15, PuV). Eine zweite Aussage unterstrich sein Erfolgsverständnis. Basisvoraussetzung war aus der Stakeholder-Sicht, dass ein Kontakt zustande kommt, indem Gespräche geführt werden und ein weiteres Erfolgskriterium, dass Veränderungen sichtbar werden. Es reiche nicht aus, Gelegenheiten zu schaffen, um Kritik, Wünsche und Unmut loszuwerden (SH 11, PuV). Betont wurde aber auch, man erwarte als Stakeholder keine umfassenden Mitbestimmungsrechte. Prioritär ging es darum, Gehör zu finden.

> „Ich würde nicht erwarten – und ich glaube das tun die wenigsten Stakeholder, dass man die Anliegen, die man hat, auch vollständig umgesetzt haben möchte. Ich glaube das ist nicht die Erwartungshaltung, die hier existiert. Weil ein Unternehmen ist – und ich glaube dieser Realitätssinn ist bei allen vorhanden – eben keine basisdemokratische Veranstaltung. Ich erwarte als Stakeholder nicht, dass ich in einer Art Volksabstimmung befragt werde und dann macht das Unternehmen das, was die Mehrheit der Stimmen bekommen hat. Diese Erwartungshaltung ist nicht da. Ich möchte als Stakeholder aber die Gewissheit haben, das Unternehmen hat versucht, mein Anliegen, mein Interesse zu identifizieren und hat sich damit beschäftigt (…)." (SH 27, WuF)

Der Erfolg wurde als eine mehrstufige Wirkungskette beschrieben. Im Mittelpunkt standen zumeist der offene Austausch, sichtbare Reflexion und Change-Prozesse.

> „Sie war erfolgreich, wenn bei der Stakeholder-Identifikation keine wichtigen Gruppen übergangen worden sind und man das Gefühl hat, die relevanten Akteure konnten sich erstmal alle einbringen. Dann bei der Kommunikation, dass man das Gefühl hat, was die Gruppen zu sagen haben, ist auch angekommen. Und das umgekehrt bei den Gruppen ein besseres Verständnis von Volkswagen da ist. Weil, es ist ja so, eine Wirkungskette, die man im Kopf hat, wo immer nur der nächste Schritt erfolgreich sein kann, wenn der vorherige ist. Nächster Schritt wäre, dass sich daraus tatsächlich auch Änderungen für den Konzern ergeben. Dass es Impact hat. (…). Und dann kann Impact darin bestehen, dass man Positionen angehört hat, die in die Abwägungsprozesse eingegangen sind und man ein Ergebnis einer Sache, an der man festhält anders begründen kann und mehr Verständnis hat." (SH 28, WuF)

Allerdings gaben die Befragten zu verstehen, dass systemische Handlungszwänge auf beiden Seiten bisweilen auch kurzfristig sichtbare Erfolge erfordern.

> „Man braucht einen Erfolg, den man auf beiden Seiten als Erfolg definieren kann. Und der sollte sowohl langfristig liegen, um vor allem wirklich Dinge zu verändern. Dafür braucht man wahrscheinlich eine gewisse Zeit, d.h. man braucht tatsächlich auch eine Bearbeitung und ein Ergebnis, dass sich dann halt nach einer gewissen Zeit der Bearbeitung einstellt. Man braucht aber auch, ich glaube man braucht auch so Quick-Wins. Die sind sowohl für die Akteure, die das betreiben sehr wichtig, als auch

für die Kommunikation in ihre, für die Darstellung dessen, was das bringt, in ihre jeweiligen Backgrounds. Weil wenn wir das nicht haben, dann fragt mich irgendwann die Mitgliedschaft: Was redet ihr denn da die ganze Zeit eigentlich?" (SH 32, NGO)

Die Stakeholder wurden gebeten, möglichst konkrete Erfolgskriterien zu nennen. Ihre Antworten ergaben erstens, dass *keine Vorselektion* stattfinden darf. Es ging darum, dass alle wichtigen Spieler eingebunden werden und „jeder relevante Stakeholder mindestens die Möglichkeit hat, mit Ihnen in einen Dialog zu treten" (SH 2, WuF). Stakeholder Management, bemerkte ein Zweiter, sei dann erfolgreich, wenn bei der Identifikation keine wesentliche Gruppe übergangen wurden (SH 28, WuF). Zweites Erfolgskriterium ist die *Kontinuität* des Engagements. Ungeachtet der Ergebnisse ging es darum, dass Stakeholder Management eine Regelmäßigkeit (Routinen) aufweist. Erwartet werde nicht, dass sich aus jeder Zusammenkunft ein Projekt oder eine Beziehung entwickle, bemerkte ein Befragter. Den Stakeholder- Austausch müsse Volkswagen jedoch verstetigen, sodass längerfristige Kooperationen entstehen können (SH 4, WuF). Drittes Kriterium ist *Offenheit und Ehrlichkeit*. Eine Forderung lautete, der Dialog müsse herrschaftsfrei geführt werden (SH 2, WuF). VW erreiche dies durch persönliche Wertschätzung, ehrliche und offene Kommunikation (SH 2, WuF). Stakeholder erwarteten ferner, dass der Meinungsaustausch frei von Kommunikationsbarrieren ist (SH 1, PuV). Viertes Kriterium war *Feedback*. In der einfachsten Variante ging es ihnen darum, dass Stakeholder Antworten auf Fragen erhalten (SH 22, NGO). Sie erwarten, dass „man viel mehr zuhört und guckt, was haben mir denn diese anderen, durchaus intelligenten oder gut vernetzen Stakeholder eigentlich zu sagen" (SH 30, NGO). Dieses Gefühl des „Zuhörens" schien hier immens wichtig (SH 29, NGO). Die Befragten forderten, dass sich „VW die Zeit nimmt zu verstehen, was wir unter Nachhaltigkeit verstehen und würdigt, was wir in dem Bereich machen" (SH 19, WuF) d. h. „angenommen ich bringe mich als Stakeholder in irgendeine Kommunikation ein und habe eine bestimmte Frage und möchte etwas gerne wissen. Dann ist für mich ein Erfolgskriterium, habe ich eine befriedigende Antwort bekomme" (SH 24, WuF). Fünftes Kriterium war die *Qualität der Information und Ergebnisdokumentation*. „Das wichtigste ist: Nachlese, Kontinuität und irgendeine Form von praktikabler Wirksamkeitsmessung und Dokumentation. Das man den Eindruck hat, dass das, was ich als Stakeholder sage, in irgendeiner Form systematisch ins Unternehmen eingeht", sagte ein Befragter (SH 12, PuV). Dies kann zum Beispiel mithilfe von Protokollen oder Publikationen geschehen. Es müsse nicht immer ein vollumfänglicher Bericht sein, weil der oft auch nicht gelesen werde, so ein Befragter (SH 10, WuF). Sechstes Kriterium war eine *Ziel- und Ergebnisorientierung*. Hier ging es zunächst darum, dass der Stakeholder-Dialog stets ergebnisorientiert zu führen sei (SH 21, WuF). Die Stakeholder forderten klarzustellen, „wo will ich mit dem Prozess hin und wer, welche Ebene, wer aus welcher Institution, ist für das Erreichen des Ziels am besten?" (SH 1, PuV). Zielformulierungen sollen sich an Engagement Standards orientieren (SH 3, NGO). Eine transparente Darlegung der Ziele ist die Grundvoraussetzung für Erfolgsbeurteilung (SH 14, WuF). Hier ging es indirekt darum, dass Sprecher als Organisationsvertreter ihre Beteiligung in den Foren der Volkswagen AG intern legitimieren müssen. Ziele helfen ihnen, den Fortschritt zu demonstrieren. Siebtes Kriterium war die *Networking-Gelegenheit*. Zwar stellten einige Befragte klar, Aufgabe des Konzerns sei es nicht, Get-Together für interessante Leute zu organisieren (SH 17, PuV). Allerdings hoben sie hervor, dass die Qualität der beruflichen Netzwerkmöglichkeit in ihre Erfolgsbewertung einfließt. Es ging ihnen darum „neue Verbindungen herzustellen, die für mich relevant sind" (SH 22, NGO) oder auf mehreren Ebenen vernetzt zu werden (SH 33, NGO). Dies empfanden sie als Teil eines „guten Gefühls der Zusammenarbeit" (SH 33, NGO). Achtes Kriterium war ein *Wissenszuwachs*. Umschrieben wurde dies mit Synonymen wie Erkenntnisgewinn oder Generierung neuer Ideen. Behauptet wurde, der Beitrag des Engagements bestünde darin, Druck auf Volkswagen aufzubauen, aber auch neue Erkenntnisse zu gewinnen (SH 29, NGO). Im Rahmen der Interaktion entstünden beidseitig neue Ideen und Kooperationsprojekte, wobei sich nicht jeder Gedanke dazu eigne, auch weitergetragen zu werden. Der Alltag des Stakeholder Management sei eben oft trist und unspektakulär, sagte ein Professor (SH 4, WuF). Neuntes Kriterium war die *Problemlösung*. Hier ging es den Stakeholdern darum, aktuelle gesellschaftspolitische Problemfelder und Lösungsbeiträge im Aktionsfeld Umwelt und Nachhaltigkeit gemeinsam zu diskutieren (SH 21, WuF; SH 15, PuV). Stakeholder sahen es als ihre ureigene Aufgabe an, bei aktuellen Themen der Unternehmen eine gesellschaftliche Dimension aufzumachen (SH 21, WuF). Ihnen ging es darum, ggf. Ziel- und Spannungskonflikte zu diskutieren und dafür mittel- bis langfristig gemeinsame Lösungsansätze zu entwickeln. Ein Beispiel ist der „Übergang der Automobilindustrie in die Perspektive einer postfossilen Mobilität oder Mobilitätskultur" (SH 3, NGO). Zehntes Kriterium war die *Durchsetzung bzw. der Ausgleich politischer Interessen*. Dies galt vor allem für Verbände, die sich „in Brüssel und Berlin konkret bemerkbar" machen wollen und auf den „guten Austausch mit VW" angewiesen sind, um das Gefühl zu haben „die haben das verstanden und finden es auch gut, richtig" (SH 30, NGO). Stakeholder Management war ihrer Auffassung nach erfolgreich, „wenn Sie es schaffen, möglichst viele Bilder einzufangen und das im Rahmen des Stakeholder Managements dann normativ begründet zu ordnen" (SH 2, WuF). Die Führungskraft einer NGO erläuterte zum Beispiel, dass sie jährliche Zielvereinbarungen unterzeichne, die Advocacy-Aspekte umfasse. Sie werde von ihrer Geschäftsführung gefragt, wo man zur Zeit bei der Interessendurchsetzung stehe (SH 32, NGO). Elftes Kriterium war der *Einfluss auf Volkswagen*. Basis dessen war das individuelle Gefühl einen "Impact" auf die Ausrichtung von Geschäftspraktiken zu haben. Die Stakeholder wollen nachvollziehen, was aus ihrer Kommunikation geworden sei (SH 2, WuF) bzw. wie der Konzern es umsetze oder ihnen zurückspiegle, dass er es aus bestimmten Gründen nicht berücksichtigen könne (SH 24, WuF). Es ging ihnen um „Feedback als Feedback auf das Feedback" (SH 24, WuF). Ein Befragter bemerkte, dass erst einmal alle Meinungen derart weitertransportiert werden sollten, sodass man nach innen zeige, Volkswagen habe sich mit allen wesentlichen Stakeholder-Gruppen unterhalten. Dieser Denkanstoß habe aus seiner Sicht einen "Impact" (SH 1, PuV).

„Ich würde mir natürlich wünschen, dass der Konzern durch gutes Stakeholder Management nachhaltiger wird und zu einer ressourcenoptimalen, CO_2-freien, menschenrechtseinhaltenden Politik kommt. Aber zu sagen, dass ein Stakeholder Management gescheitert ist, wenn ich vielleicht eine gute Diskussion geführt habe und wir am Ende feststellen, dass wir die second-best Lösung haben und die first-best Lösung nicht möglich ist und das jetzt aber besser begründen können als vorher, würde ich nicht sagen. Im Gegenteil. Der Wunsch ist immer, dass man impactvolle Lösungen findet, aber das ist ja oft auch eine Frage, ob man innerhalb von zwei Jahren den Impact erreichen kann. Erfolg wäre für mich, wenn man durch die Einbindung von Stakeholdern die Beantwortung dieser Frage in ihrem Informationsgehalt, in ihrer sozialen Robustheit, inwieweit die Antwort auch dann anerkannt wird, inwieweit man das verbessert hat." (SH 28, WuF)

Wichtigster Impact-Mechanismus waren die Dokumentation und Gesprächsnachbereitung (SH 12, PuV). Sie vermittelte den Stakeholdern das Gefühl, ihre Anliegen gehen systematisch in den Konzern ein (SH 17, PuV). Zwölftes Kriterium war die *Mittelakquise*. Hier ging es um materielle Zuwendungen. Ein Lehrstuhlinhaber sagte: „würdigen heißt auch monetär würdigen". Für ihn war Stakeholder Management dann erfolgreich, wenn am Ende ein gemeinsames Projekt entstand (SH 19, WuF). Eine aggregierte Übersicht über die von Stakeholdern genannten Kriterien für gelungene Stakeholderkommunikation liefert die Tabelle 7.6.

Tabelle 7.6 Stakeholder Management: Erfolgskriterien

Stakeholder-Kriterien für eine erfolgreiches Stakeholder Management	
– Keine Vorselektion von Teilnehmern – Kontinuierlicher Austausch und Feedback(s) – Offener, ehrlicher und direkter Austausch – Information und Dokumentation (Nachbereitung) – Netzwerkgelegenheiten (Networking)	– Finanzierung (Sponsoring, Projektkooperationen) – Zielorientierung & Erkenntnisgewinn beim Austausch – Wissenszuwachs und Problemlösung – Durchsetzung oder Ausgleich politischer Interessen – Einfluss auf Verhaltensänderung bei VW (Impact)

7.7.2 Erfolgskontrolle: Verfahren und Instrumente der VW AG

Zu den Verfahren und Instrumenten der Erfolgskontrolle im Stakeholder Management zählten die Interviewpartner primär *Stakeholderbefragungen*. In der Gruppe Mitarbeiter war dies die Volkswagen-interne *Mitarbeiterbefragung*. Sie wird als Stimmungsbarometer einmal jährlich online durchgeführt. Für Zulieferer nannten sie den *Nachhaltigkeitsfragebogen*. Für alle anderen Stakeholder verwiesen sie auf die jährliche *Reputationsbefragung* (SH 5, NGO). Sie erwähnten darüber hinaus, Volkswagen führe unterjährig auch *Medienresonanzanalysen* durch (SH 6, WuF). Hier werden Volumen und Tonalität der journalistischen Berichterstattung in zentralen Leitmedien untersucht (SH 15, PuV). Zentrales Output sei das „Presse-Echo" (SH 29, NGO). Außerdem wurde eine *Materialitätsanalyse* erwähnt, die der jährlichen Identifikation und Priorisierung wesentlicher Themen und Handlungsfelder dient (SH 2, WuF; SH 18, WuF). Zudem gaben sie Hinweise auf *Veranstaltungsevaluationen*. Diese wurden als Kurzbefragungen nach Events (z. B. Stakeholder-Dialogen) durchgeführt (SH 21, WuF; SH 23, PuV). Außerdem wurden *SRI-Ratings & Rankings* angesprochen. SRI steht für "Socially Responsible Investment". Die für die Beurteilung der nachhaltigen Anlagequalität verantwortlichen externen Rating-Agenturen erstellen jährliche Performance Reviews (SH 7, WuF). Eine Übersicht zu den im Einsatz befindlichen Instrumenten der Erfolgskontrolle für das Stakeholder Management liefert die Abbildung 7.4. Die Häufigkeiten dienen der Illustration und sind nicht repräsentativ.

SRI-Rating & Rankings	1
Lieferantenauditierungen	2
Veranstaltungsevaluationen	2
Nachhaltigkeitsfragebogen für Zulieferer	1
Stimmungsbarometer für Mitarbeiter	1
Reputationsbefragung für ext. Stakeholder	5
Medienresonanzanalyse	3
Materialitätsanalyse	3

Quelle: eigene Abbildung
Zahleinheit: Anzahl der Stakeholder (Basis: N = 33); Offene Abfrage mit Mehrfachnennungen

Abbildung 7.4   Methoden der Erfolgskontrolle

7.7.3   Fazit: Erfolgskontrolle im Stakeholder Management

Stakeholdern ging es um Output, Outcome und Impact. Erfolg wurde als ein mehrstufiges Wirkungsstufenmodell mit zwei Ebenen begriffen: Perzeption (Kommunikation) und Performance (Ergebnisse). Um Muster in den Antworten zu begreifen, wurden die Erfolgsbegriffe zu zwölf Erfolgskriterien zusammengefasst. Diese sind keine Vorselektion von Teilnehmern, kontinuierlicher Austausch und Feedbacks, Transparenz und Ehrlichkeit, Information und Dokumentation, Netzwerkgelegenheiten, Bereitstellung finanzieller Mittel, Ziel- und Ergebnisorientierung im Dialog, Lösung von Problemen (Unternehmen- oder Gesellschaft), Durchsetzung oder Ausgleich von politischen Interessen und "Impact" im Sinne eines Einflusses auf die Geschäftspraktiken des Unternehmens Volkswagen AG. Zu den faktisch und gegenwärtig im Einsatz befindlichen Verfahren der Erfolgskontrolle wurden unter anderem Stakeholderbefragungen, Materialitätsanalysen, Medienresonanzanalysen und SRI-Ratings & Rankings gezählt. Nicht ausgewertet wurde eine Leitfrage, die darauf abzielte, aus der Rolle eines VW-Executives heraus Key Performance Indicators für die Erfolgsmessung vorzuschlagen. Bei der Auswertung der Frage wurde deutlich, dass sich eine Einschätzung der KPIs aus Perspektive externer Stakeholder als schwierig gestaltete, da die Stakeholder mit der Logik einer kennzahlengesteuerten Unternehmensführung wenig anfangen konnten.

7.8   Empirischer Befund I: Stakeholder Management als Einflussnahme auf (teilöffentliche) Meinungsbildung

Die Mesoanalyse der nichtmarktlichen Stakeholderkommunikation von Volkswagen bekräftigte die im Theorieteil aufgestellte These, bei Stakeholdern handelt es sich um kritische Expertenöffentlichkeiten, die unterhalb einer großen, allgemein zugänglichen Öffentlichkeit in exklusiven Teilöffentlichkeiten ("Special Publics") vom Unternehmen als institutionell wichtige Gruppen in ihren spezifischen Rollen als Experten oder Meinungsführer adressiert werden. Stakeholder Management ist eine eigenständige Ausprägung von Organisationskommunikation, die mit eigener Unternehmenspublizität und den Strukturprinzipien Verantwortung und Nachhaltigkeit operiert und eine zweite Diskursebene unter dem Radar der Massenmedien schafft, auf der die Unternehmen proaktiv (Push-Kommunikation) und geschützt (Vertraulichkeit) in den direkten Austausch mit Sprechern einflussreicher Organisationen aus ihrem Umfeld treten. Diese, vom Unternehmen selbst induzierte kommunikative Auseinandersetzung mit Expertenöffentlichkeiten unterscheidet sich anhand einiger Merkmale fundamental von anderen Kommunikationsfunktionen. Bei Stakeholder Management handelt sich nicht um Public Relations im engeren Sinne, weil die Kommunikation direkt und persönlich ist, kleine, ausgewählte Öffentlichkeiten adressiert, die Gespräche stets vertraulich sind, der Zugang limitiert ist, der Diskurs sachlich geführt wird und der Austausch auf zugangsbeschränkte Foren mit Präsenzbindung und kontrollierte Medien fokussiert ist. Im Gegensatz zur klassischen „Presse- und Öffentlichkeit", die auf Journalisten als Intermediäre oder disperse Publika ("one-to-many") ausgerichtet ist, konzentriert sich Stakeholder Management auf einige wenige, einflussreiche, zumeist kritische Gruppen ("one-to-few") im Umfeld des Unternehmens und versucht, diese mit spezifischer Tonalität (informativ, selbstkritisch, interaktiv) zielgruppengerecht zu adressieren. Zur Einbindung dieser Stakeholder-Expertenöffentlichkeiten hat die Organisation Volkswagen AG jenseits ihrer Funktionen Public Relations („Konzern-Kommunikation") und Public Affairs („Konzern-Außenbeziehungen") mit Stakeholder Management („Konzern-Nachhaltigkeit") eine neue, eigenständige Funktion etabliert, die seit 2018 organisationsstrukturell in der Konzernstrategie beheimatet ist.

Die Funktionen Public Affairs und Stakeholder Management vereint, dass beide unterhalb des Radars der allgemein zugänglichen Öffentlichkeit operieren und mit Experten bzw. Meinungsführern interagieren, um Unternehmen im Spannungsfeld der Stakes zu positionieren. Die Rolle von Public Affairs lässt sich anhand des Selbstverständnisses der Konzern-Außenbeziehungen der Volkswagen AG gut beschreiben. In einer Mitteilung des Bereiches hieß es dazu:

„Die Außenbeziehungen (K-GA) übernehmen das Public Affairs Management für den Konzern. Sie koordinieren die politische Interessenvertretung des Konzerns gegenüber Regierungen, Parlamenten, Behörden, Verbänden, Institutionen und Gesellschaft weltweit. K-GA stellt ein konzernweites, abgestimmtes Vorgehen und Handeln sowie eine einheitliche Kommunikation der Marken und Gesellschaften über geeignete Prozesse und Gremien sicher ("One-Voice-Policy"). Die Außenbeziehungen oder, in Absprache, die Vertreter der Marken/Gesellschaften, vertreten dabei die politischen Interessen des Konzerns im Gesetzgebungsprozess durch transparentes Lobbying und vertrauensvollen Dialog mit Politik und Stakeholdern. Sie leisten einen Beitrag zur Gestaltung und Sicherung der politischen Rahmenbedingungen, zur Erreichung der strategischen Ziele des Konzerns und zur Stärkung der Glaubwürdigkeit in der Öffentlichkeit." (Interne Mitteilung 119 vom Februar 2019)

Die Funktionen Public Affairs und Stakeholder Management unterscheiden sich allerdings nicht nur im Hinblick auf ihre organisationsstrukturelle Aufhängung. Public Affairs verfolgt in erster Linie persuasive bis instrumentelle Ziele (Abstimmung von Positionen, Durchsetzung politischer Interessen) und ist auf einen kleinen Ausschnitt des Umfeldes, vornehmlich Regulatoren (Legislative, Exekutive) und Intermediäre (Verbände), konzentriert. Primäres Ziel ist die politische Positionierung des Unternehmens. Das Stakeholder Management ist im Gegensatz dazu nicht auf (eine) fokale Stakeholder-Gruppe beschränkt. Stattdessen organisiert es einen gruppenübergreifenden Austausch und bezieht marktliche (z. B. Investoren, Analysten, Geschäftspartner) und nichtmarktliche Gruppen (z. B. Politik und Verbände, NGOs, Wissenschaft und Forschung) mit ein. Zwar bleibt das Stakeholder Management im Gegensatz zu einschlägigen Kommunikationsfunktionen wie den Public Relations oder Vertrieb und Marketing in seiner Ausrichtung im engeren Sinne „exklusive" (Zugangsbeschränkung; kleine Foren; Individualkommunikation mit Präsenzcharakter) und keine „inklusive" Kommunikation (große, massenmediale Foren; Prinzip des allgemeinen Zugangs). Im Vergleich zu Public Affairs verfügt es aber über einige Alleinstellungsmerkmale, die zumindest am Fallbeispiel Volkswagen AG die Verortung als eigenständiges Kommunikationsmanagement rechtfertigen. Diese sind:

- Interaktion mit kritischen Fachöffentlichkeiten ohne eine dominante Gruppe (z. B. Kapitalmarkt bei Investor Relations, Politik bei Public Affairs, Presse und allgemeine Öffentlichkeit bei Public Relations).
- Organisationsinterne Verankerung in Stabsstellen des Vorstandes (z. B. Strategie) oder Fachbereichen (z. B. Beschaffung, Forschung), nicht in Kommunikationsabteilungen (Public Relations, Public Affairs, Marketing).

- Zielgruppen: "Special Publics", d. h. Meinungsführer und Experten als Sprecher institutionell relevanter Organisationen aus dem Umfeld (Nota bene:
  hier gibt es wiederum Gemeinsamkeiten mit Public Affairs, wobei sich
  diese Funktion auf politische Anspruchsgruppen wie Behörden, Verbände, etc.
  fokussiert).
- Zielsetzung: Kommunikation zur Aufnahme von Feedbacks für die Strategie-
  und Programmentwicklung; Mediationsprozesse bei strategischen Initiativen
  und Programmen des Konzerns (z. B. Dekarbonisierung); sekundär teils auch
  Abstimmung von Positionen (Schnittmenge mit den Public Affairs).
- Sprecher-Rolle: Unternehmenssprecher als ein Vermittler (Mediatoren), nicht
  Advokat, Berater („Lobbyist") oder Fürsprecher („Pressesprecher").
- Modus: Push-Kommunikationen mit exklusivem Gesprächszugang; passives
  Rezeptionsverhalten der Stakeholder.
- Arenen: Foren mit Präsenzbindung und kontrollierte Medien (z. B. Persön-
  liches Gespräch, Stakeholder-Dialogveranstaltung und -Befragung, -Magazin,
  CSR- bzw. Nachhaltigkeitsbericht).

Diese Unterscheidung von Public Affairs und Stakeholder Management ist nicht
trennscharf und idealtypisch, weil sich in Gesprächssituationen Positionierungen
und Feedbackprozesse für Strategie- und Programmplanung auch überlappen. Sie
lässt sich anhand der o.g. Merkmale allerdings theoretisch idealtypisch begründen
und ist auch organisationsstrukturell abgesichert (Public Affairs als Funktion der
Konzern Außenbeziehungen, Stakeholder Management als Funktion der Konzern
Nachhaltigkeit im Bereich Strategie als eigenständige, vorstandsnahe Einheiten).
   Wie sich das Stakeholder Management im Spektrum der Unternehmenskommunikation verorten lässt, ist der Abbildung 7.5 zu entnehmen. Diese visualisiert
schematisch die Trennung organisationaler Kommunikationsfunktionen für "Special Publics" am Fallbeispiel Volkswagen AG. Inwieweit Stakeholder Management auch in anderen Unternehmen eine eigenständige Funktion darstellt, ist eine
offene und nicht abschließend beantwortbare Frage. Aufgrund des qualitativen
Designs der Fallstudie ohne komparative Anlage lassen sich die Befunde nur eingeschränkt generalisieren. Der Autor vermutet allerdings, dass andere MNUs mit
ähnlicher Struktur und Größe eine vergleichbare Ausrichtung und Arbeitsteilung
ihrer Kommunikationsfunktionen aufweisen. Bei kleineren und mittelständischen
Unternehmen dürften zentrale Kommunikationsfunktionen wie Public Relations,
Public Affairs und Stakeholder Management hingegen noch stärker verzahnt sein.
Letztlich ist jede Differenzierung immer auch ein Ausdruck der spezifischen
Arbeitsteilung und Historie der Kommunikationsfunktionen im Unternehmen.

Label	Stakeholder Management	Public Affairs	Public Relations
Synonyme	Influencer Relations, Expert Relations, Opinion Leader Management	Lobbying, Government Relations, Politikarbeit, Politikberatung	Media Relations, Press Relations, Presse- und Öffentlichkeitsarbeit
Fachbereich	Konzern Strategie & Nachhaltigkeit	Konzern Außenbeziehungen	Konzern Kommunikation
Zielgruppe	Special Public(s) Experten, Meinungsführer, Communities	Special Public(s) Politische Entscheider (Regulatoren)	General Public(s) Medien und allgemeine Publika
Zielsetzung	Strategie- und Programmentwicklung (Gesellschaftliche Problemlösung)	Politische Interessenvertretung (Abstimmung von Positionen)	Positive Außendarstellung (Information, Imagepflege)
Arenen & Foren	Präsenzforen / kontrollierte Medien: Top Foren: - Anfragen / pers. Gespräche - Stakeholder-Befragung - Stakeholder-Dialogveranstaltung	Präsenzforen / kontrollierte Medien: Top Foren: - Anfragen / pers. Gespräche - Gremienarbeit - Positionspapiere	Alle Arenen: Top Foren: - Pressemittelung, -mappe, -konferenz - Journalistengespräche - Magazine & Social Media
Primärmodus der Kommunikation	„One-to-few" Direkter & persönlicher Austausch Immer vertraulich (Chatham House) Push-Kommunikation	„One-to-few" Direkter & persönlicher Austausch Immer vertraulich (Chatham House) Push- & Pull-Kommunikation	„One-to-many" und „one-to-few" Indirekter, medienvermittelter Austausch Tendenziell offen, teils vertraulich Push- & Pull-Kommunikation
Rolle VW-Sprecher	Mediator	Berater & Advokat	Fürsprecher

Quelle: eigene Abbildung

Abbildung 7.5   Stakeholder Management und Organisationskommunikation

Das erste Ergebnis der Mesoanalyse lautet: das Stakeholder Management ist eine eigenständige und spezifische Ausprägung der Organisationskommunikation. Das zweite Ergebnis zeigt, wie das Stakeholder Management als Kommunikationsmanagement auf Meinungsbildungsprozesse wirkt. In den Interviews wurde deutlich, dass die Stakeholder die direkten Botschaften des Unternehmens heranziehen, um sich ihre Meinung zu bilden bzw. sie zu schärfen. Unterhalb der journalistischen Wahrnehmungsschwelle und massenmedialen Berichterstattung findet ein routinierter Austausch statt, der unveröffentlichte Meinungen von Experten und Meinungsführern formt. Dabei handelt es sich um komplexe Kommunikation, die tief in Sach- und Fachthemen hineinreicht und Spannungskonflikte beinhaltet. Die Interviews machten überdies deutlich, dass die Frames der Medienberichterstattung ein Corporate Image vorzeichnen (Priming-Effekte), das von Stakeholder-Öffentlichkeiten jedoch nicht einfach unhinterfragt übernommen wird. Im Gegenteil: Stakeholder nahmen Botschaften des VW-Konzerns auf, glichen diese mit der Medienmeinung ab und bildeten sich am Ende ihre eigene (unabhängige) Meinung. Durch den direkten Austausch erweiterten sie ihr Wissen und schärften ihre Argumentation, welche benötigt wurde, um sich im Sinne des Expertenbegriffes von Giddens wiederum als Experten innerhalb dieser "Special Publics" und ihre Organisation als einflussreiche Meinungsführer in einer übergeordneten (politischen) Öffentlichkeit ("General Public") zu positionieren. Stakeholder Management hat demnach indirekt auch einen Einfluss auf allgemeine (öffentliche) Willens- und Meinungsbildungsprozesse. Es adressiert einflussreiche und kritische Akteure als Sprecher institutionell relevanter Organisationen mit Deutungs- und Gestaltungsmacht, die Unternehmensbotschaften verarbeiten, so Meinungen und Positionen entwickeln und damit auf die allgemein zugängliche (politische) Öffentlichkeit zurückwirken. Stakeholder Management baut Brücken zwischen Expertenöffentlichkeiten ("Special Publics") und übergeordneten gesellschaftlichen bzw. politischen Diskursfeldern ("General Publics") (vgl. Abb. 7.6). Es trägt auf diesem Weg zur Rückkehr der Gesellschaft in die Organisation und zur Rückkehr der Organisation in die Gesellschaft bei, da es fortwährend Verbindungen an der Schnittstelle Unternehmen, Markt und Wirtschaft, Politik, Wissenschaft und Gesellschaft herstellt.

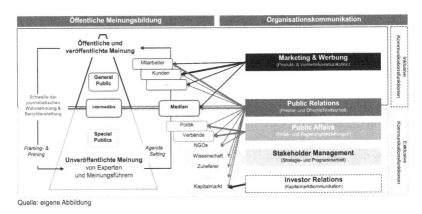

Quelle: eigene Abbildung

Abbildung 7.6 Stakeholder Management und Meinungsbildung

Mikro-Analyse: Stakeholder-Wohlfahrt 8

Alle Befragten wurden gebeten, das ökonomische Konzept der Wertschöpfung auf ihre Organisation zu übertragen und ihr spezifisches Wertschöpfungsmodell im Detail zu beschreiben. Gefragt wurde nach dem Modell (Value Model), den Wertschöpfungsfaktoren (Value Driver), dem Beitrag der Volkswagen AG sowie dem Einfluss von Stakeholderkommunikation. Ziel war es, eine möglichst umfassende Selbstbeschreibung organisationaler Capabilities und Functionings im jeweiligen Lebensraum der Sprecher zu stimulieren, die Rückschlüsse auf eine positive Wertschöpfung durch das Stakeholder Engagement zulässt. Die Ergebnisse werden erst gruppenspezifisch dargestellt. Skizziert werden Wertschöpfungsmodelle und -faktoren. Im Anschluss werden die Stakeholder Capabilities und Functionings abstrahiert. Auf diesem Weg wird die zweite Forschungsfrage beantwortet:

F2: Welche Wertschöpfung entsteht durch das Stakeholder Engagement der Volkswagen AG Nachhaltigkeit in nichtmarktlichen Arenen für die Stakeholder (Stakeholder Value)? Anhand welcher Wohlfahrtsfaktoren lässt sich diese am Fallbeispiel erklären?

8.1 Stakeholder Engagement und Stakeholder Value

8.1.1 Stakeholder Value für Wissenschaft und Forschung

Im Cluster Wissenschaft und Forschung wurde der Stakeholder Value in der Regel entlang der basalen Differenzierung von Lehre und Forschung beschrieben. Akademische Wertschöpfung wurde jedoch auch außerhalb des Wissenschaftssystems verortet. Einige Stakeholder warben dafür, externe Dienstleistungen, wie zum Beispiel Beratungsangebote oder Gastvorträge, ausdrücklich miteinzubeziehen.

T. Lang, *Stakeholder Engagement Analyse*, AutoUni – Schriftenreihe 153, https://doi.org/10.1007/978-3-658-33987-6_8

„Also, was ist Wertschöpfung im akademischen Bereich? Ich würde sagen: gute Integration, gute Graduiertenschulen, gute Doktoranden, solide Ausbildung und internationale Vernetzung. Hochkarätige Konferenzen und Publikation auf der einen Seite, gute Ausbildungsstrukturen und Forschungslandschaften auf der anderen Seite. Das sind sicherlich Facetten der Wertschöpfung an Universitäten." (SH 4, WuF)

„Gut, wir haben natürlich ein sehr differenziertes Geschäftsmodell. Das besteht natürlich einmal aus der klassischen Lehre und Forschung. Das ist das Kerngeschäft, dass man sagt: Ok wir bieten bestimmte Lehrveranstaltungen für die Studierenden an. Wir leisten Forschungsarbeit. (…). Das andere sind natürlich Dinge, die wir als Lehrstuhl über die Universitätsgrenzen hinaus machen, d. h. Kooperationen mit Unternehmen, ein klassisches Beratungsgeschäft. (...) Und dann gibt es noch das private Business Model, dass man eben mit Vorträgen, Keynotes, usw. unterwegs ist." (SH 27, WuF)

Bei der Konkretisierung der Lehre wurde häufig ein bestimmter Programmauftrag herausgestellt. Ein Ökonom betonte zum Beispiel „eine ökologisch und sozial aufgeklärte BWL" zu unterrichten (SH 7, WuF). Ähnlich formulierte ein Wirtschaftsethiker den Anspruch die moralische Urteilskraft von Studierenden durch Vermittlung eines gemeinsamen „Spielverständnisses" schärfen zu wollen (SH 24, WuF). Ein dritter Lehrstuhlinhaber sprach von „nachhaltige(r) Bildung" (SH 6, WuF). Er sah seinen Beitrag darin, Qualifizierung und Persönlichkeitsentwicklung voranzutreiben. Bei der Forschung wurden grundlagen- und anwendungsorientierte Arbeiten unterschieden. Theoretisch definierten einige Befragte ihre Wertschöpfung als die „Generierung von Wissen für die Gesellschaft" (SH 14, WuF). Praktisch war vom „quantifizierbaren Forschungs-Output" die Rede (SH 2, WuF), der zum Beispiel an der Zahl betreuter Promotionen, Akquise von Drittmitteln (SH 7, WuF), Anzahl von Publikationen (SH 2, WuF) oder Konferenzen (SH 4, WuF) festgemacht wurde. Die Befragten kritisierten diesbezüglich einen zunehmenden Leistungsdruck und eine fortschreitende Ökonomisierung der Wissenschaft.

„Jeder Einzelne von uns wird nach ganz klar umrissenen Kriterien bewertet, die wir eigentlich überwiegend ablehnen, aber trotzdem nach den Regeln spielen. Das ist wie ist ihr Forschungs-Output. Der bemisst sich nach einem Punktesystem. Es gibt Journalrankings, Impactfaktoren. Wir haben eine große Anzahl an KPIs, wo Sie bis zur Ebene des Einzelnen runterrechnen können, wie erfolgreich die Person war, was wissenschaftlichen Output angeht. Es ist aber auch Input, wenn man in Richtung Drittmittel geht. Also Output-Variable ist ganz klar: was und wieviel publizieren sie? Inputvariable ist: was und wieviel holen Sie rein? Wieviel kompetitive Drittmittel heißt es ja, werben sie ein." (SH 2, WuF)

Stakeholder aus Wissenschaft und Forschung erwarteten von der Volkswagen AG einerseits die Bereitstellung materieller Ressourcen. Dies umfasste zum Beispiel die Finanzierung externer Forschungsprojekte (SH 24, WuF), Konferenzsponsorings (SH 4, WuF) oder Drittmittel für Forschungsprojekte (SH 10, WuF). Direkte Zuwendungen dieser Art wurden aber auch kritisch gesehen. Ein Befragter dazu: „natürlich können Sie den Erfolg dadurch nach oben puschen, indem Sie jetzt sagen: So, wir haben hier drei Millionen Drittmittel. Die Frage ist, ist das ein Erfolg, auf den wir dann stolz sein können" (SH 2, WuF). Positiv hervorgehoben wurde hingegen ein kontinuierlicher Wissenstransfer, zum Beispiel über Gastdozenturen, Seminarbeiträge, studentische Consultingprojekte (SH 27, WuF), Werksführungen (SH 2, WuF) oder die Bereitstellung von Untersuchungsmaterialien durch VW (SH 21, WuF). Einen Wertschöpfungsbeitrag sahen die Stakeholder außerdem in der prinzipiellen Bereitschaft des Konzerns als ihr Forschungsobjekt zu fungieren.

> „Am Beispiel VW können wir sehr viel lernen für andere Unternehmen und größere Zusammenhänge. Das ist dann der Punkt, wo Kommunikation als Wertschöpfungsfaktor zum Tragen kommt: Bereitstellung von Information, Transfer von Wissen, Organisation von Austausch. (...). Es wird ja häufig auch von Einbahnstraßenkommunikation gesprochen. Meistens meint man damit, dass das Unternehmen kommuniziert und die anderen dürfen aufsaugen. Wir könnten uns das aber auch umgekehrt vorstellen. Wir kommen zu ihnen und führen Interviews und sie haben keinen Schimmer, was damit passiert. (...). Da werden sie quasi objektiviert. Das, was man den Unternehmen häufig vorwirft, was man mit den Stakeholdern macht, das machen wir ja auch mit ihnen. Weil sie uns an dieser Stelle vielleicht ja nur als Forschungsobjekt interessieren und wir an ihrem Erfolg gar nicht interessiert sind." (SH 2, WuF)

Erwähnt wurden überdies die Betreuung und Finanzierung von Abschlussarbeiten (SH 10, WuF) und Stipendienmodelle für leistungsstarke (duale) Studierende (SH 21, WuF). Aufschlussreich war ferner, dass die Befragten sogar Lobbying für die Wissenschaft (Academic Advocacy) thematisierten. Einen potentiellen positiven Wertschöpfungsbeitrag sahen sie hier in der Änderung von Förderungsrichtlinien (SH 14, WuF; SH 27, WuF). Im Besonderen wurden Fragen der (Un-)Abhängigkeit tangiert. Einerseits wünschten sich Wissenschaftler eine intensivere Kooperation. Anderseits befürchteten sie Vereinnahmung und Reputationsverluste. Darauf deuteten Aussagen hin wie „wir müssen unabhängig bleiben" (SH 2, WuF), oder man müsse aufpassen, weil man als Institution glaubwürdig bleiben und objektiv handeln müsse. Jede Unternehmenskooperation gelte es, hinsichtlich argumentativer Schwierigkeiten abzuwägen, damit nicht der Eindruck entstünde „ihr forscht bzw. tanzt nach der Pfeife des Konzerns"

(SH 14, WuF). Im gleichen Atemzug wurde die besondere Unabhängigkeit der Wissenschaft herausgestellt.

> „Wir sind keine Unternehmensberater, die sich im Speckgürtel des Unternehmens aufhalten, weil sie sonst keine Daseinsberechtigung hätten. Wir sind auch keine klassische Pressure-Group, wie das vielleicht Greenpeace ist, die ihre Legitimität aus der Opposition zu VW zieht. Insofern würde ich uns als recht entspannt im Umgang mit Volkswagen bezeichnen, weil wir vieles können, aber nichts müssen." (SH 2, WuF)

8.1.2 Stakeholder Value für Politik und Verbände

Eine wichtige Differenzierung der Sprecher aus dem Cluster Politik und Verbände war die Unterscheidung gemeinwohlorientierter Politikberatung und (klassischer) politischer Interessenvertretung. Einer der Stakeholder bemerkte zudem, die Wertschöpfung von Intermediären wie Verbänden lasse sich nur immateriell begreifen. Er sprach von politischer Programmgestaltung, die in einer Verbesserung von Umwelt- und Lebensqualität resultiere (SH 1, PuV). Der Beitrag sei zwar nicht auf Heller und Pfennig quantifizierbar, man könne aber sehr wohl sagen, dass man aufgrund der Mitwirkung an Gesetzgebungen einen gesellschaftlichen Mehrwert geschaffen habe, der sich am Ende in umweltökonomischen (z. B. Steigerung der Luftqualität) und volkswirtschaftlichen (z. B. Senkung der Gesundheitskosten) Kennzahlen widerspiegle. Es gehe darum, sagte zum Beispiel ein Gewerkschaftsvertreter, Interessen in der politischen Arena so zu platzieren, dass ein Gemeinwohl realisiert werde (SH 23, PuV). Auf der anderen Seite gab es Aussagen, die auf Interessenvertretung abzielten. „Unser Wertschöpfungsmodell ist: wir bündeln Positionen und sprechen mit einer Stimme für die deutsche Industrie", so ein Verbandssprecher (SH 13, PuV). Ein Zweiter hierzu: „Ich glaube, das was wir als STAKEHOLDER kreieren ist positive öffentliche Meinung und ganz konkrete politische Entscheidungen. Wenn wir unseren Job gut machen, entscheidet die Politik das, was unsere Mitglieder wollen" (SH 15, PuV). Gemeint war „Lobbying im engeren, verbandlichen Sinne" (SH 12, PuV), von den Befragten teils auch als „politisches Consulting" (SH 15, PuV) bezeichnet. Im Wesentlichen ging es hier darum, Positionen in den Politikbetrieb einzuspeisen und an der Schnittstelle Wirtschaft-Gesellschaft-Politik Einfluss zu nehmen.

> „Wir wollen programmatische Impulse setzen. Wir wollen aber auch Ansprechpartner sein, eine Schnittstelle bilden und Netzwerke aufbauen. Und wir wollen nach innen, das ist der dritte Punkt, programmatische Impulse ist ja nach außen gerichtet, wir wollen

auch nach innen einen Druck aufbauen, damit die Unternehmen ihrerseits Kapazitäten und Kompetenzen aufbauen." (SH 12, PuV)

Die Reduktion kommunikativer Wertschöpfung auf Aggregation und Artikulation politischer Interessen würde dem breiten Spektrum der Akteurstypen jedoch nicht gerecht. Oft genannt wurde auch die Mitgliederarbeit, die gerade für Gewerkschaften essentiell war. Ein Befragter sagte, dass ihn die Mitglieder überhaupt erst zum Agenda-Setting befähigen (SH 15, PuV). Darüber hinaus wurden Qualifizierung und Standardisierung erwähnt, welche für Professionsverbände Priorität hatte. Das Argument lautete: „Wir bieten eine Plattform für unsere Mitglieder und arbeiten gemeinsam mit ihnen fachliche Standards aus" (SH 17, PuV). Eben diese Arbeit nach innen war einem Interviewpartner sogar wichtiger als seine Mitwirkung am gesellschaftspolitischen Willens- und Meinungsbildungsprozess. Ferner hoben die Stakeholder den Stellenwert von Informationsaustausch und Netzwerkgelegenheiten, die Einbringung sachlicher Expertise und den Ausbau von Beratungskompetenzen hervor (SH 8, PuV). Wie im Cluster Wissenschaft und Forschung sahen die Stakeholder einen zentralen Wertbeitrag der Volkswagen AG jedoch auch in ihrer Finanzierung. Insbesondere mitgliedschaftsbasierte Organisationstypen nannten materielle Ressourcenzuwendungen für Advocacy-Tätigkeiten und Mitgliederarbeit (SH 15, PuV). Die Befragten gaben zudem an, von Volkswagen „über unsere Fachkontakte gute Informationen [zu] bekommen" (SH 1, PuV). Wichtige Treiber waren darüber hinaus die Bereitstellung von Informationen, technischer Expertise (SH 11, PuV) und Mechanismen zur gesellschaftspolitischen Signalerkennung.

> „Also Information bereitstellen, fachliche Expertise. Das ist das Wichtigste. Auch best-practice nennen zu können, hilft uns sehr. Wenn man wirklich direkt sagen kann, bei VW in so und so haben die das und das gemacht, das hat die und die Verbesserung gebracht. Ohne diese Einschätzungen, Bewertungen und Beispiele könnten wir unsere Arbeit nicht erledigen. Der Schwerpunkt liegt auf Information. Also einer. Das andere ist: Wir sind auf ein Frühwarnsystem angewiesen. Sie können ja gemeinsam mit dem Branchenverband viel besser politisch monitoren, hier die Stimmung mitbekommen, das was sich entwickelt und dann an uns weiterleiten und uns sagen: Bei dem Thema müsst ihr uns unterstützen." (SH 13, PuV)

Gerade Spitzenverbände, die als „Sprachrohr" (SH 15, PuV) für ihre Mitglieder arbeiteten, sprachen vom „gemeinsamen Agieren im politischen Raum" und „Rollenabsprachen bei brisanten Themen" (SH 13, PuV). Ein Sprecher bemerkte, ihm gehe es darum das politische Lobbying gemeinsam mit Volkswagen „sorgfältig zu orchestrieren". Für ihn hieß das „es wird ein Gesamtumfeld geschaffen, um diese

Interessen durchzusetzen" (a. a. O.). Im Fokus stand hierbei ein „programmatischer Auftrag, von dem wir uns wünschen, dass das Unternehmen ihn teilt und multipliziert" (SH 12, PuV). Nicht zuletzt ging es den Stakeholdern um die Teilnahme an Qualifizierungsangeboten. Einige sahen den positiven Wertbeitrag von VW darin, dass Mitarbeiter des Konzerns an ihren Seminar- und Kursangeboten teilnehmen (SH 18, PuV). Im Besonderen drehten sich die Stakeholder-Aussagen außerdem um verantwortungsvolle Interessenvertretung (Responsible Lobbying). Beispielhaft hierfür ist das Statement eines Verbandsmitarbeiters, der sich selbst kritisch als Erfüllungsgehilfe einer antiquierten Emissionspolitik sah. Er forderte „ehrlich darüber zu diskutieren was ist möglich und was kostet es. Sowohl im Bereich Abgase, als auch CO_2, und in vielen anderen Bereichen: z. B. Zulieferkette, Verantwortung bei Elektroautos, (…)" (SH 15, PuV).

8.1.3 Stakeholder Value für NGOs

Der Sprecher einer Naturschutzorganisation bezeichnete den Kern seines Business Models als Bewusstseinsbildung. Religiös motiviert sprach er von „Schöpfungsbewahrung" und sah sich in der Pflicht, den Konzern bei der Transformation in eine „nachhaltige Zukunft" zu begleiten (SH 3, NGO). „Was wir wollen, ist einerseits in der Öffentlichkeit Bewusstsein schaffen. Und das andere ist Akteure zum Handeln zu bewegen, zu motivieren", sagte ein zweiter Sprecher. „Das sind einerseits natürlich die Akteure der Politik, d. h. wir können von uns sagen, dass wir das eine oder andere Gesetz zustande gebracht haben. Nicht, indem wir da etwas abgeschrieben haben (...), sondern indem wir gezielt Impulse geben, Öffentlichkeit herstellen und Unternehmen dazu bewegt haben, dass das Bewusstsein für unsere Themen wächst" (SH 5, NGO). Er verwies auf die Erzeugung einer kritischen Öffentlichkeit zur Beobachtung und Sanktion unternehmerischen Fehlverhaltens. Im Mittelpunkt stand oftmals die Vermittlung gesellschaftlicher Werte. „Bei uns steht immer die Vision und die Werte ganz vorne. Und der Rest, da finden wir schon jemanden der das gut findet, an Bord ist und bereit dafür die Tasche aufzumachen", sagte ein Stakeholder (SH 22, NGO). Ähnlich formulierte der Sprecher einer Umwelt-NGO: „Die Mission ist zu einer gerechteren und nachhaltigeren Welt ganz im Sinne von Agenda 2030 zu kommen, sprich mehr Lebensqualität, Einfluss, usw." (SH 25, NGO). Zur Erreichung ihrer Welt- und Zielvorstellungen bedienten sich NGOs unterschiedlicher Werkzeuge. Einige wirkten bevorzugt nach innen und versuchten ihre Mitglieder durch den Austausch von Best Practices oder Selbstreflexion zu adressieren. Andere arbeiteten stärker nach außen und setzten auf Aufklärungskampagnen, Verbraucherschutzinitiativen oder Selbstregulierung. Exemplarisch für Letzteres ist die Aussage: "There is also this precompetitive spaces. How do you shape it in the way that it creates a level playing field and a large innovation space for companies to come up with own solutions" (SH 26, NGO). Behauptet wurde zum Beispiel, der Konsument sei mit Mobilitätsangeboten heutzutage überfordert. Aufgabe einer NGO sei es, mithilfe von Informationskampagnen über den ökologischen Fußabdruck von Verkehrsträgern aufzuklären (SH 29, NGO). Auffällig war außerdem die Feststellung eines Befragten, dass sich NGOs „an einigen Stellen in den letzten Jahren ja auch stärker weg von diesem Gegenüber den Unternehmen und hin zum Gesetzgeber [entwickelt haben]" (SH 29, NGO). Sie treten eher als kritische Ratgeber in Erscheinung und bauen leichten Druck auf. Die Nähe zum Unternehmen benötigen sie für ihre Arbeit mit dem Gesetzgeber, weil ihre eigenen Informationen beschränkt sind. Durch die Interaktion erhalten sie Zugang zu fachlich-technischer Expertise, die sie benötigen, um ihre Positionen gegenüber Regulatoren durchsetzen zu können (SH 30, NGO). Ein weiterer, zentraler Werttreiber war die öffentliche Skandalisierung von Unternehmenspraktiken. Ein NGO-Vertreter bemerkte hier ganz offen, die neue mediale Welt biete seiner Organisation hierfür vielfältige Instrumente. Zugleich erschwere sie seine Advocacy-Arbeit aufgrund veränderter Aufmerksamkeitszyklen.

> „Es ist unglaublich leicht derzeit zu skandalisieren - fast schon zu leicht. Aber dann ein Thema nach dem Skandal auf dem Level zu halten, wo man dann tatsächlich etwas bewirken kann, weil der Skandal ploppt hoch und dann geht er wieder runter. Die Aufmerksamkeitszyklen haben sich sehr stark verändert. Und um langfristig Veränderung zu erreichen, braucht man eine hohe Aufmerksamkeitsskala, glaube ich. Wir haben ganz viele Akteure und Skandale, die ploppen hier und da hoch und hier hoch und da hoch. Und da für uns ein Gewicht zu entwickeln, ist gar nicht so einfach." (SH 32, NGO)

Abschließend ist zu betonen, dass nicht alle NGOs auf Programmgestaltung oder politische Positionierung (Advocacy) abzielten. Unter denjenigen NGOs, mit denen die Volkswagen AG Beziehungen unterhielt, fanden sich auch gemeinnützige Organisationen, die rein karikative Zwecke verfolgten. Eine Sprecherin beschrieb ihr Wertschöpfungsmodell zum Beispiel schlicht als humanitäre Hilfeleistung (SH 33, NGO). Ähnlich äußerte sich der Sprecher eines Kinderhilfswerkes (SH 32).

> „Erstmal schaffen wir bei unseren Spendern ein gutes Gefühl. Wirklich auf der Ebene. Wir schaffen ein gutes Gefühl. Der Spender hat das Gefühl, wenn er uns Geld gibt, tut

er damit etwas Gutes. Und er tut damit etwas Gutes. Aber tatsächlich entsteht etwas bei dem Spender und das ist wirklich ganz entscheidend, weil davon leben wir. Und dann ist es natürlich das, was bei dem Spender bzw. der Spenderin entsteht ist natürlich dann damit verbunden, dass wir dem Spender, der Spenderin, oder auch dem Konzern, der uns Geld gibt, der Belegschaft, die uns Geld gibt, sagen, bzw. konkreter machen, auf was sein gutes Gefühl beruht. Dann kommen wir in die Projekte und sagen: Du hast mit deiner Spende das und das verbessert, oder: Gemeinsam haben wir das und das erreicht. Und das kleidet dieses gute Gefühl aus. Und dann gibt es die nächste Ebene, dass wir beim Spender natürlich nicht nur ein gutes Gefühl auslösen möchten oder einen ganz konkreten Impact in der Projektarbeit, also bei dem Kind, oder in dem Dorf oder so haben wollen, sondern wir wollen auch gesellschaftliche Veränderung bewirken. Und das ist dann das Business Model (...)." (SH 32, NGO)

Für politische NGOs waren direkte finanzielle Zuwendungen oft undenkbar, weil sie im Konflikt mit ihrer selbst postulierten Unabhängigkeit standen. Bei karitativen Organisationen bildeten sie dagegen das Fundament der Beziehung. Die Bereitstellung „beträchtlicher Summen" (SH 33, NGOs) (Spenden oder Sponsorings) durch den Konzern wurde als zentraler Beitrag zur Stakeholder-Wohlfahrt genannt (SH 20, NGO). Von Volkswagen wurde darüber hinaus erwartet, Benchmarks und Audits anzunehmen und NGOs bei der Durchführung ihrer externen Evaluationen zu unterstützen (z. B. Analysen nichtfinanzieller Berichte) (SH 5, NGO). NGOs forderten ferner, dass sich der Konzern mit ihren politischen Positionen und ihrer Programmatik auseinandersetzt (SH 25, NGO) und zu diesen Analysen Stellung bezieht oder Feedback(s) liefert („in erster Linie ist es wichtig, dass man eine ehrliche Rückmeldung bekommt. Also wenn ich in irgendeiner Studie etwas schreibe, was wirklich Mist ist, weil ich irgendwelche Fakten übersehen habe, dann bin ich für eine ehrliche Rückmeldung sehr dankbar" (SH 30, NGO)). Ein Sprecher sah Volkswagen hier weniger als Gegenspieler, denn als "Sparrings-Partner", mit dem er Ergebnisse diskutieren und testen kann (a. a. O.).

> „Der Wert des Austausches liegt für mich einerseits daran, dass ich Informationen darüber bekomme, sind meine Einsichten, Ergebnisse, Daten richtig. Das ist die technische Schiene. Für die andere Schiene bin ich sozusagen erfolgreich in dem Konzern erklären, was auf sie zukommt und ändern die eventuell ihre Position oder Strategie. Da zählt für mich letztlich nur, was da hinten rauskommt." (SH 30, NGO)

NGOs verstanden sich teils als kritischer Freund (nicht "Watchdog"), der sich in betriebliche Entscheidungsfindungsprozesse involvieren will, um Know-how einzubringen und Transparenz zu steigern („wir können eine Ressource sein, um auf Kinderrechtsverletzungen aufmerksam zu machen, die dann möglicherweise mit

der Zulieferung in der fünften, sechsten, oder auch dritten, vierten Ebene in Verbindung stehen" (SH 32, NGO)). In den Interviews ging es um Kooperation, aber
auch um Provokation und Konflikt. Die Option zur Konfrontation war wichtig.
Plastisch formulierte dies ein Sprecher mit der Metapher ‚Sharks & Dolphins'.

> „Es gibt ja NGOs, die sehr offen für die Zusammenarbeit mit der Wirtschaft sind und
> andere, die Campaigning machen. Für die ist das zum Teil ein Geschäftsmodell. Also
> die Haifische und die Dolphins. Die, die ihr Geld mit Campaigning machen, für die wäre
> eine Kooperationsbeziehung fatal. Aber zumindest die zugänglichen NGOs, inwieweit
> man die gewinnen kann. Und sie nicht besticht oder einkauft, sondern glaubwürdig
> mit ihnen zusammenarbeitet." (SH 25, NGO)

Aufschlussreich war nicht zuletzt, dass sich einige Interviewpartner um Selbstein-
ordnung in eben dieses Schema bemühten. Es war ihnen wichtig, von Anfang an
klarzustellen, dass man ein Interesse an einer kooperativen Beziehung hat.

> "I think contrary to classical NGOs that would probably just provoke or challenge
> maybe, in a rather unrealistic way, I would say there is the idea of planting the flag, but
> also building programs and projects that can help in reaching that flag. It is one thing
> to just advocate or be an advocacy organization that says this is ridiculus and this or
> that needs to change without adding the how. We try to deliver both: the why and the
> how. The why is always the business case. The how is the program focus. So we are
> trying to enable through a strong how and menu of activities." (SH 26, NGO)

Ein Befragter problematisierte, dass NGOs immer noch als Feind und Gegner
gesehen werden, weil sie auf Campaigning und Schlagzeilen aus seien. „Gleichzeitig ist es aber so, wenn deren Druck nicht da wäre, dann würde es in vielen
Bereichen immer noch keinen Dialog geben", sagte er (SH 29, NGO) und gab
zu verstehen, dass sich NGOs die Option der Kritik vorbehalten und durch die
Interaktion mit einem Unternehmen auch nicht ruhig stellen lassen wollen. Er
kritisierte:

> „Es gibt ja Unternehmensvertreter die beleidigt sind, wenn man mit ihnen im Gremium
> sitzt und dann eine kritische Presseerklärung macht. Sie sitzen doch hier mit uns an
> einem Tisch, warum kommt denn jetzt sowas? Und wenn ich dann die Gegenfrage
> stelle und sage: Wir sind jetzt seit vier Jahren in unserem Forum, hat sich irgendwas
> geändert? Nein, aber wir arbeiten doch dran, wieso müssen Sie denn jetzt. Es gibt
> einen Anspruch von einigen Unternehmensvertretern, die sagen wenn die mit uns in
> diesen Stakeholder-Foren zusammensitzen, dann müssen sie auch solidarisch sein."
> (SH 29, NGO)

Quelle: eigene Abbildung

Abbildung 8.1 Stakeholder Capabilities und Functionings

8.2   Empirischer Befund II: Stakeholder Capabilities und Functionings als Stakeholder Value

Als Synthese der Wertschöpfungsmodelle ergaben sich nachfolgende Stakeholder Functionings und Capabilities. Hierbei handelt es sich um kommunikationsinduzierte Handlungserfolge und -optionen, die durch das Stakeholder Engagement der Volkswagen AG als Stakeholder Value entstehen. Diese Stakeholder Capabilities und Functionings sind qualitative (deskriptive) Wohlfahrtsfaktoren (Value Driver), die eine Steigerung von Stakeholder-Wohlfahrt durch kommunikative Handlungen von Unternehmen erklären. Sie fungieren als überindividuelle, abstrakte Kategorien und leisten einen theoretisch-konzeptionellen Beitrag zur qualitativen Beschreibung kommunikativer Wertschöpfung für die Stakeholder. Über diesen Mehrwert für die kommunikationswissenschaftliche Theoriebildung hinaus sind sie eine praktische Heuristik für Kommunikatoren, die im Austausch mit externen Stakeholdern stehen. Auf einen Blick zeigen sie, wann die Kommunikation von Unternehmen mit Stakeholdern Mehrwert schafft und attraktiv wird. Insofern lassen sich die Functionings und Capabilities auch als eine positive Prüfheuristik für die Planung und Durchführung von Kommunikationsmaßnahmen im Umgang mit kritischen Expertenöffentlichkeiten verwerten. Um sie für die Anwendung attraktiver zu machen, wurden alle Faktoren mit Icons hinterlegt (vgl. Abb. 8.1).

Eine detaillierte Erläuterung der jeweiligen Wohlfahrtsfaktoren findet sich in den nachfolgenden Tabellen. Die Definitionen sind je abstrakt gehalten und lassen sich für die Theorie und Praxis des Kommunikationsmanagements verwenden.

Zu Functionings (Funktionsweisen) und Capabilities (Verwirklichungschancen) der Stakeholder zählen die folgenden, interaktionsrelevanten *Handlungen und Aktivitäten* ('Doings') (Tabelle 8.1):

Tabelle 8.1 Stakeholder Value: Functionings & Capabilities als Doings

Faktor	Erläuterung
Wissensaufbau	Durch die Interaktion mit dem Unternehmen entsteht Wissen (Handlungswissen, Fachwissen), das die Stakeholder benötigen, um innerhalb ihrer Expertennetzwerke ihre Kompetenz zu demonstrieren bzw. ihre Organisationsmitglieder vertreten zu können.
Programm- entwicklung	Wissen und Expertise werden genutzt, um Programme und politische Positionen zu entwickeln bzw. argumentativ nach außen hin zu vertreten. Programmentwicklung ist dabei nicht gleich "Advocacy". Hierbei geht es in erster Linie um die Erarbeitung von Inhalten als Outputs eines Diskurses (z. B. Positionspapier, Guideline, Policy, Statement).
Positionierung	Im Englischen ist der Begriff der "Advocacy" treffend, um die Komplexität und Pluralität der Einflussnahme organisierter Gruppen auf den Willens- und Meinungsbildungsprozess zum Ausdruck zu bringen. Das deutsche Wort Positionierung kommt dem am Nächsten und zielt auf (politische) Fürsprache und (öffentliche) Multiplikator-Effekte ab.
Vernetzung	Stakeholder bilden berufliche Netzwerke, um sich (politische) Zugänge zu verschaffen, die sie benötigen, um für ihre Mitglieder an politischen Entscheidungsprozessen und fachlicher Konsensfindung teilzuhaben. Berufliche Netzwerkgelegenheiten sind für fast jeden Stakeholder ein zentraler Werttreiber in der Stakeholderkommunikation.
Vermittlung	Nicht alle Stakeholder-Aktivitäten zielen auf politische Positionierungen ab. Oftmals geht es auch um die Auflösung von Konflikten, Meinungsverschiedenheiten oder Gegensätzen, d. h. interne und externe (politische) Mediationsprozesse.

(Fortsetzung)

Tabelle 8.1   (Fortsetzung)

Faktor	Erläuterung
Involvierung	Für viele Befragte war die Einbindung in politische Diskursfelder ein Werttreiber per se. Im Kern geht es hier um kommunikative Teilhabe (Inklusion in Kommunikationen mit Expertenöffentlichkeiten bzw. in Stakeholder-Netzwerke). Diese Teilhabe sichert Zugang, der wiederum notwendig ist, um überhaupt politischen Einfluss ausüben zu können.
Qualifizierung	Wissen wird nicht nur aufgebaut, sondern als fachliche Expertise auch weitervermittelt. Aus-, Fort- und Weiterbildungsangebote der Stakeholder stellen sicher, dass ihre Mitglieder informiert bleiben und Kompetenzen erwerben. Die Teilhabe von Unternehmensvertretern an selbigen ist für viele Stakeholder ein zentraler Werttreiber.
Beratung	Dem Ideal einer objektiven Weitergabe fundierten Wissens und neutralen Feedbacks wird die Praxis kaum gerecht, dennoch sind das Angebot und die Inanspruchnahme von Beratungsleistungen zentrale Aspekte des Stakeholder Value.
Beobachtung	Stakeholder aus den Bereichen NGOs oder Wissenschaft begnügten sich oftmals mit der Rolle eines unabhängigen Beobachters. Sie wollten keine aktive Involvierung in betriebliche Entscheidungsprozesse. Ihre Beziehung zum Unternehmen erschöpft sich in Optionen zur (passiven) Beobachtung und Bewertung von Unternehmensaktivitäten.

Zu Functionings (Funktionsweisen) und Capabilities (Verwirklichungschancen) der Stakeholder zählen die folgenden, interaktionsrelevanten *Zustände* („Beings') (Tabelle 8.2):

Tabelle 8.2   Stakeholder Value: Functionings & Capabilities als Beings

Faktor	Erläuterung
Informiertheit	Die Qualität der Einbindung bzw. Partizipation entscheidet über den Grad der Ausprägung des positiven Gefühls der Informiertheit. Eine tiefgreifende Einflussnahme auf Entscheidungsprozesse war für die Stakeholder sekundär. Stattdessen ging es ihnen in erster Linie um den Zustand einer allgemeinen Informiertheit durch das Unternehmen.

(Fortsetzung)

Tabelle 8.2 (Fortsetzung)

Faktor	Erläuterung
Unabhängigkeit	Fragen der (Un)Abhängigkeit waren für einige Stakeholder von existentieller Bedeutung. Erwartet wurde informationelle Nähe bei gleichzeitig professioneller Distanz. Die Steuerungsversuche des Unternehmens bzw. seiner Sprecher wurden als Vereinnahmung gewertet. Die Befürchtung von Reputationsverlusten und Abhängigkeiten trieb viele Interviewpartner um. Den Zustand ‚unabhängig sein' war für sie eine Grundvoraussetzung für das Gelingen von Stakeholderkommunikation.
Sichtbarkeit	Stakeholder sind Experten und Meinungsführer, die fortlaufend nach Geltung innerhalb ihrer jeweiligen Expertenöffentlichkeiten streben. Wert entsteht für sie vor allem dann, wenn ihnen Volkswagen eine Plattform für Wort- und Debattenbeiträge bietet, die zum Zustand Sichtbarkeit beiträgt. Nur wenn Stakeholder sichtbar sind, können sie Kompetenzen gegenüber ihren Experten-Peers demonstrieren und ihren Einfluss ausüben.
Kompetenz	Indem Stakeholder auf den Kommunikationsforen des Unternehmens agieren, zeigen und validieren sie ihr Expertenwissen. „Kompetent" sein bzw. als solches wahrgenommen zu werden ist ein Werttreiber für sich.
Wertschätzung	Der Begriff ‚Wertschätzung' wurde von den meisten Interviewpartnern thematisiert. Gemeint ist das individuell-subjektive Selbstwertgefühl, welches entsteht, sobald die Stakeholder den Eindruck haben "your opinion matters". Beteiligte erwarteten, dass ihre Präsenz und Expertise vom Unternehmen honoriert wird. Exemplarisch hierfür ist die Aussage: „Persönlich profitiert man immer, wenn man irgendwelche Anerkennungen bekommt, z. B. im Stakeholder-Beirat mitreden darf. Weil das suggeriert auch innerhalb der Organisation: schaut her, das was dort gemacht wird hat einen Wert für uns. D. h. es geht um wechselseitige Wertschätzung. Weil als Thought Leader muss man sich ja auch überlegen, mit wem man zusammenarbeitet. Das ist Wertschätzung." (SH 6, WuF).

(Fortsetzung)

Tabelle 8.2   (Fortsetzung)

Faktor	Erläuterung
Vertrauen & Glaubwürdigkeit	Ein zentraler Stakeholder Value Driver ist zudem die Zuschreibung von Vertrauen und Glaubwürdigkeit. Diese sind ein Ergebnis und die Voraussetzung einer gelungenen Interaktionsbeziehung zwischen dem Unternehmen und seinen externen Stakeholdern.
Finanzierung	Die Akquise finanzieller Mittel trägt maßgeblich zur Steigerung von Stakeholder-Wohlfahrt bei. Für einige Stakeholder war dies sogar das konstitutive Merkmal der Beziehung zu Volkswagen. Finanzierung lässt sich insofern als Verwirklichungschance begreifen, als dass „finanziert sein" positiv besetzt ist, Stakeholder sich jedoch die Option der Inanspruchnahme der Finanzierungsangebote durch Unternehmen vorbehalten möchten.
Konflikt & Kooperation	Das Spannungsfeld Nähe und Distanz bestimmte vielfach das Verhältnis zwischen Unternehmen und Stakeholdern. Einige NGOs gaben zum Beispiel zu verstehen, dass sie sich auch während laufender Dialogprozesse Optionen zur Konfrontation bzw. öffentlichen Skandalisierung vorbehalten. Andere hoben hingegen den grundlegend kooperativen Charakter ihrer Beziehung zum Unternehmen hervor.

Makro-Analyse: Strukturfragmente 9

9.1 Domination und Ressourcen der Stakeholderkommunikation

Die im Folgenden diskutierten Ergebnisse der Makro-Analyse beziehen sich auf Reflexionen des jeweils letzten, gemeinsamen kommunikativen Berührungspunktes der Stakeholder mit VW. Die Exploration von Strukturfragmenten basiert auf ihren Erinnerungen (Recalls) an direkte Kommunikationen über Foren mit Präsenzbindung (Code: „TP1") oder indirekte, vermittelte Kommunikationen (Code: „TP2"). Um die Diskussion nicht zu verzerren, wurden beide Typen von Berührungspunkten getrennt analysiert. Abbildung 9.1 visualisiert die Verteilung der Erinnerung der Stakeholder an kommunikative Berührungspunkte mit Volkswagen. Die Häufigkeiten dienen der Illustration und sind nicht repräsentativ. In Kapitel 2. wurde als Prämisse festgehalten, dass Domination ein Querschnittsphänomen ist. Deshalb werden kategorienspezifische Aspekte in den jeweiligen Teilkapiteln diskutiert und kategorienübergreifende Aspekte zum Schluss zusammengefasst.

9.1.1 Orte, Räume und Zeitpunkte (Locales)

Die Mehrheit der Befragten verortete ihre Kommunikationserlebnisse in den Städten Hannover und Berlin. Der Stakeholder-Austausch fand somit nicht in der Firmenzentrale, sondern in anliegenden Großstädten statt. Dort griff Volkswagen auf seine Konzernrepräsentanzen zurück, repräsentative Orte wie das "Group Forum DRIVE" in Berlin. Berlin sei wegen der Politik die „Stakeholder-Zentrale"

© Der/die Autor(en), exklusiv lizenziert durch Springer Fachmedien Wiesbaden GmbH, ein Teil von Springer Nature 2021
T. Lang, *Stakeholder Engagement Analyse*, AutoUni – Schriftenreihe 153,
https://doi.org/10.1007/978-3-658-33987-6_9

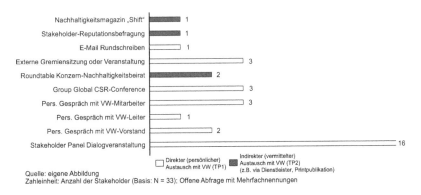

Quelle: eigene Abbildung
Zahleinheit: Anzahl der Stakeholder (Basis: N = 33); Offene Abfrage mit Mehrfachnennungen

Abbildung 9.1 Letzter kommunikativer Berührungspunkt mit VW (Recall)

und Hannover die Hauptstadt des Stammaktionärs Niedersachsen, lautete eine
Begründung (SH 7, WuF). Der Stakeholder-Dialog in Berlin fand in einem „lang-
gezogenen Raum" (SH 14, WuF) und mit parlamentarischer Bestuhlung statt.
In Hannover saßen die Stakeholder hingegen im Halbkreis (SH 17, WuF). Erin-
nert wurde auch, dass in Berlin „ein paar mehr Leute da waren" (SH 17, PuV).
Hieraus lässt sich schließen, dass es sich um ungleich große Foren handelte. Ihre
Größe wurde anhand der Aussagen auf 30 Teilnehmer in Hannover und 50 in
Berlin geschätzt. Das Event in Berlin hatte einen Konferenzcharakter (SH 22,
NGO). Veranstaltungszeitpunkte waren Sommer- und Wintermonate. Volkswa-
gen bot etwa einmal im Halbjahr ein Präsenzformat. Zu den *Bewertungsaspekten
der Ortswahl* durch die Stakeholder zählten Lage, Erlebbarkeit, Bescheidenheit,
Ambiente und Raumaufteilung. Lage bedeutete für sie kriterial gute Erreich-
barkeit und Verkehrsanbindung. Erlebbarkeit meinte, dass Veranstaltungsorte die
Möglichkeiten boten, das Unternehmen und dessen Produkte kennenzulernen. Die
Stakeholder bekamen das Gefühl „wie tickt der Laden?" (SH 22, NGO). Zudem
wurde Wert auf gutes Ambiente gelegt. Das Tagungsgebäude in Berlin wurde
als „gläsern, hell, modern und nicht hemdsärmelig" (SH 9, PuV) beschrieben.
Auch erinnerten die Befragten, dass die Veranstaltungsorte multiple Gesprächsfo-
ren boten. Einer schilderte er sei in Berlin Treppen hochgegangen und habe dort
einen „Back-Room für Stakeholder" betreten (SH 23, PuV). Die Raumaufteilung
bot Rückzugsmöglichkeiten für vertrauliche Gespräche oder Arbeitsgruppen. Ein
weiterer Aspekt war die Angemessenheit der Inszenierung. „Ich fand es nicht
pompös. Es war nicht übertrieben, sondern angemessen. Man hat die Repräsentanz, warum sollte man die nicht nutzen?", sagte ein Befragter (SH 19, WuF).

„Man kann die Leute ja nicht in eine Wellblechhütte führen", so ein Zweiter (SH 17, PuV). „Es strotzt vor dem Willen gute PR zu machen, sich darzustellen, es ist ein Showroom. Das ganze Setting ist ein einziger Showroom. Also ich persönlich brauche weniger Show", kritisierte ein Dritter (SH 12, PuV). Zu den *Bewertungs-aspekten der Raumgestaltung* durch die Stakeholder zählten die diskursive Anlage, die Nähe der Teilnehmer zueinander, der Raumzuschnitt und die Bewegungsfrei-heit. Diskursive Anlage umfasst eine räumliche Ordnung, die Stakeholder zur aktiven Mitarbeit einlud und verhinderte, „dass sie sich zurücklehnen" (SH 14, WuF). Bemängelt wurde diesbezüglich das Berliner Format. Der Raum sei „ein bisschen unglücklich" gewesen, weil man keine Kreisflächen hatte (SH 9, PuV). Langgestreckte Räume schränkten die kommunikative Teilhabemöglichkeit stär-ker ein (SH 12, PuV) und behinderten die Diskussionen (SH 17, PuV). Das Roundtable-Format war aus Stakeholder-Sicht besser, weil hier alle Teilnehmer die gleiche Distanz hatten (SH 31, WuF).

9.1.2 Infrastruktur: Begleitmedien, Dienstleister, Formate

Die Stakeholder-Dialogveranstaltungen wurden mithilfe von Sonderpublikationen vor- und nachbereitet. Ein Befragter schilderte, darüber hinaus seien während des Events Briefingdokumente verteilt worden (SH 10, WuF). Die umfangreichen *Dokumentationen* wurden positiv aufgenommen. Nach Ansicht eines Hochschul-vertreters ist es „immer total wichtig (…), dass man da viel aufschreibt bzw. am Ende was Schriftliches da ist. Da hat man auch das Gefühl, da ist was hängen geblieben. Das ist etwas anderes, wie wenn man einfach nur redet" (SH 31, WuF). Kritisiert wurde, dass die Teilnehmer vorab keine Agenda erhielten (SH 2, WuF).

> „Ich glaube, wenn man Kommunikation auf Augenhöhe haben möchte, dann muss man die Teilnehmer vor der Veranstaltung ein Stück weit vorbereiten. Ihnen die Möglichkeit geben, sich und auch Fragen vorzubereiten. Es ist ja so, dass ein Unter-nehmen bei solchen Veranstaltungen ja auch Erwartungen an Teilnehmer hat. Und möglicherweise großen Wert auf ein kritisches Feedback legt. Wenn man das optimal abschöpfen möchte, dieses kritische Feedback, dann macht es Sinn diese Veranstal-tung mit einem Reservoir an Informationen und Informationsangeboten vorzubereiten, sodass man besser weiß, worum geht es jetzt und wie hat man die Möglichkeit selbst auch bestimmte Kritik und Kritikpunkte, Wünsche, auch Lob loszuwerden." (SH 11, PuV)

Zur Sprache kam außerdem die *Dienstleister-Einbindung*. Im Kern ging es um die Frage, welche Aufgaben Volkswagen übernimmt (Eigenleistungen) und wann und in welchem Umfang Dritte unterstützen (Fremdleistungen). Bei Volkswagen ist der „Stakeholder Panel Dialog" an eine Agentur ausgelagert. Einigen Befragten war unklar, wie diese Aufgabenteilung funktioniert (SH 17, PuV). Umstritten war vor allem das Outsourcing von Kommunikationsakten (z. B. Aussendung von Einladungen). Ein Teilnehmer argumentierte, diese Rolle externer Dienstleister könne ihn nicht überzeugen und dürfe niemals anstelle der direkten Kommunikation mit dem Unternehmen treten (SH 2, WuF). Er erwartete, „dass VW viel mehr persönlicher und weniger über Dienstleister kommuniziert" (SH 2, WuF).

Dritter Schwerpunkt der Erinnerungen an Infrastrukturen waren Aspekte rund um die *Formatgestaltung*. Aus Stakeholder-Sicht handelte es sich bei den Dialogveranstaltungen um ein Format im Stil „das ist jetzt der so und so und [er] hält einen Vortrag über das und das" (SH 22, NGO). Ein Interviewpartner kritisierte hier, der Anteil von Senden und Empfangen müsse umgekehrt werden (SH 31, WuF).

> „Ich will als Stakeholder kein Seminar. Ich will jetzt auch nicht zu Seminaren gehen müssen, wo mir Volkswagen noch sagt, was ich über Volkswagen wissen soll und was ich über das Unternehmen nach außen tragen soll. Das will ich nicht.[…]. Ich will auch nicht um des Diskutieren willens diskutieren. Ich will Gehör. Ich will, dass die das mitnehmen und beim nächsten Mal aufgreifen und sagen: Hey, da kamen so viele Rückmeldungen zu dem Punkt. Wir haben das so und so aufgegriffen. Ich will nicht diskutieren, damit ich eine gute Zeit habe. Ich will diskutieren, dass ich etwas mit verändern kann. Ich will ein Teil des Veränderungsprozesses sein." (SH 22, NGO)

Die frontale Anlage wurde zum Teil aber auch positiv aufgenommen. Einige empfanden ein „klassisches Setting" (SH 9, PuV) als durchaus angemessen.

> „Da habe ich es lieber, dass man mir die Informationen seminarmäßig vorträgt. Weil ich in den Themen kein Experte bin. Ich bin eher ein Netzwerker, gehe auf Veranstaltungen und nehme was mit, denke das bringt uns hier irgendwie weiter. (…). Da hat doch keiner Lust drauf um 16 Uhr da rumzukaspern. Würde mich schon wundern, wenn da viele gesagt haben, sie möchten einen Workshop. Ganz ehrlich: Das kann mir keiner erklären. Ein Verbandsvertreter vom BDI, da kann mir keiner sagen, dass der hier jetzt lieber einen Workshop machen möchte. Die favorisieren eine klare, direkte und gute Informationsversorgung." (SH 20, NGO)

Volkswagens Stakeholder-Dialogveranstaltungen wurden als "old-economy" (SH 22, NGO) bezeichnet. Die Befragten wünschten sich interaktivere und innovative Elemente (SH 22, NGO; SH 31, WuF). Ein neuralgischer Punkt waren die mangelnden *Gelegenheiten zum beruflichen Networking*. Sie wurden auf die Nachgespräche (SH 31, WuF) und Kaffeepausen beschränkt (SH 14, WuF). Aus Sicht der Stakeholder waren die Events „so ein bisschen gequetscht in die Zeit zwischen 11 und 16 Uhr mit Cateringpause" (SH 3, NGO). In der Summe waren sie mit dem Konzept einer Tagesveranstaltung jedoch sehr zufrieden. Insbesondere maßen sie dem Faktor *Kontinuität* viel Bedeutung bei. In der Hinsicht, sagte ein Teilnehmer, müsse Volkswagen noch nachbessern. Man habe im Gegensatz zu Wettbewerbern wenig fortlaufende Kommunikation in eigens dafür geschaffenen Foren (SH 29, NGO). Nicht zuletzt kam es den Stakeholdern auf die stimmige *Gesamtkomposition* an. „Ich habe hunderttausende Workshops in meinem Leben gemacht. Man muss die User-Experience der Leute ganz stark sehen, die da hinkommen. Wie ist das Setting, wie werde ich begrüßt, wie ist die Verabschiedung, usw. Wie werde ich eingeladen, wie werde ich dort angesprochen", sagte ein Stakeholder (SH 22, NGO). Die Befragten thematisierten ferner, welche Rolle *finanzielle Ressourcen* bei der Mitwirkung an den Kommunikationsangeboten hatten. Einem Stakeholder war die Kostentransparenz extrem wichtig. Für Behörden und NGOs sei es üblich, sagte der NGO-Vertreter, auf Einladungen zu schreiben, was ein Event koste, um den Eindruck von Bestechung zu vermeiden und Compliance-Vorgaben einzuhalten (SH 20, NGO). Erwähnt wurden außerdem Aufwandsvergütungen. Die Stakeholder gaben zu verstehen, dass sie zu den VW-Stakeholder-Dialogen bisher stets ehrenamtlich und unentgeltlich kamen (SH 6, WuF), ihnen jedoch auf Anfrage die Reisekosten erstattet wurden (SH 2, WuF).

9.1.3   Agenda- und Zeitmanagement

Eine zentrale autoritative Ressource ist die Verfügung des Unternehmens über die Zeit und Agenden der Kommunikationsangebote. Dies umfasste zunächst Aspekte wie *Terminfindung* und *Einladungspolitik*. Die Befragten gaben zu verstehen, dass sie ihre Einladungen meist zwei Monate im Voraus erhielten (SH 21, WuF). Eine Steuerung fand insofern statt, als dass diese sehr gezielt und nur an ausgewählte Teilnehmer versandt wurden. Ein NGO-Vertreter kritisierte hier das Unternehmen müsse mehr „Betroffene" einladen, „die unten konkret mit den Menschen arbeiten (…) um die Kette sauber zu kriegen" (SH 29, NGO). Reflektiert wurde außerdem die Rolle von *Geheimhaltungsverpflichtungen*. Erkennbar war, dass Stakeholder-Dialogveranstaltungen nicht mit Non-Disclosure-Agreements (NDAs) abgesichert wurden. Ein Punkt war außerdem die *Stakeholder-Einbindung bei der Gestaltung der Agenda*. Diese, sagte ein Befragter, läge alleine in der Hand von Volkswagen. Er wünschte sich im Vorfeld zu prüfen, wer Lust habe hierzu Impulse beizutragen.

In dem Format sollte VW Stakeholder-Koreferate einbauen (SH 10, WuF). Vierter Aspekt war die *Dramaturgie der Dialog-Events*, ihr „rote(r) Faden" (SH 7, WuF). Die Befragten kritisierten hier Unstimmigkeit (SH 7, WuF). Einige Referate passten nicht ins Format (SH 8, PuV). „Ein Thema, dass ich als Hauptthema erwartet hatte, war ja gar nicht auf der Agenda. Und zwischen den Themen gab es zum Teil eine recht kleine Schnittmenge", so ein Teilnehmer (SH 17, PuV). Bei den Agenden wurden drei weitere Dinge problematisiert: *inkongruente, inkonsistente und inkompatible Agenden oder Agenda-Elemente*. Inkongruenz meint eine fehlende Querverbindung zwischen der (nichtöffentlichen) Veranstaltungsagenda und der aktuellen Agenda der Medienberichterstattung. Die Kritik lautete hier, VW sei mit Issues wie „Dieselkrise" und Corporate Governance in den Zeitungen, diese fänden jedoch auf den Stakeholder-Dialogen nicht statt (SH 17, PuV). Inkonsistente Agenden umfasst das Zusammenspiel der Elemente. Aus Stakeholder-Sicht war kein übergeordnetes Narrativ („roter Faden") erkennbar. Inkompatible Agenden meint, dass die Elemente der Agenda bisweilen mit den Stakeholder-Erwartungen unvereinbar waren. Hierzu zählte zum Beispiel der Versuch von VW, das Thema „Dieselkrise" mit einem Impulsreferat über Integritätsmanagement zu adressieren (SH 6, WuF). In ähnliche Richtung gingen die Stakeholder-Erinnerungen an das *Scoping und Framing der Agenda-Elemente*. Ein Teilnehmer bemerkte, ihm waren es „zu viele große Themen" (SH 12, PuV). Im Kern sorgten folgende drei Dinge für Irritation: die Behandlung unwesentlicher Themen, zu große Themen und die Überfrachtung der Agenda. Der erste Punkt wurde bereits erläutert. Der zweite betraf den Abstraktionsgrad und die Komplexität der Themen. „SPRE-CHER immer gleich mit dem Begriff der großen Transformation", sagte zum Beispiel ein Befragter (SH 7, WuF). Er lobte gleichzeitig jedoch, dass die Referate eine neutrale und analytische Perspektive einnahmen („es waren nicht nur irgendwie 'we are the awesome company'" (SH 9, PuV)). Außerdem habe Volkswagen die Inhalte „allgemeinbekömmlich" dargeboten (SH 20, NGOs). „Experten-Slang aus der Branche" gab es nicht (a. a. O.). Der dritte Punkt, Überfrachtung, betraf sowohl die Anzahl der Agenda-Elemente, als auch die Ergebniserwartung der Teilnehmer.

> „Und am Ende rückten die auch damit raus, sie hätten mit uns an dem Tag gerne einen Leitfaden hin zu einem nachhaltigen Automobilsektor entwickelt. An einem Tag. Und gleichzeitig gab es schon den CSR-Bericht, in dem stand 2018 ist VW der nachhaltigste Automobilkonzern der Welt. Sie wollten aber nicht wirklich über die Rohstoffkette reden und haben anscheinend gedacht, dass Ihnen so ein paar Nachhaltigkeitsleute von Unternehmen wie IKEA und NGO-Leute eine Roadmap schreiben. Also das war also schon ziemlich schräg, um es mal vorsichtig zu formulieren." (SH 29, NGO)

Eine autoritative Ressource war auch die Verfügung Volkswagens über das *Zeitmanagement* der Veranstaltungen, denn: „letzten Endes stimmt es natürlich schon. Zeitzuteilung ist Macht. Das sehen wir immer wieder" (SH 14, WuF). Reflektiert wurden Fragen der *Agenda-Treue*, d. h. Abweichungen vom „Fahrplan" der Events (SH 14, WuF). Die Stakeholder kritisierten bei der Dialogveranstaltung in Berlin, dass es aufgrund eines langen Einstiegsvortrages am Ende zur „Drängelei" (SH 3, NGO) und zu *Einkürzungen der Sitzungszeiten* kam. „Da hatte man so das Gefühl, jetzt komm, husch-husch, irgendwie schnell fertig. Na klar, man freut sich auch, wenn es früher fertig ist. Aber das geht nicht. Man kann nicht die Leute einladen und ihnen zuhören und am Ende sagen ich muss jetzt aber schnell zum Bahnhof", lautete die Kritik (SH 31, WuF). Nicht zuletzt problematisierten sie die einseitige Verteilung der *Diskussionszeit* (SH 12, PuV). Einkürzungen führten im Falle der Berliner Veranstaltung dazu, dass Redezeiten ausfielen (SH 8, PuV; SH 14, WuF). Erinnert wurde: „meine Erwartung wäre, dass, wenn es heißt Stakeholder-Dialog, dass der VW-Konzern hier 20 % der Zeit redet und 80 % die Stakeholder. Und eigentlich war es anders herum" (SH 31, WuF). In der Situation waren Agenda und Zeit zumeist einseitig zu Gunsten des Unternehmens verteilt.

9.1.4 Kommunikationsverhalten der Sprecher

Welche Sprecher im Stakeholder Management auftraten, wurde bei den mesoanalytischen Kategorien erörtert (Rollenprofil, Rollenerwartungen). Hier geht es um deren Kommunikationsverhalten. Bewertungssubjekt ist ausschließlich der Leiter Nachhaltigkeit als „Gesicht" der Stakeholder-Dialoge. Erster Reflexionspunkt war dessen hierarchische Aufhängung. Ein Stakeholder bemerkte ihm sei aufgefallen, dass nur die „CSR-Gruppe" an den Events teilgenommen hat und weite Teile des VW-Managements nicht involviert wurden (SH 4, WuF). Ein Zweiter problematisierte, dass zwar „Integrität" als CEO-Thema behandelt wurde, der verantwortliche Vorstand jedoch keine Zeit für die Teilnahme hatte und schloss mit: „da fehlt es mir dann an Wertschätzung" (SH 6, WuF). Die Befragten kritisieren zudem die mangelnde Präsenz von Vorstand und Top-Management auf den Dialog-Events. Sie äußerten allerdings auch Verständnis. „Niemand erwartet, der da zu einem Dialog kommt, dass er persönlich sieben Sätze mit dem Vorstand wechseln wird. Aber die Tatsache, dass es einen Slot für den Vorstand gibt, er ein paar Fragen beantwortet und nach 1 1/2h wieder abreist, ich glaube dafür hätte jeder Verständnis", sagte ein Befragter (SH 8, PuV). Es ging hierbei vor allem um die Glaubwürdigkeit und Verbindlichkeit der Aussagen. Ein Befragter bekräftige was der Vorstand sage sei „belastbar" und auch „aktienrechtlich bewehrt"

(SH 18, PuV). Ein weiterer Punkt war das Auftreten des Sprechers. Er käme mit dem „Management-Habitus" zwar nicht arrogant rüber, trete aber dennoch als Autorität auf (SH 19, WuF). Die Rede war von einem „reifen Mann, der das schon erkennbar lange macht" (SH 23, PuV). Sein distanzierter Kommunikations-stil wirkte auf jüngere Teilnehmer abschreckend. Er wurde beschrieben als „(…) jemand, von dem man am liebsten Wissen absaugen würde, mit dem man aber jetzt nicht das Gefühl hat, ich kann ihm jetzt noch was erzählen. Also für mich war er nicht wirklich nahbar, sondern eher kühl und distanziert" (SH 22, NGO) und „es war halt schon sehr, das hat auch den Grundtonus, wenn sich die Person da vorne hinstellt und erstmal einen Vortrag so hält, wie tatsächlich ein Professor, von dem hat man auch schon gleich Ehrfurcht, wenn die so alt gediegene Profes-soren sind, denkt man sich schon: boa ist der klug und man traut sich kaum noch etwas reinzuwerfen" (a. a. O.). Für die Stakeholder spielten auch das Geschlecht und gehobene Alter eine Rolle.

> „Ich glaube es ist eine Form von männlicher Kommunikation, die da dominiert. (…).
> SPRECHER ist halt eben schon Kontrolle. (…). Seine Souveränität wirkt auf einige
> Teilnehmer einschüchternd. Er steht da mit einer unglaublichen Präsenz und Eloquenz
> vorne und nur wenige trauen sich in diese Arena, die er aufmacht." (SH 23, PuV).

> „Natürlich ist es immer ein Thema bei Volkswagen. Es sind immer weiße Männer 50+.
> Ich fände es super, wenn da endlich mal eine junge Frau stehen würde, weil ich mich
> damit viel mehr identifizieren könnte. Weil bei Volkswagen ist es tendenziell ja schon
> immer im Management und man spürt es auch, in den heiligen Hallen in Wolfsburg:
> Da kommen jetzt diese alten Herren und vor denen machen alle ihren Kniefall. (…).
> Und VW ist da echt old-fashioned." (SH 22, NGO).

Positiv hervorgehoben wurden demgegenüber Aspekte wie *Wissen, Kompetenz, Authentizität* und *rhetorische Fähigkeiten*. Volkswagen stelle, sagte ein Befragter, im Stakeholder-Dialog einen Sprecher nach vorne, der viel Kompetenz ausstrahle (SH 14, WuF). „Und ganz ehrlich: wenn in der jetzigen Situation im Anzug ver-kleidete NGO-Versteher von Volkswagen darstünden und anders kommunizieren würden im Sinne von 'eigentlich bin ich ja jemand wie ihr', das wäre vollkommen deplatziert. Von daher, das finde ich eigentlich sehr passend", so ein Stakeholder (SH 8, PuV). Der Sprecher agierte insgesamt „glaubwürdig" (SH 19, WuF), war „sympathisch" (SH 20, NGO) und wirkte „souverän" (SH 8, PuV).

9.1.5 Versorgung mit Informationen

Alle Interviewpartner wurden gebeten, die Informationsversorgung der Stakeholder durch Volkswagen näher zu beschreiben. Kodiert wurden Aussagen, welche Rückschlüsse auf die Qualität und Quantität der Informationsdarbietung zuließen. Thematisiert wurde einerseits die *Quantität der dargebotenen Informationen*. Ein Befragter sagte, er sei hier „zugetextet" worden (SH 12, PuV). Volkswagen habe anderseits Themen unzureichend vertieft. Ein Zweiter resümierte „(…) natürlich hätte ich mir noch mehr davon gewünscht, weil, wenn ich da einen Tag sitze und das ist dann die eine Info, die dabei rauskommt, dann ist das natürlich ein bisschen wenig" (SH 31, WuF). Schwerpunkt der Recalls waren *qualitative Bewertungsaspekte*. Die Evaluationen fielen hier tendenziell positiv aus. Stakeholder gaben an, von Volkswagen gut informiert worden zu sein (SH 2, WuF; SH 7, WuF). Geäußert wurde zum Beispiel „das war eine offene, transparente und ausreichende Darlegung von Informationen" (SH 7, WuF), „exklusiv, sehr aktuell und strategisch bedeutsam" (SH 31, WuF), „professionell und hochwertig. Auch zeitlich passend und exklusiv. Inhaltlich vor allen Dingen, weil ich Informationen bekommen habe, wo ich gesagt habe: Ah, ok, interessant, jetzt verstehst du wo die hingehen wollen. (…). Also die Absatzzahlen hatten wir ja etwa eine Woche bevor das Heute-Journal sie hatte. Das hatte schon eine Exklusivität gehabt" (SH 14, WuF). „Wir haben in der Tat Informationen bekommen, die wir sonst nicht bekommen hätten. Das muss man hoch anrechnen. Gerade in welchem Detail die Strategie gezeigt wurde, fand ich schon mutig", sagte ein Wissenschaftler (SH 19, WuF). Die positive Resonanz galt auch für Nachbereitungen (SH 18, PuV, SH 20, NGO). Positiv hervorgehoben wurden die *Vertraulichkeit, Offenheit und Exklusivität* der Inhalte. Ein Befragter betonte: „Das ist super-spannendes Zeug, was er da vorgetragen hat. Und es waren Insights. Nicht im Sinne von Insider, sondern Insights" (SH 18, PuV). Eine „sektorale Informationsversorgung" (SH 1, PuV) oder bewusste Zurückhaltung von Informationen stellte kein Befragter fest. In der Hinsicht entsprach das Unternehmen vollends den Erwartungen seiner Stakeholder, die ihren Stakeholder-Status an ein gewisses *Informationsprivileg* geknüpft sahen.

„Meine Zeit ist auch wertvoll. Und wenn ich mich jetzt hinsetze und kriege Sachen, die ich schon durch die Presse gelesen habe, ist das eine Verschwendung meiner Zeit. Ich brauche Dinge, die einen Neuheitswert haben, mir einen gewissen Einblick geben, mir das Gefühl geben, ich bin Teil dieses Ganzen und so werde ich auch behandelt, d.h. ich kriege auch Informationen, das 'behind the curtain' Thema." (SH 22, NGO).

Dieselbe Frage wurde auch Befragten gestellt, die sich an indirekte Berührungspunkte („TP2") erinnerten. Der direkte Vergleich ist aufschlussreich. Wohingegen die Teilnehmer direkter Kommunikationen weitgehend positive Urteile fällten, äußerten sich andere zurückhaltend. Sie behaupteten zwar Volkswagen handhabe die Informationsversorgung „professionell" (SH 24, WuF), bei Projektkooperationen laufe sie sogar „sehr gut" (SH 24, WuF). Im Vergleich zu anderen Automobilherstellern sei Volkswagen jedoch „nicht ganz so gut" (SH 27, WuF). „Also ich habe jetzt nicht das Gefühl, dass ich zu viele Informationen kriege", so ein Stakeholder (SH 9, PuV). Bei vielen Themen wünsche man sich offener, aktiver und direkter informiert zu werden, kritisierte ein Zweiter (SH 13, PuV). Ein NGO-Sprecher unterstellte sogar, Volkswagen mache von der fakultativen Berichtsmöglichkeit Gebrauch und veröffentliche nur Dinge, die nach GRI-Reporting-Standard für das Unternehmen verpflichtend seien (SH 5, NGO). Die Bewertung der Informationsversorgung fiel bei indirekten Kommunikationen deutlich schlechter aus.

9.1.6 Entscheidungskompetenzen

Alle Interviewpartner wurden um eine persönliche Einschätzung ihres Einflusses (Impact) auf Entscheidungsprozesse bei Volkswagen gebeten. Kodiert wurden Aussagen, die Rückschlüsse auf das Gefühl Einfluss nehmen zu können und somit die Stakeholder-Partizipationsqualität zulassen. Fünf von 33 Befragten waren der Ansicht, sie hätten im Rahmen des Engagements Einfluss auf Entscheidungen. Das Spektrum der Antworten reichte von „auf jeden Fall" (SH 18, PuV) über „also ja" (SH 5, NGO) bis hin zu „nein, aber das es manchmal an der Schwelle stand" (SH 4, WuF). Stakeholder-Beispiele für die Ergebnisse dieser Einflussnahme waren Positionswechsel und Gutachten. Hieran erkenne man "Impact" (SH 4, WuF; SH 5, NGO; SH 15, PuV). Ein Impact-Gefühl entstand zum Beispiel durch das Aufgreifen und Verfolgen von Stakeholder-Analysen (z. B. Berichte, Studien) durch Volkswagen. In einem Fall war dies ein Folgegespräch zwischen Stakeholder und Fachreferent (SH 5, NGO). Im zweiten ein direkter, persönlicher Austausch mit einem Abteilungsleiter (SH 33, NGO). „Bislang habe ich schon das Gefühl gehabt, dass die wirklich wichtigen Dinge, die unsere Beziehung auf Dauer ausgemacht haben, dass die weitergegangen sind", bemerkte der Stakeholder (SH 33, NGO). Die Antworten der Befragten, die keinen Einfluss angaben, ließen sich zwei Kategorien zuordnen: einerseits Stakeholder, die kein Impact-Gefühl empfanden, aber erwarteten. Anderseits die, die das Gefühl weder empfanden, noch erwarteten. Unter den Befragten, die kein Impact-Gefühl empfanden und erwarteten, fanden sich Aussagen wie „man darf die Erwartungen an eine solche, ehrenamtliche Tätigkeit allerdings auch nicht zu hoch hängen" (SH 17, PuV). Stakeholder Engagement müsse man als Chance begreifen, Impulse abzugeben und aufzunehmen (a. a. O.). Ein verpflichtendes Momentum wurde verneint. Ein Dritter argumentierte mit reduzierten Erwartungen. Seine Wirkung schätzte er gering ein, weil Entscheidungen nicht am gleichen Tag fielen. Er hob zudem hervor, es sei wichtig, Stakeholder Engagement als Möglichkeit und nicht Muss anzusehen. Freiheit und Ergebnisoffenheit müssten im Austausch stets gewahrt bleiben (SH 7, WuF).

> „Ne, das Gefühl habe ich nicht. Aber das brauche ich auch an der Stelle nicht. Ich muss jetzt nicht für Volkswagen entscheiden. (…). Aber es wäre Best-Case, dass man sagt: man hat seine Ideen reingebracht, hat vielleicht zu neuen Entscheidungen mit beitragen. Wenn dann die neuen Entscheidungen tragbar werden und daraus Konzepte entstehen, ist es natürlich super, wenn man in der weiteren Folge der Umsetzung auch gefragt wird. Wobei das aber in einem losgelösten Prozess sein muss, weil du kannst ja nicht sagen das dafür, ist ja kein Tit-for-Tat." (SH 6, WuF).

Ein NGO-Vertreter sagte er habe den Eindruck, die Dialogveranstaltungen fänden statt, um Dinge mitzunehmen und in das „System Volkswagen" einzuspeisen noch nie gehabt. Es sei für ihn auch unglaubwürdig, ihm zu vermitteln, sein Wortbeitrag liege morgen auf dem Tisch des CEOs und werde sofort umgesetzt. Das sei nicht so, erwarte aber auch niemand (SH 20, NGO). Relevant waren Aussagen von Stakeholdern, die Impact erwarteten, jedoch nicht verspürten. Ein Befragter argumentierte zum Beispiel er fände es schön, wenn Anregungen und Anmerkungen systematisch Eingang in den Konzern fänden (SH 10, WuF). Ein Zweiter betonte, bekäme er den Eindruck, dass seine Mitwirkung nichts bringe, würde er nicht mehr teilnehmen. Die Nachbereitungen der Veranstaltungen sah er als entscheidenden Beitrag zum Impact-Gefühl an (SH 31, WuF). Das Impact-Gefühl war mehrstufig und setzte im Allgemeinen bei Aufmerksamkeit und Bewusstsein für Anliegen an. So sagte ein Stakeholder, für ihn sei es bereits ein Erfolg, wenn er verspüre, dass im Konzern eine Diskussion über seine Themen in Gang gesetzt wurde. Ob er nun daran beteiligt wäre, sei für ihn zweitrangig (SH 1, PuV). Und ein Interviewpartner bemerkte, er würde die Frage realistischerweise mit Nein beantworten. Alles andere erscheine ihm naiv. Sein Beitrag gehe eher in die Richtung: Was Volkswagen noch nicht sehen würde, sei dies und das. Auf diese Weise versuche er, „Themen in die Organisation reinzukriegen" (SH 9, PuV). In vielen Aussagen ging es auch nicht um Einfluss, sondern um die Transparenz der Feedbackprozesse.

> „Natürlich freut es mich aber, wenn transparent gemacht wird, wie damit umgegangen wird, was in diesen Veranstaltungen geschieht. Wobei ich auch sagen muss: ich weiß ja, dass bei so einem Treffen nichts rauskommt, wo man sich am nächsten Morgen um 8 an den Schreibtisch setzt und sagt: Mensch, darauf habe ich jetzt den ganzen Tag gewartet, um das umzusetzen. Wichtig ist, dass man im Gespräch bleibt. Wenn da auch nur ein bis zwei Gedanken diffus hängen bleiben, dann reicht mir das persönlich aus." (SH 2, WuF)

Aufschlussreich war die Bemerkung, dass man ohnehin nie nachvollziehen könne, in welcher Form sich Feedback materialisiere. Jeder nehme etwas aus dem Stakeholder-Dialog mit. Im besten Fall sei es so, dass ein Gedanke hochkäme, der dann ein Papier beeinflusse, das man schreibt oder irgendetwas anderes, was man intern ausarbeite. Der Kreis schließe sich dadurch, dass die Anmerkung zum Wissen desjenigen werde, der die Arbeit mache, argumentierte ein Verbandsvertreter (SH 12, PuV). Die nächste Reifestufe der Stakeholder-Dialoge wurde in mehr Transparenz und Verbindlichkeit gesehen (SH 9, PuV). Einer der Befragten sagte, es gäbe bereits Unternehmen, die ihre Stakeholder-Impulse systematisch aufgreifen und von Event zu Event zeigen, was sie in der Zwischenzeit gemacht haben. Für Stakeholder, die entscheiden müssten, ob sie in das Angebot des Unternehmens investieren, sei es essentiell „zu wissen, was hat ein Unternehmen mitgenommen als Message und in irgendeiner Form eine Kontinuität was ist daraus geworden" (SH 8, PuV). Zwischen den direkten und *indirekten Kommunikationen* gab es keinen nennenswerten Unterschied. „Ich fände es gut, wenn man das Gefühl hat, das führt jetzt zu irgendetwas und man kann am Ende des Tages ein Ergebnis haben", sagte ein Stakeholder (SH 21, WuF). Er gehe zwar nicht davon aus, dass er einen messbaren Einfluss haben könne, hoffe aber darauf, dass etwas hängen bleibe. In dem Bereich der Ideen ließe sich der Einfluss oder die Entscheidungskompetenz ohnehin nicht „tracken", sagte ein Zweiter (SH 24, WuF). Und ein Dritter unterstellte pauschal Volkswagen hätte ohnehin kein ernsthaftes Interesse an den Meinungen der Stakeholder (SH 30, NGO).

9.1.7   Fazit: Stakeholder Engagement und Domination

Stakeholderkommunikation findet entweder am Stammsitz der Unternehmen oder in angrenzenden Metropolen statt. Genutzt werden Räume in repräsentativen Unternehmensgebäuden. Im Fall der Volkswagen AG wurde das Setting als moderat diskursiv beschrieben. Der Konzern bot konferenzähnliche Dialoge und kleinere, am Roundtable-Setting orientierte Formate an. Stakeholder-Dialoge fanden zweimal pro Jahr in repräsentativen *Locales* in an den Stammsitz angrenzenden Metropolen statt. Zu den Stakeholder-Bewertungskriterien für die Gebäude- und Ortswahl zählten Lage, Erlebbarkeit, Bescheidenheit, Ambiente und multiple Arenen. Stakeholder-Bewertungskriterien der Raumgestaltung waren diskursive Komposition, Nähe der Teilnehmer, Raumzuschnitt und Bewegungsfreiheiten. Zu den *(medialen) Infrastrukturen* zählten in erster Linie die Vor- und Nachbereitungen der Dialogveranstaltungen. Volkswagen wurde dafür kritisiert, dass der Konzern im Vorfeld keine Agenden versandte. Die *Einbindung von externen Dienstleistern* ging zudem über eine klassische Unterstützung beim Event-Management hinaus. Die Agentur übernahm kommunikative Aufgaben, die aus Stakeholder-Sicht beim Unternehmen liegen sollten. Erinnerungsfragmente der *Formatgestaltung* waren interaktive Elemente, innovative Elemente, authentisches Auftreten, Networking, professionelle Organisation, Kontinuität von Formaten, Personen und Inhalten sowie Stimmigkeit der Gesamtkomposition. Aus Stakeholder-Sicht trat der Konzern hier eher klassisch auf. Seine Formate waren informativ, jedoch wenig interaktiv und innovativ. Die Angebote wurden jedoch als authentisch wahrgenommen, weil sie zum Gesamteindruck des Unternehmens und dem Stil seiner Sprecher passten. In punkto *Ressourcenzuteilung* erwarteten die Interviewpartner, dass die Unkosten erstattet und Gesamtkosten von Events transparent gemacht werden. Festgestellt wurde auch, dass die Unternehmen über ihre Verteiler und die Einladungspolitik den Teilnehmerkreis vorselektieren. Im Regelfall nahmen Sprecher einflussreicher Organisationen teil, die dem Unternehmen schaden oder nützen. Außerdem lag die Herrschaft über Zeit und Agenden einseitig in den Händen des Unternehmens. Darüber hinaus wirkten sich inkongruente, inkonsistente oder inkompatible Elemente der Agenden negativ und gesprächsverzerrend aus. Die Stakeholder-Aussagen deuten zudem auf eine Ungleichverteilung der Redezeit hin. Es dominierte der Modus „Volkswagen sendet". Einige Schilderungen sind fallspezifisch, lassen sich aber wohl generalisieren. Die Aussagen der Interviewpartner zeigen exemplarisch, wie weit die Herrschaftsgewalt der Unternehmen reicht. Als Herr über Agenda und Zeit war Volkswagen imstande, seine selbst erzeugte Stakeholder-Öffentlichkeit frühzeitig aufzulösen.

Die VW-Sprecher waren Mitglieder aus dem oberen Management. Das Stakeholder Engagement ist ergo Aufgabe der oberen Führungsebene. Dem VW-Sprecher wurde ein autoritäres, nüchternes und distanziertes Auftreten attestiert. Negativ wirkten sich auch Habitus, Geschlecht und Alter aus. Exemplarisch war hier die Aussage eines Stakeholders, er traue sich nicht in die Gesprächsarena. Die Kommunikation wurde zudem als sehr maskulin verstanden. Erinnerungen an Qualität und Quantität der Informationsversorgung der Stakeholder waren jedoch positiv. Hervorgehoben wurden Offenheit, Vertraulichkeit und Exklusivität der Informationsdarbietung. Eine Domination durch Informationsversorgung konnte nicht festgestellt werden. Die Dialogveranstaltungen waren zwar wenig partizipativ, dafür aber informativ. Ein Impact-Gefühl entstand darüber hinaus nicht durch Verhaltensänderungen. Es ging um den Eindruck, Stakeholder-Anregungen, Anmerkungen und Anliegen werden systematisch in das Unternehmen transferiert. Dieses Impact-Empfinden setzte an den unterschiedlichsten Stufen an: Bewusstsein und Aufmerksamkeit für Stakeholder-Themen, Aufnahme von Anregungen und konkrete Erwartungen an die Umsetzung. Diesbezüglich gab es auch keinen Unterschied zwischen direkten und indirekten Kommunikationen.

Aus makroanalytischer Sicht lässt sich anhand dieser Indikatoren insgesamt eine starke Prägung der Stakeholderkommunikation von Volkswagen durch Domination erkennen. Dominationsaspekte äußerten sich in unterschiedlichsten Facetten der Kommunikationssituation. Einen Überblick über die Faktoren liefert die nachfolgende Tabelle. Zu den wesentlichen Dominationsfaktoren zählte die Herrschaft des Unternehmens über die Locales, Zeit und Agenden, das Sprecherverhalten und die Entscheidungsspielräume der mitwirkenden Stakeholder. Ein vergleichsweise schwächer ausgeprägter Dominationsfaktor war die Informationsversorgung. Die Tatsache, dass Volkswagen in der Dimension sehr gut dasteht, ist vor allem dem Umstand geschuldet, dass dies im eigennützigen Interesse des Unternehmens ist. Gutes, verwertbares Feedback für Programme und Initiativen zu erhalten, setzt solide Informationen voraus, weshalb sich die Ausübung von Herrschaft durch das Unternehmen auf andere Dominationsaspekte (z. B. räumliche Anlage, Agenda-Politik, Zeitmanagement) verlagerte (Tabelle 9.1).

Tabelle 9.1 Strukturfragmente: Domination

Dominationsaspekte		Dominationsfaktoren
Herrschaft über Dinge	Locales	Zuschnitt und Aufteilung der Räume; Nähe der Teilnehmer zueinander/zum Referenten; Zugang zu/Lage der Foren.
	Infrastrukturen	Keine Bereitstellung von Agenden im Vorfeld der Events; Frontale Anlage; Wenig Networking-Gelegenheiten; Keine Kostentransparenz; Kommunikation über Dienstleister.
Herrschaft über Menschen	Zeit & Agenden	Unternehmen als Herr über die gesamte Agenda; Zeitverteilung zugunsten des Unternehmens; Scoping & Framing der Veranstaltungsthemen ohne Einbindung der Stakeholder.
	Sprecherverhalten	Nüchternes und autoritäres Auftreten („Manager-Habitus"); Distanzierter, kontrollierter, männlicher Kommunikationsstil.
	Informationsversorgung	Quantitätsprobleme (Über-/Unterversorgung); Qualitativ jedoch hochwertige Information (Vertraulichkeit, Offenheit, Exklusivität, Aktualität, Umfänglichkeit sehr gut bewertet).
	Entscheidungskompetenz	Keine systematische Weitergabe von Stakeholder-Feedback (z. B. interner Berichtsprozess); Keine transparente Dokumentation von Fortschritt und Ergebnis der Interaktionen.

(Fortsetzung)

Tabelle 9.1 (Fortsetzung)

Dominationsaspekte		Dominationsfaktoren
Sonstige	Übergreifende Aspekte (Vgl. Abschnitt 9.4.)	Informations- und Wissensvorsprünge des Unternehmens; Instrumentalisierungsgefühle auf Seiten der Stakeholder; Sprachliche und lebensweltliche Differenzen; Demonstration ökonomischer Potenz durch Volkswagen; Inszenierungsakte.

9.2   Signifikation und Regeln der Stakeholderkommunikation

9.2.1   Abstrakte Integrationsmechanismen (Symbole)

Diejenigen Stakeholder, die sich an direkte Berührungspunkte („TP1") erinnerten wurden gefragt, mit welcher Symbolik Volkswagen in den Präsenzforen arbeitet. Kodiert wurden Aussagen, die Rückschlüsse auf den Einsatz abstrakter Integrationsmechanismen wie Logos oder Slogans zuließen. Bei den *Logos* wurden das der „Volkswagen Group" erinnert. Dessen Einsatz war „nicht unangenehm auffällig", sondern „schwer in Ordnung" (SH 23, PuV). Zudem erinnerten die Befragten das Markenlogo „Volkswagen" (SH 22, NGO), das der Repräsentanz Berlin "DRIVE Group Forum" sowie das Eco-Label "Think Blue" (SH 1, PuV). Bei den *Slogans* erinnerten sie sich nur an die Konzernstrategie "TOGETHER 2025" (SH 11, PuV). „(…) die Symbolik sind sozusagen die Versuche konzernseitig sozusagen so Oberbegriffe für die neue Strategie 'Together' und so zu platzieren", diagnostizierte ein Befragter (SH 3, NGO). Die Symbole seien nicht tendenziös, sondern dienten der Anschaulichkeit, sagte ein Zweiter (SH 1, PuV). „Sonderlich proaktives Branding hat VW da jetzt nicht betrieben", so ein Dritter (SH 19, WuF). Die Stakeholder erinnerten zum Beispiel „in Berlin gibt es Läden, die viel protziger auftreten" (SH 23, PuV) oder „ich habe wenig Branding wahrgenommen" (SH 14, WuF) und „die Symbolik ist angemessen. Ich habe sogar das Gefühl, dass man sich bemüht, diese Symbolik nicht zu wertig werden zu lassen, weil wenn, ich sage mal, wenn ich zur Munich RE oder so gehe, da erwarte ich vielleicht Edelhölzer oder ähnliches" (SH 2, WuF). Das Unternehmen arbeite mit

bekannten Symbolen, um die Erkennbarkeit nach innen und außen zu gewährleisten, stellte ein Befragter fest (SH 1, PuV). Häufig wurde der Einsatz von Logos
in Verbindung mit der Präsentation von Zukunftstechnologien und neuen Produkten erinnert (z. B. Volkswagens E-Mobility-Logo „ID.") (SH 10, WuF). Insgesamt
war bei der Stakeholderkommunikation ein sehr reduzierter Einsatz von Symbolik
zu erkennen.

9.2.2 Stil und Image der Kommunikation (Diskursregeln)

Befragte, die direkte Kommunikationen („TP1") erinnerten, wurden gebeten den
Kommunikationsstil von Volkswagen so zu beschreiben, wie sie ihn erlebt hatten.
Sofern Stakeholder indirekte Kommunikationen („TP2") erinnerten, wurden sie
stattdessen gebeten ihr persönliches Image der Konzernkommunikation allgemein
zu beschreiben. Bei der Skizzierung des *Kommunikationsstils* fielen Zuschreibungen wie „pragmatisch, technisch, sachlich" (SH 1, PuV), „konservativ, aber
konsistent" (SH 7, WuF), „professionell, konventionell" (SH 9, PuV), „unprä-
tentiös, informativ" (SH 10, WuF), „informativ begrenzt, selbstkritisch äußerst
begrenzt" (SH 17, PuV) oder „steif" (SH 30, NGO). „Da haben sich Inge-
nieure unterhalten und da dominierte einfach das Diagramm, sage ich mal ganz
klar", bemerkte ein Befragter (SH 1, PuV). Die Zitate deuteten darauf hin,
dass ein sachlich-informationsorientierter Stil vorherrschte, der von technisch-
ökonomischen Argumentationslinien geprägt war. Ferner wurden Elemente von
top-down-Kommunikationen erinnert. Ein NGO-Vertreter argumentierte zum Beispiel: „wenn ich mit den Leuten spreche habe ich das Gefühl, dass die immer
auf den Chef achten, was der gerade denkt und immer Angst vor Abweichung
haben, während ich mit anderen Ansprechpartnern da auch einfach mal locker
und informell sprechen kann" (SH 30, NGO). Vereinzelt sprachen Stakeholder
von „Zweiwegekommunikation" (SH 5, NGO; SH 10, WuF; SH 14, WuF). In
den Interviews fielen unter anderem Schlagworte wie „Frontalunterricht" (SH 19,
WuF), „Frontalbeschallung" (SH 17, PuV; SH 23, PuV) oder „Druckbetankung"
(SH 19, WuF). „Es war ein bisschen mehr Stakeholder-Seminar als Stakeholder-
Dialog", lautete eine Aussage (SH 8, PuV). „Man konnte sich zwar am Schluss
melden und Dinge sagen, aber das war zu wenig. Also der Konzern informiert und
zeigt, aber er hört jetzt nicht so zu", bemerkte ein zweiter Befragter zu den Dialogveranstaltungen (SH 19, WuF). Präsentationen waren erfolgslastig und wenig
selbstkritisch (SH 12, PuV). Ein Teilnehmer hatte zwar nicht das Gefühl, Volkswagen versuche, ein bestimmtes Bild zu verstetigen oder zu verfestigen (SH 4,
WuF). Dennoch kam es zu Irritationen. Auslöser war die kontrollierte Offenheit

der VW-Sprecher. Ein Stakeholder rügte hier zum Beispiel, dass sich die Kommunikatoren kaum aus ihren „Sprachkorsetten" (SH 18, PuV) herauswagten. Und ein Zweiter hielt fest: „Ich habe schon den Eindruck, dass da gewisse Linien da waren, über die man nicht offen diskutiert, weil sie eben bestimmte, vielleicht Compliance-Regeln verletzen würde (…)" (SH 6, WuF). Er deutete die bewusste Zurückhaltung der VW-Sprecher auch als ein Indiz für das mangelnde Vertrauen selbiger in seine kritische Beratungsrolle.

> „Es hat im Ansatz schon den Anschein gehabt, als ob Reflexion passiert, in der letzten Konsequenz war es aber dann trotzdem nicht so. Es hat sich zumindest am Ende des Tages nicht so angefühlt. (…). Auf der einen Seite ging es gut los, mit ah ok, es passiert Reflexion und was hat man daraus gelernt und was sind neue Sachen, die man dadurch anstößt. Es hat nicht die Tiefe erreicht, die ich mir da gewünscht hätte. Und auf der anderen Seite wurden harte Zahlen, Daten, Fakten durchexerziert." (SH 22, NGO).

Man habe, so ein Teilnehmer, allerdings zu keinem Zeitpunkt das Gefühl gehabt, Volkswagen stülpe seine Machtstrukturen auf die Stakeholder über (SH 4, WuF). „Ich würde jetzt nicht sagen wollen und das fand ich auch gut, dass man da jetzt versucht, uns Rezipienten ein oder zwei Messages in den Kopf zu knallen und dafür drei oder vier verschiedene Referenten nutzt, die dann alle. Das ist nicht der Stil gewesen", so ein Befragter (SH 23, PuV). Ein Zweiter hob hervor, er habe niemals den Eindruck gehabt, dass Volkswagen ihn in eine bestimmte Richtung dränge (SH 1, PuV). Die analytische Vortragsweise wurde positiv aufgenommen. Es sei, so fasste es ein Interviewpartner zusammen, darum gegangen, Fachthemen zu diskutieren (SH 9, PuV). Auch der Aspekt persönlicher Wertschätzung wurde positiv aufgenommen. Bezeichnend war die Aussage eines Stakeholders, er halte die Gesprächsbereitschaft nicht aufgrund der Pflicht aufrecht (SH 2, WuF). Volkswagen mache, so sein Fazit, auf der persönlichen Ebene einen „vernünftigen Job" (a. a. O.). Diese persönliche Wertschätzung führten die meisten Stakeholder auf die direkte Bekanntschaft mit Sprechern von VW zurück (SH 9, PuV). Exemplarisch hierfür waren Aussagen wie „es hängt sehr von meiner Intuition ab, habe ich auch das Gefühl, wenn ich dort hinfahre, dass man als Person wertgeschätzt wird und dass die Dinge, die man macht, auch einen Impact generieren" (SH 6, WuF).

Vergleicht man solche Aussagen mit dem *Image der Unternehmenskommunikation* („TP2") vervollständigt sich das Bild. Die Befragen nannten Zuschreibungen wie „sicherheitsorientiert" (SH 21, WuF), „verschlossen" (SH 21, WuF), „ingenieurslastig, nüchtern, sachlich" (SH 27, WuF), „zurückhaltend. Definitiv, strategisch motiviert. Defensiv ist passend. Wenig kreativ" (SH 25, NGO) und

„konservativ, eher zurückhaltend, nicht dynamisch im Sinne von sehr interaktiv" (SH 33, NGO). Volkswagen verhalte sich „wie ein ruhiger Tanker, den selbst ein riesen Skandal nicht aus der Welle wirft", so ein Wissenschaftler (SH 21, WuF). Die Produktwerbung habe zu lange alle Außenkommunikation dominiert (ebd.). Überdies wurde auf einen prinzipiellen Mangel an Emotionalität verwiesen. Ein Professor hierzu: „mir fehlt manchmal, um es mal so auszulegen, in der Kommunikation so ein bisschen die Begeisterung für das Thema. Und auch der Faktor Mensch" (SH 27, WuF). Zum Abschluss muss erwähnt werden, dass der Faktor Person hohe Bedeutung einnahm. In vielen Aussagen fanden sich Differenzierungen zwischen der organisationalen und interpersonellen Ebene. Ein Interviewpartner beschrieb die Interaktionen mit dem Leiter Nachhaltigkeit zum Beispiel als „Insel der Glückseligkeit, wo alles ok ist und ich mir denke, wir verstehen uns, sind auf einer Wellenlänge" (SH 33, NGO). Im Gegensatz dazu war der Austausch mit der systemischen Entität „Volkswagen AG" über indirekte und vermittelte Berührungspunkte oftmals von Ambivalenzen und Spannungen gekennzeichnet.

9.2.3 Thematisierung (Kernbotschaften)

Die Stakeholder wurden überdies gefragt, an welche Kernbotschaften und Themen von Volkswagen sie sich erinnerten. Kodiert wurden Aussagen, die Rückschlüsse auf Schlüsselnarrative des Stakeholder Engagements zulassen. Diese Recalls von „TP1" und „TP2" wurden im Gegensatz zu den anderen Kodierungen zusammengeführt und in ihrer Gesamtheit betrachtet. Insgesamt konnten *drei übergeordnete Narrative der VW-Stakeholderkommunikation* identifiziert werden:

1) Fortschritt und Wandel: der erste Strang beinhaltet Narrative, die sich um den Kurswechsel des Unternehmens (Transformation, Veränderung, Neuausrichtung) drehten. Die Stakeholder erinnerten zum Beispiel folgende Botschaften:

> „Also die Geschichte ist sicherlich 'wir wandeln uns wirklich'. So habe ich es schon wahrgenommen. Wir haben harte Zeiten, sind durch harte Zeiten gegangen und blicken jetzt nach vorne. (…) das ist jetzt nicht alles Krise hier, sondern wir haben einen Plan von der Zukunft und gehen den auch selbstbewusst an." (SH 9, PuV)

> „Wir sind zurück. Und ein Zukunftsweg, den es vor drei oder zwei Jahren von Volkswagen so nicht gegeben hätte. Eine völlig andere Richtung, die jetzt eingeschlagen und auch konsequent umgesetzt wird." (SH 14, WuF)

> „Hängen geblieben ist 'we are on the way'. Wir haben uns auf den Weg begeben und noch eine Phase, in der wir, ich sage es jetzt mal ganz direkt, auf den Hybrid setzen

müssen, weil wir sonst die Brücke nicht schlagen können, aber danach geht es richtig los. Und darauf können Sie sich verlassen." (SH 23, PuV)

Einige dieser Botschaften enthielten Erinnerungen an die Unternehmensstrategie "TOGETHER 2025" oder an technologische Trends (Digitalisierung, Elektromobilität). Glaubhaft waren diese Narrative jedoch nicht. Ein Stakeholder kritisierte, die Aussagen seien widersprüchlich. Volkswagen benenne die Größe der Herausforderung rhetorisch, die Umsetzung bleibe aber „blutleer" (SH 12, PuV). Er sagte „(…) für mich liegt die Veränderung maximal darin, dass man klassische Werte wieder betont, die Dinge, mit denen man Volkswagen früher assoziiert hat. Das solide, bodenständige Familienauto der Deutschen. Und nicht das ökologisch innovative Produkt" (ebd.). Ein Zweiter stellte heraus: „auf der einen Seite sagt man, man hat sich komplett geändert, auf der anderen Seite hat sich aber faktisch ganz wenig getan" (SH 30, NGO). Kritikpunkte waren Inkonsistenzen zwischen dem Unternehmensverhalten und den Botschaften. Ein Wissenschaftler erinnerte sich zum Beispiel daran, dass Volkswagen nun massiv in Elektromobilität investiere. Er sprach von einer „Utopie", weil viele Aspekte (z. B. Netzabdeckung, Batterien, Stromeinspeisung) unklar blieben (a. a. O.). Zum einen kommuniziere Volkswagen Investitionen und den Anspruch auf Technologieführerschaft. Anderseits seien die Verbrenner Cash Cows und VW pumpe noch heute viel Geld in diese Technologie (SH 14, WuF). Die Stakeholder vermissten zudem „was mir in der Tat noch ein bisschen mehr fehlt, ist dieses ‚wir haben verstanden' nach dem Motto, dass Integrität und Vertrauen etwas wirklich Wichtiges ist", so ein Befragter (SH 24, WuF). Gerügt wurde zudem, dass die Botschaften wenig selbstkritisch und durchgehend positiv waren (SH 19, WuF). Der stete Blick in die Zukunft erzeugte Skepsis. Ein Interviewpartner äußerte diesbezüglich: „Ich muss nicht immer über Nachhaltigkeitsmanagement 4.0 der Zukunft sprechen, sondern es reicht zu sagen: was haben wir für Fragen im Unternehmen" (SH 12, PuV). Die prinzipielle Zukunftsorientierung vieler Botschaften war ein zentrales Strukturmuster der Narrative.

„Also ich habe das Gefühl es dominiert die Zukunft. Das ist für mich inhaltlich sehr spannend. Und normalerweise ist es ja auch das, was man fordert, gemeinsam in die Zukunft zu denken. Ich empfinde es aber gerade bei VW nicht so angemessen, wie es sein könnte. Aus dem ganz einfachen Grund, weil wir ein Status Quo haben, der mit vielen Problemen beladen ist, wo ich persönlich noch nicht das Gefühl habe, dass er entsprechend aufbereitet, analysiert worden ist. (…). Es geht gar nicht darum, die ganze Zeit mea culpa von VW zu hören. Ich gehöre auch nicht zu den ewigen Mahnern. Mir geht es eher darum, dass man irgendwie versucht, daran zu arbeiten und Hilfe annimmt, wie man eigentlich dort hingekommen ist. Also eine Prospektivität, aber eben auch die Retrospektive. Ich hätte gerne beides. Ich will gerade bei VW auch wissen, hat man verstanden wie man dorthin gekommen ist. Und hat man erkannt, wie man dorthin gekommen ist. Und wenn ja, welche Schlüsse hat man gezogen. Ich weiß es ja selber nicht, wie man da hingekommen ist. Das erschien mir häufig nicht die höchste Priorität zu haben. Man will eigentlich möglichst schnell diese Sachen ad acta legen. Und deshalb thematisiert man sehr, sehr stark nur Zukunftsfragen." (SH 2, WuF)

2) Erfolg und (wirtschaftliche) Stärke: der zweite Strang beinhaltet Narrative, die sich um die Thematisierung wirtschaftlicher Leistungsfähigkeit rankten. Die Befragten erinnerten zum Beispiel folgende Botschaften:

„Es war zwar ein großer Fehler, es kostet viel Geld, aber der VW-Konzern ist mitnichten am Ende pleite, insolvent schon gar nicht. Ich habe auch ein mitschwingendes Selbstbewusstsein wahrgenommen. Zurück zu alter Stärke. Es wurden ja gute Finanzkennzahlen vorgestellt. Es war eine Mischung aus: ja, wir haben verstanden, haben Fehler gemacht, sind jetzt aber auf dem Weg plus das Selbstvertrauen." (SH 19, WuF)

„SPRECHER hat auf dem Panel-Dialog ja eine sehr ausführliche Präsentation mit vielen Zahlen gezeigt, die gezeigt haben Krise hin oder her, Volkswagen geht es super, Krise vorbei, können wir also lassen." (SH 12, PuV)

„Ja, frei nach dem Motto: wir haben das jetzt aufgearbeitet, wir sind mit neuen Produkten da, die Finanzkennzahlen stimmen wieder. (…). Zu Beginn war es eben die Darstellung, eigentlich ist ja wieder alles gut. Die Zahlen passen." (SH 20, NGO)

Nucleus dieses Narratives ist der ökonomische Erfolg, festgemacht an Finanz- und Absatzkennzahlen. Erneut gab es jedoch Inkonsistenzen zwischen dem Unternehmensverhalten und den Kernbotschaften. Ein NGO-Vertreter sagte hierzu, er habe eine Schere im Kopf zwischen dem, was er durch die Unternehmenspublizität vermittelt bekäme und dem, was er aktuell in der Wochenzeitung DIE ZEIT über die finanzielle Lage des Konzerns lese (SH 29, NGO). Kritik entzündete sich auch an der vielen positiven Selbstdarstellung. „Die Grenze von Selbstbewusstsein und Selbstüberschätzung ist manchmal fließend. Dieser Gedanke ging mir dann schon durch den Kopf. Wieso denken die Jungs jetzt wieder, dass sie ganz vorne mitspielen und richtig gut Geld verdienen?", so ein Befragter (SH 19, WuF). Ein NGO-Sprecher rügte, dies stehe für die „Glorifizierung der eigenen Handlungen und nicht so klar definierte Ziele" (SH 5, NGO). Ein Weiterer sah in der Botschaft das Credo „wir sind der Größte und der Beste" (SH 13, PuV). Ein Dritter erinnerte: „also für mich war der Mehrwert, erstens zu sehen, wie selbstbewusst das Unternehmen nach zwei Jahren wieder dasteht. Wie wenig Anlass es auch gibt ein ‚mea culpa' auszusprechen. Es gibt keinen Druck, das zu tun" (SH 12, PuV).

3) Schuld, Sühne und Demut: der dritte Strang beinhaltet Narrative, die sich um Schuld, Sühne, Aufklärung und Entschädigung im Kontext der „Dieselkrise" drehten. Die Interviewpartner erinnerten zum Beispiel folgende Botschaften:

> „Ist vielleicht vom Grundgedanken her: wir sind die Guten, können wir uns jetzt endlich wieder alle liebhaben und normal miteinander umgehen?" (SH 19, WuF)

> „Die Geschichte, die erzählt wurde war: wir haben dazu gelernt, wir machen es besser." (SH 11, PuV)

> „Der Kontext ist klar gewesen, dass da ganz deutlich kommuniziert wurde, wir sind uns darüber im Klaren, dass vieles schiefgelaufen ist, auch bis an den jüngsten Rand, das ist ja auch explizit von SPRECHER formuliert worden." (SH 23, PuV)

Volkswagen setzte bei seinen Stakeholder Engagements auf positive Botschaften. Selbstbewusst argumentierte der Konzern mit Fortschritt, Erfolg, Transformation und Wandel. Ein Stakeholder bezeichnete dies griffig als „Argumentationsstruktur des Vermeidens" (SH 2, WuF). Die positiv-progressive Färbung der Botschaften wurde kritisiert. „Ich merke immer noch oder es scheint so durchzublitzen, immer dieser Wunsch auf jeden Fall sicherzustellen, dass man sich gut darstellt", sagte ein Verbandsvertreter (SH 12, PuV). Den Befragten fehlten hier Narrative, die auf Selbstkritik abzielten und Demut zum Ausdruck bringen. Sie erwarteten aber nicht nur „mea culpa", sondern wollten über gegenwärtige Herausforderungen umfassend informiert und ehrlich aufgeklärt werden.

> „Gut, es hat jetzt keiner einen Vortrag darüber erwartet wie scheiße die Dieselkrise war. Man hätte es womöglich erwähnen können, ohne es riesig zum Thema zu machen. Das hätte sicherlich den ein oder anderen interessiert, ok wie ist denn jetzt eigentlich die Selbstreflexion, was haben wir daraus gelernt und wo sind die Punkte, wo man sagt, das ist falsch dargestellt worden." (SH 20, NGO)

Innerhalb der drei Botschaftskomplexe gab es aus Stakeholder-Sicht zudem auch *Inkonsistenzen und Inkongruenzen*. Einerseits Inkonsistenzen zwischen dem realen Unternehmensverhalten und der Rhetorik der VW-Sprecher gegenüber Stakeholdern, andererseits Inkongruenzen zwischen der Darstellung des Konzerns in der Medienberichterstattung und den Botschaften des Stakeholder Engagements. Ein Beispiel ist die Elektromobilitätsinitiative „Roadmap E". Im Stakeholder Engagement wurde Elektromobilität als erfolgskritische Zukunftstechnologie dargestellt. In der bestehenden Produktpolitik und aus der Perspektive eines Endkunden hält das Unternehmen jedoch weiterhin an der Verbrennungstechnologie fest.

„Das war wieder dieses typische Automobilkonzern-Ding. Jetzt wollen wir es doch machen und dann aber gleich Weltmarktführer werden. Aber wiederum kein Commitment zu den politischen Maßnahmen abgeben, also z.B. Quote für E-Autos. Was für mich sehr entlarvend ist (…)." (SH 31, WuF)

Eine solche Haltung sei unehrlich und erzeuge, so der Wissenschaftler, weder den Eindruck einer schlüssigen Gesamtstrategie, noch tiefgreifender Veränderungsbereitschaft (SH 31, WuF). Volkswagen versuche, so die Feststellung, mit positiven und progressiven Botschaften bei Stakeholdern Deutungshoheit zu erlangen.

„Wir sind jetzt voll initiativ bei Elektromobilität und haben das alles im Griff. Aber für mich war das nicht glaubhaft. Für mich als Expertin auf diesem Gebiet nicht, nein, weil es mit einigen Handlungen nicht zusammenpasst und eben auch dann, wie gesagt meine Nachfrage nach der, diese Frage sind Sie denn dafür, dass wir eine Quote für Elektro-Autos bekommen, dann so beantwortet wurde mit: das wissen wir jetzt nicht so genau. Und da brauchen wir noch länger. Und das ist für mich einfach nicht glaubwürdig, weil ich weiß, dass so ein Konzern wie Volkswagen sehr schnell bei Entscheidungen sein kann, wenn es wirklich wichtig ist. Und es kann nicht sein, dass die über ein Thema wie Elektromobilität und eine Elektrostrategie erst seit ein paar Wochen nachdenken und noch nicht so weit sind." (SH 31, WuF)

Ein verbreitetes Antwortmuster war nicht zuletzt, dass Unternehmensbotschaften nicht vertraut wurde, den Botschaften des Sprechers jedoch schon. Beispielhaft ist hier die Aussage: „Das hat ja zwei Ebenen. Auf der persönlichen Ebene, das was SPRECHER sagt. Das war glaubwürdig. Ihm habe ich das abgenommen. Aber ob der Konzern das bis 2025 auch wirklich realisieren kann…." (SH 19, WuF).

9.2.4 Fazit: Stakeholder Engagement und Signifikation

Bei seinen direkten Kommunikationen („TP1") setzte VW abstrakte Integrationsmechanismen und „Branding" reduziert ein. Zum Einsatz kamen Logos, Slogans und Labels. Diese fungierten als (kognitive) Stützhilfen für Botschaften. Sofern Symbolik zum Einsatz kam, handelte es sich dabei um Artefakte, die allgemein verständlich und bekannt waren. Sie dienten dazu, Botschaften des Wandels oder der Stärke zu unterstreichen. Die Stakeholder, die sich an direkte Kommunikation erinnerten, beschrieben den Kommunikationsstil von Volkswagen ambivalent bis negativ. Hier fielen Attribute wie technisch, nüchtern, konservativ, top-down, einseitig oder defensiv. Kritisiert wurde, dass die Sprecher oft an Sprachregelungen festhalten. Die Beschreibung des Kommunikationsimages wich nicht nennenswert von diesem Muster ab. Aus diesen Aussagen ließ sich eine einseitig-informative Grundorientierung der Kommunikation herauslesen. Die Analyse der Thematisierung ergab drei übergeordnete Muster. An erster Stelle standen, gemessen an den Häufigkeiten, Narrative des Wandels und Fortschritts. An zweiter Stelle standen Narrative des Erfolgs und wirtschaftlicher Stärke und an dritter Stelle Narrative der Schuld, Sühne und Demut. Letztere waren zwar vorhanden, aber vergleichsweise schwächer ausgeprägt. Positive Selbstdarstellung überwogen. Aus makroanalytischer Sicht lässt sich anhand der empirischen Befunde eine starke Prägung der Stakeholderkommunikation von Volkswagen durch Elemente der Signifikation erkennen. Signifikationsaspekte wurden überaus häufig erinnert. Einen Überblick liefert nachfolgende Tabelle. Zu den Signifikationsaspekten zählten auch positive Kernbotschaften des Unternehmens und der Versuch, den Austausch über Argumentations- und Deutungsmuster zu steuern. Über Versäumnisse und Herausforderungen wurde nicht gesprochen. Stattdessen legte der VW-Konzern Wert auf die Kommunikation von Erfolg, Wandel und ökonomische Stärke. Beim Einsatz von Symbolen verhielt er sich im Allgemeinen außerdem zurückhaltend (Tabelle 9.2).

Tabelle 9.2 Strukturfragmente: Signifikation

Signifikationsaspekte		Signifikationsfaktoren
Abstrakte Integrationsmechanismen („Symbole")	Logos, Icons	Reduzierter Einsatz von Logos (z. B. Marke VW) mit Ziel der Anschaulichkeit (z. B. Zukunftsthemen).
	Slogans, Claims	Reduzierter Einsatz von Slogans und Claims mit Ziel der Erkennbarkeit nach Innen und Außen.
Diskursregeln	Argumentationsstil, Kommunikationsstil, Kommunikationsimage	Kontrollierte Offenheit durch Festhalten an Sprachregelungen; Diskurs war sachlich-informationsorientiert, technisch-ökonomisch, top-down, defensiv, monologisch, passiv; jedoch auch exklusiv, informativ, professionell.

(Fortsetzung)

Tabelle 9.2 (Fortsetzung)

Signifikationsaspekte		Signifikationsfaktoren
Thematisierung	Deutung und Interpretation: Narrative und zentrale Botschaften	Positiv-progressive Schlüsselnarrative: 1) Fortschritt und Wandel, 2) Erfolg und wirtschaftliche Stärke; Nachgeordnet Narrative mit Bezug auf 3) Schuld, Sühne, Demut; "Argumentationsstruktur des Vermeidens" (SH 2, WuF); Inkonsistenzen zwischen Botschaften des Unternehmens und der Medienberichterstattung (z. B. Fortschritt bei E-Mobility vs. Entschädigungen von Diesel-Kunden).

9.3 Legitimation und Regeln der Stakeholderkommunikation

9.3.1 Informelle (Umgangsregeln) und formelle Regeln für das Stakeholder Management (Gesetze, Standards, Guidelines)

Unabhängig von den Erinnerungen an die letzte Kommunikationssituation wurden alle Stakeholder gefragt, welche Normen ihrer Ansicht nach für das Stakeholder Engagement gelten. Bei den *informellen Regeln* wurden einerseits *Umgangs- und Benimmregeln (Etikette)* genannt. Fielen Aussagen, waren sie wenig detailliert. Die Befragten erklärten „Etikette im engeren Sinne habe ich natürlich überhaupt kein Problem. Die ist absolut vorbildlich, aber das erwarte ich auch" (SH 2, WuF) oder „über Umgangsformen, darüber spreche ich gar nicht. Das ist völlig normal. Das Thema ist noch nie aufgetaucht" (SH 1, PuV). Darüber hinaus verwies die Mehrzahl der Befragten auf die *Chatham House Rule*. Dabei handelt es sich um die Gesprächsregel des gleichnamigen britischen Think-Tanks, die Teilnehmern Vertraulichkeit und Anonymität garantiert. Seit 1927 lautet sie im Original: "when a meeting, or part thereof, is held under the Chatham House Rule, participants are free to use the information received, but neither the identity nor the affiliation of the speaker(s), nor that of any other participant, may be revealed" (Chatham House, 2019). Bei der Auslegung gibt es zwei Optionen:

im strengen Sinn dürfen die Stakeholder nicht erwähnen, dass sie vom Unternehmen überhaupt Informationen erhalten haben. Im weiten Sinn dürfen sie über den Erhalt und die Informationen sprechen, diese aber nicht auf Informanten beziehen. Bei der Erinnerung an *formelle Regeln* ergab sich hingegen ein differenzierteres Bild. Ein Teil der Stakeholder gab zu verstehen, dass sie diese Regelwerke des Stakeholder Managements nicht oder unzureichend kennen. Etwa ein Drittel der Befragten zählte zu dieser Gruppe. Ihre Antworten reichten von „da gibt es nichts" (SH 22, NGO) und „ich kenne keine offizielle politische Regulierung dazu" (SH 15, PuV) bis hin zu „wenn, dann habe ich mich noch nie damit befasst" (SH 8, PuV). Sie vermuteten aber, dass Volkswagen über *interne Richtlinien* verfügt und der Stakeholder-Dialog in der CSR-Berichtspflicht vorkommt (SH 30, NGO). Ein Hochschulprofessor sagte, es gehe dabei um *soft-laws*. Seitens des Gesetzgebers kenne er keine Vorgaben. Er erwarte jedoch, das sich Volkswagen an die gängigen Standards halte. Blinde Flecken könne VW sich gar nicht erlauben. Er müsse bei jedem Standard erklären, ob er sich anschließe, oder nicht und warum und wie er umgesetzt werde (SH 2, WuF). Etwa zwei Drittel der Befragten waren zudem im Stande konkrete Regelwerke zu benennen. Zu den wesentlichen gesetzliche Regeln zählten die Stakeholder für den Austausch mit Investoren und Analysten das *Aktiengesetz* (SH 18, PuV), mit Wettbewerbern das *Kartellrecht* (SH 15, PuV) und sonst das *CSR-Richtlinien-Umsetzungsgesetz (CSR-RUG)*. Letzteres verpflichtet auf die Abgabe einer nichtfinanziellen Erklärung. Das Gesetz regelt zwar nicht den Umgang mit Stakeholdern, legt jedoch die berichtspflichtigen Inhalte der Austauschbeziehung fest. Darüber hinaus wurden *Kooperationsvereinbarungen* thematisiert (SH 4, WuF). Zudem nannten die Befragten zertifizierbare Standards und freiwillige Richtlinien. Einen Überblick der Nennungen liefert Abbildung 9.2. Die absoluten Häufigkeiten dienen hier der Illustration und sind nicht repräsentativ.

Zu den wichtigsten *formellen Regelwerken* zählten die Befragten vier Normen: (1) *GRI* als verbindlicher *nichtfinanzieller Berichterstattungsstandard*, (2) *EMAS* als *Audit-Standard* für Umweltmanagementsysteme, (3) *AA1000SES* als freiwilliger, internationaler Standard für Stakeholder Engagement und (4) *DIN-ISO 26000* als Richtlinie für Corporate Social Responsibility. Thematisiert wurde in diesem Kontext die *Gefahr einer Uniformität von Stakeholder Management*. Anstelle qualitative Weiterentwicklungen anzuregen ("Best Practices"), verstärken Standards mit ihren Indikatoren die Homogenisierung. „Es geht alles in den GRI-Kriterien unter. Das kann man durchaus kritisieren, weil dadurch Uniformität geschaffen wird, die ich persönlich abtörnend finde", bemerkte ein Befragter (SH 7, WuF). Das lässt sich zum Beispiel daran erkennen, dass Stakeholder Management im

Nachhaltigkeitskontext häufig auf Dialogveranstaltungen und Befragungen reduziert wird (SH 12, PuV). Die Regelwerke sind zudem sehr unspezifisch. Einige
sehen zwar unabhängige Testierungen (GRI) oder Zertifizierungen (EMAS, DIN-
ISO 26000) vor, haben aber eine geringe Prüfungstiefe. Die Prüf-Indikatoren seien
außerdem nicht sonderlich detailliert, so ein Stakeholder (SH 17, PuV).

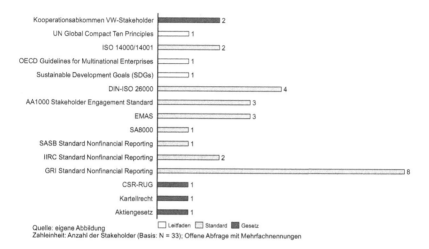

Abbildung 9.2 Regelwerke der Stakeholderkommunikation

9.3.2 Normierungserwartungen und Formalisierungswünsche

Die Stakeholder wurden im Anschluss gefragt, ob sie sich mehr oder weniger Regulierung für das Stakeholder Management wünschen. Kodiert wurden
Aussagen, die Rückschlüsse auf Regel-Erwartungen ermöglichen. Sie liefern
Indikationen für den erwünschten Grad der Freiwilligkeit der Interaktion (Soll-
zustände).

Eine Minderheit der Befragten wünschte sich darüber hinaus nicht mehr oder
weniger, sondern andere (bessere) Regulierung. Kritisiert wurde die Vielzahl
unverbindlicher Standards bei gleichzeitigem Mangel an "Best Practices".

„Wir haben ja Bereiche des Stakeholder Managements, da haben Sie einen Wild-
wuchs an Soft-Law, der schon nicht mehr schön ist. Versuchen Sie mal, alle Labels
aufzuzählen. Das gelingt ihnen bestimmt nicht. Da brauchen wir sicherlich nicht mehr
Regulierung, sondern eine Kondensierung. Was den Umgang angeht, da könnte ich
mir mehr Regulierung vorstellen. Was das Stakeholder Management angeht, glaube
ich, dass man davon profitieren würde, dass es hier mehr Gold-Standards geben
sollte. Ich will hier noch nicht über Gesetze sprechen. Ich könnte mir vorstellen, dass
man das Management stärker in einem Soft-Law-Bereich reguliert. Dass man mehr
Handreichungen anbietet, wann sie hier vernünftig kommuniziert haben. (…). Beim
Stakeholder Management, da brauchen wir sicherlich noch einen Gold-Standard wie
so etwas abläuft. In den Büchern finden Sie das ja alles nur in der Theorie." (SH 2,
WuF)

Ein Zweiter befürchtete, die Bezugnahme auf Standards führe dazu, dass am Ende
alle „im Einheitsbrei sterben". Er wünschte sich „kreative Lösungen" und merkte
an: „Leider wird das Risiko, negativ aufzufallen immer viel höher bewertet als
das, was man mit einem tollen Bericht über etwas, das man gut gemacht hat,
aussagen kann" (SH 7, WuF). Ein NGO-Vertreter hob dagegen hervor, Bürokratie
benötige man ausschließlich zur Einforderung von Transparenz und Überprüfung
der Einhaltung unternehmerischer Rechenschaftspflichten (SH 29, NGO). Neben
diesen allgemeinen Plädoyers fanden sich in etwa zwei Lager mit Befürwortern
und Kritikern von einer Regulierung. Ein Teil der Fürsprecher forderte mehr freiwillige Selbstregulierung in Form von Standards für Frequenz und Inhalte der
Stakeholder-Einbindung und Auswahl der einzubindenden Gruppen (SH 2, WuF).
Gegenargumente zielten darauf ab, dass Selbstverpflichtungen nur für Teilöffentlichkeiten relevant seien und nicht über diesen Kreis hinauswirken (SH 23, PuV).
Zweiter Kritikpunkt war deren mangelnde Wirksamkeit. „Selbstregulierung hat in
den letzten Jahrzehnten nachweislich versagt. Das versprechen uns die Unterneh-
mensverbände seit Jahrzehnten und der messbare Erfolg ist im Promillebereich,
also bei Null", so ein Verbandssprecher (SH 11, PuV).
   Die Mehrheit sprach sich für mehr (gesetzliche) Regulierung aus. Vorgeschlagen wurde zum Beispiel eine veränderte Rechtsgrundlage mit Mitbestimmungs-
rechten für nichtmarktliche Stakeholder. Ein Stakeholder schlug in Anlehnung an
die Betriebs- und Aufsichtsräte und Auskunftsrechte der Investoren vor, nichtmarktlichen Stakeholdern ähnliche Rechte zuzugestehen (z. B. Auskunftspflicht
bei Anfragen; Jahresgespräche mit kritischen Stakeholdern) (SH 11, PuV). Ins
Gespräch gebracht wurden zudem tripartistische Kontrollgremien (SH 23, PuV).
Stakeholder-Aussagen drehten sich im Kern um die Frage einer sinnvollen Institutionalisierung der Stakeholder-Einbindung. Ein Problemaspekt war hier die
Schwierigkeit der Spezifikation des Regulierungsgegenstandes. Verpflichtende

Vorgaben für den Einsatz spezifischer Instrumente (z. B. Stakeholder-Befragung) stuften die Befragten als „nicht zielführend" ein (SH 17, PuV). „Ich würde sagen, wir brauchen bitte keine Regulierung im Sinne von 'ihr habt dieses und jenes zu tun', keine spezifische Vorgabe was ist erlaubt und was ist nicht erlaubt", sagte ein Interviewpartner (SH 15, PuV). Ein weiterer Argumentationsstrang wollte das Problem mit Transparenzgesetzen lösen. Die Vorschläge umfassten zum Beispiel die Einführung eines Stakeholder-Mitgliedschaftsregisters (SH 11, PuV). Zur Sprache kam zudem die Ausweitung der nichtfinanziellen Berichterstattungsinhalte in Bezug auf Stakeholder Management (SH 5, NGO).

Unter den Stakeholdern, die sich für weniger Regulierung aussprachen, fanden sich unisono Verweise auf die Freiwilligkeit der Interaktion. Es fielen Argumente wie „es muss freiwillig bleiben" (SH 8, PuV), „ich bin der festen Überzeugung, dass man Stakeholder-Prozesse mit dem größtmöglichen Freiheitsgrad stricken muss" (SH 1, PuV), „ich glaube nicht, dass das [Regulierung] irgendetwas bringt" (SH 12, PuV) oder „Freiwilligkeit ist Kern des Engagements" (SH 13, PuV). Ein Teil der Kritiker befürchtete, Regulierung würde die Offenheit der Meinungsäußerung einschränken (SH 14, WuF). Vermutet wurde überdies ein Verlust von Flexibilität („ich glaube, das nimmt Flexibilität. Vielleicht hat man eine Krise, dann muss man sich jeden Monat mit seinen Stakeholdern auseinandersetzen" (SH 21, WuF)) und Partizipationsqualität (SH 21, WuF). Ein drittes Argument war die mangelnde Wirksamkeit von zusätzlichen (gesetzlichen) Regulierungen.

> „Man formalisiert etwas und dann findet es statt, aber die Wirksamkeit kann ich damit nicht positiv beeinflussen. (…). Aus meiner Sicht ist der Stakeholder-Dialog ein Weg, dahin zu kommen. Aber den Prozess des Dialoges verpflichtend zu machen, führt meiner Meinung nach zu einer falschen Allokation von Mitteln. Das kann ich als Unternehmen leicht abbilden. Dann mach ich halt nur noch Veranstaltungen, eine Matrix, rufe 20 Organisationen an und binde die ein." (SH 12, PuV)

Nicht zuletzt befürchteten Kritiker mehr Regulierung führe zur Unterbindung der Wettbewerbsdynamik. Unternehmen müssen, so ein Kommentar, ihre Stakeholder aus Eigeninteresse als eine Wissensquelle anzapfen, um strategische Themen und neue strategische Handlungsfelder zu identifizieren (SH 17, PuV).

> „Wenn es stärker reguliert werden würde, dann müsste es ja irgendwo wieder evaluiert, oder Controlling unterworfen, oder vielleicht mit Gutachten bewertet werden. Da zögere ich so ein bisschen, weil ich es natürlich auch gut finde, dass es so ein freiheitliches und wettbewerbliches Verhältnis gibt. Ein Wettbewerb auf einem noch relativ

unbeackerten Feld. (…). Es müsste auch Institutionen geben, die das mit organisieren. Ich würde sagen, eher interessengeleitet als sozusagen in einen formalen Rahmen
reingepresst. Also was auch so ein fröhlicher Wettbewerb sein könnte." (SH 3, NGO)

Punktuell wurden Alternativen zu Freiwilligkeit und Regulierung genannt. Erstens
wurde vorgeschlagen, Stakeholder Management stärker im Risikomanagement
zu verankern. Ein Politikvertreter sagte: „weil wenn man weiß, wenn wir als
VW mit irgendeiner Umwelt-NGO, die halt da immer rumgeschrieben hat, wenn
wir mit denen wirklich ernsthaft geredet hätten, dann hätte uns das vielleicht
Milliarden gespart. Ich sage das mal so ein bisschen übertrieben. Aber da halt
nicht voluntaristisch im Sinne von ah wir machen das, wenn wir Lust haben,
oder wenn nicht. Sondern da wirklich klar zu haben, wir sollten das machen"
(SH 9, PuV). Zweitens wurde vorgeschlagen, Stakeholder Management als einen
Inputfaktor für Strategiearbeit zu verankern. Es sei ja alleine aus sich heraus
schon sinnvoll, Anfragen zu beantworten, da sonst Legitimationsprobleme entstünden, sagte ein Wissenschaftsvertreter. Ihm ging es darum, dass Volkswagen
eine strategische Perspektive auf Stakeholder-Dialoge entwickeln und diese als
eine Ressource betrachten sollte, der man neue Informationen entnehmen kann
(SH 21, WuF). Und drittens mehr Reflexion durch Führungskräfte als Alternative
zur Regulierung.

„Mein Bauchgefühl wäre zu sagen: nein, mehr Regulierung wäre nicht besser, weil
dann würde man nur blind befolgen, was irgendjemand vorgibt. Es ist viel wertvoller,
das ist auch die Idee des Stakeholder-Dialogs, dass man sich erstmal zurücknimmt
und nachdenkt: wir könnte einen Stake haben, was könnte deren Input sein, wie hole
ich die ab und wie gehe ich auf sie ein. (…). Mein Bauchgefühl ist: wir brauchen gar
nicht unbedingt mehr Regulierung, sondern mehr Reflexion. Es wäre aus meiner Sicht
schade, wenn der Gesetzgeber sagt: du bist jetzt in der Branche X und musst folgende
Vertreter bringen. (…). Viel wichtiger ist es sich aus dem Alltagstrott zurückzunehmen
und nachzudenken, zu reflektieren, was macht Sinn. Und dann im Nachgang die Leute
abholen: was ist gut gelaufen, was kann man besser machen. Wenn es staatlich verortet
wird ist das Humbug. Wenn jetzt ein Konzern sagt: wir haben mit folgendem Format
gute Erfahrungen gemacht und machen deswegen so eine Art interne Richtlinie bzw.
eine Blaupause, so etwas ist schon sinnvoll. Aber da muss kein Wirtschaftsprüfer
kommen und seinen Stempel drunter setzen. Das ist zu viel." (SH 19, WuF)

Stakeholder Management leistet aus Stakeholder-Sicht einen wertvollen Beitrag
zur nichtfinanziellen und finanziellen Berichterstattung, zum Risikomanagement

und der strategischen Unternehmensführung. Gefordert wurde deshalb eine Institutionalisierung und Professionalisierung. Ersteres ließ sich den Aussagen entnehmen, die auf die Aufnahme externer Stakeholder in Entscheidungsgremien abzielten (SH 21, WuF) oder einen Mangel interner Plattformen zur Einbindung ders. adressierten (SH 3, NGO). Letzteres war aus Aussagen ableitbar, die für eine Entwicklung neuer (zusätzlicher) Guidelines (SH 8, PuV), Reporting-Inhalte (SH 9, PuV), Formate und interner Anreizsysteme (SH 12, PuV) plädierten.

9.3.3   Fazit: Stakeholder Engagement und Legitimation

Die Chatham House Rule ist die zentrale informelle Regel der Stakeholderkommunikation. Ihr liegen Vertraulichkeit und Anonymität als Sanktionsfaktoren zugrunde. Für die Beschreibung des Phänomens ist diese Feststellung wichtig, weil sie erneut bestätigt, dass es sich bei Stakeholderkommunikation um ein teilöffentliches Kommunikationsphänomen handelt. Der Zugang zu Foren ist exklusiv und wird einer beschränkten Anzahl ausgewählter Sprecher ermöglicht, deren Präsenz und Beiträge an die Vertraulichkeit geknüpft sind. Zu den formellen Regelwerken zählten kodifizierte Normen wie Gesetze, zertifizierbare Standards und freiwillige Leitfäden. Wichtigste Rechtsnormen waren zudem das Aktiengesetz, das Kartellrecht, das CSR-RUG und Kooperationsvereinbarungen. Weiterhin zählten zu den geltenden Normen Berichtsstandards (z. B. GRI, EMAS), Leitlinien und Selbstverpflichtungen (z. B. DIN-ISO 26000, AA1000SES). Eine Verbindlichkeit erhalten diese Regelwerke durch Testierung sowie Audits (z. B. Wirtschaftsprüfer, TÜV). Ihre Sanktionswirkung ist durch die geringe Prüfungstiefe und wenig detaillierte Vorgaben jedoch natürlich beschränkt. Eine Stakeholder-Einbindung ist für sich genommen bindend. Die Form dieser Teilhabe wird allerdings offengelassen (z. B. GRI). Das *Normierungsbedürfnis* der Befragten fiel insgesamt durchwachsen aus. Die Interviewpartner waren sich unisono einig, dass die Funktion Stakeholder Management ausbaufähig ist. Umstritten war, ob Regulierung oder Deregulierung hier der richtige Weg sind. Befürworter von Regulierungen unterstellen ein Versagen freiwilliger Selbstverpflichtungen und sprachen sich für mehr Transparenz und zusätzliche Berichterstattungsinhalte aus. Kritiker hielten mit der prinzipiellen Freiwilligkeit nichtmarktlicher Beziehungen gegen. Vermittelnde Positionen gab es kaum. Gegner von Regulierung schlugen alternativ eine bessere Verankerung des Stakeholder Managements im Risikomanagement, der Unternehmensstrategie und mehr Reflexionsprozesse durch die

Führungskräfte vor. Im Hinblick auf das Ziel bestand allerdings Einigkeit: Stakeholder wünschen sich mehr Institutionalisierung und Professionalisierung von Stakeholder Management.

Aus makroanalytischer Sicht lässt sich anhand der empirischen Befunde eine zu Signifikation und Domination vergleichsweise schwächere Prägung der Stakeholderkommunikation von Volkswagen durch Legitimationsaspekte erkennen. Einen Überblick über die Legitimationsfaktoren liefert die nachfolgende Tabelle. Zu den zentralen Legitimationsformaten zählen informelle Gesprächsregeln wie Chatham House, nichtfinanzielle Berichtsinhalte, Audits, Standards und Zertifizierungen von Managementsystemen. Diese Regeln bestimmen den äußeren, formalen Rahmen der Interaktion, haben allerdings kaum Einfluss auf das Gesprächsverhalten. Sie legen vielmehr den Umfang und Inhalt der berichtspflichtigen Ergebnisse der Interaktionen fest. Vorgaben für Art, Form, Frequenz und Formate des Engagements gibt es kaum. Stattdessen existieren allgemeine Anforderungen an Stakeholder Management und dessen Verankerung in Management-System-Normen (Tabelle 9.3).

Tabelle 9.3 Strukturfragmente: Legitimation

Legitimationsaspekte		Legitimationsfaktoren
Informelle Regeln	Umgangsregeln	Umgangs- und Benimmregeln als „Selbstverständlichkeit" (Etikette).
	Gesprächsregeln	Chatham House Rule garantiert Anonymität und Vertraulichkeit.
Standards und Normen	Gesetze (hard-law)	Geringes Regelwissen; Wenige Gesetze (z. B. Aktiengesetz, Kartellrecht, CSR-RUG, Kooperationsvereinbarungen); Eher zertifizier- und testierbare (nichtfinanzielle) Standards (z. B. GRI, EMAS).
	Selbstverpflichtungen (soft-law)	Freiwillige Selbstverpflichtungen auf Guidelines, Standards (z. B. AA1000SES, DIN-ISO 26000, OECD Guidelines, UN Global Compact Principles).

(Fortsetzung)

Tabelle 9.3 (Fortsetzung)

Legitimationsaspekte		Legitimationsfaktoren
Normierungswünsche	Regulierung	Plädoyers für gesetzlichen Ansatz, der z. B. Mitbestimmungsrechte für nichtmarktliche Stakeholder (Auskunftspflicht bei Anfragen) oder Transparenzverpflichtungen (Mitgliedschaftsregister) bzw. eine Ausweitung der nichtfinanziellen Berichterstattungsinhalte beinhaltet.
	Deregulierung	Plädoyer für freiwillige Selbstregulierung, begründet mit Argumenten wie Verlust von Flexibilität, Meinungsfreiheit, Partizipationsqualität, eingeschränkte Wirksamkeit und Wettbewerbsdynamik.

9.4 Empirischer Befund III: Domination und Signifikation als Strukturmerkmale der Stakeholderkommunikation

Domination

Nur wenige Stakeholder empfanden die Interaktion mit Volkswagen als symmetrisch. Ihre Beschreibungen enthielten Formulierungen wie „erstaunlich symmetrisch" (SH 32, NGO) oder „auf Augenhöhe" (SH 33, NGO). Derartige Urteile trafen gerade auf Stakeholder zu, die häufig im Austausch mit Volkswagen standen, schon länger Beziehungen unterhielten, oder in indirektem bis keinem Abhängigkeitsverhältnis zu Volkswagen standen.

> „Für mich war es herrschaftsfrei, weil klar war: diese Herrschaft reicht nicht über mich hinweg. Ich habe jetzt hier meine eigenen Sicherheiten, bin in keinem strukturellen Abhängigkeitsverhältnis, bin kein Berater in dem Sinne, dass ich dafür bezahlt werde und hoffe, wieder eingestellt zu werden. Sondern es ist Expertise, die geschätzt wird. (…)." (SH 4, WuF)

Die Mehrzahl der Aussagen ließ erkennen, dass Domination in den Beziehungen der Stakeholder zu Volkswagen eine große Rolle spielte. Erstens ließ sich einigen Aussagen ein *Instrumentalisierungsgefühl* entnehmen. Ein Befragter sagte explizit, er käme in erster Linie zum Nutzen des VW-Konzerns zu den Dialogveranstaltungen (SH 2, WuF). Wurzel dieser Kritiken war meist das Gefühl, vom Unternehmen für dessen positive Außendarstellung benutzt zu werden.

> „Und ich merke auch, dass wenn ich angesprochen werde, da bin ich irgendwann auf der anderen Seite, bin ich die Referenz. Dann wird gesagt: ja, wir haben ja mit den Stakeholdern gesprochen. Man wird ein bisschen zum Objekt, missbraucht für eine Kommunikation, oder eine Unternehmensstrategie, deren Qualität ich am Ende nicht beeinflussen kann. Ich bin sozusagen ein Legitimationsfaktor bzw. werde vom Unternehmen dazu gemacht." (SH 12, PuV)

Darüber hinaus befürchteten einige Befragte *Reputationsrisiken*. Das Stakeholder Engagement wurde im Kontext der „Dieselkrise" auch als Gefahr für die Glaubwürdigkeit der eigenen Organisation gesehen (Affiliationsrisiko).

> „SH 31: Das zweite Thema ist für mich Ehrlichkeit, Aufrichtigkeit und Vertrauen. Vielleicht war das auch ein Grund, wieso ich gedacht habe ja, ok ich gehe dahin in das Stakeholder Panel, obwohl ich ehrlich gedacht habe schadet das meinem eigenen Ruf, wenn ich Mitglied im Volkswagen Stakeholder Panel bin. Weil, ich habe ja auch mit Akteuren zu tun, z.B. Umweltverbände, die jetzt überlegen, was ist denn das Stakeholder Panel. Die denken ich bin da in irgendeinem Beratergremium, wo ich von VW bezahlt werde. (…). Selbst wenn ich denen allen erzähle, dass es für die Nachhaltigkeit ist, ist trotzdem meine Sorge, dass ich von denen allen instrumentalisiert werde. Und so ein bisschen würde ich sagen, ist das bei VW für mich auch vorhanden. (…).
>
> TB: Stichwort: instrumentalisiert fühlen. Wie kommt es dazu?
>
> SH31: Damit meine ich so ein bisschen die Befürchtung, das hatte ich vor allem, zwischen der Zusage zu diesem Stakeholder-Panel und der ersten Veranstaltung, wo man noch nicht ganz genau weiß, was ist das eigentlich und wie macht Volkswagen den Stakeholder-Dialog bzw. Stakeholder Management, tatsächlich auch so ein bisschen die Sorge, dass ich jetzt Teil einer großen Greenwashing-Aktion von Volkswagen werde, wo sie sich danach damit schmücken: wir sind ja ganz toll, ganz gut aufgestellt, ganz weit vorne." (SH 31, WuF)

Ein dritter Dominationsaspekt waren *Informations- und Wissensvorsprünge*, wobei die Bewertung hier durchwachsen ausfiel. „Dass es bei solchen Veranstaltungen eine Asymmetrie und einen Informationsvorsprung der Veranstalter gibt, die ja auch die Absicht haben, bestimmte Botschaften zu vermitteln, das ist völlig klar. Dass es sich aber negativ ausgewirkt hat, das würde ich jetzt nicht sagen", sagte ein Stakeholder (SH 11, PuV). Informationsvorteile waren für einige Beziehungen

sogar konstitutiv bzw. eigentlicher Kommunikationsanlass. Daraus lässt sich schließen, dass der Austausch oft rein transaktional (Information) verlief (SH 1, PuV).
Aktuelle und exklusive Betriebsinformationen anvertraut zu bekommen, war für
einige Interviewpartner das Hauptmotiv der Mitwirkung an Formaten (SH 9, PuV).
Ein übergreifender Dominationsfaktor waren ferner *Unterschiede in der Sprache
und Lebenswelt der Gesprächsteilnehmer.* Ein Befragter bemerkte zum Beispiel
„es gibt viele Vorurteile, Berührungsängste, unterschiedliche Sprachen, Präsenta-
tionswelten" (SH 4, WuF). Negativ wirkten sich auch einseitige *Demonstrationen
ökonomischer Potenz* aus. Ein NGO-Sprecher schilderte offen man empfand, dass
Volkswagen gegenüber seinen Stakeholdern ökonomische Potenz demonstrierte.
Das Dialog-Event wirkte für ihn zu aufwändig inszeniert.

> „Ich merke immer noch oder es scheint so durchzublitzen, immer dieser Wunsch auf
> jeden Fall sicherzustellen, dass man sich gut darstellt. Das man das auch mit so einer
> Ausstellung noch einmal zeigt: hier, wir wollen uns verändern. Das sind Sachen, von
> denen man weiß, dass sie mit viel Geld umgesetzt wurden. (…). Also ich brauche
> diese Show-Effekte nicht. Ich fände es besser, wenn das Geld wirklich in nachhaltige
> Prozesse investiert werden würde. (…). Mir ist das zu viel Inszenierung, ja, nach wie
> vor. Ich weiß aber selbst auch wie schwer es ist, eine gute Veranstaltung zu konzipieren.
> Deshalb möchte ich es auf keinen Falls als Kritik verstanden wissen. Es ist auch
> ein reflexhaftes Verhalten, dass wir hier zum Teil zeigen. Es ist ja über lange Jahre
> gelernt, dass man sich zeigen muss. Es ist einfach ein selbstbewusstes, erfolgreiches
> Unternehmen, dass sehr viel Geld verdient hat bzw. verdient und gelernt hat, sich so zu
> zeigen. (…). Vielleicht fällt es aber auch nur mir so schwer. Wir sitzen hier ja selbst als
> eine gemeinnützige Organisation. Und wenn Leute hier reinkommen und das Allianz-
> Forum sehen, die denken sich auch. Dann erkläre ich immer, dass wir hier nur 500€
> zahlen und wir die Konferenzräume umsonst benutzen dürfen, damit kein falscher
> Eindruck entsteht. Wir sind eben damals zu günstigen Konditionen reingekommen,
> was man aber nie denken würde. Man denkt immer: Geld ist kein Problem. Aber bei
> uns ist Geld ein Problem. Man spricht halt nie explizit darüber." (SH 12, PuV)

Bei den *Locales* wurde ermittelt, dass Volkswagen sein Stakeholder Engagement
durch räumliche Anlagen (z. B. Raumzuschnitt) steuert, indem beispielsweise die
Nähe der Teilnehmer zueinander und zum Referenten festgelegt wird. Der Rückgriff auf repräsentative Veranstaltungsgebäude in deutschen Metropolen ist für sie
eine Demonstration ökonomischer Macht. Bei *medialen Infrastrukturen* äußerte
sich die Domination hingegen zum Beispiel durch den bewussten Verzicht auf die
Ausgabe der Agenda, die Ausgliederung kommunikativer Leistungen an Dienstleister und monologische Formatgestaltung. Selbiges galt für die Verfügung über
Zeit und Agenden. Hier wurde deutlich, dass der Konzern als Herr über die Agenda,
Dramaturgie und Redezeiten der Präsenzforen starke Kontrolle ausübte. Auch das

Verhalten der VW-Sprecher trug seinen Teil dazu bei. Hier erinnerten die Stake-holder Dominationsfaktoren wie Management-Habitus, autoritäres Auftreten oder einen distanzierten Kommunikationsstil. In ähnliche Richtung ging die Bewertung ihrer *Einflussmöglichkeiten auf unternehmerische Entscheidungsprozesse.* An der Stelle wurde auch deutlich, dass es keine systematische interne Weitergabe von Stakeholder-Feedbacks gab. Ein schwacher Dominationsfaktor war hingegen die *Qualität und Quantität der Informationsdarbietung.* Hier entsprach Volkswagen der Erwartungshaltung seiner Stakeholder. Der Austausch war vertraulich, die vermittelten Inhalte aktuell und exklusiv. Die schwache Domination durch Informationsversorgung lässt sich mit den instrumentellen Zielen des Engagements erklären. Volkswagen ging es primär darum, Feedback(s) seiner Stakeholder zur Weiterentwicklung von Programmen und Positionen zu nutzen, weshalb das Unternehmen aus Eigeninteresse keine Informationen zurückhielt, sich jedoch über die Chatham House Rule derart absicherte, dass durch Interaktionen keinerlei Schaden entstehen konnte, weil die gezeigten Inhalte nicht öffentlich verwandt und von den Teilnehmern weitergegeben werden dürfen.

Signifikation
Stakeholderkommunikation zeigt nicht nur Herrschaft über Menschen und Dinge, sondern auch über Interpretation und Deutung. In den Interviews wurde deutlich, dass sich Volkswagen bemühte, im Austausch mit den Stakeholdern fortlaufend eine Deutungshoheit zu erlangen. *Abstrakte Integrationsmechanismen* wie Logos, Claims oder Slogans spielten eine untergeordnete Rolle. Stattdessen waren es Diskursregeln und Thematisierungsstrategien, die *starke Querverbindungen zwischen Dominations- und Signifikationsaspekten* erkennen ließen. Die *Diskursregeln* des Stakeholder Engagements wurden anhand von sachlich-informationsorientierten, technisch-ökonomischen, top-down, defensiv, monologischen, aber auch professionellen Zuschreibungen bezüglich des Kommunikationsstiles beschrieben. Ähnliches galt für die *Thematisierungsstrategien.* Aus Sicht der Stakeholder zielten die Kernbotschaften der Volkswagen AG primär auf positive und progressive Selbstdarstellung ab. Im Kern ging es bei den Narrativen um Fortschritt und Wandel, Erfolg und Stärke. Selbstkritische Töne gab es nur am Rande. Ein Stakeholder unterstellte Volkswagen hier eine „Argumentationsstruktur des Vermeidens" (SH 2, WuF). Der Fokus auf positive Botschaften ging am Kommunikationsbedürfnis des Umfeldes vorbei. Problematisch waren zudem Inkonsistenzen (z. B. Erfolg der Gegenwart und Schuld der Vergangenheit) und Inkongruenzen bei den zentralen Botschaften (z. B. Unternehmenspublizität im Widerspruch mit aktuellen Botschaften der Medienberichterstattung).

Legitimation

Im direkten Vergleich zur Domination und Signifikation schien Legitimation eine untergeordnete Rolle zu spielen, was sicherlich auch an der freiwilligen Natur der Engagements liegt (kaum Sanktionsmöglichkeiten). Zentrale *informelle Regel* war die Chatham House Rule. Sie garantierte den Gesprächsteilnehmern Vertraulichkeit und Anonymität. Mit Blick auf *Standards und Normen* wurde in Erfahrung gebracht, dass aus Stakeholder-Sicht nur wenige formelle Regelwerke für das Stakeholder Management gelten. Zu ihren Nennungen zählten das Aktiengesetz, das Kartellrecht, CSR-RUG und Kooperationsvereinbarungen. Hohe Relevanz hatten außerdem zertifizier- und testierbare Berichterstattungsstandards. Dabei handelte es sich mehrheitlich um freiwillige Selbstverpflichtungen. Die offene Frage nach *Normierungserwartung und Formalisierungswunsch* ließ erkennen, dass es zwar ein Votum für mehr Regulierung gibt (z. B. Standards für Frequenz und Formate der Stakeholder-Einbindung) und sich viele einen gesetzlichen Ansatz vorstellen können, der zum Beispiel Mitbestimmungsrechte für nichtmarktliche Stakeholder (Auskunftspflicht bei Anfragen), neue Transparenzgesetze (z. B. Einführung Mitgliedschaftsregister) oder eine Ausweitung der Berichterstattungsinhalte umfasst. Anderseits waren sich die Stakeholder aber auch einig, dass eine neue Regulierung keine spezifischen Vorgaben machen könnte. In der Analysekategorie war schnell erkennbar, dass das Stakeholder Engagement von Freiwilligkeit lebt, sich viele Befragte eine Professionalisierung und Internationalisierung der Praktiken wünschen und in der Regulierung nur ein Mittel zur Zielerreichung sahen.

Meta-Analyse: Krise, Transformation und Verantwortung

10

Primärziel der Fallstudie war es, die nichtmarktliche Stakeholderkommunikation von Volkswagen mithilfe eines Meso-Makro-Mikro-Links empirisch umfassend zu analysieren. Der Leitfaden enthielt neutrale Stimuli zur Reflexion von Erinnerungsfragmenten, die nicht auf den später als „Dieselkrise", syn. „Abgasskandal", bekannt gewordenen Skandal des Unternehmens bezogen waren. Dies geschah mit der Intention, die Befragten weder zu primen, noch den Schwerpunkt der Analyse vom Untersuchungsgegenstand Stakeholder- auf Krisenkommunikation zu verlagern. Dennoch wurde das Stakeholder Management von Volkswagen von den Befragten an einigen Stellen in einen direkten Zusammenhang mit Verantwortung, Krise und Transformation gebracht. Es war deshalb notwendig, die besondere Natur von Stakeholder Management als Verantwortungskommunikation im Zeichen von Krisenbewältigung und automobiler Transformationsprozesse mit einem ergänzenden Auswertungskapitel zu würdigen. Im ersten Teil werden hierbei konkrete, auf das Ereignis der „Dieselkrise" bezogene Deutungsmuster einer "Corporate Irresponsibility" (Tench et al., 2012) von VW diskutiert. In der Kategorie der „Ursachen" finden sich Aussagen, die die Entstehung der Krise, in der Kategorie der „Verstärker" die, die negativ-verstärkenden Aspekte und in der Kategorie der „Folgen" die, die Konsequenzen des Ereignisses aus der Stakeholder-Perspektive erklären. Im zweiten Teil werden allgemeinere Aussagen zur Reichweite der Corporate und Stakeholder Responsibility diskutiert. Die kurze theoretische Synthese zum Schluss ermöglicht es generalisierbare Rückschlüsse auf die Reichweite von Unternehmens- und Stakeholder-Verantwortung zu ziehen.

T. Lang, *Stakeholder Engagement Analyse*, AutoUni – Schriftenreihe 153, https://doi.org/10.1007/978-3-658-33987-6_10

10.1 „Dieselkrise" als Corporate Irresponsibility

10.1.1 Ursachen der Dieselkrise aus Stakeholder-Sicht

Diverse Befragte sahen in *ökonomischen Kalkülen* die Hauptursache der „Dieselkrise". Angespielt wurde auf einen Urkonflikt zwischen technischer Machbarkeit und Profitmaximierung. Die Dieselmotorentechnologie von Volkswagen, so ein Stakeholder, sei technisch dazu in der Lage gewesen „sauber" zu sein. Der Konzern hätte jedoch gewusst, er müsse größere Katalysatoren verbauen und habe sich aus ökonomischen Gründen entschieden dies nicht zu tun. „Was hat den Dieselskandal ausgelöst? Die Techniker haben gesagt: Na klar können wir eine Ad-Blue Einspritzung machen, das kostet 1000€. Und die Controller haben gesagt: Nein, das kratzt an unserer Profitabilität, das können wir nicht machen. Könnt ihr das günstiger machen. So ist das ja gelaufen", sagte ein Befragter (SH 15, PuV). Darüber hinaus führten einige die Krise auf die stark *autoritäre Unternehmenskultur* zurück. Argumentiert wurde, dieser systemische Handlungsrahmen habe zur „kollektiven Unverantwortlichkeit" geführt (SH 24, WuF). Diese Unternehmenskultur habe, so die These, diese Entscheidung zwar nicht herbeigeführt, allerdings einen amoralischen Blick auf die Problemlösung begünstigt. Es sei ein Spielverständnis entstanden, „wo man Dinge tut, die definitiv unverantwortlich sind. Und man denkt: meine Güte, so wird das Spiel gespielt" (SH 24, WuF). Der Volkswagen-Konzern verfügte nach Ansicht eines Interviewpartners außerdem über keinerlei Routinen, wie man mit Fehlern, Unschaffbarem, oder unbequemen Wahrheiten umgeht (SH 15, PuV). Dies zeige sich auch in der öffentlichen Rhetorik und dem Auftreten von Führungskräften des Unternehmens.

> „Wir können das jetzt mit einem Schmunzeln und so weiter hin und herwerfen. Aber wenn ein Herr Müller [CEO] zu Protokoll gibt, dass er nicht von einer Schummelsoftware sprechen würde, weil das der Sache nicht gerecht wird, sondern von einer technischen Lösung, die sich im Nachhinein leider als illegal erwiesen hat, zeigt das ja das ganze Ausmaß der Problematik." (SH 2, WuF)

Es gab jedoch auch relativierende Aussagen. Ein Stakeholder betonte, dass Krisen in großen Organisationen schlicht und einfach vorkommen. In der *organisationalen Komplexität* von Volkswagen sah er einen erklärenden Faktor (SH 28, WuF).

10.1.2 Verstärker der Dieselkrise aus Stakeholder-Sicht

Zu den negativen Verstärkern der „Dieselkrise" wurde in erster Linie die *defizitäre Unternehmenskommunikation* gezählt. Die Aussagen bezogen sich hier primär auf die *öffentlichen Kommunikationen des Konzerns* mit dispersen Publika.

> „Was aber die Dinge im Kerngeschäft betrifft, da ist die Kommunikation, wie sich wohl im Nachhinein zunehmend herausstellt, nicht so gut gelaufen. (...). Da wird immer der Begriff der Wagenburgmentalität gebraucht. Das ist schon etwas, was eben genau nicht... Nicht das, was man mit einem Stakeholderdialog, also Transparenz, offener Dialog und Ansprechen von Herausforderungen, genau darüber mit Stakeholdern ins Gespräch kommen, oder heraushören was sind so die Dinge, die euch bewegen, wie können wir das aufnehmen." (SH 24, WuF)

Unterstellt wurde, der defensive Kommunikationsstil beeinflusste maßgeblich die Schwere und den Verlauf der Krise. „Ich muss ja nichts darüber sagen, wie Volkswagen darüber kommuniziert hat. Das fand ich wirklich sehr bescheiden. Wie man sich eines nach dem anderen aus der Nase hat ziehen lassen" (SH 7, WuF), erklärte ein Interviewpartner. Problematisiert wurde hier die Nichteinhaltung kommunikativer Versprechen von Transparenz und lückenloser Aufklärung.

> „Ich erinnere mich noch, nutze ich manchmal auch als Beispiel: der 3. Oktober 2015. Also knapp nach dem Bekanntwerden der Dieselproblematik. Ganzseitige Anzeige: hier sollten eigentlich unsere Glückwünsche zum Jahrestag stehen. Hier sollte eigentlich... eine ganze Seite vollgeschrieben mit was eigentlich hier sollte. Und dann fettgedruckt einen Satz: aber wir wollen an dieser Stelle nur eines sagen: wir werden alles tun, um Ihr Vertrauen zurückzugewinnen." (SH 24, WuF)

Mit dem Versprechen erzeugte Volkswagen bei seinen Stakeholdern Erwartungen, die das Unternehmen am Ende nicht erfüllen konnte. Kritisiert wurde überdies das laufende VW-Engagement bei großen PR-Veranstaltungen. Ein Stakeholder rügte, der VW-Konzern müsse sich fragen, welches PR-Event in welche Phase passe (SH 8, PuV). „Es gibt so eine Stakeholder-Erwartung, dass wenn man Fehler gemacht hat, erst einmal eine gewisse Zeit in Sack und Asche gehen soll. Dazu gehört seine Hausaufgaben zu machen, eine Organisation gut aufzustellen. (…). Und das ist in der Krise manchmal einfach öfter geraten, als den roten Teppich zu suchen", sagte er (SH 8, PuV). Die Interviewpartner erinnerten zudem persönliche Negativerlebnisse mit der Produkt- und Kundenkommunikation von Volkswagen.

„Ich kann ganz konkret als persönlich Betroffene sprechen: Als wir diesen Brief
bekommen [haben], der uns aufforderte mit unserem Passat eine Werkstatt aufzu-
suchen, um dieses Update vorzunehmen, da war nicht ein Satz drin nach dem Motto:
es tut uns leid, dass wir betrogen haben, wir haben den Fehler gut gemacht und bit-
ten um Entschuldigung. Das wäre das Mindeste gewesen (...). Ich habe beruflich viel
Verständnis dafür. Als ich den Brief gelesen habe, dachte ich mir: ok, da hat jemand
was aufgesetzt und dann haben mindestens fünf Juristen da drauf geguckt, dass man
sicher keinen Rechtsanspruch ableiten kann. Aber als Kunde war ich über so eine
Kommunikation echt entsetzt." (SH 13, PuV)

Die Kundenanschreiben, so die Kritik, erschienen als „sehr auf die Unternehmenskommunikation gestreamlined" (SH 13, PuV). „Da fehlte aus meiner Sicht
der Punkt, dass man endlich auch einmal sagt: I am sorry, Wir haben hier einen
Fehler gemacht und entschuldigen uns dafür. Das und das sind die Maßnahmen,
die wir für Sie ergreifen", lautete ein Vorwurf (a. a. O.). Volkswagens Kommunikation war argumentativ aus Stakeholder-Sicht nicht stringent (SH 15, PuV). Ein
Befragter wünschte sich Sätze wie „wir sind entsetzt, was wir da gelernt und gesehen haben. Wir gehen der Sache nach. Es tut uns leid" (SH 18, PuV). Stattdessen
erinnerte er sich an „im Dieselskandal fallen Argumente wie: ach, wie ist das denn
jetzt eigentlich passiert? Blöd gelaufen. Wir können eigentlich gar nichts dafür,
aber bitte kauft nach wie vor unsere Autos" (SH 15, PuV). Ein weiterer Kritikpunkt war die starke Fokussierung auf Produkte und wirtschaftliche Erfolge.
Der Sprecher einer NGO kommentierte, er verstehe, dass man für seine Produkte
werben müsse. Die Krisenkommunikation war ihm jedoch zu stark von Produktwerbung geprägt. Ihm mangelte es an Selbstkritik, Demut und Einsicht (SH 18,
PuV). Außerdem erzürnte die Stakeholder die schlechte Informationsversorgung.
Zwei Interviewpartner merkten an, sie wurden immer nur indirekt informiert und
waren auf die Informationen der öffentlichen Berichterstattung angewiesen (SH
3, NGO). Volkswagen hatte für die „Dieselkrise" „kein Kommunikationskonzept
aus einem Guss" (SH 15, PuV).

Die „Dieselkrise" wurde darüber hinaus als *Problem der deutschen Industrie
bzw. als Branchenproblem* diskutiert. „Die Dieselgate-Problematik wird ja medial
stark an VW festgemacht, aber so allgemein ist die Frage, wie gehen wir mit
Grenzwerten um und welche Regeln sind da effektiv, welche sind legitim, das ist
ja eine Sache, die ist nicht VW-exklusiv", sagte ein Wissenschaftsvertreter (SH 28,
WuF). Aus Sicht eines Befragten kam es zur Krise, weil die Automobilindustrie
mit ihren Emissionspraktiken bislang insgesamt wenig öffentlich exponiert war.

„Ich glaube, da ist Volkswagen am Anfang. Nebenbei gesagt: ich glaube, da ist die
gesamte Automobilbranche in Deutschland tendenziell am Anfang. Denn sie war lange

Zeit in der komfortablen Situation, einfach keinen Druck zu haben. Chemie, Textil, usw. hatten seit den 1990ern großen Druck und mussten lernen, sie müssen sich verändern. Und da hat sich der Stakeholder-Dialog und Managementsysteme haben sich massiv geändert. Ich halte es für denkbar, dass die Automobilindustrie jetzt gerade auch im Eintreten in diesen Prozess ist." (SH 24, WuF)

Der Mangel an kritischer Öffentlichkeit, so die These, habe dazu geführt, dass sich ein System von Regelverstößen etablierte. Volkswagen sei lediglich die Spitze des Eisberges und aufgrund seiner Größe und gesellschaftlichen Reichweite eben stärker exponiert als der Wettbewerber. „Wer weiß, wieviel Dreck andere Automobilhersteller am Stecken haben und jetzt hat es halt VW erwischt und jetzt müssen die da durch und das geht hier Jahrzehntelang weiter, bis es endlich vorbei ist", so die Aussage eines NGO-Vertreters (SH 33, NGO). Die „Dieselkrise" wurde auch als *marktspezifisches, kritisches Ereignis* gedeutet. Einige Befragte zielten darauf ab, den Skandal als deutsches Problem einzuordnen. Ein Interviewpartner merkte zum Beispiel an, dass ausländische Marken wie Skoda oder Seat verschont blieben (SH 27, WuF). Ein zweiter unterstellte den Deutschen „Hysterie" und „künstliche Aufgeregtheit" über die Umweltschädlichkeit eines Diesels. Und ein dritter sagte, die Berichterstattung deutscher Medien sei „überzogen" (SH 13, PuV). „Ich meine es ist ja aberwitzig. In den USA ist der Dieselskandal aufgelegt worden. Dort gehen die Zahlen gerade nach oben. In Deutschland, die davon leben, dass es Volkswagen gut geht, gehen die Zahlen nach unten", kommentierte ein Stakeholder (SH 16, PuV). Negativ wirkten sich außerdem kritische *Begleitereignisse* aus. Ein Interviewpartner nannte hier die Tierversuche der Forschungsgemeinschaft EUGT, die für Volkswagen die gesundheitlichen Folgeschäden von Dieselmotoren an Primaten testete (SH 12, PuV) und ein zweiter den sogen. „Kartellskandal", bei dem illegale Absprachen zwischen Herstellern aufgedeckt wurden (SH 3, NGO). Auch das *Kunden- und Marktverhalten* wurde als Verstärker angeführt. Ein Stakeholder aus Wissenschaft und Forschung kam zu dem Schluss, dass sich die Kunden zwar betrogen fühlten, bis auf Umrüstungen aber keinen persönlichen oder gesundheitlichen Schaden hatten. (SH 27, WuF). Zündstoff erhielt die Krise erst, als im Zuge der Innenstadt-Fahrverbote der Wertverlust alter Diesel einsetzte (SH 27, WuF). Nicht zuletzt spielte aus der Stakeholder-Sicht die *öffentliche Skandalisierung* eine große Rolle. Thematisiert wurden hier „Abnutzungseffekte" durch die Krisenberichterstattung, welche dazu führen, dass der Schock bei den Nicht-Betroffenen „nicht mehr so tief saß" (SH 27, WuF). „Man könnte enttäuscht sein, wie wenig konsequent die Öffentlichkeit ist. Wir sind ja alle immer sehr schnell Sustainability Leaders mit dem Mund, aber eben nicht mit der Tasche", sagte zum Beispiel ein Stakeholder (SH 25, NGO).

10.1.3 Folgen der Dieselkrise aus Stakeholder-Sicht

Auf der immateriellen Ebene bezogen sich die Folgenabschätzungen zunächst auf das *Sustainability Image* von Volkswagen. Ein Hochschulvertreter stellte hier fest: „Volkswagen war sicherlich ein Unternehmen, dass im Bereich Nachhaltigkeits-management sehr früh unterwegs war, einen professionellen Ansatz hatte, viele Awards gewonnen hat. An sich ein – wenn man so möchte – nachhaltiges Unter-nehmen. Dann kam die ‚Dieselkrise‘, das Image war weg und ist es bis heute" (SH 27, WuF). Ein zweiter hob hervor, „in bestimmter Hinsicht war er [VW-Konzern] gut aufgestellt. Es ist kein Zufall, dass Volkswagen auch in den erfolgreichen Jahren vor 2015 eine ganze Reihe von Awards abgeräumt hat, für Dinge, die sie nicht nur gut verkauft, sondern tatsächlich gut gemacht haben" (SH 24, WuF). Aus Sicht der Interviewpartner warfen diese Inkongruenzen zwischen der his-torischen Leistung und dem negativen Krisen-Image Fragen auf. „Wie geht das zusammen (…), dass sie ganz viel Mitarbeiter-Engagement machen, ganz viele Maßnahmen im Bereich Corporate Citizenship haben und trotzdem mit dem hal-ben Bein im Knast stehen?", fragte ein Interviewpartner (SH 9, PuV). Neben dem Umwelt- und Nachhaltigkeits-Image haben aus der Stakeholder-Sicht auch die *Arbeitgeberattraktivität* und die *Mitarbeitermotivation* gelitten. Erwähnt wurde, dass einem die Mitarbeiter leid taten. Sie seien an der Entscheidung nicht betei-ligt gewesen, müssten aber „die Suppe auslöffeln" (SH 5, NGO). Er spüre diese Motivationseinbrüche, sagte ein Stakeholder, wenn er in Wolfsburg sei, an der Stimmung der Belegschaft. Dort habe er viele „sorgenvolle Gesichter" erlebt (SH 4, WuF). Eine weitere Folge ist der massive *Verlust von Reputation*. Ein Sta-keholder unterstellte, der Reputationsverlust sei zugleich ein Risiko für ihn als Stakeholder. „Wir haben es beobachtet, sagen wir mal so. Wir haben uns schon auch überlegt, ob das irgendwann doch mal zu viel wird an Problemen, mit denen wir da… (…) die eigene Glaubwürdigkeit, ja aber auch das was wir eigentlich von einem Partner erwarten", bemerkte er (SH 33, NGO). Angesprochen wurden darüber hinaus *Signale der Veränderung (Wandel)*. Ein Befragter stellte für sich fest, die Konzern-Rhetorik habe sich unter dem Druck der Krise positiv verändert. Er glaube sogar, dass bei Volkswagen nun „mehr Veränderungsbereitschaft viel-leicht da ist als bei manchen anderen Automobilherstellern in Deutschland" (SH 31, WuF). Ein zweiter merkte hingegen an, dass Volkswagen in seiner Werbung wieder nur ausstrahle, er sei Weltmarktführer für Autos. In der Kommunikation und den Verkaufszahlen spüre er von der Krise inzwischen fast nichts mehr (SH 29, NGO).

10.2   Corporate und Stakeholder Responsibility

10.2.1 Corporate Responsibility von Volkswagen

Ein Befragter bezeichnete Volkswagen als im besonderen Maße der Gesellschaft gegenüber verpflichtete, „quasi-öffentliche Institution" (SH 2, WuF). Er führte aus: „Volkswagen ist aufgrund seiner Geltung und Reichweite auch nicht mehr dieses streng privatistische Unternehmen, das gegenüber der Gesellschaft sagen kann, hier ist jetzt Schluss. Dafür ist die Macht, die von Volkswagen ausgeht, zu groß" (SH 2, WuF). Ein zweiter sah Volkswagen in der Pflicht, seine Eigenverantwortung klar zu definieren. Er beschrieb diese als Transformation des Kerngeschäftes und als Kulturwandel. Bei Letzterem gehe es darum, Mitarbeitern mehr Freiheiten zuzugestehen (SH 6, WuF). Volkswagen wurde auch mehr Verantwortung für sein direktes Marktumfeld zugeschrieben. Gegenüber Wettbewerbern und Zulieferern trage der Konzern aus der Stakeholder-Sicht über die gesetzlichen Anforderungen hinaus eine besondere Verantwortung für seine Lieferketten.

> „Ich sehe das als Zugfunktion. Die Lokomotive wäre VW, Daimler, oder BMW, die sagen wir nehmen es ernst mit E-Mobility. Und dann sind die Wägen dahinter die Wertschöpfungsketten, der Supplier, Rohstoff-Extractor. Wenn der OEM dann sagt, wir meinen das ernst und können das glauben, dann rennen alle anderen im Eigeninteresse in die gleiche Richtung." (SH 19, WuF)

Die Eigenverantwortung wurde im Kerngeschäft, der Produktion und Distribution von Fahrzeugen sowie Finanzdienstleistungen, verortet und in Zusammenhang mit dem Strukturwandel der Branche gebracht. In der Verantwortung von Volkswagen liege es dabei, diesen Wandel zu einem „nachhaltigen Mobilitätsdienstleister" zu vollziehen und dadurch als Vorbild für den Automobilsektor zu fungieren.

> „(...) Das ganz klassische Unternehmensverständnis ist, wie reden hier ja über Verkehr, ist ein Unternehmen baut ein Auto und will es verkaufen. Punkt. Das ist das uralte, klassische Verständnis, der Verkauf von Fahrzeugen. Wenn ich mir heute aber angucke, für was ein Hersteller aufgrund des Verkaufs seiner Produkte mittlerweile mit verantwortlich ist, oder besser: verantwortlich gemacht wird, dann ist natürlich aus meiner persönlichen Meinung zukünftig ein Unternehmen eben auch aufgerufen aktiv mitzugestalten, z. B. bei der Frage wieviel Mobilität wir im städtischen Raum überhaupt benötigen. (...). Letztendlich muss man das Image vom reinen Autoverkäufer loswerden. Man muss wirklich sagen: Ich will bei der Gestaltung der städtischen Mobilität aktiv mitwirken (...)." (SH 1, PuV).

Die Eigenverantwortung auf das Kerngeschäft zu reduzieren, greift aus der Stakeholder-Sicht zu kurz. Dies belegt zum Beispiel auch die Aussage eines weiteren Sprechers aus dem Cluster Politik und Verbände. VW, sagte er, dürfe sich nicht auf eine eng verstandene Unternehmensverantwortung zurückziehen. Er erwarte von einem Weltkonzern dieser Größe, dass er sich ganz ernsthaft in gesellschaftlichen Problembereichen engagiere, die an dessen Kerngeschäft angrenzen.

> „Wir sind alle Teile eines Stoffwechsels, eines Austausches von verschiedenen Stoffwechselprozessen auf diesem Planeten. Da geht es um die Verwendung von Flächen, von Luft, Wasser und Rohstoffen, von allem, was unser Planet uns bietet. Und ich denke, dass das Prinzip der Gerechtigkeit, der Partizipation an globalen Stoffwechselprozessen es gebiet, dass jeder, der am Stoffwechselprozess teilnimmt, Rücksicht auf andere Lebewesen nimmt. (...). Und wenn ich das jetzt anwende auf ein global agierendes Unternehmen wie VW, das mit seinen Produkten und Dienstleistungen, mit den Fabrikationsstätten auf allen Erdteilen engagiert ist, dann lässt sich das anschaulich und plastisch machen, weil der VW-Konzern ja alle Dimensionen des Stoffwechsels in irgendeiner Art und Weise in Anspruch nimmt. Er hat einen Anteil in Bezug auf die Luftverschmutzung durch die Abgase seiner Fahrzeuge, er hat einen Anteil bei der Verwendung von Energie und Rohstoffen durch die Erze, die seltenen Metalle und die Energie, die für seine Produktionsprozesse notwendig ist. Und gerade diese intensive Nutzung des Stoffwechsels begründet aus meiner Sicht seine Verantwortung." (SH 11, PuV)

Ein Verbandsvertreter hielt dagegen, dass die meisten Probleme heute nicht alleine von Unternehmen gelöst werden können, selbst wenn Stakeholder dies forderten. Große Konzerne müssen sich vielmehr als Beitragende im Problemlösungsprozess verstehen und dabei ihre eigenen Handlungsgrenzen schonungslos offenlegen.

> „Unternehmen sollten die eigenen Handlungsgrenzen klarmachen: wir agieren hier als ein Unternehmen, das auf die Gewinne im bestehenden Markt angewiesen ist, sonst gehen wir unter. So ist unsere Unternehmenslogik. Wir können keine gesellschaftlichen Probleme lösen, wir agieren unter gegebenen Rahmenbedingungen. Dass Unternehmen die Grenzen ihres Handelns und das, was sie auch ethisch leisten können, einfach offensiver aufzeigen. Weil NGOs da manchmal vollkommen falsche Vorstellungen davon haben. NGOs glauben ja immer, dass Unternehmen wenn sie nur wollten, das dann auch alles könnten." (SH 12, PuV)

Ein Befragter hielt fest, Unternehmen seien entgegen der Erwartungen eben keine Träger absoluter Verantwortung. Es gebe klare Handlungsgrenzen und eine komplexe Verantwortungsteilung, außerdem Bereiche, in denen Stakeholder auftreten, die auch eine Verantwortung trügen (SH 25, NGO). Hervorgehoben wurde jedoch, dass Volkswagen als ein Vorbild agieren müsse. Ein Stakeholder sprach in diesem Kontext davon, dass der Konzern in gewisser Art und Weise ein gesellschaftliches Pilotprojekt sei. „Ich sehe bei VW in einem Mikrokosmos das, was in der gesamten Gesellschaft passiert. (…). Bei Volkswagen kann man sich sehr schön ansehen, wo sitzt der Schmerz, wo tut es weh und wo kann ein Konzern möglicherweise gar nicht schneller, weil wir alle wissen, was mit Menschen zu tun hat, geht in aller Regel auch nicht schnell", argumentierte er (SH 18, PuV).

10.2.2 Responsibilities nichtmarktlicher Stakeholder

In erster Linie war für die Stakeholder ihre Eigenverantwortung über die Rolle des Kunden abgegolten. Jeder trage, bemerkte ein NGO-Vertreter, Verantwortung für seine Kaufentscheidung, nicht aber das Spektrum beziehbarer Produkte. Letzteres falle faktisch in den Verantwortungsbereich der Hersteller (SH 3, NGO). Im Cluster *Wissenschaft und Forschung* wurde deren Verantwortung im Besonderen darin gesehen, in Zukunft proaktiver auf ihre Umwelt zuzugehen. Die Academia müsse, so ein Fazit, ihren Elfenbeinturm verlassen und mit mehr anwendungsorientierter Forschung zur Lösung gesellschaftlicher Probleme beitragen (SH 4, WuF).

> „Ich sehe das auch als Verantwortung der Wissenschaftler, die oftmals leider nicht wahrgenommen wird, in den Dialog mit anderen Teilen der Gesellschaft zu treten. Ich sage, es wird oft nicht hinreichend wahrgenommen. (...). Und aus zwei Gründen machen das viele Wissenschaftler gerne. A ist es natürlich extra Arbeit und man fühlt sich ein bisschen fremd. (...). Das andere ist, dass man sich da intern auch der Kritik aussetzt. Und beides will man sich dann ersparen, deshalb machen das viele Professoren nicht. Aber ich halte es in der Verantwortung eines Akademikers, auch auf die Welt zuzugehen." (SH 4, WuF)

Ähnlich äußerte sich ein zweiter Wissenschaftler. Er hoffte, dass sich seine Zunft zukünftig stärker in politische Debatten einmischt, damit Forschung kein Selbstzweck bleibt. Er sah sich selbst in der Pflicht, mit Unternehmen ins Gespräch zu gehen, um „den ein oder anderen, segensreichen Impuls zu setzen" (SH 24, WuF). Im Cluster *Politik und Verbände* bezog ein Stakeholder seine Verantwortung hingegen auf die Verpflichtung von Konzernen auf langfristige Ziele (SH 1, PuV). Analog dazu beschrieb ein zweiter Befragter seine Verantwortung mit der Rolle eines „Signalgebers". Er greife neue Impulse auf und ermögliche Unternehmen so

„einen Griff auf das Thema drauf [zu] kriegen" (SH 8, PuV). Der genaue Verant-
wortungsbereich seiner Rolle als Intermediär sei aber nicht eindeutig bestimmbar.
Im weiteren Sinne trage man die Verantwortung dafür, durch Expertenwissen und
Meinungsbildung Veränderungsprozesse zu begleiten (SH 8, PuV).

> „Und als Aufgabe selbst ist es unser Mandat eigentlich die Unternehmen zusammen-
> zubringen, das zu diskutieren, was ansteht, zu überlegen, wie sie damit umgehen, sich
> darüber auszutauschen, wie was umgesetzt werden kann, oder ob und wie etwas auf-
> gegriffen werden sollte in Prozessen im Unternehmen und dann im Zweifel auch den
> Dialog zu suchen mit anderen Stakeholdern, sei es jetzt in der Politik diejenigen, die
> Standards definieren, um auch das, was aus der Praxis an Erkenntnissen kommt, wieder
> weiter zu tragen, sodass es in andere Dialogprozesse einfließt." (SH 8, PuV).

NGOs sahen im Gegensatz dazu alleine schon den Grundgedanken einer geteilten
Verantwortung kritisch. „Ich denke es ist schon die Verantwortung des Konzerns.
Und er kann sozusagen seine Verantwortung schärfen und im Sinne einer Gestal-
tung des auf uns zukommenden Strukturwandels nutzen", sagte der Sprecher einer
NGO (SH 3, NGO). Seine Verantwortung sah er darin, für Gesetzgeber Wissen
und Positionen bereitzustellen. Ein zweiter NGO-Vertreter benannte seine Ver-
antwortung mithilfe der Rolle als ein „kritischer Begleiter des Unternehmens in
Veränderungsprozessen" (SH 5, NGO). Zur Verantwortung der NGO zähle es,
Unternehmen auf Fehlverhalten aufmerksam zu machen und CSR-Managern zu
helfen, gesellschaftliche Themen intern zu positionieren (SH 5, NGO).

10.2.3 Von Corporate Responsibility zu Shared Responsibilities

Ein Teil der Befragten elaborierte, in welchen Bereichen sie eine Verantwortungsteilung zwischen Stakeholdern und Volkswagen (*Shared Responsibilities*) sehen.
Ein Vertreter aus Wissenschaft und Forschung bemerkte zum Beispiel, er könne
nur eingeschränkt von geteilter Verantwortung sprechen. Seiner Ansicht nach sei
es zunächst richtig, dass auch die Stakeholder eine Verantwortung trügen. Diese
sei aufgrund der Freiwilligkeit ihrer Beziehung mit Unternehmen jedoch nie eine
Accountability, sondern immer eine Responsibility. Unter Shared Responsibility
verstand er die gemeinsame kommunikative Aushandlung von Antworten auf Herausforderungen rund um eine nachhaltige Mobilität. Dabei bemerkte er, viele
Stakeholder seien sich ihrer Verantwortung selbst noch überhaupt nicht bewusst.

„Sie kennen den Spruch: aus großer Macht kommt große Verantwortung. Da sind wir so ein bisschen auf der Position, dass wir sagen: so groß ist unsere Macht als Stakeholder nicht. Und auf dem Papier ist das natürlich richtig. Ich habe keine Möglichkeit einen Kulturwandel von Volkswagen einzufordern. Ich habe keine Möglichkeit, jemand dazu zu zwingen, sich ernsthaft damit auseinanderzusetzen. Insofern neigen wir oft zur Marginalisierung unserer Verantwortung. Ich kann an der Stelle aber nur sagen: es ist unsere Pflicht als Wissenschaft, die Probleme zu benennen, auch dort wo sie unbequem werden, darauf hinzuweisen und das Ganze nicht nur zu einem Volkswagen-Problem zu machen. Das ist eine Form von geteilter Verantwortung. (...). VW hat ja ganz klar eine juristische Verantwortung in manchen Fragen. Da habe ich keine geteilte Verantwortung. Da wäre es sogar fahrlässig zu sagen, das ist eine große, geteilte Verantwortung. Weil das nur dazu führt, dass wir in eine organisierte Unverantwortlichkeit kommen, da dann nichts mehr klar zurechnungsfähig ist. Accountability muss an bestimmten Punkten bestehen bleiben. Je weiter ich den Begriff ziehe und je weiter ich das Themenfeld ziehe, wenn ich also sage, es geht uns eigentlich allen darum, dass wir uns auf eine Gesellschaft zubewegen müssen, wo das Thema Mobilität ganz anders verhandelt wird, wo die Rolle von solchen Großkonzernen ganz anders verhandelt wird. Da sind wir in einem Feld, wo man sich der Verantwortung nicht entziehen kann. Aber viele Stakeholder sind noch nicht soweit, dass sie ihre eigene Verantwortung auch klar benannt haben." (SH 2, WuF)

Die Beschreibungen von Shared Responsibilities berührten oft Fragen der Kooperation und Konsultation. Ein Befragter forderte, jeder Stakeholder müsse seine Eigenverantwortung klar definieren. Es gehe ultimativ aber nicht darum, wer welche Verantwortung trage, sondern um Ergebnisse und Fortschritt (SH 21, WuF).

„Also die Automobilmodelle, das ist schon die Verantwortung von Volkswagen hier Lösungen zu entwickeln, nachhaltige Lösungen und natürlich, wenn es um Smart Mobility generell als gesellschaftliches Thema geht, sicherlich spielen da auch die anderen Stakeholder eine Rolle. Aber ich finde auch das etwas langweilig, die Frage wer hat jetzt die Verantwortung, die so ein bisschen rumzuschieben. Das bezieht sich jetzt nicht auf Sie, sondern die Themen, die man häufig im CSR-Bereich hat. Ist das jetzt die Verantwortung vom Unternehmen, dem Gesetzgeber, oder sowas? Ich finde jeder Stakeholder sollte schauen, wie kann ich das Thema innovativ vorantreiben und dabei andere mit ins Boot holen." (SH 21, WuF)

Die Sphären der Verantwortung, argumentierte ein Verbandssprecher, haben sich in der Beziehung von Unternehmen zu Stakeholdern verschoben. Er erläuterte dies beispielhaft am Geschäftsmodell seines eigenen Verbandes: „Früher war der Deal, Unternehmen geben STAKEHOLDER Geld, STAKEHOLDER sorgt dafür, dass

Unternehmen im Bereich Wissenschaft und Innovation zumindest nicht schlechter wird und leistet über Programme und Initiativen einen Beitrag" (SH 9, PuV). Materielle Fragen spielten dabei immer schon eine Rolle, es seien jedoch zunehmend Beratungsleistungen, die heute die Beziehung zu Volkswagen prägen. „Dass man nicht mehr sagt: hier habt ihr Geld, macht mal. Sondern dass man wirklich in einen inhaltlichen Austausch kommt", stellte er fest (SH 9, PuV). Ein zweiter verstand die Shared Responsibility hingegen als seine Pflicht, die Rückkoppelung zwischen der Binnen- und Außenwelt des Unternehmens weiter voranzutreiben.

> „Wir haben die große Gefahr, dass Unternehmen abgekoppelt von der Gesellschaft und Umwelt handeln. Mit Verlaub: ich glaube, dass das bei VW ganz besonders symptomatisch ist. (...). Es muss unbedingt – und das könnte eine Aufgabe des Stakeholder Managements sein – eine Rückkoppelung zwischen ‚was passiert draußen' und ‚was braucht die Umwelt' zurück in das Unternehmen rein erfolgen, sonst droht die Führungskraft die Bodenhaftung zu verlieren und verrennt sich im mildesten Fall in KPIs, die vollkommen irrelevant sind, im schlimmsten Fall in gigantischer Hybris. Und der Schaden fürs Unternehmen ist groß." (SH 15, PuV)

Nicht von ungefähr erklang die Forderung nach einer „integrierten Perspektive als Grundhaltung" (SH 23, PuV) und die These die „Chance des Stakeholder-Dialoges ist, mit anderen für mich wichtigen Interessensgruppen koevolutionär zu wachsen, im Austausch zu zeigen, was ist die Eigenverantwortung von uns" (SH 6, WuF). Gleichzeitig müsse dabei jedoch klar sei, was das eigene a priori sei, betonte ein dritter. Es bringe nichts, wenn man für alles Mögliche schöne Überschriften finde und hinterher alle das Gefühl haben, man habe so viel im Bauch, dass man nicht wüsste, ob man jetzt nach Haus gehe, fahre oder fliege. Es gebe auch Interessenskonflikte (SH 23, PuV). Die Rede war von einem spannungsgeladenen Diskursfeld, in das sich beide Seiten als Partner aktiv einbringen sollten, um im Austausch Lösungen für übergeordnete Problemfelder zu finden (SH 32).

> „Das Spannungsfeld kann dazu führen, dass so viel Spannung da ist, dass nichts geht. Aber es kann sich auch eine ganz produktive Spannung ergeben und die ist nicht planbar. (...). Meine Erfahrung ist, dass sich kreative Lösungen aus Spannungsfelder ergeben und nicht aus festgefahrenen Positionskämpfen. (...). Man braucht auch Menschen auf jeder Seite, die bereit sind – und das ist kein Automatismus – sich auf diese andere Kultur einzulassen. Nicht nur zu verstehen, sondern auch die Bereitschaft mitzubringen, sich auf andere einzulassen." (SH 32, NGO)

10.2.4 Beispiele für Shared Responsibilities

In den Interviews kristallisierten sich Beispiele heraus, anhand derer Stakeholder Überlappungen zwischen Corporate und Stakeholder Responsibility festmachten:

Corporate Governance: Aus Sicht einiger Stakeholder hat Volkswagen ein Governance-Problem. In personeller Hinsicht wurde die Berufung von Herrn Pötsch als Aufsichtsratsvorsitzender kritisiert. In diesem Fall sei nicht die Frage gewesen, ob das Unternehmen etwas tun hätte können, sondern wieso es nicht tat, wozu es verpflichtet war, so die Kritik (SH 17, PuV). Das System der Corporate Governance in Deutschland, sagte ein zweiter Stakeholder, sei insgesamt „ziemlich pervers". Der Aufsichtsrat beauftrage Wirtschaftsprüfer dafür, dass er ihn selbst prüfe. Was dabei herauskomme, könne man sich vorstellen. Das sei eine „sehr seltsame Konstellation" (SH 5, NGO). In der direkten Verantwortung des Konzerns läge es, hier mehr Transparenz zu schaffen. Ein Stakeholder arbeite als "Watchdog" und müsse dieses Reporting auf Lücken hin prüfen (a. a. O.).

Nachhaltige Lieferkette (Konfliktrohstoffe): Als zweiter Themenkomplex wurden Aspekte rund um „Rohstoffketten bis hin zu den Minen runter" erwähnt (SH 29, NGO). Ein Befragter betonte hier sei bis vor wenigen Jahren nichts gelaufen. Zwar habe sich die Automobilindustrie auf gemeinsame Fragebögen an ihre Lieferanten geeinigt, die Prüfungstiefe sei jedoch noch unzureichend. Er hatte das Gefühl, VW und die Verbände verhalten sich sehr defensiv, weil Ängste bestehen, man könne bei der Verschärfung der Rechtsgrundlage Forderungen ableiten. Die Industrie, so sein Petitum, müsse sich von Preis, Qualität und Verfügbarkeit als primäre Vergabekriterien verabschieden (SH 29, NGO). Er schrieb Volkswagen eine Verantwortung zu, diese Haltung zu etablieren und seine Lieferketten auf soziale (Menschenrechte) und ökologische Belange (Emissionen) hin zu überprüfen.

> „Die Schwierigkeit ist ja, dass in diesem Wirtschaftsmodell, wie es heutzutage organisiert ist, das meiste über die Preise läuft. Ich muss mich als Unternehmen der Preiskonkurrenz stellen. Ich muss außerdem Qualität garantieren. Ich habe Gewährleistung auf Durchrosten, auf dies und jenes. Und wenn ein Unternehmen halt sagen würde, ich habe jetzt in meinem Auto, weil es billiger war, ein minderwertiges Kupfer verbaut und nach zehn Jahren brennen die halt in den Kabelschächten ab, tja Pech. Dann könnte ich das Unternehmen verklagen. Wenn ich dem gleichen Unternehmen jetzt nachweise, dass es Kobalt in seinem Akku verbaut hat, die von Kleinschürfern, die im Knechtschaft arbeiten unter übelsten Bedingungen inklusive Kinderarbeit gefördert werden, dann kann ich nur sagen, bitte höre auf damit. Und diese Diskrepanz zwischen Preis, Qualität, Menschenrechten und Umweltschutz in der rechtlichen Absicherung von den Wertschöpfungsketten müssen wir aufheben." (SH 29, NGO)

Der NGO-Vertreter kritisierte, es mangele Volkswagen nicht an Umsetzungsmöglichkeiten, sondern -bereitschaft. Er verwies auf existierende Qualitätssicherungsmechanismen, die bereits tief in die Lieferketten hineinragen. Als Beispiel nannte er den Bezug von Stahl. Volkswagen wisse, wo das Erz herkomme, weil im Streitfall Regressionsforderungen geltend gemacht werden. Er verstehe deshalb nicht, wieso derartige Prüfungen bei Kabelbaumlieferanten für Kupferdrähte unmöglich seien (SH 29, NGO). Ähnlich äußerte sich ein Befragter, der zugleich Leiter Nachhaltigkeit bei einem Zulieferer war. Er rügte, dass Hersteller noch nicht dazu bereit seien, für nachhaltige Komponenten einen Aufpreis zu bezahlen.

„SH19: Beispiel: Naturfaser aus Südostasien. Der Bauer, der die macht, damit wir uns mit einem grünen Auto schmücken können, hat überhaupt gar keine Marktmacht. Der ist die ärmste Sau auf diesem Planeten. Und wenn wir bereit wären ganz am Ende der Lieferkette einen minimalen Mehraufwand zuzustehen, wäre der sicher sehr dankbar.

TB: Sie wollen also von den Herstellern, dass sie (noch) mehr Druck auf die Zulieferer ausüben?

SH19: Ich weiß, dass das krass klingt, aber den würde ich mir wünschen. Vielleicht ist Druck falsch, sondern Konsequenz. Weil, die Themen in der Lieferkette sehen die OEMs ja, kommunizieren sie auch und sagen, das ist uns wichtig. Der einzige Knackpunkt ist halt immer: ist man bereit die Mehrkosten dafür zu tragen? Und ich sage immer: die sind gar nicht so viel höher wie alle meinen. Eigentlich ist es auch eine Investition in die Zukunft, weil die Lieferkette, wenn wir wie bisher weiter machen, reißt sie irgendwann ab. Weil Leute Pleite gehen, wir negative Pressemitteilungen haben usw. Wir werden den Nachteil irgendwann spüren, aber eben erst nach der nächsten Presse-Bilanzkonferenz.

TB: Die Einkaufspolitik der OEMs ist also immer noch durch und durch preisgetrieben?

SH19: Qualität, Preis, Verfügbarkeit. Das sind die drei Dinge, die Einkäufer kennen. Und es würde gut tun, wenn man da einen Nachhaltigkeitsindikator drin hätte, der mindestens gleichwertig ist. Das ist aber momentan nicht der Fall. Oder aber die OEMs gehen in die Richtung und sagen: du hältst als Zulieferer bestimmte Nachhaltigkeitsindikatoren einfach ein, sonst darfst du nicht mehr mitspielen. Das heißt dann nicht ich gebe dir pro Teil ein Cent mehr, sondern du musst es jetzt machen, sonst darfst du nicht mehr mitspielen. Das würde aber mittel- und langfristig wohl nicht ganz ausreichen.

TB: Hersteller und Tier1 müssen gemeinsam also noch tiefer in ihre Lieferketten rein?

SH19: Genau. Ich vergleiche das immer mit einem Lächeln, aber warum kann man nicht ein Fair Trade Auto bauen, oder Biomaterialien verwenden? In anderen Branchen funktioniert das ja auch. Ich habe mal einen Vorschlag gemacht: man kennt ja die CO_2 Emissionen, LifeCycle von einem Auto. Wenn ich zum Kunden sage: du zahlst 2000€ mehr und dann ist es Carbon Neutral. Da kann man jetzt diskutieren, ist das Ablasshandel, Ja/Nein. Aber es ist immerhin besser als gar nichts zu tun. (...).

TB: Also gemeinsam Sweet Spots zu finden, daran müsste man noch stärker arbeiten?

SH19: Unbedingt. Gemeinsam eine Verantwortung für die Lieferkette übernehmen. Bisher denkt jeder immer nur für sich. Der OEM denkt für sich, versucht den Tier 1 zu drücken. Der Tier 1 denkt an sich, versucht den Tier 2 zu bescheißen, oder Luft zu verkaufen. Dann haben wir die Hierarchie, wie sie momentan ist. Dann verbessert sich überhaupt nichts, außer ein paar Hochglanzbroschüren. Und es gibt ja ein paar Indikatoren, die zeigen, ob wir überhaupt in der Nachhaltigkeit voran kommen. Das wäre z. B. CO_2 und es sinkt nicht. Ich kann zwar sagen, pro Auto usw. und so Späße machen. Aber das Klima denkt nicht relativ, sondern immer absolut." (SH 19, WuF)

Emissionsreduktion: Aus Stakeholder-Sicht trägt die Volkswagen AG zudem eine Verantwortung für die Reduktion ihres ökologischen Fußabdruckes. Ein Befragter betonte, für den Konzern sei es das Wichtigste, eine langfristige CO_2-Strategie zu entwerfen, mit der man die Klimaneutralität im Verkehr erreiche. Im Moment sei Volkswagen nicht auf Kurs mit dieser Dekarbonisierung. Stattdessen finde eine „Verhandlung auf dem türkischen Basar statt. Also noch nach dem Motto, wie viel Prozent Einsparung kannst du mir bieten?" (SH 15, PuV). Die Verantwortung der Fahrzeughersteller, so ein zweiter Befragter, umfasse auch die Emissionen in der Nutzungsphase. Er sieht hier allerdings nicht nur die OEMs in der Pflicht, sondern auch Stakeholder. Gemeinsam müsse man das Fahrverhalten der Kunden ändern. Volkswagen könne dies nicht alleine leisten. Es sei Teil der Shared Responsibility, das Thema anzugehen (SH 19, WuF), jedoch Aufgabe des OEM als „Verantwortungsprimus" (SH 19, WuF) diese Prozesse anzustoßen.

„Der Punkt ist aber: die Marktmacht liegt nun einmal beim OEM und wenn der Autobauer Signale in die Lieferkette gibt, d.h. bestimmtes Verhalten belohnt, anderes bestraft, dann wird sich langfristig die ganze Lieferkette danach ausrichten. Der OEM ist der Verantwortungsprimus. (...). Wir könnten sehr viel mehr machen, aber da müsste im Gegenstück auch eine monetäre Anerkennung kommen, weil uns das Geld kosten würde. Und bisher wurde es nie belohnt. Mit einer Ausnahme: damals haben wir beim Konkurrenzprodukt BMW i3 den Zuschlag bekommen. Da war Preis zwar wichtig, aber nicht das alleinig entscheidende Kriterium, weil das Produkt auf Nachhaltigkeit ausgerichtet war. So etwas könnte man sich bspw. auch bei Porsche vorstellen, wo man sagt: der Zulieferer hat ein Produkt, das weniger Impact auf die Umwelt hat, oder die Lieferkette transparenter macht, es kostet zwar mehr, aber man nimmt ihn trotzdem. Gerade bei Premium-Autos kann man sich das leisten." (SH 19, WuF)

Elektromobilität: Ein Stakeholder kritisierte, der Konzern habe unzureichend zur Elektrifizierung von Lieferfahrzeugen beigetragen, weshalb die Deutsche Post nun begonnen habe, ihren Fahrzeugpool durch die Eigenproduktion von elektrischen Street-Scootern umzustellen (SH 11, PuV). Ein zweiter störte sich an der Assoziation von Elektromobilität mit Emissionsfreiheit. Volkswagen trage hier die Verantwortung für mehr ehrliche Kommunikation. Der Konzern müsse thematisieren, dass die Skalierung von Elektromobilität auch einen Fußabdruck hinterlasse. Es sei trügerisch zu glauben, das Elektroauto löse ökologische Probleme. Im Gegenteil. Es bestehe sogar die reale Gefahr, Probleme zu verstärken. Elektro-Autos führen mit dem heutigen Strom-Mix zu höheren CO_2-Emissionen als ein Diesel. Dies würde sich nur ändern, wenn die Politik beginnen würde, das Stromsystem zu dekarbonisieren. „Das Elektroauto ist ein typisches Beispiel dafür, dass Technologien unehrlich sein können. Es ist zwar ein wichtiger Baustein im Antriebsmix, aber nicht die alleinige Lösung", sagte er (SH 15, PuV). Die Shared Responsibility sah er persönlich darin, auf diesen Umstand öffentlich aufmerksam zu machen.

10.3 Empirischer Befund IV: Stakeholderkommunikation als Diskurs über äußere Verantwortungsbereiche

Stakeholder beschrieben die *Corporate Responsibility* von Volkswagen primär als kerngeschäftsgebunden. Es ging um nachhaltige Produkte, Produktion und die Gestaltung nachhaltiger Geschäftsmodelle. Außerdem wurde Volkswagen mehr Verantwortung für seine Lieferketten zugeschrieben. Diese Themen fallen in den inneren und mittleren Verantwortungsbereich (Hiß, 2006). Für eine Ausdehnung der Corporate Responsibility spricht die üppige Thematisierung von Aspekten, die in den äußeren Verantwortungsbereich fallen. Hierzu zählten zum Beispiel Erwartungen an einen gemeinsamen Aufbau öffentlicher Infrastruktur oder zusätzliches Engagement im Bereich der Stadtgestaltung und Luftreinhaltung. Die *Stakeholder Responsibility* wurde demgegenüber über die Stakeholder-Gruppen hinweg primär auf deren Konsumentenrolle bezogen. Sprecher aus dem Cluster Wissenschaft und Forschung sahen ihre Verantwortung nebst unabhängiger, evidenzbasierter Beratung zusätzlich darin, zukünftig proaktiver auf Unternehmen zuzugehen, indem sie zum Beispiel zur Ausbildung von Nachwuchskräften beitragen. Vertreter des Clusters Politik und Verbände nannten indes die politische Willensbildung und die Gestaltung regulatorischer Rahmenbedingungen als ihre Eigenverantwortung. NGOs hoben stattdessen die prinzipielle Notwendigkeit einer klaren Teilung von Verantwortung hervor. Sie sahen sich als kritische Begleiter und Helfer von Nachhaltigkeitsmanagern bei der internen Positionierung von Sustainability Issues (Tabelle 10.1).

Tabelle 10.1 Shared Responsibilities: Beispiele

Themenfeld	Verantwortung der Volkswagen AG	Verantwortung der Stakeholder
Corporate Governance	– Nominierung/Sicherstellung einer unabhängigen Besetzung des Aufsichtsrates. – Schaffung von Transparenz, zum Beispiel zur Bekämpfung von Korruption.	– NGOs kontrollieren als kritische "Watchdogs" die Regeleinhaltung und prüfen die Transparenz von Managementsystemen.
Nachhaltige Lieferkette	– Etablierung von Analysen für Lieferketten und Ausweitung der Prüfungstiefe. – Prüfung sozialer (z. B. menschenrechtliche Sorgfaltspflicht) und ökologischer Belange (z. B. Carbon Footprint/CO_2-Reduktion).	– Zulieferer als Kooperationspartner mit Ziel der Entwicklung gemeinsamer Initiativen und Leuchtturmprojekte (Best Practices für nachhaltige Lieferketten).
CO_2-Reduktion	– Entwurf einer langfristigen Dekarbonisierungsstrategie (CO_2-Reduktion) durch den OEM als „Verantwortungsprimus".	– Zulieferer als Kooperationspartner, zum Teil mit großem Impact bei der Umsetzung und/oder der Einsparung von CO_2.
Elektromobilität	– Elektrifizierung des Produktportfolios von Pkws bis hin zu Nutzfahrzeugen. – Proaktive und offene Thematisierung des ökologischen Fußabdrucks von E-Autos.	– Staat/Politik in der Hauptverantwortung für den Aufbau von (Lade-)Infrastruktur.

Unter Rückgriff auf die Systematik von Hiß (2006) ließ sich auf Basis der Interviews eine Schwerpunktsetzung des Verantwortungsdiskurses auf den äußeren Verantwortungsbereich beobachten. Im Mittelpunkt der Argumente stand das Engagement von Volkswagen entlang und außerhalb seiner Wertschöpfungsketten und übergeordneten gesellschaftlichen bzw. gesundheitlichen Handlungsfeldern. Als zweiten Befund lässt sich festhalten: Stakeholder-Erwartungen sind gestiegen. Die Corporate Responsibility umfasst heute Handlungsfelder, die einst dem Staat (z. B. Infrastrukturausbau, Verkehrserziehung) zugeschrieben wurden. Eine enge Fokussierung auf das Kerngeschäft reicht den Stakeholdern nicht mehr aus. Dies gilt zum Beispiel für Fragen einer CO_2-Governance, aber auch die Gestaltung von öffentlichen Räumen. Hier verlagern sich die Verantwortungszuschreibungen vom Staat auf Unternehmen. Von Volkswagen wird ein stärkerer Beitrag zur Lösung gesellschaftlicher Probleme erwartet. Der Konzern täte hier gut daran, sich stärker in aktuelle politische Debatten rund um Fragen einer nachhaltigen gesellschaftlichen und wirtschaftlichen Entwicklung einzubringen (z. B. Beitrag zum Klimaschutz, öffentlichen Gesundheitswesen). Stakeholder Management ist in diesem Kontext eine Schlüsselfunktion zur Absicherung des Unternehmenserfolges. Ein kontinuierliches und professionelles Stakeholder Engagement hilft Unternehmen wie Volkswagen im dynamischen Verantwortungsdiskurs die Erwartungen ihrer externen Stakeholder auszuloten, Schnittstellen von Unternehmens- und Stakeholderverantwortung zu identifizieren und den wechselseitigen Beitrag zur Lösung der gemeinsam identifizierten und priorisierten Handlungsfelder kommunikativ fortlaufend neu auszuhandeln (vgl. Abb. 10.1).

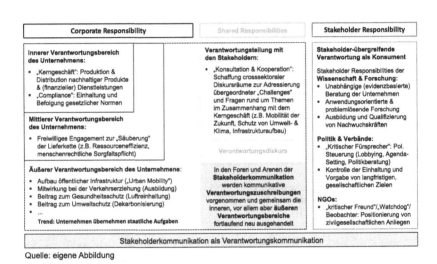

Quelle: eigene Abbildung

Abbildung 10.1   Stakeholderkommunikation und Verantwortung

Schlussbetrachtung: Theoretische Synthese und Desiderata

11

11.1 Beantwortung der Forschungsfragen

Um den räumlichen Bezug zu den Ergebnissen der empirischen Fallstudie aufrecht zu erhalten, wurden die empirischen Befunde als Ergebniszusammenfassungen an die dazugehörigen Ergebniskapitel angegliedert. Diese finden sich in den Teilkapiteln 7.8, 8.2, 9.4 und 10.3. Ergänzend zu diesen detaillierten Ausführungen wird die Beantwortung der Forschungsfragen zum Schluss kurz kompakt rekapituliert.

> *F1: Wie lässt sich das Stakeholder Management der Volkswagen AG Nachhaltigkeit aus einer kommunikationswissenschaftlichen Perspektive im konzeptionellen Rahmen der Verantwortungskommunikation als ein kommunikatives Phänomen ebenenübergreifend theoretisch modellieren und empirisch fundieren?*

Die Beantwortung der Forschungsfrage F1 erfolgte mithilfe des als intellektuelle Eigenleistung erarbeiteten Mehrebenenmodells der Analyse von Stakeholderkommunikation (Kapitel 5). Zunächst wurden hierfür die zentralen, sozialtheoretischen (Kapitel 2) und organisationsethischen bzw.- theoretischen Begriffe und Konstrukte (Kapitel 3) erörtert und anschließend, aufbauend auf der Problematisierung des Forschungsstandes (Kapitel 4), schrittweise die Analysekategorien des Modells detailliert (Kapitel 5). Unter Rückgriff auf die Theorie der Strukturation von A. Giddens, die Stakeholder-Theorie von E.R. Freeman und den Capability-Ansatz von A. Sen wurden auf der Meso-Ebene die Spezifika von Stakeholderkommunikation beschrieben. Hier ergab sich, dass Stakeholder Management

© Der/die Autor(en), exklusiv lizenziert durch Springer Fachmedien Wiesbaden GmbH, ein Teil von Springer Nature 2021
T. Lang, *Stakeholder Engagement Analyse*, AutoUni – Schriftenreihe 153, https://doi.org/10.1007/978-3-658-33987-6_11

301

eine eigenständige, primär auf das nichtmarktliche Umfeld des Konzerns ausgerichtete Kommunikationsmanagement und -Controlling-Funktion ist, die gewisse
Besonderheiten aufweist und Einfluss auf (teil-)öffentliche Meinungsbildungsprozesse hat (Kapitel 7). Auf der Mikroebene hingegen wurden mit Stakeholder
Capabilities und Stakeholder Functionings Konzepte zur Beschreibung organisationaler Wohlfahrt als überindividuelle Handlungserfolge und -optionen der drei
Stakeholdergruppen ermittelt und beschrieben (Kapitel 8). Auf der Makroebene
wurden die Regeln- und Ressourcen der Stakeholderkommunikation diskutiert.
Hier ergab sich, dass vorwiegend die Strukturprinzipien Domination und Signifikation die Stakeholderkommunikation von Volkswagen prägen (Kapitel 9). Die
Fallstudie selbst war an das Schlüsselereignis der „Dieselkrise" gekoppelt, weshalb unter Anwendung des Verantwortungskommunikationsbegriffes (Kapitel 3)
ein Zusatzkapitel zur Differenzierung von Unternehmens- und Stakeholderverantwortung integriert wurde (Kapitel 10). Hier ergab sich eine sehr komplexe
Verantwortungsteilung und dass die Stakeholderkommunikation insbesondere im
äußeren Verantwortungsbereich dazu beiträgt, durch etwaige Konsultationen und
Kooperationen fortlaufend neu Verantwortungszuschreibungen vorzunehmen und
Verantwortungsbereiche des Unternehmens auszuhandeln.

F2: Welche Wertschöpfung entsteht durch das Stakeholder Engagement der Volkswa-
gen AG Nachhaltigkeit in nichtmarktlichen Arenen für Stakeholder? Anhand welcher
Wohlfahrtsfaktoren lässt sich diese erklären?

Die Beantwortung der Forschungsfrage F2 war der Forschungsfrage F1 nachgelagert, weil die Ermittlung der organisationalen Stakeholder-Wohlfahrt einen
spezifischen Teil der sozialen Mehrebenenanalyse darstellt (Kapitel 8). Hier ergab
sich ein breites Set überindividueller Stakeholder-Value-Treiber. Die Stakeholder Capabilities und Functionings sind Wissensaufbau, Programmentwicklung,
Positionierung, Vernetzung, Vermittlung, Involvierung, Qualifizierung, Beratung,
Beobachtung, Informiertheit, Unabhängigkeit, Sichtbarkeit, Kompetenz, Wertschätzung, Vertrauen und Glaubwürdigkeit, Finanzierung, Kooperation und Konflikt. Sie erklären subjektbezogen, lebensweltlich verankert und mehrdimensional
den konkreten Mehrwert, der für Stakeholder durch die Kommunikationsangebote
des Unternehmens Volkswagen entsteht und sind eine wertvolle Heuristik für die
Theorie und Praxis des Kommunikationsmanagements.

In Erweiterung der Beantwortung der Forschungsfragen wird in diesem
Schlusskapitel der Versuch unternommen, die empirischen Befunde zu einer theoretischen Konzeption mittlerer Reichweite zusammenzubinden. Ziel ist es, auf

Basis dieser Studie und ihrer strukturationstheoretischen Fundierung bereits bestehende Konzeptionen des strategischen Kommunikationsmanagements aufbauend auf zwei alternativen Ansätzen Stakeholder- und wohlfahrtsorientiert weiterzuentwickeln. Dies geschieht auch vor dem Hintergrund, dass die Meso-Ebene als Scharnier zur Mikro- und Makro-Ebene betrachtet wird. Im Anschluss an diese Theorieentwicklung werden abschließend die Desiderata der Forschungsarbeit als Ausblick und potentieller Anknüpfungspunkt für weiterführende Arbeiten beschrieben.

11.2 Theoretische Synthese: Stakeholder Management und wohlfahrtsorientiertes Kommunikationsmanagement

Nach Abschluss der Fallstudie stellt der Autor in Frage, inwieweit bestehende strategische Konzeptionen des Kommunikationsmanagements und das Paradigma der integrierten Kommunikation für die Analyse von kommunikativer Unternehmensverantwortung und Umfeld-Stakeholderbeziehungen geeignet sind. Ethisch-moralische Überlegungen spielen in diesen Ansätzen keine Rolle. Sie sind instrumentell und unternehmenszentriert (vgl. Rademacher, 2003; 2013; Bruhn & Ahlers, 2004; Bruhn & Zimmermann, 2017). Normativ-kritische Konzeptionen (z. B. Karmasin & Weder, 2008a) setzen bewusst andere Akzente, wirken ihrerseits allerdings oft sehr theoretisch und sind meist nicht operationalisier- bzw. praktisch anwendbar. Nach Ansicht des Autors fehlt es der Literatur zur PR- und Organisationskommunikation an hybriden Konzeptionen und Ansätzen, bei denen die Kommunikation mit Stakeholdern aus einer ökonomischen und ethischen Sicht integriert und auch anwendungsorientiert betrachtet wird. Eine solche Konzeption wird im Folgenden, inspiriert durch die empirischen Befunde der Mikro-Analyse, aufbauend auf zwei existierenden Konzeptionen schrittweise erarbeitet.

Wertorientiertes Kommunikationsmanagement (Will, 2007)
Markus Wills (2007) Anspruch ist es, die Ausgestaltung der kommunikativen Dimension der Unternehmensführung durch eine Integration von Führung, Organisation und Kommunikation zu vollziehen. In seiner Arbeit greift er auf das neue Sankt Gallener Managementmodell zurück, mit dem Ziel, die kommunikative Dimension der Unternehmung unter Zuhilfenahme der Stakeholder-Theorie über die Einführung einer zusätzlichen, in das Modell der Unternehmensführung integrierten Kommunikationsperspektive (Communications View) zu erweitern. Dabei betont Will die prinzipielle Notwendigkeit der Kommunikationsfähigkeit von Unternehmen (Communications Capital). Seine Hauptdefinition lautet:

„Wertorientiertes Kommunikationsmanagement entwickelt, gestaltet und lenkt sämtliche externen und internen dialogischen Kommunikationsbeziehungen (Communications Relations) und Kommunikationsinstrumente (Communications Programs) des Systems Unternehmung unter Einbezug eines Communications Controlling. Wertorientiertes Kommunikationsmanagement bietet dabei qualitative und quantitative Kennzahlen zur Bewertung von Unternehmungen an, die sich aus den dialogischen Kommunikationsbeziehungen ergeben und als kommunikationsorientierte Rechnungslegung in das gesamte Kennzahlensystem integriert werden." (2007, S. 28)

Will unterteilt das Kommunikationsmanagement in drei Bereiche: Relationship, Content und Value Management. Relationship Management steuert die Kommunikationsbeziehungen (Communication Relations) zu Stakeholdern; Content Management steuert die Maßnahmengestaltung (Communication Programms) und Value Management die Erfolgskontrolle (Communications Intelligence). Über das Kommunikationscontrolling stellt es qualitative und quantitative Prüfkennzahlen bereit. Die enge Rückbindung von Content und Relationship Management an die Communications Intelligence garantiert eine Wertorientierung (ebd., S. 207 ff.). Die Betonung von „Wertorientierung" ist eine Kritik an strategischen Kommunikationsmanagementkonzepten. Erstens stellt er damit die Gestaltungsfunktion des Kommunikationsmanagements heraus. Zweitens ist das Attribut „strategisch" für Will irreführend, weil Wertorientierung das übergeordnete Ziel der Unternehmung darstellt, der strategisches Handeln untergeordnet ist. Er behauptet „wenn Kommunikation wertorientiert ist, kann sie auch strategisch sein, aber nicht umgekehrt" (ebd., S. 11). Wertorientierung wird praktisch über Kennzahlen (KPIs) hergestellt, weshalb Kommunikationsmanagement auch an die Kennzahlensteuerung der Unternehmensführung angebunden sein muss (ebd., S. 24). Will betont, dass die Wertorientierung nicht mit einer Kapitalmarktorientierung gleichzusetzen ist. Letztere ist „sowohl inhaltlich als auch instrumentell zu beengend, um die Gesamtpositionierung der Unternehmung gestalten zu können" (ebd., S. 27), denn: „natürlich geht es bei der Wertorientierung des Managements nicht nur um monetäre materielle und immaterielle Werte, sondern auch um normativ-ethische (…)" (ebd., S. 25). Die spezifische Meritorik von Kommunikation zöge sogar nach sich, dass bevorzugt mit nichtmateriellen Werten und vorökonomischen Konzepten gearbeitet werde. Den sogen. Communications View (CV) ruft Will ins Leben, um dem Market-Based- (MBV) und Ressource-Based-View (RBV) der Betriebswirtschaftslehre eine Kommunikationsperspektive gegenüberzustellen. Der CV sorgt dafür, dass alle Ansprüche der Stakeholder interpretiert (Outside-In-Fähigkeit) und die Austauschbeziehungen weiter verbessert werden (Inside-Out-Fähigkeit) (ebd., S. 317 ff.). Will unterscheidet im CV zwei Komponenten: den a) Capital View, mit dessen Hilfe betriebliche Rechnungslegungspflichten erfüllt werden und den b) Relations View, der die Kommunikation mit Stakeholdern antreibt (ebd., S. 160 ff.). Der Capital View zielt auf die „konsequente Betrachtung aller Kapitalkategorien auf Basis einer Kommunikatorperspektive" ab (ebd., S. 186). Der Relations View forciert die „Gestaltung und Entwicklung des ganzheitlich ausgerichteten Beziehungsmanagements zu den relevanten Stakeholdern einer Unternehmung über Kommunikationsprozesse (...)" (ebd., S. 187). Über die beiden Achsen führt Will eine kommunikationsorientierte (Interpretationssicht) und kapitalmarktorientierte (Investitionssicht) Führung des Unternehmens zusammen. Communication Capital ist das zugrundeliegende Wertschöpfungskonzept. Hier wird der Reputationswert als wichtigster immaterieller Wert vom materiellen Unternehmenswert (Buchwert, Marktwert, Geschäftswert) unterschieden. Für die Ermittlung der Werte ist die Communications Intelligence hauptverantwortlich. Sie umfasst alle Prozesse, Techniken, Methoden und Verfahren, die eine Steuerung und Kontrolle von Unternehmenskommunikation mithilfe der Unterstützungsfunktion Kommunikationscontrolling ermöglichen. Aufgabe des Controllings ist es, das Entscheiden und Handeln eines Unternehmens wertorientiert auszurichten und zugleich die Outside-In-/Stakeholder-Perspektive in das Unternehmen hineinzutragen (ebd., S. 288 f.). Zur Umsetzung schlägt Will ein Kommunikationsindikatorenmodell mit qualitativen und quantitativen KPIs zur integrierten Bewertung der Interpretations- und Investitionssicht vor. Das Modell beinhaltet bekannte Perzeptionsmaße wie Reputation, Zufriedenheit und Attraktivität zur Ermittlung bzw. Beschreibung des Communication Capitals (ebd., S. 268 ff.).

Befähigungsorientiertes Kommunikationsmanagement (Röttger, 2016)
Ulrike Röttgers (2016) Ansatz des befähigungsorientierten Kommunikationsmanagements wirft als normativ-kritischer Ansatz im Gegenzug zu Will die zentrale Frage auf, inwiefern Kommunikationsmanagement als Agent der Befähigung zur Verwirklichung guter Lebensführung fungieren kann, indem es Verteilungs- und Beteiligungsgerechtigkeit als ethische Norm umsetzt und so die Legitimation der Unternehmung stärkt. Sie fordert diesbezüglich die „Erweiterung der grundlegenden Perspektive des Kommunikationsmanagements um eine Befähigungsorientierung" (2016, S. 349). Röttger plädiert für die getrennte Betrachtung interner und externer Kommunikationen und argumentiert, die Anwendung ihres Ansatzes sei in der Umfeld-Kommunikation, in der das Prinzip individueller Nutzenmaximierung im Vordergrund stehe, nicht zu erwarten (ebd., S. 341). Somit bleibe das befähigungsorientierte Kommunikationsmanagement auf interne Kommunikationen beschränkt. Als Teil der Mitarbeiterkommunikation verantwortet es innerhalb der Organisation

die Befähigung von Organisationsmitgliedern (interne Stakeholder) zur Führung eines guten Arbeitslebens. Eine potentielle Definition lautet:

> „Befähigungsorientiertes Kommunikationsmanagement, das den Prozess der Verständigung über das gute Arbeitsleben in der Organisation moderiert, verzichtet darauf, eine aus der Beobachterperspektive formulierte ideale Arbeits-Lebensweise verbindlich zu definieren und damit Wohlergebene inhaltlich vorzugeben. Aus Sicht des CA [Capability-Ansatz] existiert, bezogen auf das gute Arbeitsleben, kein absolutes Richtig und Falsch, da die Bewertung u. a. von der individuellen Werthaltung abhängt (Bührmann & Schmidt, 2014, S. 41). Zentral ist es im Sinne des CA vielmehr, den Mitarbeiter die Freiheit der Auswahl aus einer Menge an Entfaltungsmöglichkeiten zu ermöglichen. Denn: ‚Ein gutes Leben ist ein Leben auf der Basis von Freiheiten, aus Verwirklichungschancen auszuwählen' (Sedmak, 2013, S. 19). Insofern ist es im Sinne des CA zentral, der Vielfältigkeit der Organisationsmitglieder und ihrer Bedürfnisse Rechnung zu tragen (Scholtes, 2005, S. 30)." (2016, S. 342)

Mit der Betonung von Befähigungsorientierung verweist Röttger auf die Relevanz von Verwirklichungschancen für alle am Kommunikationsprozess beteiligten Akteure. Einfach gesagt geht es darum, dass Kommunikationsmanagement Stakeholder-Wohlfahrt steigern kann, diese aber nicht a priori inhaltlich von der Organisation vorgegeben wird, sondern Kommunikationspartner befragt werden, welche Voraussetzungen gegeben sein müssen, um ihre Vorstellung einer guten und gerechten Lebensweise („gutes Arbeitsleben") realisieren zu können. Kommunikative Wertschöpfung wird ergo als Steigerung persönlicher Wohlfahrt verstanden. Sobald die Verständigung über wesentliche Wohlfahrtsfaktoren stattgefunden hat, setzt das Kommunikationsmanagement ein und befähigt zur Realisierung derselbigen. Hierbei geht es darum, dass persönliche Verwirklichungschancen mit ihrer Vielschichtigkeit („Facetten des guten Arbeitslebens", z. B. Familie, Bildung, Arbeit) individuell erfasst und anschließend zu Steuerungs- und Planungszwecken überindividuell konzipiert werden. Dabei wird zwischen realisierbarer (Capabilities) und realisierter (Functionings) Wohlfahrt unterschieden. Kommunikationsmanagement ist ergo dafür verantwortlich, eine breitere Verständigung darüber herzustellen, wie diese Wohlfahrt gefördert werden kann und sollte. Anderseits ist die Kollektivierung von Entscheidungsprozessen durch Integration von Stakeholdern ein Ziel. Hier geht es um die Schaffung von Partizipationsoptionen. Kommunikationsmanagement verfolgt das Ziel, über kommunikative Prozesse und Strukturen den Stakeholder mehr kommunikative Teilhabe zu ermöglichen.

Kritische Würdigung und Integrationspotential der Ansätze
Der Ansatz des wertorientierten Kommunikationsmanagements integriert die Unternehmenskommunikation umfassend ins strategische Management, indem er sie über das Kommunikationscontrolling an die Unternehmensführung anbindet. Darüber hinaus wird das Kommunikationsmanagement mithilfe des Communications View und der Communications Intelligence betriebswirtschaftlich fundiert. Mithilfe der Wertorientierung führt Will die Gesellschafts- (Stakeholder-Theorie) und Marktperspektive (Shareholder-Theorie) zusammen. Diesen Stärken des Ansatzes stehen aber auch Schwächen gegenüber. Zwar unterscheidet Will Interpretations- und Investitionssicht (Reputationswert), sein Rezipienten-Bild ist jedoch überaus passiv. Stakeholder sind für ihn nur im Hinblick auf ihr Wirken als Verstärker von Unternehmensreputation relevant. Dabei finden Wertzuwächse nicht nur auf Seite eines Unternehmens statt. Auch für die Stakeholder schafft Kommunikation Wert. Er ist mit Kapitalkonzepten jedoch schwer ermittelbar, weil ökonomische Größen insbesondere für nichtmarktliche Stakeholder oftmals weniger relevant sind. Analog weißt auch das befähigungsorientierte Kommunikationsmanagement Stärken und Schwächen auf. Erstens fehlen der Konzeption Anwendungsbeispiele. Offen ist, wie Capabilities erfasst und beschrieben werden sollen. Röttgers Beispiel ist überaus abstrakt (gutes Arbeitsleben). Zweitens schmälert die Reduktion auf Mitarbeiterkommunikation den Geltungsbereich ihres Ansatzes. Es ist diskutabel, ob Nutzenmaximierung ausschließlich ein Merkmal externer Kommunikation ist. Positiv hervorzuheben ist, dass ihre Konzeption eine fundamental andere Perspektive auf bestehende Konzeptionen liefert. Röttger betont mit dem Capability-Ansatz von A. Sen die prinzipielle Lebensdienlichkeit der Ökonomie (Ulrich, 1993) und Kommunikation. Der Stakeholder ist bei ihr ein Kommunikationspartner und nicht länger nur passiver Rezipient, der mit seinen Einstellungen und Verhaltensweisen eine strategische Ressource des Unternehmens darstellt. Darüber hinaus respektiert der Ansatz die mehrdimensionale und subjektspezifische Natur kommunikativer Wertschöpfung, die mit ihrem sozialen Charakter über Kapitalakkumulation weit hinausgeht. Unterstellt wird, dass sich beide Konzeptionen wechselseitig befruchten und ergänzen können. Die Verschränkung und Erweiterung der Ansätze ermöglicht eine hybride Konzeption von Stakeholder Management als ein (Stakeholder-)wohlfahrtsorientiertes Kommunikationsmanagement (Tabelle 11.1).

Wohlfahrtsorientiertes Kommunikationsmanagement
Im wertorientierten Kommunikationsmanagement ist der Managementprozess als Koordinations- und Steuerungshandeln funktional bestimmt. Management ist definiert als Gestaltung, Lenkung und Entwicklung unternehmerischen Geschehens

Tabelle 11.1 Wert- und befähigungsorientiertes Kommunikationsmanagement

Ansatz	Wertorientiertes Kommunikationsmanagement	Befähigungsorientiertes Kommunikationsmanagement
Attribut	„wertorientiert"	„befähigungsorientiert"
Fundierung	Stakeholder und Shareholder Value	Capability-Ansatz
Wertschöpfung	Kapital (eindimensional) Bezugspunkt: Unternehmen	Verwirklichung (mehrdimensional) Bezugspunkt: Stakeholder
Kommunikation	Interne und externe Kommunikation	Nur interne Kommunikation
Referenzbegriffe	Effizienz & Effektivität	Verteilungs- & Beteiligungsgerechtigkeit
	Reputation	Legitimation
Stakeholder	Alle Stakeholder	Nur Organisationsmitglieder
Schlüsselkonzepte	Communication View/Capital Content Management, Relationship Management, Value Management	Stakeholder Capabilities Stakeholder Funktionsweisen
Perspektive	Strategisch-instrumentell	Normativ-kritisch

(Will, 2007, S. 43 ff.; Ulrich, 2001). Das Attribut der Gestaltung betont den legislativen Charakter, die Schaffung eines institutionellen Rahmens zur Handlungsfähigkeit und Zweckerfüllung. Das Attribut der Lenkung betont den exekutiven und strukturgebenden Charakter, die Formulierung und Kontrolle von Zielen über Befehlsketten. Das Attribut der Entwicklung betont das Bemühen um Fort- und Weiterentwicklung, zum Beispiel durch Lernen, Wissen, Fähigkeiten und Einstellung. Unter Management wird auch ein strategischer und operativer Prozess verstanden. Während die obere Führungsebene vor allem mit strategischen Management und Entwicklungsaspekten betraut ist, verantwortet die mittlere Ebene die Gestaltung. Die unterste Ebene der Führungshierarchie organisiert die Umsetzung (operatives Management). Prozessbestandteile sind Planung, Organisation, Personal, Führung und Kontrolle (Fayol, 1949). Kommunikationsmanagement ist in dieser Hinsicht das *Management von Kommunikation mit Stakeholdern.*

Im befähigungsorientierten Kommunikationsmanagement ist das Management als deutendes und sinnstiftendes Handeln normativ bestimmt. Es forciert Aspekte wie die Festlegung einer Wertebasis, den Diskurs über die Rolle und die Funktion der Unternehmung in der Gesellschaft, die Einhaltung ethischer Prinzipien und Schaffung von neuen Partizipationsmöglichkeiten bzw. Strukturen zur Einbindung von Stakeholdern. Damit verankert das Management im ökonomischen Handeln einen tiefen Sinn (Schmidt & Lyczek, 2007, S. 40 f.). In der Literatur finden sich diverse Konzepte, die dies zum Ausdruck bringen (z. B. Responsible Management (Waddock & Bodwell, 2002, 2008; Freeman, 1984; Freeman et al., 2007), normatives (Karmasin & Weder 2008a/b), ethisches (Wieland, 2004) oder menschzentriertes Management (Drucker, 2007)). Dieser Auffassung nach sind für Management von Kommunikation insbesondere auch die Aspekte Zuhören, Erklären, Einfühlen und Verstehen relevant. Das Attribut Zuhören steht für die Aufnahme von Signalen aus dem kommunikativen Umfeld (Stakes). Das Attribut Erklären steht für Ansprüche an das kommunikative Handeln (Transparenz, Offenheit, Dialog). Die Attribute Einfühlen und Verstehen stehen für das Prozessieren von Impulsen sowie Transformation der Sprache der Gesellschaft in die der Ökonomie und umgekehrt. Kommunikationsmanagement ist in dieser Hinsicht nicht Management von Kommunikation, sondern das *Management durch Kommunikation mit Stakeholdern.*

Kernaufgabe des wohlfahrtsorientierten Kommunikationsmanagements ist es, in externen Kommunikationssituationen (Stakeholder Engagement) mit Proxys von gesellschaftlichen Meinungen (Stakeholdern) auf Basis kommunikativer Managementroutinen (Stakeholder Management) die bestmögliche Balance zwischen den o.g. Zielen zu finden (Bleicher, 2004). Es oszilliert zwischen den Polen Moral und Ökonomie und ist ein Management von und durch Kommunikation (Prior, 2006).

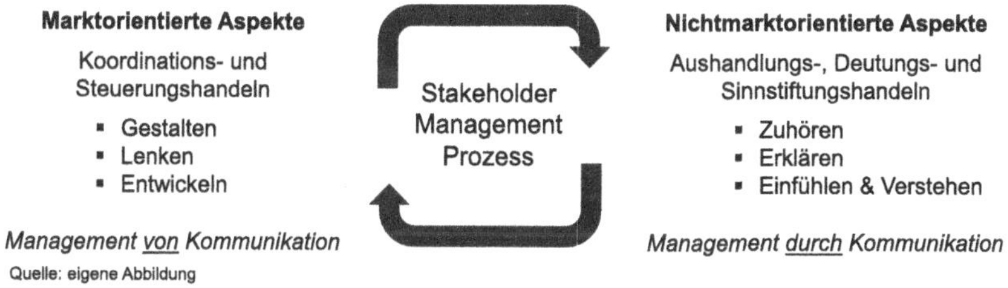

Marktorientierte Aspekte		Nichtmarktorientierte Aspekte
Koordinations- und Steuerungshandeln	Stakeholder Management Prozess	Aushandlungs-, Deutungs- und Sinnstiftungshandeln
▪ Gestalten		▪ Zuhören
▪ Lenken		▪ Erklären
▪ Entwickeln		▪ Einfühlen & Verstehen
Management von Kommunikation		*Management durch Kommunikation*

Quelle: eigene Abbildung

Abbildung 11.1 Management von und durch Kommunikation

Neben diesen sechs Zielen (vgl. Abb. 11.1) lassen sich drei Gestaltungsbereiche des wohlfahrtsorientierten Kommunikationsmanagements aus Wills Ansatz ableiten:

1) Communications View: über das Kommunikationscontrolling und die kommunikationsorientierte Rechnungslegung wird das Kommunikationsmanagement an die Unternehmensführung strategisch angebunden. Entscheidend für den Rückhalt ist das Zusammenspiel von Relationship Management, Content Management und Value Management (vgl. Will, 2007). Wertorientiert betont in diesem Kontext die Gestaltungskraft und Führungsrolle von Stakeholderkommunikation, deren Wertschöpfungsbeitrag in Funktionsweisen und Verwirklichungschancen liegt. Befähigungsorientiert konkretisiert diese Effekte dahingehend, dass im Gegensatz zum Kapitalzugewinn die individuelle und organisationale Wohlfahrt und Befähigung von Stakeholdern und damit Lebensdienlichkeit der Kommunikation in den konzeptionellen Fokus gerückt wird.

2) Communications Intelligence: im Kommunikationsmanagement sorgt Value Management dann dafür, dass die Qualität der Stakeholder-Wohlfahrtssteigerung regelmäßig überprüft wird. Dies geschieht unter der Zuhilfenahme von Wirkungs- und nicht Leistungsindikatoren im Kommunikationscontrolling. Ermittelt und überprüft werden Stakeholder Capabilities und Funktionsweisen als individuelle bzw. organisationale (kollektive Capabilities) Wohlfahrtsindikatoren. Praktisch bedeutet dies, dass sich Kommunikatoren bei der Planung ihrer Maßnahmen an Heuristiken für Stakeholder Value orientieren sollte (Stakeholder Capabilities/Stakeholder Functionings) und diese auf kommunikative Leistungskennzahlen ihres Unternehmens beziehen (z. B. welchen Beitrag leistet Maßnahme A zur Steigerung von Stakeholder-Wohlfahrtsfaktor B).

3) Stakeholder Value: Im Gegensatz zum Communication Capital, welches für ein einseitiges Verständnis von Wertschöpfung steht (Corporate Reputation), begreift der befähigungsorientierte Ansatz kommunikative Wertschöpfung als komplexes und subjektspezifisches Phänomen, dass mithilfe mikro- und makroökonomischer Wohlfahrtskonzepte sinnvoll abstrahiert und erfasst werden kann. Die Wohlfahrtskonzepte sind im Falle dieser Arbeit auf externe Stakeholder bezogen (Stakeholder Value), lassen sich grundsätzlich aber auch im Unternehmenskontext erfragen und konzeptionell abbilden (z. B. Company oder Employee Value) (Tabelle 11.2).

Für das (Stakeholder-)wohlfahrtsorientierte Kommunikationsmanagement bietet der Autor abschließend die folgende Definition an:

Das wohlfahrtsorientierte Kommunikationsmanagement gestaltet sämtliche Kommunikationsmaßnahmen einer Unternehmung und prüft deren Beitrag zur Stakeholder-Wohlfahrt mithilfe der Unterstützungsfunktion des Kommunikationscontrollings. Als Element kommunikativer Unternehmensführung (Communications View) fungiert es als Initiator und Moderator der Verständigung über und Realisierung von Handlungserfolgen. Kommunikationsmanagement ermittelt überindividuelle Funktionsweisen wie auch Verwirklichungschancen der Stakeholder und befähigt damit externe Stakeholder-Öffentlichkeiten zur Führung ihrer Vorstellung eines guten Lebens

Tabelle 11.2 Wohlfahrtsorientiertes Kommunikationsmanagement

Bereich	Relationship Management	Content Management	Value Management
Funktion	Communicative Relations (Beziehungen)	Communication Programs (Maßnahmen)	Communications Controlling (Erfolgskontrollen)
	Ermittlung der Relevanz von Stakeholdern (d. h. Identifikation & Segmentierung von Akteuren)	Gestaltung von Kommunikationsangeboten (d. h. Analyse, Planung und Umsetzung von Maßnahmen)	Ermittlung des Wertschöpfungsbeitrags anhand von Wohlfahrtsindikatoren (Capabilities, Functionings).
Dimension	Beziehungsdimension	Inhaltsdimension	Bewertungsdimension

(Eudaimonie). Die durch das Unternehmen so geschaffene kommunikative Wertschöpfung lässt sich für das nichtmarktliche Umfeld mithilfe der kommunikativen Rechnungslegung (Communications Intelligence) als die organisationale Wohlfahrt (Stakeholder Value) beschreiben. Die Wahrnehmungen und Zuschreibungen externer Stakeholder fungieren hierbei als ein Proxy für das übergeordnete Ziel der Gesellschaftsorientierung.

Integrierte und integrierende Kommunikation

Das wohlfahrtsorientierte Kommunikationsmanagement unterscheidet sich vom strategischen Kommunikationsmanagement vor allem durch seine Emanzipation vom funktionalistischen Ansatz der integrierten Kommunikation. Einige Autoren sehen in diesem Paradigma die letzte Entwicklungsstufe der Professionalisierung von Unternehmenskommunikation (z. B. Brugger, 2010, S. 57). Während dieser Ansatz als ein „Lösungsansatz für eine Gesellschaft entwickelt [wurde], die unter Informationsüberlastung und dem Auftreten immer neuer Kommunikationsformen leidet, was mit verstärkter Integration kompensiert bzw. überwunden werden kann" (Rademacher, 2013, S. 428) ist die „postmoderne Wende der integrierten Kommunikation" (ebd., S. 429 ff.) und damit auch der strukturationstheoretisch inspirierte Ansatz des wohlfahrtsorientierten Kommunikationsmanagements nach Auffassung des Autors vom *Leitbild einer polyphonen Organisation* geprägt. Ziel des Kommunikationsmanagements ist es, die Vielfalt der Kommunikationen nicht länger zu unterdrücken oder kontrollierend einzuschränken (One-Voice-Modelle), sondern zu verstärken, um weitere, zusätzliche Integrationsbereiche für Stakeholder zu schaffen, die die gesellschaftliche Rückbindung von Unternehmen verbessern und als Ventile für den steigenden Legitimationsdruck fungieren (Castelló et al., 2013). Diese Auffassung ist keine Einzelmeinung, sondern findet sich auch im Fach wieder. So fordert zum Beispiel Weder, „dass die Idee der Integrierten Unternehmenskommunikation zu einer kommunikationswissenschaftlich geprägten Idee der integrierenden Organisationskommunikation weitergedacht wird" (2010, S. 88). Sie bezieht sich auf das Kommunikationsmanagementmodell von Karin Kircher (2001, S. 25 f.), die eine Integration durch die Anpassungsfähigkeit einer Organisation an veränderte Umweltbedingungen anstrebt und für ein dynamisches Management kommunikativer Netzwerke über den Knotenpunkt der Unternehmenskommunikation wirbt. Kirchners Grundgedanke: Kommunikation soll fortan so betrachtet werden, wie Stakeholder sie erleben, als ein fortlaufender „Fluss von Informationen von undifferenzierten Quellen" (Kirchner, 2003, S. 45). Ähnliche Argumente finden sich auch bei Christensen und Kollegen, die betonen, dass sich integrierte Kommunikation nicht mehr länger nur auf Koordination und strategische Abstimmung erstrecken, sondern die Verwirklichung gemeinsamer Werte und vertikale Integration von Stakeholdern beinhalten sollte (Christensen et al., 2009b). Auch Johansen und Andersen (2012) fordern einen Wandel von der intraorganisationalen Koordinations-Perspektive hin zu einer *gesellschaftsorientierten Kommunikationsphilosophie*. Sie argumentieren, dass sich das bisher vor allem in strategischen Konzeptionen überaus dominante Paradigma der integrierten Kommunikation notgedrungen weiterentwickeln muss. Ihrer Auffassung nach werden Stakeholder im Umfeld der Organisation engagiert und integriert, um die Ziel- und Spannungskonflikte unternehmerischen Handelns aufzulösen. Übertragen auf den Ansatz des wohlfahrtsorientierten Kommunikationsmanagements bedeutet dies, dass eine *Integration* der externen Stakeholder in die Organisation und die Integration ders. in die Gesellschaft nach Ansicht des Autors über *drei Ebenen* erfolgt:

- *Inhaltsebene* und *Content Management*: die moralischen und ökonomischen Themen der gesellschaftlichen Nachhaltigkeits- und Verantwortungsdiskurse (TBL: Issues aus den Bereichen Ökologie, Ökonomie, Soziales; z. B. Klimawandel) liefern den thematischen Rahmen für neue und bestehende Interaktionsbeziehungen mit externen Stakeholdern, die situativ und anlassgebunden (kritische Ereignisse; z. B. Weltklimakonferenzen) gepflegt werden.
- *Beziehungsebene* und *Relationship Management*: über die Maßnahmen des Stakeholder Managements werden anlass- und themenbezogen die Stakes von Holdern aus dem nichtmarktlichen Umfeld der Organisation in die Organisation hinein transferiert und in deren „Binnensprache" übersetzt. Nachhaltigkeitsabteilungen übernehmen eine kommunikative Federführung. Im gleichen Maße

wie die Impulse aus der Außenwelt ins Organisationsinnere getragen werden („Outside-In-Funktion"), werden die Impulse aus der Binnenwelt der Organisation nach außen getragen („Inside-Out-Funktion"). Das Stakeholder Management operiert als eine Schnittstelle zwischen Infeld, Umfeld und der Innenwelt der Organisation.

- *Bewertungsebene* und *Value Management*: für die Bewertung des Erfolges der Kommunikation ist entscheidend, welchen Wertbeitrag sie für Stakeholder schafft. Er wird mithilfe des Kommunikationscontrollings als Stakeholder Value ausgewiesen. Eine Evaluation deckt idealiter beide Seiten ab: positive Wertschöpfung für Stakeholder und Unternehmen. In der Empirie dieser Arbeit wurde aufgrund der im Forschungsstand geschilderten Erkenntnislücken jedoch ausschließlich der externe Stakeholder Value betrachtet.

Kapital- und Capability-Ansätze

Gegenwärtig wird kommunikative Wertschöpfung in erster Linie noch als Aufbau immaterieller Vermögenswerte verstanden (vgl. De Beer, 2014). Das Kommunikationscontrolling geht zum Beispiel davon aus, dass die Kommunikation keine eigenen Erträge generiert, sondern den Unternehmenserfolg durch Unterstützung anderer Funktionen steigert (z. B. Vertrieb über Steigerung der Produktaktivität, Human Resources über Mitarbeiteraktivität, Forschung und Entwicklung durch Innovationsfähigkeit) (indirekter Wertbeitrag) (Reichwald & Bonnemeier, 2009). Flankiert wird nicht die Fertigung (Produktion mit Inputfaktoren wie Arbeit, Wissen etc. und Outputs wie z. B. Automobile), sondern der Leistungserstellungsprozess als Ganzes. Bei der kommunikativen Wertschöpfung werden zum Beispiel primär Vertrieb und Absatz von Produkten angekurbelt (z. B. Hervorhebung des Grundnutzens/Zusatznutzens bei Produkten und Dienstleistungen; Auf Unternehmensebene positive Aufladung des Corporate Images). Sekundär stiftet die Kommunikation dann auch innerhalb des „Supersystems Gesellschaft" (Umfeld) einen größeren Nutzen (Schmidt & Lyczek, 2007). Einige Autoren bezeichnen dies als „gesellschaftspolitische Wertschöpfung" und stellen eine "investment-" (Aufbau wirtschaftlicher Erfolgspotentiale) der "enabling-function" (Aufbau gesellschaftlicher Erfolgspotentiale) des Kommunikationsmanagements gegenüber (Storck & Stobbe, 2011; Storck 2012). Im Kern wird jedoch stets das Gleiche beschrieben: PR-/Organisationskommunikation ist nie wertschöpfend im engeren, finanziellen, sondern immer im weiteren und nichtfinanziellen Sinn (Zerfaß & Piwinger, 2007; Möller et al., 2009; Rolke & Zerfaß, 2014; Zerfaß 2014). Diese Argumentationen sind weder richtig noch falsch. Sie sind nicht falsch, weil sie den Aspekt der indirekten Wertschöpfung durch die Kommunikation in der Logik der Ökonomie (Ein- und Auszahlungen) korrekt beschreiben. Sie sind zugleich aber auch nicht richtig (besser: unvollständig), weil ihnen eine wesentliche Perspektive fehlt: die *nichtmarktliche Wertschöpfung*. Das grundlegende Problem besteht darin, dass zurzeit kein schlüssiges Konzept angewandt wird, dass Wertschöpfung für das Umfeld gegenstandsangemessen beschreiben kann. Die Betriebswirtschaftslehre hat den kommunikationswissenschaftlichen Fachdiskurs derart stark geprägt, dass der Erfolg von Kommunikationen vorwiegend als monetärer Effekt verstanden wird. Die Sozialtheorie begriff den Wert einer Sache jedoch noch nie als reinen Zahlenwert (Lautmann, 1969). Wert und Wertschöpfung sind stets sozial konstruiert (Simmel, 2001). Sie haben einen sozialen Verwertungszusammenhang (Lepak et al., 2007). Eben diese konzeptionelle Lücke schließt das wohlfahrtsorientierte Kommunikationsmanagement mithilfe seiner Befähigungslogik im engen Zusammenspiel mit der strategischen Rückbindung an die kommunikative Unternehmensführung.

Julia Pfefferkorn (2009, S. 2) arbeitete in ihrer Promotion zwei Ansätze kommunikativer Wertschöpfungsmessung aus, die bisherige Konzeptionen segmentieren sollen. Sie unterscheidet dabei:

a) *Marktorientierte Sichtweisen*: Kommunikation wird als Unterstützungsfunktion begriffen, die keine monetären Erträge generiert, aber über die Schaffung von Aufmerksamkeit/Präferenzen bei Stakeholdern zur finanziellen Wertsteigerung beiträgt. Dazu gehören z. B. Kosteneinsparung, Umsatzsteigerung. Diese Sichtweise wird mit *Realkapitalansatz* aus der Unternehmensperspektive umschrieben (z. B. Rolke, 1997; Lyczek & Meckel, 2008; Pfannenberg & Zerfaß, 2010).

b) *Ressourcenorientierte Sichtweisen* entsprechen der nächsten Evolutionsstufe. Die Kommunikation dient dem Aufbau nachhaltiger Erfolgspotentiale durch die Schaffung nicht immitierbarer, immaterieller Vermögenswerte. Dazu gehören z. B. Glaubwürdigkeit, Bekanntheit, Vertrauen, Reputation. Ziel ist, mithilfe von Kommunikation strategische Vorteile zu realisieren. Diese Sichtweise wird mit *Sozialkapitalansatz* umschrieben. In Teilen weitet sich hierbei die Perspektive von den Unternehmen auf Stakeholder (Stakeholder Value) (z. B. Will, 2007; Karmasin & Weder 2008a, Szyszka, 2012b, 2013b, 2014a/b; 2017). Monetarisierungen spielen zwar eine nachgeordnete Rolle, bleiben den Ansätzen jedoch inhärent weil immaterielle Werttreiber oft auf monetäre Erfolgsgrößen rückbezogen werden.

Meinung des Autors ist es, dass Pfefferkorns Systematik der Kapital-Ansätze einer Erweiterung um c) *ressourcenumgangsorientierte Sichtweisen* als postmaterielle, konzeptionelle Evolutionsstufe bedarf. Diese Ansätze ermitteln kommunikative Wertschöpfung nicht mehr über Kapital oder Vermögenswerte (Capital), sondern mithilfe wohlfahrtsökonomischer Konzepte (Capabilities & Functionings). Ihnen geht es darum, zu erklären, wie die vom Unternehmen durchgeführten Kommunikationsmaßnahmen für die Stakeholder in deren jeweiligen Lebenswirklichkeiten Wert schaffen und positiv auf die Gesellschaft zurückwirken. Normatives

Ziel ist es, Stakeholder zur guten Lebensführung (Eudaimonie) zu befähigen, indem Kommunikationen so durchgeführt werden, dass sie auf individuell-organisationaler Ebene (kollektive und individuelle Verwirklichungschancen und Funktionsweisen sind im Stakeholder-Management-Ansatz inhärent ineinander verschränkt) Handlungsoptionen und -erfolge ermöglichen. Dieser Zugang ist von einem sozialtheoretischen (Theorie der Strukturation), sozialökonomischen (Capability-Ansatz) und organisationstheoretischen Gedankengut (Stakeholder-Ansatz) inspiriert und wird im Folgenden mit *Capability-Ansätze* umschrieben (Tabelle 11.3).

Tabelle 11.3 Kapital- und Capability-Ansätze

Kapital-Ansätze	Capability-Ansätze
Stakeholder als Objekte des Unternehmens (Unternehmenswert als Company Value, erschlossen über Ressourcen der Stakeholder)	Stakeholder als Subjekte des Unternehmens (Stakeholder Wohlfahrt als Stakeholder Value, ermöglicht durch Unternehmensressourcen)
Marktliche und nichtmarktliche Arenen	Nichtmarktliche Kommunikationsarenen
Finanzielle und nichtfinanzielle Leistungsindikatoren	Nichtfinanzielle Wirkungsindikatoren
Kommunikation als Wertschöpfung	Wertschöpfung durch Kommunikation
Unternehmenszentrierter Ansatz	Stakeholderorientierter Ansatz

Forschungsarbeiten mit Capability-Ansätzen unterstellen, dass Kapitalkonzepte in einer spätmodernen Gesellschaftsordnung analytisch unzureichend sind, um Wertschöpfung zu erklären. Kommunikative Wertschöpfung begreifen sie als komplexes Phänomen, das nicht über Leistungskennzahlen abbildbar, sondern in einem subjektzentrierten Zusammenhang mithilfe nichtmonetärer Wirkungskennzahlen überindividuell als vorwiegend organisationale Wohlfahrt ermittelt werden muss. Das grundlegende Ziel ist es, Stakeholder-Wohlfahrt zu mehren, weshalb der Begriff der Wohlfahrtsorientierung aus Sicht des Autors auch besser geeignet ist, als der Begriff der Befähigungsorientierung. Dem zugrunde liegt die Annahme, dass Unternehmensverantwortung positive Wertschöpfungsverpflichtungen gegenüber Stakeholdern beinhaltet. Die Verbesserung der Lebensführung wird zum ethischen und strategischen Leitprinzip des Kommunikationsmanagements.

Ermitteln und beschreiben lässt sich diese Stakeholder-Wohlfahrt auf der organisationalen und individuellen Ebene mithilfe von (kollektiven) Capabilities und Funktionsweisen. Ein plastisches Beispiel hierfür sind die hier explorierten Wohlfahrtsfaktoren (Mikro-Analyse) (vgl. Abb. 11.2). Sie sind sogen. Stakeholder Value

Quelle: eigene Abbildung

Abbildung 11.2 Stakeholder Capabilities und Functionings

Driver und müssen situativ und fallspezifisch fortlaufend neu ermittelt werden. In diesem Fall beziehen sie sich auf das Fallbeispiel Volkswagen AG und deren nicht-marktliche externe Stakeholder. Sie sind ein nützlicher und wertvoller theoretischer Bezugspunkt in den Phasen des Kommunikationsmanagementprozesses und lassen sich in der Praxis als Schemata zur Kommunikationsmaßnahmenplanung und -gestaltung berücksichtigen. Ergänzend zu dieser Heuristik ist die Dreiteilung des wohlfahrtsorientierten Kommunikationsmanagements in das Relationship, Content und Value Management ein ebenso nützliches heuristisches Instrument zur Steuerung von Kommunikationsmaßnahmen. Diese Konzeption ist einfach, pragmatisch und wird den Besonderheiten der Unternehmensumwelt sowie der spezifischen Wertschöpfung kommunikativen Handelns gerecht.

11.3 Theoretische Desiderata: Institutionelle Positionierung und Reflexion

Die Meso-Mikro-Makro-Analyse von Stakeholderkommunikation ließ empirisch erkennen, wie Stakeholder Management und Stakeholder Engagement zur Instanziierung gesellschaftlicher Strukturprinzipien beitragen. Die Kommunikation mit (kritischen) Teilöffentlichkeiten macht Verantwortung und Nachhaltigkeit für Stakeholder erfahrbar. Ein Schlüsselmechanismus zur Erklärung der Instanziierung ist nach Ansicht des Autors das Konzept ‚Reflexivity‘. Es erklärt die Verankerung gesellschaftlicher Strukturprinzipien mittels Routinehandlungen. Nach Meinung des Autors ist dieses Phänomen jedoch weiterführend erklärungsbedürftig und ein potentieller Anknüpfungspunkt für weiterführende Forschungsarbeiten. Die Fachliteratur lieferte hier zwei theoretische Bezugspunkte, die für zukünftige Arbeiten zu dem Thema überaus nützlich sein dürften.

Institutionelle Positionierung und Modell der vier Flüsse
Mit Blick auf theoretische Desiderata dieser Promotion wird abschließend auf das Modell der vier Flüsse verwiesen. Diese "Four Flows" von Robert D. McPhee und Pamela Zaug (2000) sind ein Basismodell der strukturationstheoretischen CCO. Beschrieben werden vier Flüsse der Kommunikation, die in ihrem Zusammenspiel das Prozessphänomen Organisation (Organisationsbegriff vgl. Laske et al., 2006, S. 13 ff.) überhaupt ermöglichen. Diese vier Flüsse sind "arenas in which organizations do vary and can be changed in their fundamental nature" (McPhee & Zaug, 2009, S. 32). Sie sind raumzeitlich verdichtete Bündel von Interaktionen innerhalb und außerhalb der Organisation. Dazu zählen die (1) *Membership Negotiation* als Aushandlung von Organisationsmitgliedschaften durch Kommunikation, die Mitglieder verbindet, (2) *Self-Structuring* als selbstbezogene kommunikative Handlungen mit dem Ziel der Gestaltung und Steuerung, (3) *Activity Coordination* als Interaktionen, mit denen sich Kollektive flexibel an Veränderungen anpassen, sowie (4) *Institutional Positioning*, definiert als "processes of individual communication that generates relations between any specified organization and its array of competitors, regulators, and so on, and the more extensive institutional system" (Schoeneborn & Blaschke, 2014, S. 294). In der Logik des Modells entspricht die Stakeholderkommunikation den (ad 4) Flüssen zur institutionellen Umwelt (Institutional Positioning). Unter der institutionellen Positionierung verstehen McPhee und Zaug Flüsse, die Organisationen mit ihrer Umwelt verbinden (Zweiwegekommunikation) und sie auf der Makro-Ebene in das sie umgebende, gesellschaftliche Institutionengefüge einbetten. Stakeholder Management positioniert eine Organisation ergo nach außen hin. Darüber hinaus ermöglicht es aber auch (2) Flüsse

aus dem Umfeld in Organisationen (Self-Structuring als intraorganisationale Ebene der Strukturbildung), mit denen sie ausgestaltet bzw. nach innen strukturiert wird. Selbststrukturierung verstehen McPhee und Zaug als "a communication process among organizational role-holders and groups" (2009, S. 36.). Das sind rekursive Prozesse, die organisationale Routinen, Prozesse und Strukturen überprüfen und (um)gestalten (z. B. Leitbilder, Policies, Prozeduren) (a. a. O.) (vgl. Abb. 11.3).

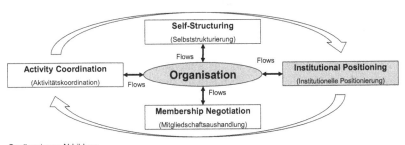

Quelle: eigene Abbildung

Abbildung 11.3   Kommunikative Konstitution der Organisation

Die Notwendigkeit der fortlaufenden Anpassung der Organisation an ihr institutionelles Umfeld begründen McPhee und Zaug mit folgender Argumentation:

"The focal organization must actually connect with and induce return communication with important elements of its environment, and vice versa. It must establish or nego-tiate an image as a viable relational partner (...). This sort of communication is vital for constituting organizations because organizations exist in human societies that already are organized, that already have institutional ways of maintaining order, allocating material resources, regulating trade, and dividing labor - and, of course, that already have ways of communicating about all these practices. Without an institutional back-drop, any but the most primitive human organization is unthinkable; certainly, today's complex organizations depend on political, cultural, economic, social, and communi-cative institutions for their constitution. If each new organization had to reinvent the concepts of property rights and contracts, membership and management, as well as the kind of organization they are (corporation, social service agency), there would be few organizations in existence today. Moreover, institutions like these exist partly because they allow inter-organizational relations – they allow each organization to draw on other organizations for the variety of resources that it needs to accomplish its goals and maintain itself. Whether or not a completely autonomous organization could exist, in practice, most depend on others, and so, in this dependence, organizations must constitute themselves as practical relational partners." (2009, S. 40 f.)

Kommunikationsverantwortlichen schreiben sie die Rolle von "Boundary-Spannern" zu, die die Konditionen der Anerkennung der Existenz ihrer Organisation sowie deren Zugehörigkeiten fortlaufend neu aushandeln. Die weiterführende Erklärung dieser institutionellen Positionierungsprozesse durch Stakeholderkommunikation mithilfe erweiterter Modelle der strukturationstheoretischen CCO ist aus Sicht des Autors ein Bereich, der eine Vertiefung verdient. Eine geeignete sozialtheoretische Referenz zur Einbettung dieser Analyse ist Reflexivität und die Modernisierungstheorie von Giddens (1996).

Reflexivität und Modernisierungstheorie von Anthony Giddens
Für Giddens ist die Spätmoderne der die gegenwärtige Epoche der Menschheitsgeschichte kennzeichnende Begriff. Seine Modernisierungstheorie zeichnet tiefgreifende soziale Wandlungsprozesse als Diskontinuitäten nach, zu denen die drei Erscheinungen 1) Trennung von Raum und Zeit, 2) Entbettung sozialer Beziehungen und 3) institutionelle Reflexivität zählen (Giddens, 1996, S. 12 ff.). ‚Reflexivity' verwendet Giddens in der Strukturationstheorie zunächst als eine Kategorie zur Beschreibung menschlichen Handlungsvermögens (Mikro-Ebene):

> „Es gibt eine grundlegende Bedeutung von ‚Reflexivität' in der diese ein Definitionsmerkmal jeglichen menschlichen Handelns bildet. Alle Menschen bleiben routinemäßig mit den Gründen ihres Tuns in Verbindung, und dieses Verbindunghalten ist seinerseits ein integraler Bestandteil der Ausführung ihrer Handlungen." (1996, S. 52)

In seiner Modernisierungstheorie erhält dieser Reflexivitätsbegriff darüber hinaus eine grundlegendere Bedeutungsdimension (Makro-Ebene):

> „Mit dem Aufbruch der Moderne nimmt die Reflexivität einen anderen Charakter an. Sie kommt gleich an der Basis der Systemreproduktion ins Spiel (...). Die Reflexivität des Lebens in der modernen Gesellschaft besteht darin, dass soziale Praktiken ständig im Hinblick auf einlaufende Informationen über ebendiese Praktiken überprüft und verbessert werden, so dass ihr Charakter grundlegend geändert wird." (1996, S. 54)

Das Konzept der *institutionellen Reflexivität (institutional reflexivity)* nutzt er zur Beschreibung von Veränderungen der organisationalen und institutionellen Arrangements von Gesellschaften, die auf Prozesse der Steuerung durch und Anpassung von Organisationen Veränderungen in ihrer Umwelt bezogen sind. Basis der Anpassungshandlungen sind individuelle Reflexionshandlungen. Einfach gesagt bedeutet dies: Organisationsmitglieder tragen durch ihre Reflexionen, die auf regelmäßigen externen Austauschprozesse gründen, zu Verhaltensänderungen auf der Organisationsebene bei. Dieser Mikro-Makro-Link von Giddens Reflexivitätskonzept macht es für kommunikationswissenschaftliche Theoriebildung wertvoll. Das bewusste Hinterfragen organisationaler Arrangements und kommunikativer Routinen durch die Verarbeitung neuer Informationen geschieht auf der Grundlage des individuellen Wissens und subjektiver Sinnstiftungsprozesse (vgl. Bewusstseinsmodell). Beim Organisationsbegriff wurde bereits angeschnitten, dass Kommunikationsabteilungen stellvertretend für ihre (Gesamt)Organisation (kommunikativ) handeln und so einen Beitrag zur reflexiven Steuerung leisten (Röttger, 2005; Jarren & Röttger, 2009). Übertragen auf Stakeholderkommunikation bedeutet dies: Im Rahmen der institutionellen Positionierung, bei der Organisationen mithilfe ihrer Publizität interpretative Schemata wie Nachhaltigkeit und Verantwortung gegenüber ihren Stakeholdern kommunizieren und Strukturprinzipien instanziieren, entscheiden diese auch über die Konsequenzen und Implikationen ihrer Reflexivität, das heißt: Anpassungshandlungen an veränderte Anforderungen und Erwartungen ihrer Umwelt. Reflexionen werden auf mehreren Ebenen angestoßen. Auf der Ebene der Organisationsmitglieder, die verantwortliches (nachhaltiges) Handeln aufgrund ihres Moralgefüges von der Organisation einfordern. Aber auch auf der interorganisationalen bis interinstitutionellen Ebene, auf der die Regeln und Ressourcen der Gesellschaft Einfluss auf die Ausgestaltung von Projektionen nehmen. Die Untersuchung dieser Prozesse verdient ebenso eine Vertiefung.

Ausblick: Stakeholder Management zwischen Theorie und Praxis
Das Schlusskapitel beinhaltet keine praktischen Handlungsempfehlungen für die Verbesserung der Stakeholderkommunikation der Volkswagen AG. Erstens, weil diese bereits an unterschiedlichen Stellen in den Teilkapitel anklangen. Zweitens, weil sie nach Ansicht des Autors nicht auf andere Unternehmen übertragbar sind. Stattdessen entschied sich der Verfasser, mit einem Appell zu enden. Bei all der Theorie und Empirie darf die zentrale Botschaft dieser Forschungsarbeit nicht vergessen werden: in der Postmoderne stehen Unternehmen in Wechselbeziehungen mit als wesentlich eingestuften, externen Stakeholdern aus ihrem Umfeld. Sie haben ein strategisch und normativ begründbares Interesse an routinierten Interaktionen mit diesen Gruppen und daran, systematisch deren Anliegen zu erfassen und in ihre Organisation zu überführen. Stakeholder lassen sich in Gruppen segmentieren (z. B. NGOs) und thematischen Schwerpunkten zuordnen (z. B. Dekarbonisierung). Die Interaktion erfolgt stets bewusst und gezielt. Sie wird auf der Organisationsebene von der Funktion Stakeholder Management ausgestaltet, die zum Beispiel in den Nachhaltigkeitsabteilungen verankert ist und mündet auf der Handlungsebene in Kommunikationsmaßnahmen (z. B. Befragungen,

Dialogveranstaltungen als Stakeholder-Engagement-Formate). Das Spektrum der Stakeholder-Interaktionsmodi ist breit und reicht von sehr defensiven hin zu proaktiven Varianten (z. B. Beobachtung, Transaktion, Beratung, Kooperation). Polyphonie und Spannungskonflikte sind zentrale Wesensmerkmale dieser Wechselbeziehung und der Kern von Stakeholderkommunikation ("Inside-out/Outside-in"). In gewisser Hinsicht institutionalisiert Stakeholder Management damit das kommunikative Ideal eines gesellschaftsorientierten Unternehmens, weil es themenorientiert und fortlaufend einen Austausch zwischen Unternehmen und Umwelt organisiert (vgl. Abb. 11.4).

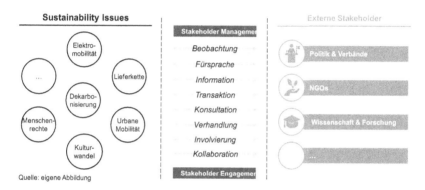

Abbildung 11.4   Ideal der gesellschaftsorientierten Organisation

Konstrukte wie Stakeholder Management sind Heuristiken, die eine fundierte Erklärung für diese Rückkopplung ermöglichen. Interpretative Schemata wie diese sind für sich genommen aber ungenügend, um Organisationen in die Gesellschaft zu integrieren. Es ist wichtig, dass die Kommunikationswissenschaft nicht nur abstrakte Erklärungen liefert, sondern mit (empirisch) fundierten Argumenten und anwendbaren Heuristiken dazu beiträgt, dass die Unternehmen tagtäglich danach streben können, ein möglichst ausgewogenes Verhältnis zwischen Profitmaximierung und Gesellschaftsorientierung zu finden. Hierzu möchte diese Arbeit einen theoretischen und empirischen Beitrag leisten.

Quellendokumentation

12

Die nachfolgend genannten Quellen sind mit Ausnahme des Interview-Leitfadens kein Bestandteil der Veröffentlichungsfassung der Arbeit und wurden ausschließlich den Gutachtern bzw. den Mitgliedern des Promotionsausschusses zum Zwecke der ordnungsgemäßen Begutachtung bereitgestellt. Dieses Vorgehen ist zum einen dem Versprechen der Anonymisierung von Quelldaten gegenüber den Befragten geschuldet. Es ergibt sich anderseits aber auch aus den in der Datenschutzgrundverordnung (DSGVO) geregelten und durch das VW-Konzernrechtswesen näher interpretierten Rechte und Pflichten der Volkswagen AG. Unter Umständen besteht für den geneigten Leser die Möglichkeit Einsicht in weitere Quellen zu nehmen. Der Autor behält sich vor, dies im Einzelfall in Rücksprache mit dem Volkswagen AG Rechtswesen und den befragten Stakeholdern zu entscheiden (Tabelle 12.1).

T. Lang, *Stakeholder Engagement Analyse*, AutoUni – Schriftenreihe 153, https://doi.org/10.1007/978-3-658-33987-6_12

Tabelle 12.1   Quellendokumentation: Anhänge

Anhang	Kurzerläuterung
1. Anschreiben	Von Volkswagen initiiertes Anschreiben zum Erstkontakt per Email.
2. Interview-Leitfaden	Der Gesprächsleitfaden für die Experteninterviews.
3. MAXQDA-Rohdaten	Die Rohdaten der Kodierung als Datenexport der Software MAXQDA.
4. Kodier-Leitfaden	Der Leitfaden beinhaltet eine Übersicht der Transkriptionsregeln, analytischen Kategorien sowie Ankerbeispiele und Kodieranweisungen für die Kodierung.
5. Interview-Transkripte	Die 33 Transkripte in vollanonymisierter Form inkl. einer Datei mit Stammdaten, aus der die nicht-anonymisierten personenbezogenen Daten hervorgehen.
6. Kontakthistorie	Eine Protokollierung der Kontaktierungen (Erstkontakt, Zweitkontakt, Absagen), aus der der Erhebungsverlauf und die Ausschöpfungsquoten in den drei Wellen der Erhebung genau hervorgehen.

Einstieg: Interpretative Schemata (Meso)

- Was verstehen Sie unter einem **Stakeholder**?
- Was verstehen Sie diesbezüglich unter **Stakeholder Management (SM)**?
- In welchem **Zusammenhang** stehen diese Konzepte für Sie **zu Corporate Responsibility (CR) / Corporate Social Responsibility (CSR)** und **Nachhaltigkeit**?

- Wie würden Sie als „Holder" Ihren „Stake" in Bezug auf die Zielsetzung und Aufgaben **Ihrer Organisation gegenüber Volkswagen (VW)** beschreiben?

Block I: Stakeholder Management (Meso)

ARENEN & FOREN (TOUCHPOINTS)

- **Welche kommunikativen Kontaktpunkte bietet VW Ihnen?**
- **Welche kommunikativen Kontaktpunkte bietet Ihre Organisation VW?**
- Bitte **bewerten** Sie diese Kontaktpunkte *(Zufriedenheit; qualitative und quantitative Aspekte)*

ISSUES

- Was sind Ihre **drei wichtigsten Themen mit Bezug auf VW und Nachhaltigkeit?**

optional: Wo sehen Sie bei diesen Themen den **Verantwortungsbereich** Ihrer Organisation?

optional: Wo beginnt und endet diesbezüglich der Verantwortungsbereich von VW?

AKTEURE, STRUKTUREN, PROZESSE

- Was wissen Sie über die **interne Organisation** von SM bei VW? *(Strukturen, Prozesse)*
- Welche **materiellen Ressourcen** setzt VW für SM ein? *(Personal, Budget, Hierarchie)*
- Welche Personen nehmen Sie bei VW als **Stakeholder-Sprecher** wahr?
- Wie ordnen Sie diese Personen **hierarchisch und funktional** ein? *(Position)*
- Welche **Rolle** nehmen diese Sprecher aus Ihrer Sicht für VW wahr? *(Aufgaben)*

ERFOLGSKONTROLLE

- Wann ist **SM aus Ihrer Sicht erfolgreich?** *(Definition, Kriterien)*
- Welche **Methoden, Techniken, Instrumente** setzt VW ein, um den **Erfolg zu messen**?
- Rollenspiel: Versetzen Sie sich bitte in die **Rolle einer VW-Führungskraft**; Welche **Kennzahl („KPI") zur Erfolgsmessung** würden Sie für SM **definieren**?

Block II: Stakeholder-Wohlfahrt (Mikro)

STAKEHOLDER VALUE (CAPABILITIES & FUNCTIONINGS)

Bitte übertragen Sie das ökonomische Konzept Wertschöpfung auf Ihre Organisation.

- Wie sieht das **Wertschöpfungsmodell Ihrer Organisation** aus?
- Welche **Wertschöpfungsfaktoren** gibt es in diesem Modell?
- Auf welche dieser **Faktoren** kann **VW Einfluss** nehmen?
- Welche **Rolle** spielt die **VW-Stakeholderkommunikation (SK)** hierbei?

Interviewleitfaden: Stakeholderkommunikation der Volkswagen AG   Stand: 10/2017

STAKEHOLDER VALUE (CAPABILITIES & FUNCTIONINGS)

optional: Folgefragen zur Konkretion des Einflusses von VW auf Stakeholder Value.

- z.B. Was bewirkt die SK von VW bei Ihrer Organisation im Allgemeinen?
- z.B. Welche Ziele, Aufgaben Ihrer Organisation können Dank der SK von VW (besser) erreicht werden?
- z.B. Zu welchen Handlungen und Aktivitäten kann die SK von VW Ihre Organisation befähigen?
- z.B. In welche Zustände und Empfindungen versetzt die SK von VW Sie als Vertreter Ihrer Organisation?

Block III: Strukturfragmente (Makro)

RECALL LAST TOUCHPOINT (TP)

- Was war Ihr persönlich letzter kommunikativer Berührungspunkt mit VW?
- Wann und über welchen Kontaktpunkt („Kanal") fand diese Kommunikation statt?

Bitte versetzen Sie sich jetzt in diese Kommunikationssituation zurück.

Interviewer-Anweisung: Wenn Teilnahme an Präsenzforen (z.B. Dialogveranstaltungen, persönliche Gespräche), dann alle Fragen. Wenn nicht, dann nur Fragen zum allgemeinen Kommunikationsverhalten (v.a. Stil, Botschaften, Argumente).

SIGNIFIKATION, DOMINATION & ALLOKATIVE RESSOURCEN

- In welchem **Setting** fand der Austausch statt? *(Räume, Orte, etc.)*
- Welche (mediale) **Infrastruktur** wurde genutzt? *(Medien, Formate, Dienstleister, etc.)*
- Mit welcher **Symbolik** wurde gearbeitet? *(Logos, Images, etc.)*
- Bitte beschreiben Sie den **Kommunikationsstil von VW** rückwirkend. *(Sprecher/Corporate)*
- An welche **Botschaften und Argumentationsmuster** erinnern Sie sich?

SIGNIFIKATION, DOMINATION & AUTORITATIVE RESSOURCEN

- Gab es eine **dominante Botschaft**, irgendein **bestimmendes Narrativ** des Unternehmens?
- Gab es irgendwelche **Asymmetrien**, die sich auf Ihre kommunikative Teilhabemöglichkeit auswirkten? (z.B. Informationsvorsprünge, Ressourcenvorteile, Auftreten der Sprecher)
- Wie würden Sie die **Informationsversorgung** beschreiben? Hatten Sie den Eindruck, dass Sie von VW ausreichend mit (exklusiven) Informationen versorgt wurden? Wurden ggf. Informationen zurückgehalten? *(Zufriedenheit; qualitative und quantitative Aspekte)*
- Wie schätzen Sie Ihren **Einfluss auf Entscheidungsprozesse bei VW** durch SK ein?

LEGITIMATIONSREGELN

Unabhängig von Ihren Erinnerungen an diese letzte Kommunikationssituation.

- Welche **Normen und Standards** greifen Ihres Wissens nach für SM?
- Sehen Sie einen **Bedarf für stärkere Regulierung** des SM? *(Fremd- vs. Selbstregulierung)*

Ausstieg: Handlungsempfehlungen

- Wie lautet ihre abschließende Bewertung (**Gesamtfazit**) der SK von VW?
- Gibt es noch etwas, was VW verbessern könnte/sollte (**Maßnahmenvorschläge**)?

Literaturverzeichnis

AccountAbility (AA) (2015). *AA1000 Stakeholder Engagement Standard 2015* (2. Aufl.). London.

Agee, M. D., & Crocker, T. D. (2013). Operationalizing the Capability Approach to Asessing Well-Being. *Journal of Socio-Economics, 46* (1), S. 80–86.

Aguinis, H. & Glavas, A. (2012). What we know and don't know about Corporate Social Responsibility: a Review and Research Agenda. *Journal of Management, 38* (4), S. 932–968.

Ahrens, R., Scherer, H., & Zerfaß, A. (1995). *Integrierte Unternehmenskommunikation.* Frankfurt a.M.: F.A.Z.-Institut.

Alkhafaji, A. F. (1984). *An Investigation of Managements Perception Toward Stakeholder Participation in Corporate Policy.* Dissertation, Universität Dallas.

Alkire, S. (2002). *Valuing Freedoms. Sen's Capabiity Approach and Poverty Reduction.* New York, NY: Oxford University Press.

Alkire, S. (2005a). Why the Capability Approach? *Journal of Human Development, 6* (1), S. 115–135.

Alkire, S. (2005b). Subjective Quantitative Measures of Human Agency. *Social Indicators Research, 74* (1), S. 217–260.

Alkire, S. (2010). Using the Capability Approach: Prospective and Evaluative Analyses. In F. Comim, M. Qizilbash, S. Alkire (Hrsg.), *The Capability Approach. Concepts, Measures and Applications* (2. Aufl., S. 26–49). Cambridge: University Press.

Altmeppen, K.-D. (2006). *Journalismus und Medien als Organisationen. Leistungen, Strukturen und Management.* Wiesbaden: VS-Verlag.

Altmeppen, K.-D. (2011a). Journalistische Berichterstattung und Media Social Responsibility: Über die doppelte Verantwortung von Medienunternehmen. In J. Raupp, S. Jarolimek, F. Schultz (Hrsg.), *Handbuch CSR* (S. 247–266). Wiesbaden: VS-Verlag.

Altmeppen, K.-D. (2011b). Medienökonomisch handeln in der Mediengesellschaft. Eine Mikro-Meso-Makro-Skizze anhand der Ökonomisierung der Medien. In T. Quandt, & B. Scheufele (Hrsg.), *Ebenen der Kommunikation. Mikro-Meso-Makro-Links in der Kommunikationswissenschaft* (S. 233–258). Wiesbaden: VS-Verlag.

© Der/die Herausgeber bzw. der/die Autor(en), exklusiv lizenziert durch
Springer Fachmedien Wiesbaden GmbH, ein Teil von Springer Nature 2021
T. Lang, *Stakeholder Engagement Analyse*, AutoUni – Schriftenreihe 153,
https://doi.org/10.1007/978-3-658-33987-6

Altmeppen, K.-D. (2015). Automaten kennen keine Moral. Metamorphosen des Journalismus und die Folgen der Verantwortung. *Communicatio Socialis, 48* (1), S. 16–33.

Altmeppen, K.-D., & Quandt, T. (2002). Wer informiert uns, wer unterhält uns? Die Organisation öffentlicher Kommunikation und die Folgen für Kommmunikations- und Medienberufe. *Medien & Kommunikationswissenschaft, 50* (1), S. 45–62.

Altmeppen, K.-D., Röttger, U., & Bentele, G. (2004). Public Relations und Journalismus: Eine lang andauernde und interessante 'Beziehungskiste'. In K.-D. Altmeppen, U. Röttger, G. Bentele (Hrsg.), *Schwierige Verhältnisse. Interpedenendenzen zwischen Journalismus und PR* (S. 7–15). Wiesbaden: VS-Verlag.

Altmeppen, K.-D., & Habisch, A. (2008): *CSR in den Medien. Eine Inhaltsanalyse deutscher Printmedien und Experteninterviews. Katholische Universität Eichstätt-Ingolstadt.* Eichstätt: Forschungsbericht.

Altmeppen, K.-D., & Arnold, K. (2010). Ethik und Profit. In C. Schicha, & C. Brosda (Hrsg.), *Handbuch Medienethik* (S. 331–347). Wiesbaden: VS-Verlag.

Altmeppen, K.-D., & Greck, R. (2012). Tue Gutes und Rede darüber. Ausgewählte Beispiele zu Strategien und Konzepten von Public Relations. In Ders. (Hrsg.), *Facetten des Journalismus. Theoretische Analysen und empirische Studien* (S. 419–426). Wiesbaden: VS-Verlag.

Altmeppen, K.-D., Donges, P., Künzer, M., Puppis, M., Röttger, U., & Wessler, H. (2015). Die Ordnung der Dinge durch Kommunikation: Eine Einleitung über Leistungen der Medien und Strukturen der Gesellschaft. In Ders. (Hrsg.), *Soziale Ordnung durch Kommunikation* (S. 11–26). Baden Baden: Nomos.

Altmeppen, K.-D., Zschaler, F., Zademach, H., Böttigheimer, C., & Müller, M. (Hrsg.) (2017). Nachhaltigkeit in Umwelt, Wirtschaft und Gesellschaft. Perspektiven und Probleme transdisziplinärer Projekte. In Ders., *Nachhaltigkeit in Umwelt, Wirtschaft und Gesellschaft* (S. 3–46). Wiesbaden: VS-Verlag.

Anand, P., Hunter, G., & Smith, R. (2005). Capabilities and Wellbeing. Evidence based on the Sen-Nussbaum Approach to Welfare. *Social Indicators Research, 79* (1), S. 9–55.

Anand, P., & Van Hess, M. (2006). Capabilities and Achievements. An Empirical Study. *Journal of Socio-Economics, 35* (2), S. 268–284.

Ansoff, H. I. (1980). Strategic Issue Management. *Strategic Management Journal, 1* (2), S. 131–148.

Apel, K.-O. (1988). *Diskurs und Verantwortung. Das Problem des Übergangs zur postkonventionellen Moral.* Frankfurt am Main: Suhrkamp.

Arbeitskreis Nachhaltige Unternehmensführung (AKNU) (2012). „Verantwortung" eine phänomenologische Annäherung. In A. Schneider, & R. Schmidpeter (Hrsg.), *Corporate Social Responsibility. Verantwortungsvolle Unternehmensführung in Theorie und Praxis* (S. 39–54). Berlin, Heidelberg: Springer-Gabler.

Ashcraft, K.L., Kuhn, T.R., & Cooren, F. (2009). Constitutional Amendments: 'Materializing' Organizational Communication. *Academy of Management Annals, 3* (1), S. 1–64.

Ashford, B.E., & Gibbs, B.W. (1990). ‚The Double-Edge of Organizational Legitimation'. *Organization Science, 1* (2), S. 177–194.

Askew, P. (1997). Stakeholderism in Practice: A Market-Led View. *Journal of Communication Management, 2* (3), S. 244–250.

Aston, J. (2016). Smart Engagement: State of the Art Stakeholder Engagement. In R. Altenburger, & R. Mesicek (Hrsg.), *CSR und Stakeholder Management. Strategische*

Herausforderungen und Chancen der Stakeholdereinbindung (S. 241–254). Wiesbaden: VS-Verlag.

Attas, D. (2004). A Moral Stakeholder Theory of the Firm. *Zeitschrift für Wirtschafts- und Unternehmensethik (ZfWU), 5* (3), S. 312–318.

Ayaß, R. (2005). *Transkription.* In: Mikos, L. & Wegener, C. (Hrsg.), *Qualitative Medienforschung. Ein Handbuch* (S. 377–386). Konstanz: UVK.

Ayuso, S., Rodrigues, M. A., & Ricart, J. E. (2006). Using Stakeholder Dialogue as a Source for new Ideas: a dynamic Capability underlying Sustainable Innovation. *Corporate Governance, 6* (4), S. 475–490.

Bachmann, P. (2017). *Medienunternehmen und der strategische Umgang mit Media Responsibility und Corporate Social Responsibility.* Wiesbaden: VS-Verlag.

Bachmann, P., & Ingenhoff, D. (2017). Finding Common Ground: CSR and Media Responsibility. In K.-D. Altmeppen, C.A. Hollifield, & J. van Loon (Hrsg.), *Value-Oriented Media Management. Decision Making Between Profit and Responsibility* (S. 147–157). Wiesbaden: Springer.

Backhaus-Maul, H., Biedermann, C., Nährlich, S., & Polterauer, J. (Hrsg.) (2010). Corporate Citizenship in Deutschland: Gesellschaftliches Engagement von Unternehmen. Bilanz und Perspektiven. Wiesbaden: VS-Verlag.

Backhaus-Maul, H., & Kunze, M. (2015). Unternehmen in Gesellschaft. Soziologische Zugänge. In A. Schneider, & R. Schmidpeter (Hrsg.), *Corporate Social Responsibility* (2. Aufl., S. 99–112). Berlin, Heidelberg: Springer-Gabler.

Baecker, D. (2005). *Organisationen als System. Aufsätze.* Frankfurt a.M.: Suhrkamp.

Bahnmüller, P., Hermann S.W., & Kepler, J. (2013). CSR-Kommunikation in der Forstwirtschaft. In P. Heinrich (Hrsg.), *CSR und Kommunikation. Unternehmerische Verantwortung überzeugend vermitteln* (S. 211–223). Berlin, Heidelberg: Gabler-Springer.

Ballet, J., Dubois, J.-L., & Mahieu, M. F.-R. (2007). Responsibility for Each Other's Freedom: Agency as the Source of Collective Capability. *Journal of Human Development, 8* (2), S. 185–201.

Ballet, J., Koffi, J.-M., & Pelenc, J. (2013). Environment, Justice and the Capability Approach. *Ecological Economics, 85* (1), S. 28–34.

Balog, A. (2001). *Neue Entwicklungen in der soziologischen Theorie.* Stuttgart: UTB.

Baptist, F. (2008). *Strategisches Stakeholder Management: Stakeholder Profilanalyse. Eine empirische Untersuchung.* Saarbrücken: Verlag Dr. Müller (VDM).

Barnett, M.L. (2007). Stakeholder Influence Capacity and the Variability of Financial Returns to Corporate Social Responsibility. *Academy of Management Review, 32* (3), S. 794–816.

Barnett, M.L., Jermier, J.M., & Lafferty, B.A. (2006). Corporate Reputation: The Definitorial Landscape. *Corporate Reputation Review, 9 (1)*, S. 26–38.

Bartlett, C.A. & Ghoshal, S. (1989). *Managing Across Borders: The Transnational Solution.* Boston, MA: Harvard Business School Press.

Bartlett, J. L., & Devin, B. (2014). Management, Communication and Corporate Social Responsibility. In O. Ihlen, J. L. Bartlett, & S. May (Hrsg.), *The Handbook of Communication and Corporate Social Responsibility* (2. Aufl., S. 47–66). Malden, MA: Wiley Blackwell.

Bartlett, J.L., Tywonika, S. & Hatcher, C. (2007). Public Relations Professional Practice and the Institutionalization of CSR. *Journal of Communication Management,* 11 (4), S. 281–299.

Bassen, A., Jastram, S., & Meyer, K. (2005). Corporate Social Responsibility. Eine Begriffserläuterung. *Zeitschrift für Wirtschafts- und Unternehmensethik (ZfWU)*, 6 (2), S. 231–236.

Bauer, M., & Hogen, H. (2009). Shareholder-Value-Management und Stakeholder Management. In M. Bauer, & H. Hogen (Hrsg.), *Das Lexikon der Wirtschaft* (S. 301). Bonn: Bundeszentrale für politische Bildung.

Bauert, T. A. (2002). Die Kompetenz ethischen und ästhetischen Handelns. Medienethik aus medienpädagogischer Perspektive. In M. Karmasin (Hrsg.), *Medien und Ethik* (S. 194–219). Stuttgart: Reclam.

Bayertz, K. (1995). Eine kurze Geschichte der Herkunft von Verantwortung. In Ders. (Hrsg.), *Verantwortung: Prinzip oder Problem?* (S. 3–71). Darmstadt: WBG.

Beck, V. (2016). *Eine Theorie der globalen Verantwortung. Was wir Menschen in extremer Armut schulden.* Frankfurt a.M.: Suhrkamp.

Belentschikow, V. (2014). *Zur Wahrnehmung strategischer CSR-Aktivitäten und deren Kommunikation. Eine qualitative Untersuchung am Beispiel der Energiebranche.* Dissertation, TU Chemnitz.

Bentele, G. (1988). Der Faktor Glaubwürdigkeit. Forschungsergebnisse und Fragen für die Sozialisationsperspektive. *Publizistik, 33* (2/3), S. 406–426.

Bentele, G. (1994). Öffentliches Vertrauen. Normative und soziale Grundlage für Public Relations. In: W. Armbrecht, & U. Zabel (Hrsg.), *Normative Aspekte der Public Relations. Grundlegende Fragen und Perspektiven. Eine Einführung* (S. 131–158). Wiesbaden: Springer

Bentele, G. (2008). *Objektivität und Glaubwürdigkeit. Medienrealität rekonstruiert.* Wiesbaden: VS-Verlag.

Bentele, G., Steinmann, H., & Zerfaß, A. (Hrsg.) (1996). *Dialogorientierte Unternehmenskommunikation. Grundlagen – Praxiserfahrungen – Perspektiven.* Berlin: Vistas.

Bentele, G., & Seidenglanz, R. (2008). Trust and Credibility: Prerequisites for Communication Management. In A. Zerfass, B. van Ruler, & K. Sriramesh (Hrsg.), *Public Relations Research: European and International Perspectives and Innovations* (S. 49–62). Wiesbaden: VS-Verlag.

Bentele, G., & Nothaft, H. (2011). Vertrauen und Glaubwürdigkeit als Grundlage von Corporate Social Responsibility. Die (massen-)mediale Konstruktion von Verantwortung und Verantwortlichkeit. In J. Raupp, S. Jarolimek, & F. Schultz (Hrsg.), *Handbuch CSR. Kommunikationswissenschaftliche Grundlagen, disziplinäre Zugänge und methodische Herausforderungen* (S. 45–70). Wiesbaden: VS-Verlag.

Bentele, G., & Nothaft, H. (2013). Unternehmenskommunikation. In G. Bentele, H-B. Brosius, & O. Jarren (Hrsg.), *Lexikon Kommunikations- und Medienwissenschaft* (2. Aufl., S. 348–349). Wiesbaden: VS-Verlag.

Bentele, G., & Nothaft, H. (2014). Trust and Credibility as the Basis of Corporate Social Responsibility. (Mass-)Mediated Construction of Responsibility and Accountability. In I. Oyvind, J.L. Bartlett, & S. May (Hrsg.), *The Handbook of Communication and Corporate Social Responsibility* (2. Aufl., S. 208–230). Malden, MA: Wiley Blackwell.

Bergknapp, A. (2002). *Ärger in Organisationen. Eine systemische Strukturanalyse.* Wiesbaden: Westdeutscher Verlag.

Berman, S. L., Wicks, A. C., Kotha, S., & Jones, T. M. (1999). Does Stakeholder Orientation matter? The Relationship between Stakeholder Management Models and Firm Financial Performance. *Academy of Management Journal, 42* (5), S. 488–506.

Bertilsson, M. (1984). Theory of Structuration: Prospects and Problems. *Acta Sociologica, 27* (4), S. 339–353.

Beschorner, T. (2011). Stakeholderorientierter Ansatz. In M. S. Aßländer (Hrsg.), *Handbuch Wirtschaftsethik* (S. 163–168). Stuttgart, Weimar: J.B. Metzler.

Beschorner, T., & Hajduk, T. (2015). ,Der ehrbare Kaufmann' und ,Creating Shared Value'. Eine Kritik im Lichte der aktuellen CSR-Diskussion. In A. Schneider, & R. Schmidpeter (Hrsg.), *Corporate Social Responsibility. Verantwortungsvolle Unternehmensführung in Theorie und Praxis* (S. 269–280). Berlin, Heidelberg: Springer-Gabler.

Bisel, R. (2010). A Communicative Ontology of Organization? A Description, History, and Critique of CCO Theories for Organization Science. *Management Communication Quarterly, 24* (1), S. 124–131.

Bleicher, K. (2004). *Das Konzept Integriertes Management. Visionen – Missionen – Programme.* Frankfurt am Main: Campus Verlag.

Bogner, A. & Menz, W. (2009). Das theoriegenerierende Experteninterview. Erkenntnisinteresse, Wissensformen, Interaktion. In Ders. (Hrsg.): *Experteninterviews. Theorien, Methoden, Anwendungsfelder* (3. Aufl.; S. 61–98). Wiesbaden: VS-Verlag.

Bogner, A., Littig, B. & Menz, W. (Hrsg.) (2009). *Experteninterviews. Theorien, Methoden, Anwendungsfelder* (3. Aufl.). Wiesbaden: VS-Verlag.

Bogner, A., Littig, B., Menz, W. (2014). *Interviews mit Experten. Eine praxisorientierte Einführung.* Wiesbaden: VS-Verlag.

Bohm, D. (2008). *On Dialogue.* London: Routledge.

Böhme, S., Alaya, S., Böhm, J., & Richter, F. (2016). OMV Resourcefulness und Stakeholder Management. In R. Altenburger, & R. Mesicek (Hrsg.), *CSR und Stakeholder Management. Strategische Herausforderungen und Chancen der Stakeholdereinbindung* (S. 159–174). Wiesbaden: VS-Verlag.

Boschert, F. (2016). Stakeholder Relation Management als Kern der Führungsaufgabe. In R. Altenburger, & R. Mesicek (Hrsg.), *CSR und Stakeholder Management. Strategische Herausforderungen und Chancen der Stakeholdereinbindung* (S. 59–69). Wiesbaden: VS-Verlag.

Bowen, H.R. (1953). *Social Responsibilities of the Businessman.* New York, NY: Harper & Row.

Bowie, N.E. & Dunfee, T.W. (2002). Confronting Morality in Markets. *Journal of Business Ethics, 38 (4),* S. 381–393.

Bracker, I. (2017a). Corporate Social Responsibility (CSR) und Corporate Citizenship (CC): Selbstbild und Fremdwahrnehmung in der öffentlichen Kommunation. In K.-D. Altmeppen et al. (Hrsg.), *Nachhaltigkeit in Umwelt, Wirtschaft und Gesellschaft* (S. 257–284). Wiesbaden: VS-Verlag.

Bracker, I. (2017b). Verantwortung von Medienunternehmen. Selbstbild und Fremdwahrnehmung in der öffentlichen Kommunikation. Baden-Baden: Nomos.

Bracker, I., Schuhknecht, S., & Altmeppen, K.-D. (2017). Managing Values: Analyzing Corporate Social Responsibility in Media Companies from a Structuration Theory Perspective.

In K.D. Altmeppen, C. Ann Hollifield, & J. van Loon (Hrsg.), *Value-Oriented Media Management. Decision Making between Profit and Responsibility* (S. 159–172) Wiesbaden: VS-Verlag.

Brosius, H.-B., Haas, A., & Koschel, F. (2012). *Methoden der empirischen Kommunikationsforschung. Eine Einführung* (6. Aufl.). Wiesbaden: VS-Verlag.

Brugger, F. (2010). *Nachhaltigkeit in der Unternehmenskommunikation. Bedeutungen, Charakteristika und Herausforderungen.* Wiesbaden: Gabler Verlag.

Bruhn, M. (1992). *Integrierte Unternehmenskommunikation: Ansatzpunkte für eine strategische und operative Umsetzung integrierter Kommunikationsarbeit.* Stuttgart: Poeschel.

Bruhn, M. (2003). *Integrierte Unternehmens- und Markenkommunikation. Strategische Planung und Operative Umsetzung* (3. Aufl.). Stuttgart.

Bruhn, M. (2005). *Unternehmens- und Marketingkommunikation. Handbuch für ein integriertes Kommunikationsmanagement.* München: Vahlen.

Bruhn, M. (2014). *Integrierte Unternehmens- und Markenkommunikation* (3. Aufl.). Stuttgart: Schäffer-Poeschel.

Bruhn, M., Schmidt, S.J., & Tropp, J. (Hrsg.) (2000). *Integrierte Kommunikation in der Theorie und Praxis. Betriebswirtschaftliche Perspektiven.* Wiesbaden: VS-Verlag.

Bruhn, M., & Ahlers, G. (2004). Der Streit um die Vormachtsstellung von Marketing und Public Relations in der Unternehmenskommunikation – Eine unendliche Geschichte? *Marketing ZFP, 26* (1), S. 71–80.

Bruhn, M. & Zimmermann, A. (2017). Integrated CSR Communications. In S. Diehl, M. Karmasin, B. Mueller, R. Terlutter, & F. Weder (Hrsg.), *Handbook of Integrated CSR Communication* (S. 3–21). Wiesbaden: Springer.

Bruns, T., & Marcinkowski, F. (1997). *Politische Information im Fernsehen. Eine Längsschnitt-Studie zur Veränderung der Politikvermittlung in Nachrichten und politischen Informationssendungen.* Opladen: Leske und Budrich.

Bruton, J. (2016). Stellschrauben für CSR – soziale Wirkungen numerisch messbar machen. In E. Günther, & K.-H. Steinke (Hrsg.), *CSR und Controlling. Unternehmerische Verantwortung als Gestaltungsaufgabe des Controlling* (S. 101–116). Wiesbaden: VS-Verlag.

Bryant, C.G.A., & Jary, D. (1991). *Giddens Theory of Structuration: A Critical Appreciation.* London: Routledge.

Buchele, M.-S. (2008). *Der Wertbeitrag von Unternehmenskommunikation.* Wiesbaden: VS-Verlag.

Buckley, P. J., & Casson, M. C. (1998). Models of the Multinational Enterprise. *Journal of International Business Studies, 29* (1), S. 21–44.

Bues, H.-J., Stelkens, V. V., & Streck, M. (2016). Stakeholdermanagement bei der Flughafen München GmbH – gesellschaftliche Akzeptanz als strategischer Erfolgsfaktor. In R. Altenburger, & R. Meiscek (Hrsg.), *CSR und Stakeholder Management. Strategische Herausforderungen und Chancen der Stakeholdereinbindung* (S. 121–135). Wiesbaden: VS-Verlag.

Bührmann, A.D., & Schmidt, M. (2014). Entwicklung eines reflexiven Befähigungsansatzes für mehr Gerechtigkeit in modernen, ausdifferenzierten Gesellschaften. In Friedrich-Ebert-Stiftung (Hrsg.): *Was macht ein gutes Leben aus? Der Capability Approach im Fortschrittsforum* (S. 37–46). Bonn: Friedrich-Ebert-Stiftung.

Burchell, J., & Cook, J. (2006a). Assessing the Impact of Stakeholder Dialogue: Changing Relationships Between NGOs and Companies. *Journal of Public Affairs*, 6 (1), S. 210–227.

Burchell, J., & Cook, J. (2006b). It's good to talk? Examining Attitudes towards Corporate Social Responsibility Dialogue and Engagement Processes. *Business Ethics: A European Review, 15* (2), S. 154–170.

Burchell, J., & Cook, J. (2008). Stakeholder Dialogue and Organizational Learning: Changing Relationships Between Companies and NGOs. *Business Ethics: A European Review, 17* (1), S. 35–46.

Burkart, R. (2012). Verständigungsorientierte Öffentlichkeitsarbeit. In W. Hömberg, Hahn, D. & Schaffer, T.B. (Hrsg.), *Kommunikation und Verständigung. Theorie – Empirie – Praxis* (S. 17–37). Wiesbaden: VS Verlag.

Burkart, R. (2013a). Verständigungsorientierte Öffentlichkeitsarbeit (VÖA) revisited: Das Konzept und seine selektive Rezeptionsbilanz aus zwei Jahrzehnten. In O. Hoffjann, & Huck-Sandhu, S. (Hrsg.), *UnVergessene Diskurse. 20 Jahre PR- und Organisationskommunikationsforschung* (S. 437–464). Wiesbaden: VS-Verlag.

Burkart, R. (2013b). Normativität in der Kommunikationstheorie. In M. Karmasin, Rath, M., & Thomaß, B. (Hrsg.), *Normativität in der Kommunikationswissenschaft* (S. 133–150). Wiesbaden: Springer.

Burkart, R., & Probst, S. (1991). Verständnisorientierte Öffentlichkeitsarbeit. *Publizistik* 1/1991, S. 56–76.

Büscher, M. (2011). Integrative Wirtschaftsethik (Peter Ulrich). In M. S. Aßländer (Hrsg.), *Handbuch Wirtschaftsethik* (S. 100–107). Stuttgart, Weimar: J.B. Metzler.

Çakmak, H. K. (2010). Can the Capability Approach be Evaluated within the Frame of Mainstraem Economics? A Methodological Analysis. *Panoeconomicus, 1* (1), S. 85–99.

Cappelen, A. W. (2004). Two Approaches to Stakeholder Identification. *Zeitschrift für Wirtschafts- und Unternehmensethik (ZfWU), 5* (3), S. 319–325.

Carroll, A. B. (1979). A Three Dimensional Conceptual Model of Corporate Performance. *Academy of Management Review, 4* (4), S. 497–505.

Caroll, A. B. (1991). The Pyramid of Corporate Social Responsibility. Toward the Moral Management of Organizational Stakeholders. *Business Horizons, 34* (4), S. 39–48.

Carroll, A. B. (1995). *Stakeholder Thinking in Three Models of Management Morality.* Helsinki: LSR Publications.

Carroll, A. B. (1996). *Business & Society. Ethics and Stakeholder Management* (3. Aufl.). Cincinnati, OH: Southwestern.

Carroll, A. B. (1999). Corporate Social Responsibility: Evolution of a Definitoral Construct. *Business & Society, 38* (3), S. 268–295.

Carroll, A. B. (2005). Stakeholder Management. Background and Advances. In C. S. Fleisher, & P. Harris (Hrsg.), *The Handbook of Public Affairs* (S. 501–516). London: Sage.

Carroll, A. B. (2008). A History of Corporate Social Responsibility. Concepts and Practices. In A. Crane, D. Matten, A. McWilliams, J. Moon, & D.S. Siegel (Hrsg.), *The Oxford Handbook of Corporate Social Responsibility* (S. 19–46). New York, NY: Oxford University Press.

Castelló, I., Morsing, M. & Schultz, F. (2013). Communicative Dynamics and the Polyphony of Corporate Social Responsibility in the Network Society. *Journal of Business Ethics, 118* (4), S. 683–694.

Chatham House (2019): Chatham House Rule. http.//www.chathamhouse.org/chatham-house-rule. Zugriff am 07. April 2019.

Chen, S., & Bouvain, P. (2009). Is Corporate Responsibility Converging? A Comparison of Corporate Responsibility Reporting in the USA, UK, Australia, and Germany. *Journal of Business Ethics, 87* (1), S. 299–317.

Christensen, L. T., Firat, A., & Torp, S. (2008b). The Organization of Integrated Communications: Toward Flexible Integration. *European Journal of Marketing, 42* (3/4), S. 423–542.

Christensen, L. T., Firat, A.F., & Cornelissen, J. (2009b). New Tensions and Challenges in Integrated Communications. *Corporate Communications: An International Journal, 14* (2), S. 207–219.

Christensen, L. T., Morsing, M., & Cheney, G. (2008a). *Corporate Communications: Convention, Complexity, and Critique.* London: Sage.

Christensen, L. T., & Cornelissen, J. (2010). Bridging Corporate and Organizational Communication: Review, Development and a Look to the Future. *Management Communication Quarterly, 25 (3), S. 383–414.*

Christensen, L.T., Cornelissen, J. (2010). Bridging Corporate and Organizational Communication: Review, Development and a Look into the Future. In A. Zerfaß, L. Rademacher, & S. Wehmeier (Hrsg.): *Organisationskommunikation und Public Relations. Forschungsparadigmen und neue Perspektiven* (43–72). Wiesbaden: VS-Verlag.

Christensen, L.T., Morsing, M., & Thyssen, O. (2013). CSR as Aspirational Talk. *Organization, 20* (3), S. 372–393.

Christensen, L. T., Morsing, M., & Thyssen, O. (2015). The Polyphony of Values and the Value of Polyphony. *Journal for Communication Studies, 8* (1), S. 9–25.

Clark, D. A. (2005). Sen's Capability Approach and the Many Spaces of Human Well-Being. *Journal of Development Studies, 41* (8), S. 1339–1368.

Clarke, T. (1997). Measuring and Managing Stakeholder Relations. *Journal of Communication Management, 2* (3), S. 211–221.

Clarkson, M.B.E (1998). *The Corporation and its Stakeholders: Classic and Contemporary Readings.* Toronto: University of Toronto Press.

Clarkson, M.B.E. (1995). A Stakeholder Framework for Analyizg and Evaluating Corporate Social Performance. *Academy of Management Review, 20* (1), S. 92–117.

Clifton, D., & Amran, A. (2011). The Stakeholder Approach: A Sustainability Perspective. *Journal of Business Ethics, 98* (1), S. 121–136.

Cohen, I. J. (1989). *Structuration Theory. Anthony Giddens and the Constitution of Social Life.* New York, NY: St. Martin's Press.

Colleoni, E. (2013). CSR Communication Strategy for Organizational Legitimacy in Social Media. *Corporate Communications. An International Journal*, 18 (2), S. 228–248.

Comim, F. (2010). Measuring Capabilities. In F. Comin, F., Qizilbash, M., & Alkire, S. (Hrsg.), *The Capability Approach. Concepts, Measures and Applications* (2. Aufl., S. 157–200). Cambridge: University Press.

Comin, F., Qizilbash, M., & Alkire, S. (2008). *The Capability Approach. Concepts, Meausres and Applications.* Cambridge: University Press.

Cooren, F. (1999). *The Organizing Property of Communication.* Amsterdam: John Benjamins Publishing.

Cooren, F. (2004). Textual Agency: How Texts do Things in Organizational Settings. *Organization, 11* (3), S. 373–393.

Cooren, F. (2006). The Organizational World as a Plenum of Agencies. In F. Cooren, Taylor, J.R., Van Every, E.J.. (Hrsg.), *Communication as Organizing. Empirical and Theoretical Explorations in the Dynamic of Text and Conversation* (S. 81–100). Mahwah, NJ: Lawrence Erlbaum.

Cooren, F. (2012). Communication Theory at the Center: Ventriloquism and the Communicative Constitution of Reality. *Journal of Communication, 62* (1), S. 1–20.

Cooren, F., & Taylor, J. R. (1997). Organization as an Effect of Mediation: Redefining the Link between Organization and Communication. *Communication Theory, 7* (3), S. 219–260.

Cooren, F., & Fairhurst, G. (2009). Dislocation and Stabilization: How to Scale up from Interactions to Organization. In L.L. Putnam, & Nicotera, A.M. (Hrsg.), *The Communicative Constitution of Organization. Centering Organizational Communication* (S. 117–152). Mahwah, NJ: Lawrence Erlbaum.

Cooren, F., Kuhn, T., Cornelissen, J.P., & Clark, T. (2011). Communication, Organizing, and Organization. *Organisation Studies, 32* (9), S. 1149–1170.

Cornelissen, J. (2011). *Corporate Communications* (3. Aufl.). London: Sage.

Coudenhove-Kalergi, B. (2015). Ethikbasiertes Risikomanagement – Der Stakeholder Approach als Erfolgsfaktor für Investitionen in Emerging Markets. In A. Schneider, & R. Schmidpeter (Hrsg.), *Corporate Social Responsibility. Verantwortungsvolle Unternehmensführung in Theorie und Praxis* (2. Aufl., S. 1089–1103). Berlin, Heidelberg: Springer-Gabler.

Couldenhove-Kalergi, B., & Faber-Wiener, G. (2016). Reverse Stakeholder Engagement – Ethikbasiert statt machtorientiert. In R. Altenburger, & R. H. Mesicek (Hrsg.), *CSR und Stakeholder Management. Strategische Herausforderungen und Chancen der Stakeholdereinbindung* (S. 71–92). Wiesbaden: VS-Verlag.

Crane, A., & Glozer, S. (2016). Researching CSR Communication: Themens, Opportunities, and Challenges. *Journal of Management Studies, 53* (7), S. 1223–1252.

Crane, A., & Matten, D. (2010). *Business Ethics: Managing Corporate Citizenship and Sustainability in the Age of Globalization* (3. Aufl.). Oxford: Oxford University Press.

Crane, A., & Matten, D. (2004). *Business Ethics: A European Perspective.* Oxford: University Press.

Crane, A., Driver, C., Kaler, J., Parker, M., & Parkinson, J. (2005). Stakeholder Democracy: Towards a Multi-Disciplinary View. *Business Ethics: A European Review, 14* (1), S. 67–75.

Crane, A., McWilliams, A., Matten, D., Moon, J., & Siegel, D. S. (2008). *The Oxford Handbook of Corporate Social Responsibility.* Oxford: Oxford University Press.

Crane, A., & Ruebottom, T. (2011). Stakeholder Theory and Social Identity. Rethinking Stakeholder Identification. *Journal of Business Ethics, 102* (1), S. 77–87.

Crane, A., McWilliams, A., Matten, D., Moon, J., & Siegel, D. (2013). The Corporate Social Responsibility Agenda. In Ders. (Hrsg.), *Oxford Handbook of Corporate Social Responsibility* (S. 3–15). Oxford: University Press.

Cullen, J.B., & Parboteeah, K.P. (2014). *Multinational Management. A Strategic Approach* (6 Aufl.). Mason, OH: South Western.

Dagsvik, J. K. (2013). Making Sen's Capabiltiy Approach Operational: A Random Scale Framework. *Theory and Decision, 74* (1), S. 75–105.

Dahlsrud, A. (2008). How Corporate Social Responsibility is Defined: an Analysis of 37 Definitions. *Corporate Social Responsibility and Environmental Management, 15* (1), S. 1–13.

Daly, H.E. (1999). *Wirtschaft jenseits von Wachstum: die Volkswirtschaftslehre nachhaltiger Entwicklung.* Salzburg: Pustet.

De Beer, E. (2014). Creating Value Through Communication. *Public Relations Review,* 40 (2), S. 136–143.

De Bussy, N., & Ewing, M. (2007). The Stakeholder Concept and Public Relations. Tracking the Parallel Evolution of two Literatures. *Journal of Communication Management, 2* (3), S. 222–229.

De Bussy, N., & Kelly, L. (2010). Stakeholders, Politics and Power. Towards an Understanding of Stakeholder Identification and Salience in Government. *Journal of Communication Management, 14* (4), S. 289–305.

Debatin, B. (2016). Verantwortung. Grundbegriffe der Kommunikations- und Medienethik (Teil 3). *Communicatio Socialis, 49* (1), S. 68–73.

Deephouse, D. L., & Carter, S. M. (2005). An Examination of the Differences Between Organizational Legitimacy and Organizational Reputation. *Journal of Management Studies, 42* (2), S. 329–360.

Deephouse, D. L., & Heugens, P. (2009). Linking Social Issues to Organizational Impact: The Role of Infomediaries and the Infomediary Process. *Journal of Business Ethics, 86* (4), S. 541–553.

Deneulin, S. (2010). Beyond individual Freedom and Agency: Structures of living Together in the Capability Approach. In F. Comim, M. Quizilbash, & S. Alkire (Hrsg.), *The Capability Approach. Concepts, Measures and Applications* (S. 105–124). Cambridge: University Press.

Deniz-Deniz, M., & Zarraga-Oberty, C. (2004). The Assessment of the Stakeholders Environment in the New Age of Knowledge: An Empirical Study of the Influence of the Organizational Structure. *Journal of Business Ethics: A European Review, 13* (4), S. 372–388.

Denzin, N. K. (1989). The Research Act (3. Aufl.). Englewood Cliffs, CA: Prentice Hall.

DesJardins, J. (1998). Corporate Environmental Responsibility. *Journal of Business Ethics, 17* (8), S. 825–838.

Deutsches Institution für Normung (DIN)/International Organization for Standardization (ISO) (2010). DIN-ISO *26000:2010. Leitfaden zur gesellschaftlichen Verantwortung von Organisationen.* Berlin.

Diehl, S., Karmasin, M., Mueller, B., Terlutter, R., & Weder, F. (Hrsg.) (2017). *Handbook of Integrated CSR Communication.* Wiesbaden: Springer.

Dill, W. (1958). Environment as an Influence on Managerial Autonomy. *Administrative Science Quarterly, 2* (4), S. 409–443.

Dodd, E. M. (1932). For Whom are Corporate Managers Trustees? *Harvard Law Review, 45* (7), S. 1145–1163.

Donaldson, T., & Preston, L. E. (1995). The Stakeholder Theory of the Corporation: Concepts, Evidence, and Implications. *The Academy of Management Review, 20* (1), S. 65–91.

Donges, P. (2008). *Medialisierung politischer Organisationen. Parteien in der Mediengesellschaft.* Wiesbaden: Springer VS.

Donges, P. (2011). Politische Organisationen als Mikro-Meso-Makro-Link. In T. Quandt, & B. Scheufele (Hrsg.), *Ebenen der Kommunikation. Mikro-Meso-Makro-Links in der Kommunikationswissenschaft* (S. 217–231). Wiesbaden: VS-Verlag.

Driscoll, C., & Starik, M. (2004). The Primordial Stakeholder: Advancing the Conceptual Consideration of Stakeholder Status for the Natural Environment. *Journal of Business Ethics, 49* (1), S. 55–73.

Drucker, P. (2007). *Management Challenges for the 21st Century.* Oxford: Butterworth-Heinemann.

Dunfee, T. W. (2013). Stakeholder Theory. Managing Corporate Social Responsibility in a Multiple Actor Context. In A. Crane, D. Matten, A. McWilliams, J. Moon, & D.S. Siegel (Hrsg.), *The Oxford Handbook of Corporate Social Responsibility* (2. Aufl., S. 346–362). Oxford: Oxford University Press.

Dunning, J. H., & Lundan, S. M. (2008). *Multinational Enterprises an the Global Economy* (2. Aufl.). Cheltenham, Northampton: Edward Elgar Publishing.

Dutton, J. E., & Ottensmeyer, E. (1987). Strategic Issue Management Systems: Forms, Functions and Contexts. *Academy of Management Review, 12* (2), S. 355–365.

Dyllick, Thomas (1989). Management der Umweltbeziehungen. Öffentliche Auseinandersetzungen als Herausforderung. Wiesbaden: Springer.

Dyllick, T., & Hockerts, K. (2002). Beyond the Business Case for Corporate Sustainability. *Business Strategy and the Environment, 11* (2), S. 130–141.

Eiffe, F. F. (2009). *Auf den Spuren von Amartya Sen.* Frankfurt am Main: Peter Lang Verlag.

Eiffe, F. F. (2011). Der Capability-Approach in der Empirie. In G. Graf, E. Kapferer, & C. Sedmak (Hrsg.), *Der Capability Approach und seine Anwendung. Fähigkeiten von Kindern und Jugendlichen erkennen und fördern* (S. 63–96). Wiesbaden: Springer VS Research.

Einwiller, S. (2014). Reputation und Image: Grundlagen, Einflussmöglichkeiten, Management. In A. Zerfaß, & M. Piwinger (Hrsg.), *Handbuch Unternehmenskommunikation* (2. Aufl., S. 371–391). Wiesbaden: Springer Gabler.

Eisend, M. (2003). *Glaubwürdigkeit in der Marketingkommunikation – Konzeption, Einflussfaktoren und Wirkungspotenzial.* Wiesbaden: Gabler Verlag.

Eisenegger, M. (2005). *Reputation in der Mediengesellschaft – Konstitution – Issues Monitoring – Issues Management.* Wiesbaden: VS-Verlag.

Eisenegger, M., & Imhof, K. (2007). The True, the Good and the Beautiful. Reputation Management in the Media Society. In A. Zerfaß, B. Van Ruler, & K. Sriramesh (Hrsg.), *Public Relations Research* (S. 125–146). Wiesbaden: VS-Verlag.

Eisenegger, M., & Imhof, K. (2009). Funktionale, soziale und expressive Reputation – Grundzüge einer Reputationstheorie. In U. Röttger (Hrsg.), Theorien der Public Relations – Grundlagen und Perspektiven der PR-Forschung (S. 243–264). Wiesbaden: VS-Verlag.

Elkington, J. (1994). Towards the Sustainable Corporation: Win Win Win Business Strategies for the Sustainable Development. *California Management Review, 36* (2), S. 90–100.

Elkington, J. (1999). *Cannibals with Forks: The Triple Bottom Line of 21st Century Business.* Oxford: Captstone.

Endress, M. (2002). *Vertrauen.* Bielefeld: transcript.

Engels, K. (2003). *Kommunikationsarbeit in Online-Medien. Zur beruflichen Entwicklung kommunikativer Erwerbstätigkeiten.* Wiesbaden: Westdeutscher Verlag.

Erikson, T. (2008). *Plugged In: The Generation Y Guide to Thriving at Work.* Boston, MA: Harvard Business School.

Esch, F.-R. (2004). Markenidentitäten wirksam umsetzen. In F.-E. Esch, T. Tomczak, J. Kernstock, & T. Langner (Hrsg.), *Corporate Brand Management. Marken als Anker strategischer Führung von Unternehmen* (S. 75–99). Wiesbaden: Gabler.

Esch, F.-R. (2011). *Wirkungen integrierter Kommunikation. Ein verhaltenswissenschaftlicher Ansatz für die Werbung* (5. Aufl.). Wiesbaden: Springer Gabler.

Europäische Kommission (2001). *Europäische Rahmenbedingungen für die soziale Verantwortung der Unternehmen. Grünbuch.* Brüssel.

Europäische Kommission (2011). *Mitteilung der Kommision an das Europäische Parlament, den Rat, den Europäischen Wirtschafts- und Sozialausschuss und den Ausschuss der Regionen. Eine neue EU-Strategie (2011–14) für die soziale Verantwortung der Unternehmen (CSR). KOM/2011/0681.* Brüssel.

F.A.Z.-Institut. (2016). *Professionelles Stakeholder Management in der Praxis. Wie erfolgreiche Unternehmen ihre Zielgruppen steuern. Eine Befragung von Entscheidern in Kommunikation und Marketing.* Frankfurt: F.A.Z. Buch.

Faber-Wiener, G. (2013). *Responsible Communication. Wie Sie von PR und CSR-Kommunikation zu echtem Verantwortungsmanagement kommen.* Wien: Springer-Gabler.

Falkheimer, J. (2007). Anthony Giddens and Public Relations. A Third Way Perspective. *Public Relations Review, 33* (3), S. 287–293.

Fassin, Y. (2008). Imperfections and Shortcomings of the Stakeholder Models Graphical Representation. *Journal of Business Ethics, 80* (4), S. 879–888.

Fassin, Y. (2009). The Stakeholder Model Refined. *Journal of Business Ethics, 84* (1), S. 113–135.

Fassin, Y. (2010). A Dynamic Perspective on Freemans Stakeholder Model. *Journal of Business Ethics, 96* (1), S. 39–49.

Fassin, Y. (2012). Stakeholder Management, Reciprocity and Stakeholder Responsibility. *Journal of Business Ethics,* 109 (1), S. 83–96.

Fayol, H. (1949). *General and Industrial Management.* London: Pitman.

Ferrell, O.C., Gonzalez-Padron, T.L., Hult, G.T.M., & Maignan, I. (2010). From Market Orientation To Stakeholder Orientation. *Journal of Public Policy and Market, 29* (1), S. 93–96.

Fetzer, J. (2004). *Die Verantwortung der Unternehmung. Eine wirtschaftsethische Rekonstruktion.* Gütersloh: Gütersloher Verlagshaus.

Fiedler, K. (2007). *Nachhaltigkeitskommunikation in Investor Relations. Eine theoretische Auseinandersetzung und empirische Analyse zur Bedeutung ökologischer und sozialer Unternehmensinformationen für Finanzanalysten und Finanzjournalisten.* Dissertation, Universität Hohenheim.

Fieseler, C. (2008). *Die Kommunikation von Nachhaltigkeit. Gesellschaftliche Verantwortung als Inhalt der Kapitalmarktkommunikation.* Wiesbaden: VS-Verlag.

Fifka, M. S. (2012). The Integration of Stakeholders through Dialogue in Germany, France and the United States. In P. Kotler, A. Lindgreen, F. Maon, & J. Vanhamme (Hrsg.), *A Stakeholder Approach to Corporate Social Responsibility: Pressures, Conflicts, Reconciliation* (S. 3–22). London: Gower.

Fifka, M. S. (2013). The Irony of Stakeholder Management in Germany: The Difficulty of Implementing an Essential Concept for CSR. *UmweltWirtschaftsForum (UWF), 21* (1), S. 113–118.

Figge, F., & Schaltegger, S. (2000). *Was ist Stakeholder Value? From Schlagwort zur Messung.* Arbeitsbericht des Fachbereichs Wirtschaft- und Sozialwissenschaften der Universität Lüneburg.

Fitchett, J. A. (2005). Consumers as Stakeholders: Prospects for Democracy in Marketing Theory. *Business Ethics: A European Review, 14* (1), S. 14–27.

Flick, U. (2014). *Qualitative Sozialforschung. Eine Einführung* (6. Aufl.). Hamburg: Rohwohlt.

Flick, U., Von Kardoff, E. & Steinke, I. (Hrsg.) (2008). *Qualitative Sozialforschung. Ein Handbuch* (3. Aufl.). Reinbek bei Hamburg: Rohwolt.

Fombrun, C.J. (1996). *Reputation. Realizing Value from the Corporate Image*. Boston: Harvard Business School Press.

Fombrun, C.J., & Shanley, M. (1990). What's in a Name? Reputation Building and Corporate Strategy. *Academy of Management Journal, 33* (2), S. 233–258.

Frankental, P. (2001). Corporate Social Responsibility – A PR invention? *Corporate Communication: An International Journal, 6* (1), S. 18–23.

Frederick, W. (2006). *Corporation Be Good! The Story of Corporate Social Responsibility.* Indianapolis, IN: Dog Ear Publishing.

Frederick, W. C. (2013). Corporate Social Responsibility. Deep Roots, Flourishing Growth, Promising Future. In A. Crane, D. Matten, A. McWilliams, J. Moon, & D.S. Siegel (Hrsg.), *The Oxford Handbook of Corporate Social Responsibility* (S. 522–531). Oxford: University Press.

Funke-Welti, J. (2000). *Organisationskommunikation. Interpersonelle Kommunikation in Organisationen. Eine vergleichende Untersuchung von informalen Kommunikationsstrukturen in fünf industriellen Forschungs- und Entwicklungsbereichen.* Hamburg: Kovač.

Freeman, R.E. & Reed, D. (1983). *Stockholders and Stakeholders: A New Perspective on Corporate Governance.* California Management Review 25 (3), S. 88–106.

Freeman, R.E. (1984). *Strategic Management. A Stakeholder Approach.* Cambridge: Cambridge University Press.

Freeman, R.E., (1994). The Politics of Stakeholder Theory: Some Future Directions. *Business Ethics Quarterly, 4* (4), S. 409–421.

Freeman, R.E., (1999). Divergent Stakeholder Theory. *Academy of Management Review, 24* (2), S. 233–236.

Freeman, R.E., (2004). The Stakeholder Approach Revisited. *Zeitschrift für Wirtschafts- und Unternehmensethik (ZfWU), 5* (3), S. 228–254.

Freeman, R.E., & Liedtka, J. (1997). Stakeholder Capitalism and the Value Chain. *European Management Journal, 15* (3), S. 286–296.

Freeman, R.E., & McVea, J. F. (2005). A Names-and-Faces Approach to Stakeholder Management. How Focusing on Stakeholders as Individuals Can Bring Ethics and Enterpreneurial Strategy Together. *Journal of Management Inquiry, 14* (1), S. 57–69.

Freeman, R.E., & Velamuri, S.R. (2006). A New Approach to CSR: Company Stakeholder Responsibility. In A. Kabadse, & M. Morsing (Hrsg.), *Corporate Social Responsibility. Reconciling Aspiration with Application* (S. 9–23). London: Palgrave Macmillan.

Freeman, R. E., Harrison, J. S., & Wicks, A. C. (2007). *Managing for Stakeholders. Survival, Reputation and Success.* New Haven & London: Yale University Press.

Freeman, R.E., Harrison, J. S., Wicks, A. C., Parmar, B. L., & Colle, S. D. (2010). *Stakeholder Theory. The State of the Art.* Cambridge et al.: Cambridge University Press.

Freeman, R.E., Rusconi, G., Signori, S., & Strudler, A. (2012). Stakeholder Theory(ies): Ethical Ideas and Managerial Action. *Journal of Business Ethics, 109* (1), S. 1–2.

Freeman, R. E., & Auster, E. R. (2013). Values and Poetic Organizations: Beyond Value Fit Toward Values Through Conversations. *Journal of Business Ethics, 113* (1), S. 39–49.

Freeman, E. R., & Moutchnik, A. (2013). Stakeholder Management and CSR: Questions and Answers. *UmweltWirtschaftForum (UWF), 21* (1–2), S. 5–9.

Freter, H. (2009). Identifikation und Analyse von Zielgruppen. In M. Bruhn, F.R. Esch, & T. Langner (Hrsg.), *Handbuch Kommunikation. Grundlagen – Innovative Ansätze – Praktische Umsetzungen* (S. 397–400). Wiesbaden: VS-Verlag.

Frommann, B. (2014). *Kompetenzen als Phänomen der Netzwerkorganisation. Strukturationstheoretische Einsichten.* Wiesbaden: Springer-Gabler.

Frooman, J. (1999). Stakeholder Influence Strategies. *Academy of Management Review, 24* (2), S. 191–205.

Frooman, J., & Murrell, A. J. (2005). Stakeholder Influence Strategies: The Role of Structural and Demographic Determinants. *Business & Society, 44* (1), S. 3–31.

Froschauer, U. & Lueger, M. (2009). ExpertInnengespräche in der interpretativen Organisationsforschung. In A. Bogner, B. Littig, & W. Menz (Hrsg.): *Experteninterviews. Theorien, Methoden, Anwendungsfelder* (3. Aufl., S. 239–258). Wiesbaden: VS-Verlag.

Funiok, R. (2008). Medienethik. Trotz Stolpersteinen ist der Wertediskurs über Medien unverzichtbar. In M. Karmasin (Hrsg.), *Medien und Ethik* (S. 37–58). Stuttgart: Reclam.

Funiok, R. (2010). Publikum. In C. Schicha, & C. Brosda (Hrsg.), *Handbuch Medienethik* (S. 232–243). Wiesbaden: VS-Verlag.

Fuß, S. & Karbach, U. (2014). *Grundlagen der Transkription. Eine praktische Einführung.* Konstanz: UTB.

Galonska, C., Imbusch, P., & Rucht, D. (2007). Einleitung: Die gesellschaftliche Verantwortung der Wirtschaft. In P. Imbusch (Hrsg.), *Profit oder Gemeinwohl? Fallstudien zur gesellschaftlichen Verantwortung deutscher Wirtschaftseliten* (S. 9–29). Wiesbaden: VS-Verlag.

Garriga, E., & Mele, D. (2004). Corporate Social Responsibility Theories. Mapping the Territory. *Journal of Business Ethics, 53* (1–2), S. 51–71.

Garriga, E.C. (2011). Stakeholder Social Capital: A New Approach to Stakeholder Theory. *Business Ethics: A European Review, 20* (4), S. 328–341.

Garriga, E.C. (2014). Beyond Stakeholder Utility Function: Stakeholder Capability in the Value Creation Process. *Journal of Business Ethics, 120* (4), S. 489–507.

Geneviève, B., Brummans, B.H.J.M., & Barker, J.R. (2017). The Institutionalization of CCO Scholarship: Trends from 2000 to 2015. Management Communication Quarterly, 31 (3), S. 331–355.

Gerhards, J. (1994). Politische Öffentlichkeit. Ein system- und akteurstheoretischer Bestimmungsversuch. In F. Neidhardt (Hrsg.), *Öffentlichkeit, öffentliche Meinung, soziale Bewegungen* (S. 77–105). Opladen: Westdeutscher Verlag.

Gerhards, J. (1996). Reder, Schweiger, Anpasser und Missionare. Eine Typologie öffentlicher Kommunikationsbereitschaft und ein Beitrag zur Theorie der Schweigespirale. *Publizistik, 41* (1), S. 1–14.

Gerhards, J. (1997). Diskursive und Liberale Öffentlichkeit. *Kölner Zeitschrift für Soziologie und Sozialpsychologie (KZfSS), 49* (1), S. 1–34.

Gerhards, J., & Neidhardt, F. (1990). *Strukturen und Funktionen moderner Öffentlichkeit. Fragestellungen und Ansätze.* Berlin: WZB.

Gerhards, J., & Neidhardt, F. (1991). Strukturen und Funktionen moderner Öffentlichkeit. Feststellungen und Ansätze. In S. Müller-Doohm, & K. Neumann-Braun (Hrsg.), *Öffentlichkeit, Kultur, Massenkommunikation* (S. 31–89). Oldenburg: BIS-Verlag.

Gerhards, J., Offerhaus, A., & Roose, J. (2007). Die öffentliche Zuschreibung von Verantwortung. Zur Entwicklung eines inhaltsanalytischen Instrumentariums. *Kölner Zeitschrift für Soziologie und Sozialpsychologie (KZfSS), 59 (1)*, S. 105–124.

Gerring, J. (2007). The Case Study: What it is and What it does? In C. Boix, & S.C. Stokes (Hrsg.), *The Oxford Handbook of Comparative Politics* (S. 90–122). Oxford: University Press.

Ghoshal, S. (2005). Bad Management Theories are Destroying Good Management Practices. *Academy of Management Learning & Education, 4* (1), 75–91.

Gibson, K. (2000). The Moral Basis of Stakeholder Theory. *Journal of Business Ethics, 26* (3), S. 245–257.

Giddens, A. (1971). *Capitalism and Modern Social Theory. An Analysis of the Writings of Marx, Durkheim and Max Weber.* Cambridge: Cambridge University Press.

Giddens, A. (1973). *The Class Structure of Advanced Socities.* London: Hutchinson.

Giddens, A. (1976). *New Rules of Sociological Method: A Positive Critique of Interpretative Sociologies.* London: Basic Books.

Giddens, A. (1977). *Studies in Social and Political Theory.* London: Basic Books.

Giddens, A. (1979). *Central Problems in Social Theory. Action, Structure and Contradiction in Social Analysis.* Berkeley, Los Angeles, CA: University of California Press.

Giddens, A. (1981). *A Contemporary Critique of Historical Materialism: Volume 1: Power, Property, and the State.* Berkeley, Los Angeles, CA: University of California Press.

Giddens, A. (1982). *Profiles and Critiques in Social Theory.* Berkeley, Los Angeles, CA: University of California Press.

Giddens, A. (1984). *The Constitution of Society: Outline of the Theory of Structuration.* London: Polity Press.

Giddens, A. (1985). *The Nation-State and Violence. Volume Two of a Contemporary Critique of Historical Materialism.* Berkeley, Los Angeles, CA: Macmillan.

Giddens, A. (1987). *Social Theory and Modern Sociology.* London: Polity Press.

Giddens, A. (1988). *Die Konstitution der Gesellschaft. Grundzüge einer Theorie der Strukturierung.* Frankfurt a.M.: Campus Verlag.

Giddens, A. (1990). Structuration Theory and Sociological Analysis. In J. Clark, & Mogdil, C. (Hrsg.), *Anthony Giddens. Consensus and Controversy* (S. 297–315). London: Falmer.

Giddens, A. (1991a). *Modernity and Self-Identity – Self and Society in the Late Modern Age.* Stanford: University Press.

Giddens, A. (1991b). Structuration Theory: Past, Present, Future. In C. G.A. Bryant, & Jary, D. (Hrsg.), *Gidden's Theory of Structuration: A Critical Appreciation* (S. 201–221). London: Routledge.

Giddens, A. (1993). Modernity, History, Democracy. Theory & Society, 22 (2), S. 289–292.

Giddens, A. (1995). *Politics, Sociology and Social Theory. Encounters with Classical and Contemporary Social Thought.* Cambridge: Polity Press.

Giddens, A. (1996). *Konsequenzen der Moderne.* Frankfurt a.M.: Suhrkamp.

Giddens, A. (1997). *Die Konstitution der Gesellschaft. Grundzüge einer Theorie der Strukturierung* (3. Aufl.). Frankfurt, New York: Campus Verlag.

Giddens, A. (1999). Risk and Responsibility. *The Modern Law Review*, 62 (1), S. 1–10.

Giddens, A. (2001). *Entfesselte Welt. Wie die Globalisierung unser Leben verändert*. Frankfurt a.M.: Suhrkamp.

Giddens, A. (2002). *Runaway World. How Globalization is Reshaping our Lives*. London: Profile Books.

Giddens, A. (2009). *Sociology* (6. Aufl.; mit Phillip W. Sutton). Cambridge: Polity Press.

Giovanola, B. (2011). Sen and Nussbaum on Human Capabilities in Business. In C. Dierksmeier, W. Amann, E. von Klimakowitz, H. Spitzeck, & M. Pirson (Hrsg.), *Humanistic Ethics in the Age of Globality. Part III* (S. 169–186). London: Palgrave Macmillan.

Glaser, B.G. & Strauss, A.L. (1998). *Grounded Theory. Strategien qualitativer Forschung*. Bern: Huber.

Gläser, J. & Laudel, G. (2010*). Experteninterviews und qualitative Inhaltsanalyse* (4. Aufl.). Wiesbaden: VS.

Glauner, F. (2015). Dilemmata der Unternehmensethik – Von der Unternehmensethik zur Unternehmenskultur. In A. Schneider, & R. Schmidpeter (Hrsg.), *Corporate Social Responsibility. Verantwortungsvolle Unternehmensführung in Theorie und Praxis* (2. Aufl., S. 237–251). Berlin, Heidelberg: Springer-Gabler.

Godfrey, P.C., & Hatch, N.W. (2007). Research Corporate Social Responsibility: An Agenda for the 21st Century. *Journal of Business Ethics, 70* (1), S. 87–98.

Golob, U., & Podnar, K. (2014). Corporate Social Responsibility Communication and Dialogue. In I. Oyvind, J.L. Bartlett, & S. May (Hrsg.), *The Handbook of Communication and Corporate Social Responsibility* (S. 231–251). Malden: Wiley Blackwell.

Golob, U., Podnar, K., Elving, W. J., Nielsen A.E., Thomsen, C., & Schultz, F. (2013). CSR Communication: Quo Vadis? *Corporate Communications: An International Journal, 18* (2), 176–192.

Goodpaster, K. E. (1983). The Concept of Corporate Responsibility. *Journal of Business Ethics, 2* (1), S. 1–22.

Goodpaster, K. E. (1991). Business Ethics and Stakeholder Analysis. *Business Ethics Quarterly, 1* (1), S. 53–73.

Graf, G. (2011). Der Fähigkeitenansatz im Kontext von versch. Informationsbasen sozialethischer Theorien. In Sedmak, C., Babic, B., Bauer, R., & Posch, C. (Hrsg.), *Der Capability-Approach in sozialwissenschaftlichen Kontexten. Überlegungen zur Anschlussfähigkeit eines entwicklungspolitischen Konzeptes* (S. 11–28). Wiesbaden: VS-Verlag.

Graf, G., Kapferer, E., & Sedmak, C. (Hrsg.) (2011). *Der Capability Approach und seine Anwendung. Fähigkeiten von Kindern und Jugendlichen erkennen und fördern*. Wiesbaden: Springer VS-Research.

Granovetter, M. (2005). The Impact of Social Structure on Economic Outcomes. *Journal of Economic Perspectives, 19* (1), S. 33–50.

Grant, R. (1996). Prospering in dynamically-competitive Environments: Organizational Capability as Knowledge Integration. *Organization Science, 7* (4), S. 375–387.

Grant, R. (1997). The Knowledge-Based View of the Firm: Implications for Management Practice. *Long Range Planning, 30* (3), S. 450–454.

Greenwood, M. (2007). Stakeholder Engagement Beyond the Myth of Corporate Responsibility. *Journal of Business Ethics, 74 (4)*, S. 315–327.

Greenwood, M., & Van Buren III, H. J. (2010). Trust and Stakeholder Theory: Trustworthiness in the Organization – Stakeholder Relationship. *Journal of Business Ethics, 95* (3), S. 425–438.

Grunig, J.E. (1979). A New Measure of Public Opinions on Corporate Social Responsibility. *Academy of Management Journal, 22* (4), S. 738–764.

Grunig, J.E., & Hunt, T. (1984). *Managing Public Relations.* Forth Worth, TX: Holt, Rinehart & Winston.

Grunig, J.E., & Repper, F.C. (1992). Strategic Management, Publics and Issues. In J. Grunig (Hrsg.), *Excellence in Public Relations and Communication Management* (S. 117–157). Hillsdale, MI: Lawrence Erlbaum.

Grunwald, A., & Kopfmüller, J. (2012). *Nachhaltigkeit* (2. Aufl.). Frankfurt: Campus Verlag.

Guthey, E., Langer, R. & Morsing, M. (2006). Corporate Social Responsibility is a Management Fashion. So What? In M. Morsing, & S.C. Beckmann (Hrsg.), *Strategic CSR Communication* (S. 39–60). Copenhagen: DJOF Publishing.

Hauff, V. (Hrsg.) (1987). *Unsere gemeinsame Zukunft. Der Brundtland-Bericht der Weltkommission für Umwelt und Entwicklung (Original: Report of the World Commission on Environment and Development: Our Common Future. Genf: World Council for Economic Development* (WCED). Greven: Eggenkamp Verlag.

Habermas, J. (1981a). *Theorie des kommunikativen Handelns. Bd. 1: Handlungsrationalität und gesellschaftliche Rationalisierung.* Frankfurt a.M.: Suhrkamp.

Habermas, J. (1981b). *Theorie des kommunikativen Handelns. Bd. 2: Zur Kritik der funktionalistischen Vernunft.* Frankfurt a.M.: Suhrkamp.

Habermas, J. (1984). *Vorstudien und Ergänzungen zur Theorie des kommunikativen Handelns.* Frankfurt a.M.: Suhrkamp.

Habisch, A., Patelli, L., Pedrini, M., & Schwartz, C. (2011). Different Talks with Different Folks: A Comparative Survey of Stakeholder Dialogue in Germany, Italy and the U.S. *Journal of Business Ethics, 100* (3), S. 381–404.

Haigh, M.M., Brubaker, P., & Whitside, E. (2013). Facebook examining the Information presented and its Impact on Stakeholders. *Corporate Communication , 18* (1), S. 52–69

Hallahan, K., Holtzhausen, D., Van Ruler, B., Vercic, D. & Sriramesh, K. (2007). Defining Strategic Communication. *International Journal of Strategic Communication, 1* (1), S. 3–35.

Hartmann, Bernd (2016). *Kommunikationsmanagement von Clusterorganisationen. Theoretische Verortung und empirischen Bestandsaufnahme.* Wiesbaden: VS-Verlag.

Hasebrink, U. (1997). Ich bin viele Zielgruppen. Anmerkungen zur Debatte um die Fragmentierung des Publikums aus kommunikationsethischer Sicht. In H. Scherer, & H.B. Brosius (Hrsg.), *Zielgruppen, Publikumssegmente, Nutzergruppen. Beiträge aus der Rezeptionsforschung* (S. 262–280). München: Fischer.

Hasebrink, U. (2007). "Public Value": Leitbegriff oder Nebelkerze in der Diskussion um den öffentlich-rechtlichen Rundfunk. *Mitteilungen des Studienkreises Rundfunk und Geschichte, 33* (1–2), S. 38–42.

Hauska, L. (2015). Erfolgsrezept Stakeholder Management. In A. Schneider, & R. Schmidpeter (Hrsg.), *Corporate Social Responsibiity. Verantwortungsvolle Unternehmensführung in Theorie und Praxis* (2. Aufl.; S. 621–633). Berlin, Heidelberg: Springer-Gabler.

Hazen, M.A. (1993). Towards Polyphonic Organization. *Journal of Organizational Change Management, 6* (5), S. 15–26.

Hahne, A. (1997). *Kommunikation in der Organisation. Grundlagen und Analysen, ein kritischer Überblick.* Opladen: Westdeutscher Verlag.

Heidbrink, L. (2003). *Kritik der Verantwortung. Zu den Grenzen verantwortlichen Handelns in komplexen Kontexten.* Weilerwist: Velbrück Wissenschaft.

Heidbrink, L. (2011). Der Verantwortungsbegriff in der Wirtschaftsethik. In M. S. Aßländer (Hrsg.), *Handbuch Wirtschaftsethik* (S. 188–197). Stuttgart, Weimar: J.B. Metzler.

Heinrich, P. (2013) (Hrsg.), *CSR und Kommunikation. Unternehmerische Verantwortung überzeugend vermitteln.* Berlin, Heidelberg: Gabler-Springer.

Held, D., & Thompson, J. B. (1989). *Social Theory of Modern Societies: Anthony Giddens and his Critics.* London: Cambridge University Press.

Helfferrich, C. (2005). Die Qualität qualitativer Daten. Manual für die Durchführung qualitativer Interviews (2. Aufl.). Wiesbaden: VS-Verlag.

Helm, S. (2007). *Unternehmensreputation und Stakeholder-Loyalität.* Wiesbaden: Gabler-Verlag.

Helm, S., Liehr-Gobbers, K., & Storck, C. (Hrsg.) (2011). *Reputation Management.* Wiesbaden: Springer.

Hendry, J. (2001). Economic Contract versus Social Relationships as a Foundation for Normative Stakeholder Theory. *Business Ethics: A European Review, 10* (3), S. 223–232.

Hendry, J. R. (2005). Stakeholder Influence Strategies: An Empirical Exploration. *Journal of Business Ethics, 61 (1),* S. 79–99.

Hentze, J., & Thies, B. (2014). *Stakeholder Management und Nachhaltigkeits-Reporting.* Berlin, Heidelberg: Springer-Gabler.

Herger, N. (2001). Issues Management als Steuerungsprozess der Organisationskommunikation. In U. Röttger (Hrsg.), *Issues Management. Theoretische Konzepte und Praktische Umsetzung. Eine Bestandsaufnahme* (S. 79–101). Wiesbaden: Westdeutscher Verlag GmbH.

Herger, N. (2006). *Vertrauen und Organisationskommunikation. Identität – Marke – Image – Reputation.* Wiesbaden: VS-Verlag.

Herzig, C., Giese, N., Hetze, K., & Godemann, J. (2012). Sustainability Reporting in the German Banking Sector during the Financial Crisis. *International Journal of Innovation and Sustainable Development, 6* (2), S. 184–218.

Hetze, K. (2016). Effects on the (CSR) Reputation: CSR Reporting Discussed in the Light of Signalling and Stakeholder Perception Theories. *Corporate Reputation Review, 19* (3), 281–296.

Hetze, K. & Winistörfer, H. (2016). CSR Communication on Corporate Websites compared across Continents. *International Journal of Bank Marketing, 34* (4), 501–528.

Heugens, P.M.A.R., Van Riel, C.B.M., & Van den Bosch, F.A.J. (2004). Reputation Management Capabilities as Decision Rules. *Journal of Management Studies, 41* (8), S. 1349–1377.

Hill, C. W. L., & Jones, T. M. (1992). Stakeholder-Agency Theory. *Journal of Management Studies, 29* (2), S. 131–154.

Hillman, A.J., & Keim, G.D. (2001). Shareholder Value, Stakeholder Management and Social Issues: What's the Bottom Line? *Strategic Management Journal, 22* (2), S. 125–139.

Hillmann, K.-H. (2007). *Wörterbuch der Soziologie* (5. Aufl.). Stuttgart: Kröner.

Hiß, S. (2006). *Warum übernehmen Unternehmen gesellschaftliche Verantwortung? Ein soziologischer Erklärungsversuch.* Frankfurt a.M.: Campus Verlag.

Hoffhaus, M. (2012). Die ‚sieben Todsünden' der CSR- und Nachhaltigkeitskommunikation und wie ein nötiger Paradigmenwechsel im Verständnis von Kommunikation zu mehr

Glaubwürdigkeit von Organisationen beitragen kann. *UmweltWirtschaftsForum (UWF)*, 19 (3–4), S. 155–163.

Hoffjann, O. (2012). *Vertrauen in Public Relations*. Wiesbaden: Springer.

Hoffjann, O. (2013). Der PR-Journalismus-Diskurs: Verblassender Klassiker oder Evergreen? In O. Hoffjann, & S. Huck-Sandhu (Hrsg.), *UnVergessene Diskurse. 20 Jahre PR- und Organisationskommunikationsforschung* (S. 315–337). Wiesbaden: VS-Verlag.

Hoffjann, O., & Huck-Sandhu, S. (2013). Einleitung. In Ders. (Hrsg.), *UnVergessene Diskurse. 20 Jahre PR- und Organisationskommunikationsforschung* (S. 9–28). Wiesbaden: VS-Verlag.

Holtbrügge, D., & Berg, N. (2004). How Multinational Corporations deal with their Socio-Political Stakeholders: an Empirical Study in Asia, Europe, and the U.S. *Asian Business Manager, 3* (3), S. 299–313.

Holtzhausen, D. R., & Zerfaß, A. (2010). Strategic Communication – Pillars and Perspectives of an Alternative Paradigm. In A. Zerfaß, L. Rademacher, & S. Wehmeier (Hrsg.), *Organisationskommunikation und Public Relations* (S. 73–94). Wiesbaden: VS-Verlag.

Holzer, B. (2007). Turning Stakeseekers into Stakeholders. A Political Coalition Perspective on the Politics of Stakeholder Influence. *Business & Society, 47* (1), S. 50–67.

Horster, D. (2001). *Jürgen Habermas zur Einführung* (2. Aufl.). Hamburg: Junius.

Huber, K. (2015). Schritte einer erfolgreichen Stakeholderkommunikation. In A. Schneider, & R. Schmidpeter (Hrsg.), *Corporate Social Responsibility. Verantwortungsvolle Unternehmensführung in Theorie und Praxis* (2. Aufl., S. 793–806). Berlin/Heidelberg: Springer-Gabler.

Humphreys, M., & Brown, A.D. (2002). Narratives of Organizational Identity and Identification: A Case Study of Hegemony and Resistance. *Organization Studies, 23* (3), S. 421–447.

Ibrahim, S. S. (2006). From Individual to Collective Capabilities. The Capability Approach as a Conceptual Framework for Self-Help. *Journal of Human Development, 7* (3), S. 397–416.

Ihlen, O. (2008). Mapping The Environment for Corporate Social Responsibility. Stakeholders, Publics and the Pubic Sphere. *Corporate Communications An International Journal, 13* (2), S. 135–146.

Ihlen, O. (2011). Corporate Social Responsibility und die rhetorische Situation. In J. Raupp, S. Jarolimek, F. Schultz (Hrsg.), *Handbuch CSR. Kommunikationwissenschaftliche Grundlagen, disziplinäre Zugänge und methodische Herausforderungen* (S. 150–170). Wiesabden: VS-Verlag.

Ihlen, O., Bartlett, J. L., & May, S. (2012). *The Handbook of Communication and Corporate Social Responsibility*. Malden, MA: Wiley Blackwell.

Ihlen, O., Bartlett, J. L., & May, S. (2014). Corporate Social Responsibility and Communication. In Ders. (Hrsg.), *The Handbook of Communication and Corporate Social Responsibility* (2. Aufl., S. 3–22). Malden, MA: Wiley-Blackwell.

Ihlen, O., Bartlett, J. L., & May, S. (2014). Conclusions and Take Away Points. In I. Oyvind, J.L. Bartlett, & S. May (Hrsg.), *The Handbook of Communication and Corporate Social Responsibility* (S. 550–571). Malden, MA: Wiley Blackwell.

Imbusch, P., & Rucht, D. (Hrsg.) (2007). *Profit oder Gemeinwohl? Fallstudien zur gesellschaftlichen Verantwortung von Wirtschaftseliten*. Wiesbaden: VS-Verlag.

Imhof, K. (2003). Öffentlichkeitstheorien. In G. Bentele, H.-B. Brosisus, & O. Jarren (Hrsg.),
 Öffentliche Kommunikation (S. 193–209). Wiesbaden: Westdeutscher Verlag.

Imhof, K. (2006). Mediengesellschaft und Medialisierung. *Medien & Kommunikationswissenschaft, 54* (2), S. 191–215

Imhof, K. (2008a). Theorie der Öffentlichkeit als Theorie der Moderne. In C. Winter, A. Hepp,
 & F. Krotz (Hrsg.), *Theorien der Kommunikations- und Medienwissenschaft. Grundle-
 gende Diskussionen, Forschungsfelder und Theorieentwicklungen* (S. 65–89). Wiesbaden:
 VS-Verlag.

Imhof, K. (2008b). Vertrauen, Reputation und Skandal. *Zeitschrift für Religion, Staat und
 Gesellschaft (RSG). Themenheft: Soziale Normen und Skandalisierung, 9* (2), S. 55–78.

Imhof, K. (2009). *Empörungskommunikation. Zum moralischen Diktakt über Wirtschaft und
 Gesellschaft.* Osnabrück: Institut für Kommunikationsmanagement.

Ingenhoff, D. (2004). *Corporate Issues Management in Multinationalen Unternehmen. Eine
 empirische Studie zur organisationalen Strukturen und Prozessen.* Wiesbaden: VS Verlag.

Ingenhoff, D. (2007). Integrated Reputation Management System (IReMS). Ein Analysein-
 strument zur Messung und Steuerung von Werttreibern der Reputation. *PR Magazin, 38
 (1)*, S. 55–62.

Ingenhoff, D. & Bachmann, P. (2014). Organisationskommunikation und Public Relations
 in der Kommunikationswissenschaft. Forschungsstand und Perspektiven zur paradigmatischen Integration. In M. Karmasin, M. Rath & B. Thomaß (Hrsg.), *Kommunikationswissenschaft als Integrationsdisziplin* (S. 245–270). Wiesbaden: VS-Verlag.

Isaacs, W. (1996). *Dialogue. The Art of Thinking Together.* New York, NY: Crown Business.

Janke, Katharina (2015). *Kommunikation von Unternehmenswerten. Modell, Konzept und
 Praxisbeispiel Bayer AG.* Wiesbaden: Springer VS.

Jarolimek, S. (2013). CSR-Kommunikation. Begriff, Forschungsstand und methodologische
 Herausforderungen. *UmweltWirtschaftsForum* (UWF), *19* (3–4), S. 135–141.

Jarolimek, S. (2014). CSR-Kommunikation: Zielsetzungen und Erscheinungsformen. In A.
 Zerfaß, & M. Piwinger (Hrsg.), *Handbuch Unternehmenskommunikation* (S. 1269–1283).
 Wiesbaden: Springer.

Jarolimek, S. & Raupp. J. (2011). Zur Inhaltsanalyse von CSR-Kommunikation. Materialob-
 jekte, methodische Herausforderungen und Perspektiven. In J. Raupp, S. Jarolimek, & F.
 Schultz (Hrsg.), *Handbuch CSR* (S. 499–516). Wiesbaden: VS-Verlag.

Jarolimek, S. & Linke, A. (2015). Putting the ‚R' back in CSR Communication: Towards
 an ethical Framework of Responsibility. In: A Catellani, R. Tench, & A. Zerfaß (Hrsg.),
 Communication Ethics in a Connected World (S. 53–72). Brussels: Peter Lang.

Jarren, O., & Röttger, U. (2009). Steuerung, Reflexion und Interpenetration: Kernelemente
 einer strukturations-theoretisch begründeten PR-Theorie. In U. Röttger, *Theorien der
 Public Relations. Grundlagen und Perspektiven der PR-Forschung* (2. Aufl., S. 29–49).
 Wiesbaden: VS-Verlag.

Johansen, T. S., & Andersen, S. (2012). Co-Creating ONE: Rethinking Integration within
 Communication. *Corporate Communications: An International Journal, 17* (3), S. 272–
 288.

Johansen, T. S., & Nielsen, A.E. (2011). Strategic Stakeholder Dialogues as a Discursive
 Perspective on Relationship Building. *Corporate Communications International Journal,
 16* (3), S. 204–217.

Jonas, H. (1979). *Das Prinzip Verantwortung. Versuch einer Ethik für die technologische Zivilisation.* Frankfurt a.m.: suhrkamp.

Jones, T. M. (1991). Ethical Decision Making by Individuals in Organizations. An Issue-Contigent Model. *Academy of Management Review, 16* (2), S. 366–395.

Jones, T. M. (1995). Instrumental Stakeholder Theory: A Synthesis of Ethics and Economics. *Academy of Management Review,* 20 (2), S. 404–437.

Jones, T.M., Wicks, A.C., & Freeman, E.R. (2001). Stakeholder Theory. The State of the Art. In N.E. Bowie (Hrsg.), *The Blackwell Guide to Business Ethics* (S. 29 – 43). Malden, MA: Blackwell Publishers.

Jonker, J., Stark, W., & Tewes, S. (2011). *Corporate Social Responsibility und nachhaltige Entwicklung. Einführung, Strategie und Glossar.* Berlin: Springer Verlag.

Kaissl, T. (2016). Der WFF und seine Arbeit mit Unternehmen. In R. Altenburger, & R. Mesicek (Hrsg.), *CSR und Stakeholder Management. Strategische Herausforderungen und Chancen der Stakeholdereinbindung* (S. 221–239). Wiesbaden: VS-Verlag.

Kaler, J. (2002b). Responsibility, Accountability & Governance. *Business Ethics: A European Review, 11* (4), S. 327–334.

Kantanen, H. (2012). Identity, Image and Stakeholder Dialogue. *Corporate Communication International Journal, 17* (1), S. 56–72.

Kaplan, R. S., & Norton, D. P. (1992). The Balance Scorecard – Measures that Drive Performance. *Harvard Business Review, 70* (1), S. 71–79.

Kaplan, R. S., & Norton, D. P. (1997). *Balanec Scorecard: Strategien erfolgreich Umsetzen.* Stuttgart: Schäffer Poeschel.

Kapstein, M., & Van Tulder, R. (2003). Towards effective Stakeholder Dialogue. *Business & Society Review, 108* (2), S. 203–224.

Karmasin, M. (1998). *Medienökonomie als Theorie (massen-)medialer Kommunikation: Kommunikationsökonomie und Stakeholder-Theorie.* Graz: Nausner & Nausner.

Karmasin, M. (1999a). Medienethik als Wirtschaftsethik medialer Kommunikation? *Communicatio Socialis, 32* (4), S. 343–366.

Karmasin, M. (1999b). Stakeholder Orientierung als Kontext zur Ethik von Medienunternehmen. In R. Funiok, U.F. Schmälzle, H. Christoph (Hrsg.), *Medienethik – die Frage der Verantwortung* (S. 183–211). Bonn: Werth.

Karmasin, M. (2000). Medienmanagement als Stakeholdermanagement. In M. Karmasin, & C. Winter (Hrsg.), *Grundlagen des Medienmanagements* (2. Aufl., S. 279–302). München: Fink-Verlag.

Karmasin, M. (2003). Medienmanagement als Stakeholder Management. In G. Brösel, & F. Keuper (Hrsg.), *Medienmanagement: Aufgaben und Lösungen* (S. 413–433). München, Wien: Oldenbourg Verlag.

Karmasin, M. (2005a). *Medienethik in der Wissens- und Informationsgesellschaft. Unternehmensethik und Stakeholder. Wissensgesellschaft. Neue Medien und die Konsequenzen.* Bonn: Bundeszentrale für politische Bildung.

Karmasin, M. (2005b). Stakeholderorientierte Organisationskommunikation als Möglichkeit ethischer Unternehmensführung. In A. Brink, & V.A. Tiberius (Hrsg.), *Ethisches Management. Grundlagen eines wert(e)orientierten Führungskräfte-Kodex* (S. 197–215). Bern u.a.: Haupt Verlag.

Karmasin, M. (2005c). Der Stakeholder-Ansatz als Theorie der PR. In G. Bentele, R. Fröhlich & P. Szyszka (Hrsg.), *Handbuch der Public Relations* (S. 25). Wiesbaden: Gabler Verlag.

Karmasin, M. (2006). Stakeholder Management als Kontext von Medienmanagement. In K.-D. Altmeppen, & M. Karmasin (Hrsg.), *Medien und Ökonomie* (S. 61–88). Wiesbaden: VS-Verlag.

Karmasin, M. (2007). Stakeholder Management als Grundlage der Unternehmenskommunikation. In M. Piwinger, & A. Zerfaß (Hrsg.), *Handbuch Unternehmenskommunikation* (S. 71–87). Wiesbaden: Gabler Verlag.

Karmasin, M. (2010). Medienunternehmung. In C. Schicha, & C. Brosda, *Handbuch Medienethik* (S. 217–231). Wiesbaden: VS-Verlag.

Karmasin, M. (2011). Public Value: Zur Genese eines medienstrategischen Imperativs. In M. Karmasin, D. Süssenbacher, & N. Gonser (Hrsg.), *Public Value. Theorie und Praxis im internationalen Vergleich* (S. 11–25). Wiesbaden: VS-Verlag.

Karmasin, M. (2013). Medienethik: Wirtschaftsethik medialer Kommunikation. *Communicatio Socialis, 46* (3–4), S. 333–347.

Karmasin, M. (2015). PR im Stakeholder Ansatz. In G. Bentele, R. Fröhlich, & P. Szyszka (Hrsg.), *Handbuch der Public Relations* (S. 341–355). Wiesbaden: Springer VS.

Karmasin, M., & Litschka, M. (2008). *Wirtschaftsethik: Theorien, Strategien, Trends.* Münster: LIT-Verlag.

Karmasin, M., & Weder, F. (2008a). *Organisationskommunikation und CSR: Neue Herausforderungen an Kommunikationsmanagement und PR.* Wien/Münster: Lit-Verlag.

Karmasin, M., & Weder, F. (2008b). Corporate Communicative Responsibility. *prmagazin* (5), 57–62.

Karmasin, M., & Weder, F. (2009). Verantwortung von, in und durch Medien. *UmweltWirtschaftsForum (UWF)* 17 (1), 45–50.

Karmasin, M., & Weder, F. (2011). CSR nachgefragt: Kann man Ethik messen? Die Befragung als Methode der Rekonstruktion von CSR. In J. Raupp, S. Jarolimek, & F. Schultz (Hrsg.), *Handbuch CSR. Kommunikationswissenschaftliche Grundlagen, disziplinäre Zugänge und methodische Herausforderungen* (S. 463–479). Wiesbaden: VS-Verlag.

Karmasin, M., Rath, M., & Thomaß, B. (2013) (Hrsg.), *Normativität in der Kommunikationswissenschaft.* Wiesbaden: Springer-Verlag.

Karmasin, M., & Weder, F. (2014). Stakeholder Management als kommunikatives Beziehungsmanagement. Netzwerktheoretische Grundlagen der Unternehmenskommunikation. In A. Zerfaß, & M. Piwinger (Hrsg.), *Handbuch Unternehmenskommunikation* (2. Aufl., S. 81–103). Wiesbaden: Springer.

Karmasin, M. & Krainer, L. (2015). Ökonomisierung als medienethische Herausforderung – Potentiale der prozessethischen Entscheidungsfindung im Stakeholderdialog. In P. Grimm & O. Zöllner (Hrsg.), *Ökonomisierung der Wertsysteme. Der Geist der Effizienz im mediatisierten Alltag* (S. 19–34). Stuttgart: Franz Steiner Verlag.

Karmasin, M. & Litschka, M. (2017). CSR as an Economic, Ethical and Communicative Concept. In. S. Diel, M. Karmasin, B. Mueller, R. Terlutter, & F. Weder (Hrsg.), *Integrated CSR Communication* (S. 36–50). Wiesbaden: Springer.

Karmasin, M., & Apfelthaler, G. (2017). Integrated Corporate Social Responsibility Communication: A Global and Cross-Cultural Perspective. In S. Diehl, M. Karmasin, B. Mueller, R. Terlutter, & F. Weder (Hrsg.), *Handbook of Integrated CSR Communication* (S. 237–250). Wiesbaden: Springer.

Kaspersen, L.B. (2000). *Anthony Giddens: An Introduction to a Social Theorist.* Oxford: Blackwell.

Kepplinger, H. M. (2015). Soziale Ordnung und ihre Vermittlung durch Kommunikation. In K. D. Altmeppen et al. (Hrsg.), *Soziale Ordnung durch Kommunikation?* (S. 209–221). Baden Baden: Nomos.

Kieser, A., & Walgenbach, P. (2007). *Organisation.* Stuttgart. Schäffer-Poeschel.

Kießling, B. (1988a). Die „Theorie der Strukturierung". Ein Interview mit Anthony Giddens. *Zeitschrift für Soziologie, 17* (4), S. 286–295.

Kießling, B. (1988b). *Kritik der Giddensschen Sozialtheorie. Ein Beitrag zur theoretisch-methodischen Grundlegung der Sozialwissenschaften.* Frankfurt a.M., Bern, New York, Paris: Lang Verlag.

Kirchner, K. (2001). *Integrierte Unternehmenskommunikation. Theoretische und empirische Bestandsaufnahme und eine Analyse amerikanischer Großunternehmen.* Wiesbaden: Westdeutscher Verlag.

Kirchner, K. (2003). Dimensionen der Integrierten Unternehmenskommunikation. *prmagazin* (4), S. 45–52.

Kirf, B., & Rolke, L. (2002). *Der Stakeholder-Kompass der Unternehmenskommunikation.* Frankfurt am Main: Frankfurter Allgemeine Buch.

Klare, J. (2010). *Kommunikationsmanagement deutscher Unternehmen in China. Eine strukturationstheoretische Analyse Internationaler PR.* Wiesbaden: VS-Verlag.

Kohring, M. (2004). *Vertrauen im Journalismus. Theorie und Empirie.* Konstanz: UVK.

Koschmann, M., Kuhn, T. R., & Pfarrer, M. D. (2012). A Communicative Framework of Value in Cross-Sector Partnerships. *Academy of Management Review, 37* (3), S. 332–354.

Kückelhaus, A. (1998). *Public Relations: Die Konstruktion von Wirklichkeit. Kommunikationstheoretische Annäherungen an ein neuzeitliches Phänomen.* Opladen: Westdeutscher Verlag.

Kuhn, T. (2008). A Communicative Theory of the Firm: Developing an Alternative Perspective on Intra-organizational Power and Stakeholder Relationships. *Organization Studies, 29* (8–9), S. 1227–1254.

Kuhn, T., & Schoeneborn, D. (2015). The Pedagogy of CCO. *Management Communication Quarterly, 29 (2),* 295–301.

Künkel, P., Gerlach, S., & Frieg, V. (2016). *Stakeholder-Dialoge erfolgreich gestalten: Kernkompetenzen für erfolgreiche Konsultations- und Kooperationsprozesse.* Wiesbaden: Springer Fachmedien.

Küpper, W., & Felsch, A. (2000). *Organisation, Macht und Ökonomie. Mikropolitik und die Konstitution organisationaler Handlungssysteme.* Wiesbaden: Westdeutscher Verlag.

Kürsten, W. (2000). Shareholder Value – Grundelemente und Schieflagen einer polit-ökonomischen Diskussion aus finanztheoretischer Sicht. *Zeitschrift für Betriebswirtschaft,* 70 (3), S. 359–381.

L'Etang, J. (1994). Public Relations and Corporate Social Responsibility: Some Issues Arising. *Journal of Business Ethics, 13* (2), S. 111–123.

Laine, M. (2010). The Nature of Nature as a Stakeholder. *Journal of Business Ethics, 96* (1), S. 73–78.

Lamla, J. (2003). *Anthony Giddens.* Frankfurt a.M./New York: Campus Verlag.

Lamnek, S. (2010). *Qualitative Sozialforschung.* Lehrbuch (5. Aufl.). Weinheim, Basel: Beltz.

Laplume, A., Sonpar, K., & Litz, R. (2008). Stakeholder Theory. Reviewing a Theory that Moves us. *Journal of Management, 34* (6), S. 1152–1189.

Laske, S., Meister, Scheytt, C., & Küpers, W. (2006). *Organisation und Führung*. Münster: Waxmann.

Laufmann, A.-K. (2013). CSR-Kommunikation in der Fußball Bundesliga. In P. Heinrich (Hrsg.), *CSR und Kommunikation. Unternehmerische Verantwortung überzeugend vermitteln* (S. 201–209). Berlin, Heidelberg: Gabler-Springer.

Lauterbach, C. (2014). Kennzahlen für die Unternehmenskommunikation. Definition, Erfassung, Reporting. In A. Zerfaß, & M. Piwinger (Hrsg.), *Handbuch Unternehmenskommunikation* (S. 887–902). Wiesbaden: Springer-Gabler.

Lautmann, R. (1969). *Wert und Norm. Begriffsanalysen für die Soziologie*. Köln, Opladen: Westdeutscher Verlag.

Lee, M.-D. P. (2008). A Review of the Theories of Corporate Social Responsibility. Its evolutionary Path and the Road ahead. *International Journal of Management Reviews, 10* (1), S. 53–73.

Lee, J. H., & Mitchell, R. K. (2013). 'Stakeholder Work' and Stakeholder Research. Proceedings of the International Asssociation for Business and Society. *International Association for Business and Society, 24* (1), S. 208–213.

Leitch, S., & Motion, J. (2012). A Provocation. Thinking the "Social" into Corporate Social Responsibility. In I. Oyvind, J. Bartlett, & S. May(Hrsg.), *The Handbook of Communication and Corporate Social Responsibility* (S. 505–515). Malden, MA: Wiley Blackwell.

Lenk, H. (1977). Struktur- und Verhaltensaspekte in Theorien sozialen Handelns. In H. Lenk (Hrsg.), *Handlungstheorien – interdisziplinär* (S. 157–175). Bd. 4. München: Fink.

Lenk, H. (1994). ‚Verantwortung' als Beziehungs- und Zuschreibungsbegriff. In. Ders (Hrsg.), *Von Deutungen und Wertungen. Eine Einführung in aktuelles Philosophieren* (S. 239–273). Frankfurt a.M.: Suhrkamp.

Lenk, H. & Maring, M. (1993). Verantwortung: normatives Interpretationskonstrukt und empirische Beschreibung. In L.H. Eckensberger (Hrsg.), *Ethische Norm und empirische Hypothese* (S. 222–243). Frankfurt a. M.: Suhrkamp.

Lepak, D., Smith, K., & Taylor, M. (2007). Value Creation and Value Capture. A Multilevel Perspective. *Academy of Management Review, 32* (1), S. 180–194.

Leßman, O. (2006). Lebenslagen und Verwirklichungschancen (capability) – Verschiedene Wurzeln, ähnliche Konzepte. *Vierteljahreshefte zur Wirtschaftsforschung, 75* (1), S. 30–42.

Leßmann, O. (2011). Verwirklichungschancen und Entscheidungskompetenz. In C. Sedmak, B. Babic, R. Bauer, & C. Posch (Hrsg.), *Der Capability-Approach in sozialwissenschaftlichen Kontexten. Überlegungen zur Anschlussfähigkeit eines entwicklungspolitischen Konzeptes* (S. 53–73). Wiesbaden: VS-Verlag.

Liebl, F. (2011). Corporate Social Responsibility aus Sicht des strategischen Managements. In J. Raupp, S. Jarolimek, F. Schultz. (Hrsg.), *Handbuch CSR. Kommunikationswissenschaftliche Grundlagen, disziplinäre Zugänge und methodische Herausforderungen* (S. 305–326). Wiesbaden: VS-Verlag.

Liehr, K., Peters, P., & Zerfaß, A. (2010). Reputation messen und bewerten – Grundlagen und Methoden. In J. Pfannenberg, & A. Zerfaß (Hrsg.), *Wertschöpfung durch Kommunikation. Kommunikations-Controlling in der Unternehmenspraxis* (2. Aufl., S. 153–167). Leipzig: Frankfurter Allgemeine Buch.

Lin-Hi, N., & Müller, K. (2012). Corporate Social Responsibility und Vertrauenswürdigkeit: Das wechselseitige Bedingungsverhältnis von ganzheitlicher Verantwortungsübernahme und authentischer Kommunikation. *UmweltWirtschaftsForum (UWF), 19 (3–4)*, S. 193–198.

Linke, A., & Jarolimek, S. (2016). Interdependente Moralen. Verantwortungsrelationen zwischen Kommunikator und Rezipient, zwischen Individuum, Organisation und Gesellschaft. In P. Werner, L. Rinsdorf, T. Pleil, K.-D., Altmeppen (Hrsg.), *Verantwortung – Gerechtigkeit – Öffentlichkeit. Normative Perspektiven auf Kommunikation* (S. 321–335). München, Konstanz: UVK.

Lintemeier, K., & Rademacher, L. (2013). *Stakeholder Relations. Nachhaltigkeit und Dialog als strategische Erfolgsfaktoren*. München: Lintemeier Stakeholder Relations.

Lintemeier, K., & Rademacher, L. (2016). Stakeholder Relations. Nachhaltigkeit und Dialog als strategische Erfolgsfaktoren. In R. Altenburger, & R Mesicek (Hrsg.), *CSR und Stakeholdermanagement* (S. 29–57). Wiesbaden: Springer VS.

Lischka, A. (2000). Dialogkommunikation im Rahmen der Integrierten Kommunikation. In M. Bruhn, Siegfried, J. Schmidt, J. Tropp (Hrsg.), *Integrierte Kommunikation in Theorie und Praxis. Betriebswirtschaftliche und kommunikationswissenschaftliche Perspektiven* (S. 47–63). Wiesbaden: VS-Verlag.

Litschka, M. (2013). *Medienethik als Wirtschaftsethik medialer Kommunikation. Zur ethischen Rekonstukriton der Medienökonomie*. München: Kopaed.

Litschka, M. (2015). Medien-Capabilities als politökonomisches Konzept. Theoretische Grundlagen und mögliche Anwendungen. *Communicatio Socialis, 48* (2), S. 190–201.

Lock, I. & Seele, P. (2015). Quantitative Content Analysis as a Method for Business Ethics Research. *Business Ethics: A European Review*, 24 (1), S. 24–40.

Locket, A., Moon, J., & Visser, W. (2006). Corporate Social Responsibility in Management Research: Focus, Nature, Salience and Sources of Influence. *Journal of Management Studies, 43* (1), S. 115–136.

Löffelholz, M., Auer, C., & Schleicher, K. (2013). Organisationskommunikation aus sozial-integrativer Perspektive. In S. Zerfaß, A., Rademacher, L., & Wehmeier, S. (Hrsg.), *Organisationskommunikation und Public Relations* (S. 167–192). Wiesbaden: VS-Verlag.

Longshore Smith, S., & Seward, C. (2009). The Relational Ontology of Amartya Sens Capability Approach: Incorporating Social and Individual Causes. *Journal of Human Development and Capabilities, 10* (2), S. 213–235.

Lorentschik, B., & Walker, T. (2015). Vom integrierten zum integrativen CSR-Managementansatz. In A. Schneider, & R. Schmidpeter (Hrsg.), *Corporate Social Responsibility. Verantwortungsvolle Unternehmensführung in Theorie und Praxis* (2. Aufl., S. 395–412). Wiesbaden: Springer-Gabler.

Luhmann, N. (1970). Öffentliche Meinung. *Politische Vierteljahresschrift*, 11, S. 2–28.

Luhmann, N. (1981). *Soziologische Aufklärung. Soziales System, Gesellschfat, Organisation* (3. Aufl.). Wiesbaden: Westdeutscher Verlag.

Luhmann, N. (1987). *Soziale Systeme. Grundriß einer allgemeinen Theorie*. Frankfurt a.M.: Suhrkamp.

Luhmann, N. (1992). *Die Wissenschaft der Gesellschaft*. Frankfurt a.M.: Suhrkamp.

Lux, W. (2013). CSR-Kommunikation in der Sanitärindustrie. In P. Heinrich (Hrsg.), *CSR und Kommunikation* (S. 147–158). Berlin, Heidelberg: Gabler-Springer.

Lyczek, B., & Meckel, M. (2008). Corporate Communications als integraler Wertschöpfungsprozess – Die neuen Kommunikationsfunktionen. *Marketing Review St. Gallen, 25* (1), S. 9–13.

Macnamara, J. (2014). Emerging International Standards for Measurement and Evaluation of Public Relations: A Critical Analysis. *Public Relations Inquiry, 3* (1), S. 7–29.

Mahoney, J. (1994). Stakeholder Responsibilities: Turning The Ethical Tables. *Business Ethics, 3* (4), S. 212–218.

Maletzke, G. (1963). *Pychologie der Massenkommunikation. Theorie und Systematik.* Hamburg: H. Bredow-Inst.

Marc, T. J., & Fleming, P. J. (2012). *The End of Corporate Social Responsibility: Crisis and Critique.* London: Sage.

Maring, M. (2001). *Kollektive und korporative Verantwortung. Begriffs- und Fallstudien aus Wirtschaft, Technik und Alltag.* Münster: LIT Verlag.

Martins, N. (2011). Sustainability Economics, Ontology and the Capability Approach. *Ecological Economics, 72* (1), S. 1–4.

Mast, C. (2013). *Unternehmenskommunikation* (5. Aufl.). Konstanz: UVK.

Matten, D., & Moon, J. (2008). Implicit and Explicit CSR: A Conceptual Framework for A Comparative Understanding of Corporate Social Responsibility. *Academy of Management Review, 33* (2), S. 404–424.

Matten, D., & Palazzo, G. (2008). Unternehmensethik als Gegenstand betriebswirtschaftlicher Forschung und Lehre – Eine Bestandsaufnahme aus internationaler Perspektive. *Zeitschrift für betriebswirtschaftliche Forschung, 60* (58), S. 50–71.

May, S. (2014): Organizational Communication and Corporate Social Responsibility. Oyvind, I., Barltett, J. L. & May, S. (Hrsg.), The Handbook of Communication and Corporate Social Responsibility (2. Aufl., S. 87–109). Malden, MA: Wiley Blackwell.

May, S. K. (2011). *Corporate Social Responsibility: Vice or Virtue?* Cambridge: Polity Press.

May, S., Cheney, G., & Roper, J. (Hrsg.) (2007). *The Debate over Corporate Social Responsibility.* Oxford: Oxford University Press.

Mayer, R.C., Davis, J.H., & Schoorman, F.D. (1995). An Integration Model of Organizational Trust. *Academy of Management Review, 20* (3), S. 709–734.

McPhee, R. D., & Zaug, P. (2000). The Communicative Constitution of Organizations: A Framework for Explanation. *Electronic Journal of Communication, 10* (1–2), S. 1–16.

McPhee, R., & Zaug, P. (2009). The Communicative Constitution of Organizations. A Framework for Explanation. In L. Putnam, & A. M. Nicotera (Hrsg.), *Building Theories of Organization. The Constitutive Role of Communication* (S. 21–47). New York, London: Routledge.

Meadows, D., Meadows, D., Randers J., Behrens III W.W. (1972*). Die Grenzen des Wachstums. Bericht des Club of Rome zur Lage der Menschheit* (dt. Übersetzung von Hans-Dieter Heck). Reinbek: Rowohlt.

Meckel, M., & Schmid, B. (Hrsg.) (2006). *Unternehmenskommunikation.* Wiesbaden: Gabler.

Medjedović, I., & Witzel, A. (2010). *Wiederverwendung qualitativer Daten. Archivierung und Sekundärnutzung qualitativer Interviewtranskripte.* Wiesbaden: VS Verlag.

Merten, K. (1977). *Kommunikation. Eine Begriffs- und Prozessanalyse.* Opladen: Westdeutscher Verlag.

Merten, K. (1992). Begriff und Funktionen von Public Relations. *pr-magazin, 23* (11), S. 35–46.

Merten, K. (1995). *Inhaltsanalyse. Einführung in Theorie, Methode und Praxis.* Opladen: Westdeutscher Verlag.

Merten, K. (1999). *Einführung in die Kommunikationswissenschaft. Bd. 1/1. Grundlagen der Kommunikationswissenschaft.* Münster: Lit-Verlag.

Merten, K. (2000). Die Lüge vom Dialog. Ein verständigungsorientierter Versuch über semantische Hazards. *Public Relations Forum, 6* (1), S. 6–9.

Merten, K. (2013a). Strategie, Management und strategisches Kommunikationsmanagement. In U. Röttger, V. Gehrau, & J. Preusse (Hrsg.), *Strategische Kommunikation. Umrisse und Perspektiven eines Forschungsfeldes* (S. 103–126). Wiesbaden: VS-Verlag.

Merten, K. (2013b). *Konzeption von Kommunikation. Theorie und Praxis des strategischen Kommunikationsmanagements.* Wiesbaden: Springer VS.

Mesterharm, M. (2001). *Integrierte Umweltkommunikation von Unternehmen. Theoretische Grundlagen und Empirische Analyse der Umweltkommunikation am Beispiel der Automobilindustrie.* Marburg: Metropolis.

Meuser, M. & Nagel, U. (1991). ExpertInneninterviews – vielfach erprobt, wenig bedacht: ein Beitrag zur qualitativen Methodendiskussion. In Garz, D. & Kraimer, K. (Hrsg.), *Qualitativ-empirische Sozialforschung: Konzepte, Methoden, Analysen* (S. 441–471). Opladen: Westdeutscher Verlag.

Meuser, M. & Nagel, U. (2009). Experteninterview und der Wandel der Wissensproduktion. In: A. Bogner, B. Littig, & W. Menz (Hrsg.), *Experteninterviews. Theorien, Methoden, Anwendungsfelder* (3. Aufl., S. 35–60). Wiesbaden: VS-Verlag.

Meyen, M., Löblich, M., Pfaff-Rüdiger, S. & Riesmeyer, C. (2011). *Qualitative Forschung in der Kommunikationswissenschaft. Eine praxisorientierte Einführung.* Wiesbaden: VS-Verlag.

Michelsen, G. & Godemann, J., & (Hrsg.) (2011). *Sustainability Communication. Interdisciplinary Perspectives and Theoretical Foundation.* Wiesbaden: Springer VS-Verlag.

Michelsen, G., & Godemann, J. (2008). *Handbuch Nachhaltigkeitskommunikation. Grundlagen und Praxis* (2. Aufl.). München: Oekom Verlag.

Miles, S. (2012). Stakeholder: Essentially Contested or Just Confused? *Journal of Business Ethics, 108* (3), S. 285–298.

Miles, S. (2017). Stakeholder Theory Classification: A Theoretical and Empirical Evaluation of Definitions. *Journal of Business Ethics,* 142 (3), S. 437–459.

Mitchell, R. K., & Van Buren III, H. J., Greenwood, M. & Freeman, R.E. (2015). Stakeholder Inclusion and Accounting for Stakeholders. *Journal of Management Studies, 52* (7), S. 851–877.

Möhring, W. & Schlütz, D. (2003). *Die Befragung in der Medien- und Kommunikationswissenschaft.* Wiesbaden: Westdeutscher Verlag.

Möhring, W. & Schlütz, D. (2013). *Handbuch standardisierte Erhebungsverfahren in der Kommunikationswissenschaft.* Wiesbaden: Springer.

Möller, K., & Zuchiatti, T. (2013). CSR im Bankenbereich. In P. Heinrich (Hrsg.), *CSR und Kommunikation. Unternehmerische Verantwortung überzeugend vermitteln* (S. 171–187). Berlin, Heidelberg: Gabler-Springer.

Möller, K., Piwinger, M., & Zerfaß, A. (Hrsg.) (2009). *Immaterielle Vermögenswerte. Bewertung, Berichterstattung und Kommunikation.* Stuttgart: Schäffer-Poeschel.

Mono, R., Kottenstede, K., & Winteroll, E. (2011). Was erwarten Stakeholder vom Unternehmen? Eine konzeptionelle und empirische Fundierung von Public Affairs. *Zeitschrift für Politikberatung (ZfP),* 4 (2), S. 63–72.

Moon, J., Crane, A., & Matten, D. (2005). Can Corporations be Citizens? Corporate Citizenship as a Metaphor for Business Participation in Society. *Business Ethics Quarterly, 15* (3), S. 429–453.

Moore, M. H. (1995). *Creating Public Value. Strategic Management in Government.* Cambridge, London: Harvard University Press.

Morsing, M., & Beckmann, S.C. (Hrsg.) (2006). *Strategic CSR Communication.* Copenhagen: DJOF Publishing.

Morsing, M., & Schultz, M. (2006). Corporate Social Responsibility Communication: Stakeholder Information, Response and Involvement Strategies. *Business Ethics: A European Review, 15* (4), S. 323–338.

Morsing, M., Schultz, M., & Kasper, U. N. (2008). The ‚Catch 22' of communicating CSR. Findings from a Danish Study. *Journal of Marketing Communications, 14* (2), S. 97–111.

Moutchnik, A. (2012). Verästelungen der Umwelt-, Nachhaltigkeits- und CSR-Kommunikation von Unternehmen. *UmweltWirtschaftsForum (UWF), 19* (3–4), S. 123–134.

Moutchnik, A. (2013). Im Glaslabyrinth der Kommunikation. Der Dialog mit Stakeholdern über Umwelt, Nachhaltigkeit und CSR in Social Media. *Umweltwirtschaftsforum (UWF), 21* (1–2), S. 19–37.

Münch, R. (1992). *Dialektik der Kommunikationsgesellschaft.* Frankfurt a.M.: Suhrkamp.

Münch, R. (1995). *Dynamik der Kommunikationsgesellschaft.* Frankfurt a.M.: Suhrkamp.

Munck, N. J. (2001). *The Legitimacy Concept and Its Potentialities. A Theoretical Reconstruction with Relevance to Public Relations.* Unveröffentlichte Masterarbeit. Universität Roskilde, Dänemark.

Myllykangas, P., Kujala, J., & Lehtimäki, H. (2010). Analyzing the Essence of Stakeholder Relationships: What do we Need in Addition to Power, Legitimacy and Urgency? *Journal of Business Ethics, 96* (1), S. 65–72.

Nahsi, J., Nahsi, S., & Savage, G. (1998). Nature as Stakeholder: One More Speculation. In J. Carlton, & K. Rehbein (Hrsg.), *Proceedings of the Ninth Annual Meeting of The International Association for Business and Society* (S. 509–512). Kailua-Kona, HI.

Nahsi, J. (1995). *Understanding Stakeholder Thinking.* Helsinki: LSR Publications.

Neidhardt, F. (Hrsg.) (1994). *Öffentlichkeit, Öffentliche Meinung, Soziale Bewegung.* Opladen: Westdeutscher Verlag.

Nerdinger, F. W., Neumann, C., & Curth, S. (2015). Kundenzufriedenheit und Kundenbindung. In K. Moser (Hrsg.), *Wirtschaftspsychologie* (2. Aufl., S. 119–137). Wiesbaden: Springer Lehrbuch.

Neuberger, C. (2000). Journalismus als systembezogene Akteurskonstellation. Vorschläge für die Verbindung von Akteur-, Institutionen und Systemtheorie. In M. Löffelholz (Hrsg.), *Theorien des Journalismus. Ein diskursives Handbuch* (S. 275–291). Wiesbaden: Westdeutscher Verlag.

Neugebauer, C. N. (2013). Betrachtungen kritischer Natur über den Missbrauch von Stakeholder-Dialogen in Wirtschaft und Politik. *Umwelt Wirtschaft Forum (UWF), 21* (1), S. 155–158.

Neuhäuser, C. (2013). *Amartya Sen zur Einführung.* Hamburg: Junius Verlag.

Neville, B. A., & Menguc, B. (2006). Stakeholder Multiplicity: Towards an Understanding of the Interactions between Stakeholders. *Journal of Business Ethics, 66* (4), S. 377–391.

Ni, L., & Kim, J.-N. (2009). Classifying Publics. Communication Behaviours and Problem-Solving Characteristics in Controversial Issues. *International Journal of Strategic Communication*, 3 (4), S. 217–241.

Noland, J., & Phillips, R. (2010). Stakeholder Engagement, Discourse Ethics and Strategic Management. *International Journal of Management Reviews: Corporate Social Responsibility (Special Issue)*, 12 (1), S. 39–49.

Nothhaft, H. (2011). *Kommunikationsmanagement als professionelle Organisationspraxis. Theoretische Annäherung auf Grundlage einer teilnehmenden Beobachtungsstudie.* Wiesbaden: VS-Verlag.

Nowrot, K. (2011). Corporate Social Responsibility aus rechtswissenschaftlicher Perspektive. In R. Schmidpeter & A. Schneider (Hrsg.), *Handbuch CSR* (S. 419–433). Wiesbaden: VS-Verlag.

Nussbaum, M. C. (2000). *Woman and Human Development: The Capabilities Approach.* Cambridge: University Press.

Nussbaum, M. C. (2011). Capabilities, Entitlements, Rights: Supplementation and Critique. *Journal of Human Development and Capabilities, 12* (1), S. 23–37.

O'Riordan, L. (2006). *CSR and Stakeholder Dialogue: Theory, Concepts, and Models for the Pharmaceutical Industry. MRES Dissertation.* Universität Bradford.

O'Riordan, L., & Fairbrass, J. (2008a). Corporate Social Responsibility: CSR: Models and Theories in Stakeholder Dialogue. *Journal of Business Ethics*, 83 (3–4), S. 745–758.

O'Riordan, L., & Fairbrass, J. (2008b). CSR – Theories, Models and Concepts in Stakeholder Dialogue – a Model for Decision-Makers in the Pharmaceutical Industry. *Journal of Business Ethics, 83* (4), S. 754–758.

O'Riordan, L., & Fairbrass, J. (2014). Managing CSR Stakeholder Engagement: A New Conceptual Framework. *Journal of Business Ethics, 125* (1), S. 121–145.

O'Riordan, L., Zmuda, P., & Heinemann, S. (Hrsg.) (2015). *New Perspectives on Corporate Social Responsibility. Locating the missing Link.* Wiesbaden: Springer Gabler.

Ortmann, G. (1995). *Formen der Produktion. Organisation und Rekursivität.* Opladen: Westdeutscher Verlag.

Ortmann, G., Sydow, J., & Türk, K. (Hrsg.) (1997). *Theorien der Organisation. Die Rückkehr der Gesellschaft.* Wiesbaden: Springer Fachmedien.

Ortmann, G., Sydow, J., & Windeler, A. (2000). Organisation als reflexive Strukturation. In G. Ortmann, Sydow, J., & Türk, K. (Hrsg.), *Theorien der Organisation. Die Rückkehr der Gesellschaft* (2. Aufl., S. 315–354). Wiesbaden: Westdeutscher Verlag.

Orts, E. W., & Strudler, A. (2002). The Ethical and Environmental Limits of Stakeholder Theory. *Business Ethics Quarterly, 12* (2), S. 215–233.

Orts, E. W., & Strudler, A. (2009). Putting a Stake into Stakeholder Theory. *Journal of Business Ethics, 88* (4), S. 605–615.

Ott, K., & Döring, R. (2004). *Theorie und Praxis starker Nachhaltigkeit.* Marburg: Metropolis.

Paech, N. (2005). *Nachhaltiges Wirtschaften jenseits von Innovationsorientierung und Wachstum. Eine unternehmensbezogene Transformationstheorie.* Marburg: Metropolis.

Painter-Morland, M. (2006). Redefining Accountability as Relational Responsiveness. *Journal of Business Ethics* 66 (1), S. 89–98.

Pajunen, K. (2006). Stakeholder Influences in Organizational Survival. *Journal of Management Studies, 43* (6), S. 1261–1288.

Palazzo, G. (2009). *Der aktuelle Stand der internationalen wissenschaftlichen Forschung zur Corporate Social Responsibility (CSR). Gutachten für das Bundesministerium für Arbeit und Soziales.* Universität Lausanne.

Palazzo, G., & Scherer, A. (2006). Corporate Legitimacy as Deliberation: A Communicative Framework. *Journal of Business Ethics, 66 (1)*, S. 71–88.

Payne, S., & Calton, J. (2002). Towards a Managerial Practice of Stakeholder Engagement: Developing Multi-Stakeholder Learning Dialogues. The Journal of Corporate Citizenship, *6* (1), 37–52.

Pedersen, A. G. (2011). Der Stakeholderdialog zwischen Regulierung und Rhetorik. Eine empirische Studie der dargestellten Dialogorientierung in deutschen und dänischen Geschäftsberichten. *Zeitschrift für Wirtschafts- und Unternehmensethik (ZfWU), 12* (1), S. 87–103.

Pedersen, E. R. (2006). Making Corporate Social Responsibility (CSR) operable: how Companies translate Stakeholder Dialogue into Practice. *Business & Society Review, 111* (2), S. 137–163.

Pedersen, E. R. (2011). All Animals are equal, but ...: Management Perceptions of Stakeholder Relationships and Societal Responsibilities in Multinational Corporations. *Business Ethics: A European Review, 20* (2), S. 177–191.

Pelenc, J., & Ballet, J. (2015). Strong Sustainability, Critical Natural Capital and the Capability Approach. *Ecological Economics, 112*, S. 36–44.

Pelenc, J., Lompo, M. K., Ballet, J., & Dubois, J.-L. (2013). Sustainable Human Development and the Capability Approach: Integrating Environment, Responsibility and Collective Agency. *Journal of Human Development and Capabilities, 14* (1), S. 77–94.

Perret, A. (2003). BNFL National Stakeholder Dialogue: A Case Study in Public Affairs. *Journal of Public Affairs, 3* (4), S. 383–391.

Perrin, I. (2010). *Medien als Chance und Risiko. Eine Untersuchung zum Verhältnis von Wirtschaftsunternehmen und Medienorganisationen.* Bern: Haupt.

Pesqueux, Y., & Damak-Ayadi, S. (2005). Stakeholder Theory in Perspective. *Corporate Governance. The International Journal of Business in Society, 5* (2), S. 5–21.

Pfannenberg, J. (2010). Das Modell des Unternehmens in der modernen Managementtheorie: Der Wertbeitrag von weichen Faktoren wird messbar. In J. Pfannenberg, & A. Zerfaß (Hrsg.), *Wertschöpfung durch Kommunikation. Kommunikations-Controlling in der Unternehmenspraxis* (2. Aufl., S. 16–27). Leipzig: Frankfurter Allgemeine Buch.

Pfannenberg, J., & Zerfaß, A. (2010). *Wertschöpfung durch Kommunikation. Kommunikations-Controlling in der Unternehmenspraxis* (2. Aufl.). Frankfurt a.M.: Frankfurter Allgemeine Buch.

Pfefferkorn, E. J. (2009). *Kommunikationscontrolling in Verbindung mit Zielgrößen des Markenwertes. Eine methodische Herangehensweise und Prüfung an einem Fallbeispiel.* Basel: Gabler GWV Fachverlag.

Phillips, R. (1997). Stakeholder Theory and a Principle of Fairness. *Business Ethics Quarterly, 7* (1), S. 51–66.

Phillips, R. (2003). *Stakeholder Theory and Organisational Ethics.* San Francisco, CA: Berret Koehler.

Phillips, R. A., & Reichhart, J. (2000). The Environment as A Stakeholder? A Fairness-Based Approach. *Journal of Business Ethics*, 23 (2), S. 185–197.

Phillips, R., Freeman, R.E., & Wicks, A.C. (2003). What Stakeholder Theory is not. *Business Ethics Quarterly, 13 (4)*, S. 479–502.

Piber-Maslo, M., & Hauke, H. (2016). Stakeholder Engagement. Für Österreichs Glasrecylingsteam so wichtig wie Glascontainer. In R. Altenburger, & R. Mesicek (Hrsg.), *CSR und Stakeholder Management. Strategische Herausforderungen und Chancen der Stakeholdereinbindung* (S. 187–203). Wiesbaden: VS-Verlag.

Piwinger, M. (2005). *Kommunikation-Controlling: Kommunikation und Information quantifizieren und finanziell bewerten.* Wiesbaden: Gabler Verlag.

Pleon (2004). *Geheime Mission? Deutsche Unternehmen im Dialog mit kritischen Stakeholdern. Eine Umfrage unter den 150 größten Unternehmen.* Bonn, Berlin: Pleon Kothes Klewes GmbH.

Poole, M.S. & McPhee, R.D. (2005). Structuration Theory. In S. May, & D.K. Mumby (Hrsg.), *Engaging Organizational Communication. Theory & Research. Multiple Perspectives (S. 171–196).* Thousand Oaks: SAGE.

Porter, M.E., & Kramer, M.R. (2006). Strategy and Society. The Link Between Competitive Advantage and Corporate Social Responsibility. *Harvard Business Review, 84* (12), S. 78–92.

Porter, M.E., & Kramer, M.R. (2011). The Big Idea: Creating Shared Value. *Harvard Business Review, 89* (2), S. 62–77.

Porter, M.E., & Kramer, M.R. (2015). Shared Value – die Brücke von Corporate Social Responsibility zu Corporate Strategy. In A. Schneider, & R. Schmidpeter (Hrsg.), *Corporate Social Responsibility. Verantwortungsvolle Unternehmensführung in Theorie und Praxis* (S. 145–160). Berlin, Heidelberg: Springer-Gabler.

Prätorius, G., & Richter, K. (2013). CSR Management als Wettbewerbsvorteil. Ein integrierter Ansatz im Volkswagen Konzern. In R. Altenburger (Hrsg.), *CSR und Innovationsmanagement. Gesellschaftliche Verantwortung als Innovationstreiber und Wettbewerbsvorteil* (S. 117–129). Wiesbaden: VS-Verlag.

Prauschke, C. (2007). *Das Management von Unternehmensreputation. Eine Untersuchung am Beispiel ehemaliger Staatsunternehmen.* Göttingen: Cuvillier Verlag.

Pressman, S., & Summerfield, G. (2002). Sen and Capabilities. *Review of Political Economy, 14* (4), S. 429–434.

Preusse, J., Röttger, U., & Schmitt, J. (2010). Begriffliche Grundlagen und Begründung einer unpraktischen PR-Theorie. In A. Zerfaß, L. Rademacher, & S. Wehmeier (Hrsg.), *Organisationskommunikation und Public Relations. Forschungsparadigmen und neue Perspektiven* (S. 117–142). Wiesbaden: VS-Verlag.

Prexl, A. (2010). *Nachhaltigkeit kommunizieren – nachhaltig kommunizieren. Analyse des Potenzials der Public Relations für eine nachhaltige Unternehmensentwicklung.* Wiesbaden: VS-Verlag.

Prior, D.D. (2006). Integrating Stakeholder Management and Relationship Management: Contributions from the Relational View of the Firm. *Journal of General Management, 32* (2), S. 17–30.

Pufe, I. (2012). *Nachhaltigkeitsmanagement.* München: Hanser.

Putnam, L.L., & Fairhurst, G.T. (2015). Revisiting 'Organizations as Discursive Constructions': 10 Years later. *Communication Theory*, 25 (4), S. 375–392.

Putnam, L.L., & Nicotera, A.M. (2009). *Building Theories of Organization: The Constitutive Role of Communication.* New York, NY: Routledge.

Putnam, L.L., & Nicotera, A.M. (2010). Communicative Constitution of Organization is a Question: Critical Issues for Addressing it. *Management Communication Quarterly, 23* (1), S. 158–165.

Quandt, T., & Scheufele, B. (2011). Die Herausforderungen einer Modelllierung von Mirko-Meso-Makro-Links in der Kommunikationswissenschaft. In Ders. (Hrsg.), *Ebenen der Kommunikation. Mikro-Meso-Makro-Links in der Kommunikationswissenschaft* (S. 9–22). Wiesbaden: VS-Verlag.

Rademacher, L. (2003). Positionen der Integrierten Kommunikation – Ansprüche, Reichweite und Grenzen. In G. Bentele, M. Piwinger, & G. Schönborn (Hrsg.), *Kommunikationsmanagement. Strategien, Wissen, Lösungen* (Art. 2.12.). Neuwied, Kritfel: Luchterhand Verlag.

Rademacher, L. (2009). PR als 'Literatur' der Gesellschaft. Die poietische Potenz des Kommunikationsmanagements. *PR Magazin, 40* (3), 55–60.

Rademacher, L. (2013a). Integrierte Kommunikation: Bezugsfelder und Herausforderungen für die Organisationskommunikation. In O. Hoffjann, & S. Huck-Sandhu (Hrsg.), *UnVergessene Diskurse. 20 Jahre PR- und Organisationskommunikationsforschung* (S. 417–435). Wiesbaden: VS-Verlag.

Rappaport, A. (1986). *Creating Shareholder Value. The New Standard for Business Performance.* New York, NY: Free Press.

Rappaport, A. (1995). *Shareholder Value. Wertsteigerung als Maßstab für die Unternehmensführung.* Stuttgart: Schäffer-Poeschel.

Rasche, A., & Esser, D. E. (2006). From Stakeholder Management to Stakeholder Accountability. *Journal of Business Ethics, 65* (3), S. 251–267.

Raupp, J. (2004). The Public Sphere as Central Concept of Public Relations. In B. Van Ruler, & D. Vercic (Hrsg.), *Public Relations and Communication Management in Europe. A Nation-by-Nation Introduction to Public Relations Theory and Practice* (S. 309–316). Berlin: de Gruyter.

Raupp, J. (2009). Medialisierung als Parameter einer PR-Theorie. In U. Röttger (Hrsg.), *Theorien der Public Relations. Grundlagen und Perspektiven der PR-Forschung* (S. 265–284). Wiesbaden: VS-Verlag.

Raupp, J. (2011a). Legitimation von Unternehmen in öffentlichen Diskursen. In J. Raupp, S. Jarolimek, & F. Schultz (Hrsg.), *Handbuch CSR* (S. 97–114). Wiesbaden: VS-Verlag.

Raupp, J. (2011b). Organizational Communication in a Networked Public Sphere. *Studies of Communication in Media (SCM),* 0 (1), S. 71–93.

Raupp, J. (2014). The Concept of Stakeholders and Its Relevance for Corporate Social Responsibility. In I. Oyvind, J.L. Bartlett, & S. May (Hrsg.), *The Handbook of Communication and Corporate Social Responsibility* (S. 276–294). Malden, MA: Wiley Blackwell.

Raupp, J., & Vogelgesang, J. (2009). *Medienresonanzanalyse. Eine Einführung in Theorie und Praxis.* Wiesbaden: VS Verlag.

Raupp, J., Jarolimek, S., & Schultz, F. (2011). *Handbuch CSR. Kommunikationswissenschaftliche Grundlagen, disziplinäre Zugänge und methodische Herausforderungen.* Wiesbaden: VS-Verlag.

Raupp, J., Jarolimek, S., & Schultz, F. (2011). Corporate Social Responsibility als Gegenstand der Kommunikationsforschung. In Ders. (Hrsg.), *Handbuch CSR. Kommunikationswissenschaftliche Grundlagen, disziplinäre Zugänge und methodische Herausforderungen* (S. 9–18). Wiesbaden: VS-Verlag.

Rauschmayer, F., Leßman, O., Gutwald, R., Krause, P., Volkert, J., Masson, T., Griewald, Y., Omann, I., & Mock, M. (2014). Künftige Freiheiten schützen? Nachhaltige Entwicklung auf Sicht des Capability-Ansatzes. *Ökologisches Wirtschaften, 29* (4), S. 30–34.

Reichwald, R., & Bonnemeier, S. (2009). Kommunikation in der Wertschöpfung. In M. Bruhn, F.R. Esch, & T. Langner (Hrsg.), *Handbuch Kommunikation* (S. 1199–1216). Wiesbaden: Gabler.

Reinecke, S., & Janz, S. (2009). Controlling der Marketingkommunikation. Zentrale Kennzahlen und ausgewählte Evaluationsverfahren. In M. Bruhn, F.R. Esch, & T. Langner (Hrsg.), *Handbuch Kommunikation. Grundlagen – Innovative Ansätze – Praktische Umsetzungen* (S. 993–1020). Wiesbaden: Springer-Gabler.

Rhein, S. (2017). *Stakeholder-Dialoge für unternehmerische Nachhaltigkeit. Eine qualitativ-empirische Studie zum Diskursverhalten von Unternehmen.* Wiesbaden: Springer Gabler.

Rhoades, L., Eisenberger, R., & Armelie, S. (2001). Affective Commitment to the Organisation: The Constribution of Perceived Organisational Support. *Journal of Applied Psychology, 86* (5), S. 825–836.

Richter, C.J. (2000). Anthony Giddens. A Communication Perspective. *Communication Theory, 10* (3), S. 359–368.

Riede, M. (2011). *Determinanten erfolgreicher Stakeholderdialoge. Erfolgsfaktoren von Dialogverfahren zwischen Unternehmen und Nicht-Regierungsorganisationen.* Kassel: Kassel University Press.

Riede, M. (2013). Determinanten erfolgreicher Stakeholderdialoge. Erfolgsfaktoren von Dialogverfahren zwischen Unternehmen und Nicht-Regierungsorganisationen. *Umwelt-WirtschaftsForum (UWF), 21* (1–2), S. 45–50.

Riesmeyer, C., Zillich, A.F., Geise, S., Klinger, U., Müller, K.F., Nitsch, C., Rothenberger, L. & Sehl, A. (2016). Werte normen, Normen werten. Theoretische und methodische Herausforderungen ihrer Analyse. In P. Werner, L. Rinsdorf, T. Pleil, K.-D. Altmeppen (Hrsg.), *Verantwortung – Gerechtigkeit – Öffentlichkeit. Normative Perspektiven auf Kommunikation* (S. 373–393). Konstanz, München: UVK.

Rieth, L. (2011). CSR aus politikwissenschaftlicher Perspektive: Empirische Vorbedingungen und normative Bewertungen unternehmerischen Handelns. In R. Schmidpeter & A. Schneider (Hrsg.), *Handbuch CSR* (S. 395–418). Wiesbaden: VS-Verlag.

Roberts, J. (2003). The Manufacture of Corporate Social Responsibility: Constructing Corporate Sensibility. *Organisation, 10* (2), S. 249–265.

Robeyns, I. (2005). The Capability Approach: A Theoretical Survey. *Journal of Human Development, 6* (1), S. 93–114.

Robeyns, I. (2006). The Capability Approach in Practice. *Journal of Political Philosophy, 14* (1), S. 351–376.

Robeyns, I. (2010). Sen's Capability Approach and Feminist Concerns. In F. Comim, M. Qizilbash, & S. Alkire (Hrsg.), *The Capability Approach. Concepts, Measures and Applications* (2. Aufl., S. 82–104). Cambridge: University Press.

Robeyns, I. (2016). Capabilitarianism. *Journal of Human Development and Capabilities, 17* (3), S. 397–414.

Robichaud, D., Giroux, H., & Taylor, J.R. (2004). The Metaconversation: The Recursive Property of Language as a Key to Organizing. *Academy of Management Review* (29), S. 617–634.

Robichaud, D., & Cooren, F. (Hrsg.) (2013). *Organization and Organizing: Materiality, Agency, and Discourse.* New York, NY: Routledge.

Rockwell, G. (2003). *Defining Dialogue: From Socrates to the Internet.* Amhurst: Humanity Books.

Rohloff, J. (2002). Stakeholdermanagement: Ein monologisches oder dialogisches Verfahren. *Zeitschrift für Wirtschafts- und Unternehmensethik (ZfWU), 3* (1), S. 77–98.

Rohloff, J. (2008a). A Life Cycle Model of Multi-Stakeholder Networks. *Business Ethics: A European Review, 17* (3), S. 311–325.

Rohloff, J. (2008b). Learning from Multi-Stakeholder Networks: Issue-Focussed Stakeholder Management. *Journal of Business Ethics, 82* (1), S. 233–250.

Rolke, L. (1997). Der betriebswirtschaftliche Wert von Public Relations. *Public Relations Forum, 3* (3), S. 19–21.

Rolke, L. (2002). Kommunizieren nach dem Stakeholder-Kompass. In B. Kirf, & L. Rolke (Hrsg.), *Der Stakeholder-Kompass der Unternehmenskommunikation* (S. 16–33). Frankfurt a.M.: Frankfurter Allgemeine Buch.

Rolke, L. (2010). Der Stakeholder-Kompass. In H. Paul, & H. Wollny (Hrsg.), *Instrumente des Strategischen Managements* (S. 108–118). München: Oldenbourg.

Rolke, L., & Zerfaß, A. (2014). Erfolgsmessung und Controlling der Unternehmenskommunikation. In M. Piwinger, & A. Zerfaß, *Handbuch Unternehmenskommunikation* (S. 863–885). Wiesbaden: Springer VS.

Rossa, H. (2010). Analyse, Management und Controlling von Kommunikationsmaßnahmen. In M. Bär, J. Borcherding, & B. Keller (Hrsg.), *Fundraising im Non-Profit-Sektor. Marktbearbeitung von Ansprache bis Zuwendung* (S. 195–207). Wiesbaden: Gabler.

Rössler, P. (2014). Thematisierung und Issues Framing. In R. Fröhlich, P. Szyszka, & G. Bentele (Hrsg.), *Handbuch der Public Relations* (S. 461–478). Wiesbaden: Springer.

Rössler, P. (2017). *Inhaltsanalyse* (3. Aufl.). Konstanz: UTB.

Rothensteiner, W., & Sinh-Weber, A. (2016). Gelebtes Stakeholdermanagement in der RZB-Gruppe. In R. Altenburger, & R. Mesicek (Hrsg.), *CSR und Stakeholder Management. Strategische Herausforderungen und Chancen der Stakeholdereinbindung* (S. 137–158). Wiesbaden: VS-Verlag.

Röttger, U. (2000). *Public Relations – Organisation und Proffession. Öffentlichkeitsarbeit als Organisationsfunktion. Eine Berufsfeldstudie.* Wiesbaden: Westdeutscher Verlag.

Röttger, U. (2001). Issues Management- Mode, Mythos oder Managementfunktion? In U. Röttger (Hrsg.), *Issues Mangement. Theoretische Konzepte und Praktische Umsetzung. Eine Bestandsaufnahme* (S. 11–39). Wiesbaden: Westdeutscher Verlag.

Röttger, U. (2004). Einleitung. In Ders. (Hrsg.), *Theorien der Public Relations. Grundlagen und Perspektiven der PR-Forschung* (S. 7–22). Wiesbaden: Westdeutscher Verlag.

Röttger, U. (Hrsg.) (2004). *Theorien der Public Relations. Grundlagen und Perspektiven der PR-Forschung.* Wiesbaden: Westdeutscher Verlag.

Röttger, U. (2005). Kommunikationsmanagement in der Dualität von Struktur. Die Strukturationstheorie als kommunikationswissenschaftliche Basistheorie. *Medienwissenschaft Schweiz, 1* (2), S. 12–19.

Röttger, U. (2009). Welche Theorien für welche PR? In U. Röttger (Hrsg.), *Theorien der Public Relations. Grundlagen und Perspektiven der PR-Forschung* (2. Aufl., S. 9–25). Wiesbaden: VS-Verlag.

Röttger, U. (2015). Strukturationstheoretischer Ansatz. In R. Fröhlich, Szyszka, P., & Bentele, G. (Hrsg.), *Handbuch der Public Relations. Wissenschaftliche Grundlagen und berufliches Handeln* (3. Aufl., S. 229–242). Wiesbaden: Springer VS.

Röttger, U. (2016). Strategische Kommunikation als Agent der Befähigung? In P. Werner, L. Rinsdorf, T. Pleil, & K.-D. Altmeppen (Hrsg.), *Verantwortung – Gerechtigkeit – Öffentlichkeit. Normative Perspektiven auf Kommunikation* (S. 337–351). Konstanz, München: UVK.

Röttger, U., Preusse, J., & Schmitt, J. (2014). *Grundlagen der Public Relations. Eine kommunikationswissenschaftliche Einführung* (2. Aufl.). Wiesbaden: VS-Verlag.

Röttger, U., & Thummes, K. (2017). The Perspective of Citizens on the Responsibility of Corporations: A Multidimensional Study of Responsibility Assessments. *Studies in Communication and Media, 6 (3)*, S. 301–315.

Rowley, T. J. (1997). Moving Beyond Dyadic Ties: A Network Theory of Stakeholder Influences. *Academy of Management Review, 22* (4), S. 887–910.

Rowley, T., & Berman, S. (2000). A Brand New Brand of Corporate Social Performance. *Business & Society, 39* (4), S. 397–418.

Rowley, T., & Moldoveanu, M. (2003). When will Stakeholder Groups act? An Interest- and Identity-based Model of Stakeholder Group Mobilization. *Academy of Management Review, 28* (2), S. 204–219.

Sachs, S., Schmitt, R., & Perrin, I. (2008). Stakeholder Value Management Systems. *Proceedings of the International Association for Business & Society 19* (S. 470–482). Tampere.

Sallot, L.M., Lyon, L. J., Acosta-Alzuru, C., & Ogata, K. J. (2003). From Aardvark to Zebra: A New Millenium Analysis of Theory Development in Public Relations Academic Journals. *Journal of Public Relations Research, 15* (1), S. 27–90.

Sandhu, S. (2012). *Public Relations und Legitimität. Der Beitrag des organisationalen Neo-Institutionalismus für die PR-Forschung.* Wiesbaden: VS-Verlag.

Sandhu, S., & Huck-Sandhu, S. (2013). 20 Jahre Fachgruppe, 20 Jahre Forschung. Eine Bestandsaufnahme. In O. Hoffjann, & S. Huck-Sandhu (Hrsg.), *UnVergessene Diskurse. 20 Jahre PR- und Organisationskommunikationsforschung* (S. 164–194). Wiesbaden: VS-Verlag.

Sauter-Sachs, S. (1992). Die unternehmerische Umwelt: Konzept aus der Sicht des Zürcher Ansatzes zur Führungslehre. *Die Unternehmung, 46* (3), S. 183–204.

Schallnus, R. N. (2005). *Mitarbeiterqualifizierung und Wissensnutzung in Konzernen und Unternehmensnetzwerken. Eine Prozessanalyse mit erklärenden Beispielen aus der IT-Branche.* Dissertation, Freie Universität Berlin.

Schaltegger, S. (2010). Unternehmerische Nachhaltigkeit als Treiber von Unternehmenserfolg und Strukturwandel. *Wirtschaftspolitische Blätter, 57* (4), S. 495–503.

Schaltegger, S. (2012). Die Beziehung zwischen CSR und Corporate Sustainability. In A. Schneider, & R. Schmidpeter (Hrsg.), *Corporate Social Responsibility* (S. 165–174). Berlin-Heidelberg: Springer.

Schenk, M. (2007). *Medienwirkungsforschung (3. Auflage).* Tübingen: Mohr Siebeck.

Scheufele, B. & Engelmann, I. (2009). *Empirische Kommunikationswissenschaft.* Konstanz. UVK.

Schicha, C. (2011). Ethische Grundlagen der Verantwortungskommunikation. In J. Raupp, S. Jarolimek, & F. Schultz (Hrsg.), *Handbuch CSR* (S. 115–127). Wiesbaden: VS-Verlag.

Schimank, U. (1985). Der mangelnde Akteurbezug systemtheoretischer Erklärungen gesellschaftlicher Differenzierung. Ein Diskussionsvorschlag. *Zeitschrift für Soziologie, 14* (6), S. 421–434.

Schimank, U. (1988). Gesellschaftliche Teilsysteme als Akteurfiktionen. *Kölner Zeitschrift für Soziologie und Sozialpsychologie* 40 (4), S. 619–639.

Schimank, U. (2001). Funktionale Differenzierung, Durchorganisierung und Integration der modernen Gesellschaft. In: V. Tacke (Hrsg.), *Organisation und gesellschaftliche Differenzierung* (S. 19–38). Wiesbaden: Westdeutscher Verlag.

Schimank, U. (2002). Organisationen: Akteurskonstellationen – Korporative Akteure – Systeme. *Kölner Zeitschrift für Soziologie und Sozialpsychologie. Sonderheft* (42), S. 29–54.

Schimank, U. (2010). *Handeln und Strukturen. Einführungen in die akteurstheoretische Soziologie* (4. Aufl.). München, Weinheim: Juventa Verlag.

Schmidpeter, R., & Schneider, A. (2015) (Hrsg.), *Corporate Social Responsibility. Verantwortungsvolle Unternehmensführung in Theorie und Praxis* (2. Aufl.). Berlin, Heidelberg: Springer-Gabler.

Schmidt, B. F., & Lyczek, B. (2007). Die Rolle der Kommunikation in der Wertschöpfung der Unternehmung. In B. F. Schmid, & B. Lyczek (Hrsg.), *Unternehmenskommunikation. Kommunikationsmanagement aus Sicht der Unternehmensführung* (S. 3–150). Wiesbaden: Gabler Verlag.

Schmidt, S. J. (2013). Unternehmenskultur als Programm der Unternehmenskommunikation. In U. Röttger, Gehrau, V., &. Preusse, J. (Hrsg.), *Strategische Kommunikation. Umrisse und Perspektiven eines Forschungsfeldes* (S. 253–271). Wiesbaden: VS-Verlag.

Schmidt, S.J., & Tropp, J. (2009). *Die Moral in der Unternehmenskommunikation. Lohnt es sich, gut zu sein?* Köln: Halem.

Schneider, A. (2015). Reifegradmodell CSR – eine Begriffsklärung und –abgrenzung. In A. Schneider, & R. Schmidpeter (Hrsg.), *Corporate Social Responsibility* (2. Aufl., S. 21–43). Berlin/Heidelberg: Springer-Gabler.

Schneider, A., & Schmidpeter, R. (Hrsg.) (2015). *Corporate Social Responsibility. Verantwortungsvolle Unternehmensführung in Theorie und Praxis* (2. Aufl.). Berlin, Heidelberg: Springer-Gabler.

Schneider, T. & Sachs, S (2017). The Impact of Stakeholder Identities on Value Creation in Issue-Based Stakeholder Networks. *Journal of Business Ethics*, 144 (1), S. 41–57.

Schöberl, M. (2015). CSR – Unternehmen und Gesellschaft im Wechselspiel am Beispiel der BMW Group. In A. Schneider, & R. Schmidpeter (Hrsg.), *Corporate Social Responsibility. Verantwortungsvolle Unternehmensführung in Theorie und Praxis* (S. 851–856). Berlin, Heidelberg: Springer-Gabler.

Schoeneborn, D. (2010). Organisations- trifft Kommunikationsforschung: Der Beitrag der "Communication Constitutes Organization" Perspektive (CCO). In Zerfaß, A., Rademacher, L., & Wehmeier, S. (Hrsg.), *Organisationskommunikation und Public Relations* (S. 97–115). Wiesbaden: VS-Verlag.

Schoeneborn, D., & Blaschke, S. (2014). The Three Schools of CCO Thinking: Interactive Dialogue and Systematic Comparison. *Management Communication Quarterly, 28* (2), S. 285–316.

Schoeneborn, D., & Sandhu, S. (2013). When Birds of different Feather flock together: The emerging Debate on "Organization as Communication" in the German-speaking Countries. *Management Communication Quarterly, 27 (2)*, S. 303–313.

Schoeneborn, D., & Trittin, H. (2013). Transcending Transmission: Towards a Constitutive Perspective on CSR Communication'. *Corporate Communication: An International Journal, 18* (1), S. 193–211.

Scholes, E., & James, D. (1997). Planning Stakeholder Communication. *Journal of Communication Management, 2* (3), S. 277–285.

Scholl, A. (2009). Die Befragung (2. Aufl.). Konstanz: UVK.

Scholtes, F. (2005). Warum es um Verwirklichungschancen gehen *soll*. Amartya Sens Capability-Ansatz als normative Ethik des Wirtschaftens. In J. Volkert (Hrsg.), *Armut und Reichtum an Verwirklichungschancen. Amartya Sens Capability-Konzept als Grundlage der Armuts- und Reichtumsberichterstattung* (S. 23–45). Wiesbaden: VS-Verlag.

Schönbauer, G. (1994). *Handlung und Struktur in Anthony Gidden's 'Social Theory'*. Regensburg: Roderer.

Schönborn, G., & Steinert, A. (2001). *Sustainability Agenda. Nachhaltigkeitskommunikation bei Unternehmen und Institutionen*. Neuwied, Kriftel: Leuchterhand.

Schoorman, F.D., Mayer, R.C., & Davis, J.H. (2007). An Integrative Model of Organizational Trust: Past, Present, Future. *Academy of Management Review, 32* (2), S. 344–354.

Schranz, M. (2007). *Wirtschaft zwischen Profit und Moral. Die gesellschaftliche Verantwortung von Unternehmen im Rahmen der öffentlichen Kommunikation*. Wiesbaden: VS-Verlag.

Schreck, P. (2011). Ökonomische Corporate Social Responsibility Forschung – Konzeptionalisierung und kritische Analyse ihrer Bedeutung für die Unternehmensethik. *Zeitschrift für Betriebswirtschaft*, 81 (7–8), S. 745–769.

Schreyögg, G. (Hrsg.) (2013). *Stakeholder-Dialoge. Zwischen fairem Interessensausgleich und Imagepflege*. Berlin: LIT Verlag.

Schrott, A. (2008). *Medienwirkung, Medialisierung, Medialisierbarkeit. Organisationen unter Anpassungsdruck?* Dissertation, Universität Zürich.

Schrott, M. (2013). CSR-Kommunikation in der Sanitärindustrie. In P. Heinrich (Hrsg.), *CSR und Kommunikation* (S. 159–170). Berlin, Heidelberg: Gabler-Springer.

Schuppisser, S. W. (2002). *Stakeholder Management: Beziehungen zwischen Unternehmungen und nicht-marktlichen Stakeholder-Organisationen*. Bern, Stuttgart, Wien: Haupt.

Schultz, F. (2006). Corporate Social Responsibility als wirtschaftliches Evangelium. Kommunikationswissenschaftliche Betrachtung des normativen Konzeptes. In M.F. Ruck, C. Noll, & M. Bornholdt (Hrsg.), *Sozialmarketing als Stakeholder Management. Grundlagen und Perspektiven für ein beziehungsorientiertes Management von Nonprofit-Organisationen* (S. 173–185). Bern: Haupt.

Schultz, F. (2009). Moral Communication and Organizational Communication. On The Narrative Construction of Social Responsibility. Paper presented at the *International Communications Association (ICA)*, Chicago, IL.

Schultz, F. (2010). Institutionalization of Corporate Social Responsibility within Corporate Communications. Combining Institutional, Sensemaking and Communication Perspectives. *Corporate Communications: An International Journal, 15* (1), S. 9–29.

Schultz, F. (2011a). *Moral – Kommunikation – Organisation. Funktionen und Implikationen normativer Konzepte und Theorien des 20. und 21. Jahrhunderts*. Wiesbaden: VS-Verlag.

Schultz, F. (2011b). Moralische und moralisierte Kommunikation im Wandel. Zur Entstehung von Corporate Social Responsibility. In J. Raupp, S. Jarolimek, & F. Schultz (Hrsg.), *Handbuch CSR. Kommunikationswissenschaftliche Grundlagen, disziplinäre Zugänge und methodische Herausforderungen* (S. 19–42). Wiesbaden: VS-Verlag.

Schultz, F., Castelló, I., & Morsing, M. (2013). The Construction of Corporate Social Responsibility in Network Societies: A Communication View. *Journal of Business Ethics, 115* (4), S. 681–692.

Schultz, W. (2015). Soziale Ordnung und Kommunikationsstrukturen: Die Normative Perspektive. In K. D. Altmeppen, P. Donges, M. Künzer, M. Puppis, U. Röttger & H. Wessler (Hrsg.), *Soziale Ordnung durch Kommunikation?* (S. 89–103). Baden Baden: Nomos.

Schwaiger, M. (2004). Components and Parameters of Corporate Reputation – An Empirical Study. *Schmalenbach Business Review, 56 (1)*, S. 46–71.

Schwalbach, J. (2015). *Reputation und Unternehmenserfolg. Unternehmens- und CEO-Reputation in Deutschland 2011–2013. Forschungsbericht zur Unternehmenskommunikation Nr. 5.* Leipzig: Akademische Gesellschaft für Unternehmensführung & Kommunikation.

Schwartz, M. S. (2006). God as a Managerial Stakeholder. *Journal of Business Ethics, 66* (2–3), S. 291–306.

Schwarz, J. (2013). *Messung und Steuerung der Kommunikations-Effizienz. Eine theoretische und empirische Analyse durch den Einsatz der Data Envelopment Analysis.* Basel: Springer-Gabler.

Schwarz, S. (2008). *Strukturation, Organisation und Wissen. Neue Perspektiven in der Organisationsberatung.* Wiesbaden: VS-Verlag.

Sedmak, C. (2011). Fähigkeiten und Fundamentalfähigkeiten. In C. Sedmak, B. Babic, R. Bauer, & C. Posch (Hrsg.), *Der Capability-Approach in sozialwissenschaftlichen Kontexten. Überlegungen zur Anschlussfähigkeit eines entwicklungspolitischen Konzeptes* (S. 29–52). Wiesbaden.

Sedmak, C. (2013). Einleitung. Zu „Enactment" und Interkulturation des Fähigkeiten-Ansatzes. In G. Graf, E. Kapferer, C. Sedmak (Hrsg.), *Der Capability Approach und seine Anwendung. Fähigkeiten von Kindern und Jugendlichen erkennen und fördern* (S. 13–22). Wiesbaden: Springer VS.

Sedmak, C., Babic, B., Bauer, R., & Posch, C. (Hrsg.) (2011). *Der Capability-Approach in sozialwissenschaftlichen Kontexten. Überlegungen zur Anschlussfähigkeit eines entwicklungspolitischen Konzeptes.* Wiesbaden: VS-Verlag.

Seidel, P. (2011): *Internationale Unternehmen, Gesellschaft und Verantwortung. Eine Kritik der Managementwissenschaft als Bezugsrahmen.* Wiesbaden: Gabler.

Seiffert-Brockmann, J. (2015). *Vertrauen in der Mediengesellschaft. Eine theoretische und empirischen Analyse.* Wiesbaden: VS-Verlag.

Sen, A.K. (1977). Rational Fools: A Critique of the Behavioral Foundations of Economic Theory. *Philosophy & Public Affairs, 6* (4), 317–344.

Sen, A.K. (1987). *Commodities and Capabilities.* Oxford: India-Paperbacks.

Sen, A.K. (1988). The Concept of Development. In H. Chenergy, & T.N. Srinivasen (Hrsg.), *The Handbook of Development Economics. Vol 1.* (S. 9–26). Amsterdam: Elsevier.

Sen, A.K. (1992). *Inequality Reexamined.* Cambridge: Harvard University Press.

Sen, A.K. (1993). Capability and Well-Being. In M. Nussbaum, & A. Sen (Hrsg.), *The Quality of Life* (S. 30–53). Oxford: Oxford University Press.

Sen, A.K. (1999a). *Commodities and Capabilities*. New Dehli: Oxford University Press.

Sen, A.K. (1999b). *Development as Freedom*. New York, NY: Oxford University Press.

Sen, A.K. (2002). *Rationality and Freedom*. Cambridge: Harvard University Press.

Sen, A.K. (2003). Development as Capability-Expansion. In. S. Fukuda-Parr, & A.K. Shiva Kumar (Hrsg.), *Readings in Human Development. Concepts, Measures, and Policies for a Development Paradigm* (S. 3–16). New York, NY: Oxford University Press.

Sen, A.K. (2005). Human Rights and Capabilities. *Journal of Human Development, 6* (2), S. 151–166.

Sen, A.K. (2013). The Ends and Means of Sustainability. *Journal of Human Development and Capabilities, 14* (1), S. 6–20.

Sen, A.K., & Williams, B. (1982). *Utilitiarism and Beyond*. Cambridge: University Press.

Senge, P. (1996). *Die fünfte Disziplin. Kunst und Praxis der lernenden Organisation*. Stuttgart: Klett-Cotta.

Shamir, R. (2008). The Age of Responsibilization: On Market-Embedded Morality. *Economy & Society, 37* (1), S. 1–19.

Shannon, C.E., & Weaver, W. (1949). *The Mathematical Theor of Communication*. Urbana: University of Illinois Press.

Signitzer, B. (1988). Public Relations-Forschung im Überblick. Systematisierungsversuche auf der Basis neuer amerikanischer Studien. *Publizistik, 33* (1), S. 92–116.

Signitzer, B., & Prexl, A. (2008). Corporate Sustainability Communications. Aspects of Theory and Professionalization. *Journal of Public Relations Research, 20* (1), S. 1–19.

Simacek, U., & Pfneiszl, I. (2015). Change Prozess der Simancek Facility Management Group in Richtung CSR/Nachhaltigkeit. In A. Schneider, & R. Schmidpeter (Hrsg.), *Corporate Social Responsibility. Verantwortungsvolle Unternehmensführung in Theorie und Praxis* (2. Aufl., S. 869–877). Berlin, Heidelberg: Springer-Gabler.

Simmel, G. (2001). *Philosophie des Geldes*. Frankfurt a.M.: Suhrkamp.

Simons, H. (2009): *Case Study Research in Practice*. London: Sage.

Simons, H. (2014). Case Study Research: In-Depth Understanding in Context. In: Leavy, P. (Hrsg.), *The Oxford Handbook of Qualitative Research* (S. 455–470). New York, NY: Oxford University Press.

Solow, R. (1974). The Economics of Resources or the Resources of Economics. *American Economic Review, 64* (1), S. 1–14.

Speckbacher, G. (1997). Shareholder Value und Stakeholder Ansatz. *Die Betriebswirtschaft (DBW), 57* (5), S. 630–639.

Stange, J. (2013). CSR in der DIY-Branche – Nachhaltigkeitskommunikation auf Verbandsebene. In P. Heinrich (Hrsg.), *CSR und Kommunikation. Unternehmerische Verantwortung überzeugend vermitteln* (S. 189–200). Berlin, Heidelberg: Gabler-Springer.

Starik, M. (1995). Should Trees Have Managerial Standing? Toward Stakeholder Status for Non-Human Nature. *Journal of Business Ethics, 14* (3), S. 207–217.

Stark, W. (2008). Gesellschaftliche Verantwortung in Unternehmen – zwischen Legitimation und Innovation. In L. Heidbrink, & A. Hirsch (Hrsg.), *Verantwortung als marktwirtschaftliches Prinzip. Zum Verhältnis von Moral und Ökonomie* (S. 339–350). Frankfurt a.M.: Campus Verlag.

Stead, J.G., & Stead, W.E. (1996). *Management for a Small Planet* (2. Aufl.). Thousand Oaks: Sage.

Stead, J.G., & Stead, W.E. (2000). Eco-Enterprise Strategy: Standing for Sustainability. *Journal of Business Ethics, 24* (4), S. 313–329.

Steinke, I. (1999). *Kriterien qualitativer Forschung. Ansätze zur Bewertung qualitativ-empirischer Sozialforschung.* Weinheim, München: Juventa.

Steinmann, H., & Zerfaß, A. (1993). Corporate Dialogue – A New Perspective for Public Relations. *Business Ethics, 2* (2), S. 58–63.

Steurer, R. (2001). Paradigmen der Nachhaltigkeit. *Zeitschrift für Umweltpolitik und Umweltrecht, 24* (1), S. 537–566.

Stewart, F. (2005). Groups and Capabilities. *Journal of Human Development, 6* (2), S. 185–204.

Stewart, F. (2013). Nusssbaum on the Capability Approach. *Journal of Human Development and Capabilities, 14* (1), S. 156–160.

Stones, R. (2005). *Structuration Theory.* London: Palvgrave Macmillan.

Stoney, C., & Winstanley, D. (2001). Stakeholdering: Confusion or Utopia? Mapping the Conceptual Terrain. *Journal of Management Studies, 3* (5), S. 603–626.

Storck, C. (2012). Der Wert der Kommunikation. *Pressesprecher, 9* (8), 28–31.

Storck, C., & Stobbe, R. (2011). *Positionspapier Kommunikations-Controlling.* Bonn, Gauting: DPRG Wissen.

Straeter, H. (2010). *Kommunikationscontrolling.* Konstanz: UVK.

Suchanek, A. (2015). Vertrauen als Grundlage nachhaltiger unternehmerischer Wertschöpfung. In A. Schneider, & R. Schmidpeter (Hrsg.), *Corporate Social Responsibility. Verantwortungsvolle Usnternehmensführung in Theorie und Praxis* (2. Aufl., S. 59–69). Berlin, Heidelberg: Springer-Gabler.

Suchmann, M. C. (1995). Managing Legitimacy: Strategic and Institutional Approaches. *Academy of Management Review, 20* (3), S. 571–610.

Swift, T. (2001). Trust, Reputation and Corporate Accountability to Stakeholders. *Journal of Business Ethics: A European Review, 10* (1), S. 16–26.

Szwajkowski, E. (2000). Simplifying the Principles of Stakeholder Management: The Three Most Important Principles. *Business & Society, 39* (4), S. 379–396.

Szyszka, P. (1996). Kommunikationswissenschaftliche Perspektiven des Dialogbegriffs. In G. Bentele, H. Steinmann, & A. Zerfaß (Hrsg.), *Dialogorientierte Unternehmenskommunikation. Grundlagen, Praxiserfahrungen, Perspektiven* (S. 81–106). Berlin: Vistas.

Szyszka, P. (2003). Integrierte Kommunikation als Kommunikationsmanagement. Positionen – Probleme – Perspektiven. *pr-magazin* 12, S. 45–52.

Szyszka, P. (2006). Organisationskommunikation. In: G. Bentele, & Brosius, H.-B., Jarren, O. (Hrsg.), *Lexikon Kommunikations- und Medienwissenschaft* (S. 210–211). Wiesbaden: VS-Verlag.

Szyszka, P. (2011). Unternehmen und soziale Verantwortung – eine organisational-systemtheoretische Perspektive. In J. Raupp, S. Jarolimek, F. Schultz (Hrsg.), *Handbuch CSR* (S. 128–149). Wiesbaden: VS-Verlag.

Szyszka, P. (2012a). Goffmans Erbe. Authentizität und Inszenierung als Probleme der Organisationskommunikation. In P. Szsyka (Hrsg.), *Alles nur Theater? Authentizität und Inszenierung in der Organisationskommunikation* (S. 26–55). Köln: Herbert von Halem.

Szyszka, P. (2012b). Authentizität als Beziehungskapital. Eine organisationskommunikative Perspektive. In P. Szsyka (Hrsg.), *Alles nur Theater? Authentizität und Inszenierung in der Organisationskommunikation* (S. 255–291). Köln: Herbert von Halem.

Szyszka, P. (2013a). Der PR-Theorie-Diskurs: Versuch einer Rekonstruktion. In O. Hoffjann, & S. Huck-Sandhu (Hrsg.), *UnVergessene Diskurse. 20 Jahre PR- und Organisationskommunikationsforschung* (S. 237–282). Wiesbaden: VS-Verlag.

Szyszka, P. (2013b). Die Lücke der Wertschöpfungsdiskussion. Soziales Kommunikations-Controlling über Authentizität. *PR-Magazin, 44* (5), 64–71.

Szyszka, P. (2014a). Soziales Kommunikations-Controlling: Wertschöpfung durch Authentizität und soziales Kapital. In A. Zerfaß, & M. Piwinger (Hrsg.), *Handbuch Unternehmenskommunikation* (S. 919–937). Wiesbaden: Springer Verlag.

Szyszka, P. (2014b). Beziehungskapital und Stakeholder Management. Konzept und Betriebsmodell. *PR-Magazin, 45* (10), 47–54.

Szyszka, P. (2017). *Beziehungskapital. Akzeptanz und Wertschöpfung*. Stuttgart: Kohlhammer.

Taylor, J. R. (1993). *Rethinking the Theory of Organizational Communication. How to Read an Organization*. Norwood, NJ: Ablex Publishing Corporation.

Taylor, J. R. & Van Every, E.J. (2000). *The Emergent Organization: Communication as its Site and Surface*. Mahwah, NJ: Lawrence Erlbaum.

Taylor, J. R., & Cooren, F. (1997). What makes Communication "Organizational"? How the many Voices of a Collectivity become the one Voice of an Organization. *Journal of Pragmatics, 27* (4), S. 409–438.

Taylor, J.R. (1988). Une organisation n'est q'un tissu de communication: Essais théoriques [The organization is but a web of communication]. Montréal, QC: Université de Montréal.

Tench, R., Bowd, R., & Jones, B. (2007). Perceptions and Perspectives. Corporate Social Responsibilities an the Media. *Journal of Communication Management, 11 (4)*, S. 348–370.

Tench, R., Sun, W., & Jones, B. (2012). *Corporate Social Irresponsibility: A Challenging Concept*. Bingley: Emerald Group Publishing.

Tewes, G. (2006). *Signalstrategien im Stakeholdermanagement*. Wiesbaden: Gabler Verlag.

Theis, A. M. (1993). Organisationen – eine vernachlässigte Größe in der Kommunikationswissenschaft. In G. Bentele, & M. Rühl (Hrsg.), *Theorien öffentlicher Kommunikation – Problemfelder, Positionen, Perspektiven* (S. 309–313). München: Ölschläger.

Theis, A.M. (1994). *Organisationskommunikation. Theoretische Grundlagen und empirische Forschungen*. Wiesbaden: Westdeutscher Verlag.

Theis-Berglmair, A. M. (2003). *Organisationskommunikation. Theoretische Grundlagen und empirische Forschungen*. (2. Aufl.). Münster: Lit-Verlag.

Theis-Berglmair, A.-M. (2010). Why "Public Relations", why not "Organizational Communication"? Some comments on the Dynamic Potential of a Research Area. In A. Zerfaß, L. Rademacher, & S. Wehmeier (Hrsg.), *Organisationskommunikation und Public Relations* (S. 27–42). Wiesbaden: VS-Verlag.

Theis-Berglmair, A. M. (2013). Public Relations und Organisationskommunikation: Wir brauchen das Beiboot. In O. Hoffjann, & S. Huck-Sandhu (Hrsg.), *UnVergessene Diskurse. 20 Jahre PR- und Organisationskommunikationsforschung* (S. 283–295). Wiesbaden: VS-Verlag.

Thrift, N. (1985). Bear and Mouse or Bear and Tree? Anthony Gidden's Reconstitution of Social Theory. *Sociology, 19* (4), S. 609–623.

Thunig, C. (2011). Ist Nachhaltigkeit das Unwort des Jahres? (Editorial). *Absatzwirtschaft, 12* (3).

Touraine, A. (1977). *The Self Production of Society*. Chicago: University of Chicago Press.

Tremmel, J. (2003). *Nachhaltigkeit als politische und analytische Kategorie*. München: oekom Verlag.

Trinczek, R. (2009). Wie befrage ich Manager? Methodische und methodologische Aspekte des Experteninterviews als qualitativer Methode empirischer Sozialforschung. In A. Bogner, B. Littig, & W. Menz (Hrsg.): *Experteninterviews. Theorien, Methoden, Anwendungsfelder* (3. Aufl., S. 225–238). Wiesbaden: VS-Verlag.

Tropschuh, P. F., & Wade, A. (2016). Das Stakeholder Management der Audi AG. In R. Altenburger, & R. Mesicek (Hrsg.), *CSR und Stakeholder Management. Strategische Herausforderungen und Chancen der Stakeholdereinbindung* (S. 109–120). Wiesbaden: VS-Verlag.

Tropschuh, P., Pham, E., Raml, W., Schwörer, L., Wade, A., & Biendl, M. (2013). CSR-Kommunikation in der Automobilindustrie. In P. Heinrich (Hrsg.), *CSR und Kommunikation* (S. 147–158). Wiesbaden: Springer-Verlag.

Turner, J. H. (1986). The Theory of Strucutration. *American Journal of Sociology, 91* (4), S. 969–977.

Ulrich, P. (1977). *Die Großunternehmung als quasi-öffentliche Institution. Eine politische Theorie der Unternehmung*. Stuttgart: Poeschel.

Ulrich, P. (1993). *Transformation der ökonomischen Vernunft. Fortschrittsperspektiven der modernen Industriegesellschaft* (3. Aufl.). Bern u.a.: Haupt.

Ulrich, P. (1998). *Integrative Wirtschaftsethik – Grundlagen einer lebensdienlichen Ökonomie*. Bern: Haupt.

Ulrich, P. (2002). *Der entzauberte Markt. Eine wirtschaftsethische Orientierung*. Freiburg i. Br.: Herder.

Ulrich, P. (2010). *Zivilisierte Marktwirtschaft. Eine wirtschaftsethische Orientierung* (4. Aufl.). Bern: Haupt.

Vaara, E., & Tiernari, J. (2008). A Discursive Perspective on Legitimation Strategies in Multinational Corporations. *Academy of Management Review, 33* (4), S. 985–993.

Van Hujstee, M., & Glasbergen, P. (2007). The Practice of Stakeholder Dialogue between Multinationals and NGOs. *Corporate Social Responsibility and Environmental Management, 15* (1), S. 298–310.

Van Marrewijk, M. (2003a). Concepts and Definitions of CSR and Corporate Sustainability. Between Agency and Communication. *Journal of Business Ethics, 44* (2–3), S. 95–105.

Van Marrewijk, M., & Were, M. (2003b). Multiple Level of Corporate Sustainability. *Journal of Business Ethics, 44* (2–3), S. 107–119.

Van Oosterhout, J. H., & Heugens, P. P. (2013). Much ado About Nothing. A Conceptual Critique of Corporate Social Responsibility. In A. Crane, A. McWilliams, D. Matten, J. Moon, & D.S. Siegel(Hrsg.), *The Oxford Handbook of Corporate Social Responsibility* (2. Aufl., S. 197–223). Oxford: University Press.

Van Riel, C. B., & Fombrun, C. J. (2007). *Essentials of Corporate Communication*. London: Routledge.

Van Ruler, B., & Vercic, D. (2005). Reflective Communication Management. Future Ways for Public Relations Research. *53rd Annual Conference of the International Communication Association "Communication in Borderlands", May, 23–27*. San Diego.

Vaseghi, S., & Lehni, M. (2006). Sustainability. Transformationen eines Leitbegriffs. In K. Gazdar, A. Habisch, K.R. Kirchoff, & Vaseghi, S. (Hrsg.), *Erfolgsfaktor Verantwortung*.

Corporate Social Responsibility profesionell managen (S. 99–109). Berlin, New York, Heidelberg: VS-Verlag.

Vasilenko, A. (2015). *Stakeholder vs. Publics: rivalisierend oder komplementär? Zur neoinstitutionalistischen Perspektive einer stakeholderorientierten Unternehmenskommunikation.* Saarbrücken: Akademikerverlag.

Visser, W. (2012). The Ages of Responsibility: CSR 2.0 and the New DNA of Business. *Journal of Business Systems, Governance and Ethics, 5* (3), S. 7–22.

Voget-Kleschin, L. (2013). Employing the Capability Approach in Conceptualizing Sustainable Development. *Journal of Human Development and Capabilities, 14* (4), S. 483−502.

Vogt, M. (2009). *Prinzip Nachhaltigkeit. Ein Entwurf aus theologisch-ethischer Perspektive.* München: oekom.

Volkert, J. (Hrsg.) (2005). *Armut und Reichtum an Verwirklichungschancen. Amartya Sens Capability-Konzept als Grundlage der Armuts- und Reichtumsberichterstattung.* Wiesbaden: VS-Verlag.

Volkswagen AG. (2016). *Nachhaltigkeitsbericht der Volkswagen Gruppe 2016.* Wolfsburg (Onlinebericht).

Volkswagen AG (2017). *Transformation gestalten. Nachhaltigkeitsbericht der Volkswagen Gruppe 2017.* Wolfsburg (Printbericht).

Von Carlowitz, H. C. (1713). *Sylvicultura Oeconomica, oder Haußwirthschaftliche Nachricht und Naturgemäße Anweisung zur Wilden Baum-Zucht.* Reprint (2009), Kessel-Verlag.

Von Grodeck, V. (2015). 'Unternehmen sind nunmal Teil der Gesellschaft' − Wertekommunikation in Wirtschaftsorganisationen zwischen Routine und Moral. In A. Nassehi, I. Saake, J. Siri (Hrsg.), *Ethik − Normen − Werte* (S. 131−156). Wiesbaden: VS-Verlag.

Von Rimscha, M. B., & Sommer, C. (2016). Fallstudien in der Kommunikationswissenschaft. In Averbeck-Lietz, S., & Meyen, M. (Hrsg.), *Handbuch nicht standardisierter Methoden in der Kommunikationswissenschaft* (S. 369−384). Wiesbaden: VS-Verlag.

Von Rimscha, M. B., De Acevedo, M., & Siegert, G. (2011). Unterhaltungsqualität und Public Value. In M. Karmasin, D. Süssenbacher, & N. Gonser (Hrsg.), *Public Value. Theorie und Praxis im internationalen Vergleich* (S. 141–154). Wiesbaden: VS-Verlag.

Vowe, G. (2015). Soziale Ordnung durch Kommunikation. Reflexion eines Wegbegleiters. In K. D. Altmeppen, P. Donges, M. Künzer, M. Puppis, U. Röttger & H. Wessler (Hrsg.), *Soziale Ordnung durch Kommunikation?* (S. 51–63). Baden Baden: Nomos.

Waddock, S., & Bodwell, C. (2008). *Total Responsibility Management: The Manual.* Sheffield: Greenleaf.

Waddock, S., & Googins, B. K. (2014). The Paradoxes of Communicating Corporate Social Responsibility. In I. Oyvind, J.L. Bartlett, & S. May (Hrsg.), *The Handbook of Communication and Corporate Social Responsibility* (S. 23–43). Malden, MA: Wiley Blackwell.

Waddock, S.A., & Bodwell, C. (2002). From TQM to TRM: The Emerging Evolution of Total Responsibility Management (TRM) Systems. *Journal of Corporate Citizenship, 2* (7), S. 113−126.

Walgenbach, P. (1999). Giddens Theorie der Strukturierung. In A. Kieser (Hrsg.), *Organisationstheorien* (S. 355−376). Stuttgart: Kohlhammer.

Walgenbach, P. (2006). Institutionalistische Ansätze in der Organisationstheorie. In A. Kieser, & M. Ebers (Hrsg.), *Organisationstheorien* (6. Aufl., S. 353−402). Stuttgart: Kohlhanmer.

Walgenbach, P. (2006). Strukturationstheorie. In A. Kieser, & M. Ebers (Hrsg.), *Organisationstheorien* (6. Aufl., S. 403–426). Stuttgart: Kohlhammer.

Walgenbach, P., & Mayer, R. (2007). *Neoinstitutionalistische Organisationstheorie.* Stuttgart: Kohlhammer.

Walker, D. H. T., Bourgne, L. M., & Arthur, S. (2008). Influence, Stakeholder Mapping and Visualization. *Construction Management and Economics, 26* (6), S. 645–658.

Walter, B. L. (2010). *Verantwortliche Unternehmensführung überzeugend kommunizieren. Strategien für mehr Transparenz und Glaubwürdigkeit.* Wiesbaden: Gabler-Springer.

Walter, B. L. (2012). Kommunikation der unternehmerischen Gesellschaftsverantwortung: Herausforderungen und Chancen. *UmweltWirtschaftsForum (UWF), 19* (3–4), S. 143–147.

Wartwick, S. L., & Mahon, J. F. (1994). Towards a Substantive Definition of the Corporate Issue Construct. A Review and Synthesis of the Literature. *Business and Society, 33* (3), S. 293–311.

Warwitz, S. (2001). *Sinnsuche im Wagnis. Leben in wachsenden Ringen. Erklärungsmodelle für grenzüberschreitendes Verhalten.* Baltmannsweiler: Verlag Schneider.

Watson, T., & Noble, P. (2014). *Evaluating Public Relations* (3. Aufl.). London: Kogan Page.

Watzlawick, P., Beavin, J. H., & Jackson, D. (1969). *Pragmatics of Human Communication: A Study of Interactional Patterns, Pathologies, and Paradoxes.* New York, NY: W. W. Norton & Company.

Weber, M. (1919/1992). Politik als Beruf (mit Nachwort von R. Dahrendorf). Stuttgart: Reclam.

Weber, M. (1980). *Wirtschaft und Gesellschaft. Grundriss der verstehenden Soziologie* (5. Aufl.). Tübingen: J.C.B. Mohr.

Weder, F. (2008). Produktion und Reproduktion von Öffentlichkeit: Über die Möglichkeiten, die Strukturationstheorie von Anthony Giddens für die Kommunikationswissenschaft nutzbar zu machen. In C. Winter, Hepp, A., & Krotz, F. (Hrsg.), *Theorien der Kommunikations- und Medienwissenschaft* (S. 345–361). Wiesbaden: VS-Verlag.

Weder, F. (2010). *Organisationskommunikation und PR.* Wien: Facultas/UTB.

Weder, F. (2012a). *Die CSR-Debatte in den Printmedien. Anlässe, Themen, Deutungen.* Wien: Facultas.

Weder, F. (2012b). Verantwortung als trendige Referenz der Wirtschaftsberichterstattung oder: Der Fehlende öffentliche Diskurs über Corporate Social Responsibility. *UmweltWirtschaftsForum (UWF), 19* (3–4), S. 185–192.

Weder, F. (2017), CSR as Common Sense Issue? A Theoretical Exploration of Public Discourses, Common Sense and Framing of Corporate Social Responsibility. In Diehl, M. Karmasin, B. Mueller, R. Terlutter & F. Weder (Hrsg.), *Handbook of Integrated CSR Communication* (S. 23–35). Wiesbaden: Springer.

Weder, F., & Karmasin, M. (2011). Corporate Communicative Responsibility. Kommunikation als Ziel und Mittel unternehmerischer Verantwortungswahrnehmung. Studienergebnisse aus Österreich. *Zeitschrift für Wirtschaft und Unternehmensführung (ZfWU), 12* (3), S. 410–428.

Weder, F., & Karmasin, M. (2013). Spielräume der Verantwortung. Stakeholder Management als Bedingung und Ergebnis sozial- und individualethischen Handelns. *Umweltwirtschaftsforum (UWF), 21* (1–2), S. 11–17.

Weder, F., & Karmasin, M. (2017). Communicating Responsibility: Responsible Communication. In S. Diehl, M. Karmasin, B. Mueller, R. Terlutter, & F. Weder (Hrsg.), *Handbook of Integrated CSR Communication* (S. 71−86). Wiesbaden: Springer.

Wehmeier, S. (2008). Communication Management, Organizational Communications and Public Relations. Developments and Future Directions from a German Perspective. In A. Zerfass, B. van Ruler, K. Sriramesh (Hrsg.), *Public Relations Research. European and International Perspectives and Innovations* (S. 219–232). Wiesbaden: VS-Verlag.

Wehmeier, S. (2012). *Public Relations. Status und Zukunft eines Forschungsfelds.* Wien, New York: Springer.

Wehmeier, S., & Nothaft, H. (2013). Die Erfindung der „PR-Wissenschaft": Bemerkungen zur Theorie und Praxis und Wege aus der Delegitimierungsfalle. In O. Hoffjann, & S. Huck-Sandhu (Hrsg.), *UnVergessene Diskurse. 20 Jahre PR- und Organisationskommunikationsforschung* (S. 103–134). Wiesbaden: VS-Verlag.

Wehmeier, S., & Röttger, U. (2011). Zur Institutionalisierung gesellschaftlicher Erwartungshaltungen am Beispiel von CSR. Eine kommunikationswissenschaftliche Skizze. In T. Quandt, & B. Scheufele (Hrsg.), *Ebenen der Kommunikation. Mikro-Meso-Makro-Links in der Kommunikationswissenschaft* (S. 195–126). Wiesbaden: VS-Verlag.

Wehmeier, S., Rademacher, L., & Zerfaß, A. (2010). Organisationskommunikation und Public Relations: Unterschiede und Gemeinsamkeiten. Eine Einleitung. In Ders. (Hrsg.), *Organisationskommunikation und Public Relations* (S. 7–24). Wiesbaden: VS-Verlag.

Weick, K.E., Sutcliffe, K.M., & Obstfeld, D. (2005). Organizing and the Process of Sensemaking. *Organization Science, 16* (4), S. 409−421.

Werhane, P. H. (1992). Rechte und Verantwortung von Korporationen. In H. Lenk, & M. Maring (Hrsg.), *Wirtschaft und Ethik* (S. 329−336). Stuttgart: Reclam.

Werner, M. H. (2002). Verantwortung. In M. Düwell, C. Hübenthal, & M.H. Werner (Hrsg.), *Handbuch Ethik* (S. 521–527). Stuttgart, Weimar: J.B. Metzler.

Wersig, G. (1989). *Organisationskommunikation: Die Kunst, ein Chaos zu organisieren.* Baden-Baden: FBO-Fachverlag für Büro- und Organisationstechnik.

Westerbarkey, J. (2013). Öffentlichkeitskonzepte und ihre Bedeutung für strategische Kommunikation. In U. Röttger, V. Gehrau, & J. Preusse (Hrsg.), *Strategische Kommunikation. Umrisse und Perspektiven eines Forschungsfeldes* (S. 21–36). Wiesbaden: VS-Verlag.

Wheeler, D., & Sillanpaa, M. (1997). *The Stakeholder Corporation.* London: Pitsman Publishing.

Wieland, J. (2004). *Handbuch Wertemanagement.* Hamburg: Murmann Verlag.

Wieland, J. (2016). *Verfassungsrang für Nachhaltigkeit. Rechtsgutachten erstellt im Auftrag der Geschäftsstelle des Rates für Nachhaltige Entwicklung.* Berlin: RNE.

Wieland, J., & Heck, A. E. (2013). *Shared Value durch Stakeholder Governance.* Marburg: Metropolis.

Wieland, T. (2011). Stakeholder Management [als Instrument der Wirtschaftsethik]. In M. S. Aßländer (Hrsg.), *Handbuch Wirtschaftsethik* (S. 260–267). Stuttgart, Weimar: J.B. Metzler.

Wieland, W. (1999). *Verantwortung − Prinzip der Ethik?* Heidelberg: Universitätsverlag Winter.

Will, M. (2007). *Wertorientiertes Kommunikationsmanagement.* Stuttgart: Schäfer-Poeschel.

Willke, H. (1987). *Systemtheorie: eine Einführung in die Grundprobleme.* Stuttgart: Fischer/UTB.

Windsor, D. (2010). The Role of Dynamics in Stakeholder Thinking. *Journal of Business Ethics*, 96 (1), S. 79−87.

Winkler, I. (2016). Gesellschaftliche Verantwortung von Medienunternehmen: Selbstbild und Fremdwahrnehmung in der öffentlichen Kommunikation. In P. Werner, L. Rinsdorf, T. Pleil, & K.D. Altmeppen (Hrsg.), *Verantwortung − Gerechtigkeit − Öffentlichkeit. Normative Perspektiven auf Kommunikation* (S. 227–240). Konstanz, München: UVK.

Wood, D.J. (1991). Corporate Social Performance Revisited. *The Academy of Management Review, 16* (4), S. 691−718.

Wottawa, H., & Thierau, H. (1999). Lehrbuch Evaluation. Bern u.a.: Huber.

Würz, T. (2012). *Corporate Stakeholder Communications. Neoinstitutionalistische Perspektive einer stakeholderorientierten Unternehmenskommunikation.* Wiesbaden: Springer-Gabler.

Wyss, V. (2002). Mythos Online-Journalismus. *Medienwissenschaft Schweiz, 1* (2), S. 85−93.

Wyss, V. (2004). Journalismus als duale Struktur. Grundlagen einer strukturationstheoretischen Journalismustheorie. In M. Löffelholz (Hrsg.), *Theorien des Journalismus. Ein diskursives Handbuch* (2. Aufl., S. 305–320). Wiesbaden: VS-Verlag.

Zastrau, R. (2015). CSR als Baustein für dauerhaften Unternehmenserfolg am Beispiel der Nanogate AG. In A. Schneider, & R. Schmidpeter (Hrsg.), *Corporate Social Responsibility. Verantwortungsvolle Unternehmensführung in Theorie und Praxis* (S. 857–867). Berlin/Heidelberg: Springer-Gabler.

Zerfaß, A. (1996). Dialogkommunikation und strategische Unternehmensführung. In G. Bentele, Steinmann, H. & Zerfaß, A. (Hrsg.), *Dialogorientierte Unternehmenskommunikation. Grundlagen, Praxiserfahrungen, Perspektiven* (S. 23–58). Berlin: Vistas.

Zerfaß, A. (2004). *Unternehmensführung und Öffentlichkeitsarbeit. Grundlegung einer Theorie der Unternehmenskommunikation und Public Relations. 2. Aufl. (1. Aufl.: 1996).* Wiesbaden: VS Verlag.

Zerfaß, A. (2005). Rituale der Verifikation? Grundlagen und Grenzen des Kommunikationscontrolling. In L. Rademacher (Hrsg.), *Distinktion und Deutungsmacht. Studien zur Theorie und Pragmatik der Public Relations* (S. 181–222). Wiesbaden: VS-Verlag.

Zerfaß, A. (2010). *Unternehmensführung und Öffentlichkeitsarbeit. Grundlegung einer Theorie der Unternehmenskommunikation und Public Relations* (3. Aufl.). Wiesbaden: VS-Verlag.

Zerfaß, A. (2014). Unternehmenskommunikation und Kommunikationsmanagement: Strategie, Management und Controlling. In A. Zerfaß, & M. Piwinger (Hrsg.), *Handbuch Unternehmenskommunikation* (2. Aufl., S. 21−79). Wiesbaden: VS-Verlag.

Zerfaß, A. (2015). Kommunikations-Controlling: Steuerung und Wertschöpfung. In R. Fröhlich, P. Szyszka, & G. Bentele (Hrsg.), *Handbuch der Public Relations* (S. 715−738). Wiesbaden: Springer.

Zerfaß, A., & Piwinger, M. (2007). Kommunikation als Werttreiber und Erfolgsfaktor. In M. Piwinger, & A. Zerfaß (Hrsg.), *Handbuch Unternehmenskommunikation* (S. 5−16). Wiesbaden: Gabler.

Zerfaß, A., & Buchele, M.-S. (2008). Kommunikationscontrolling − Forschungsstand und Entwicklungen. *Marketing Review St. Gallen, 25* (1), S. 20−25.

Zerfaß, A., & Dühring, L. (2010). Akzeptanzmessung von Corporate-Publishing-Medien und Events. In J. Pfannenberg, & A. Zerfaß (Hrsg.), *Wertschöpfung durch Kommunikation.*

Kommunikations-Controlling in der Unternehmenspraxis (2. Aufl., S. 127–139). Leipzig: Frankfurter Allgemeine Buch.

Zerfaß, A., & Müller, M. C. (2013). Stakeholderbeziehungen in der CSR-Kommunikation. Empirische Studie zu Strategischen und Rahmenbedingungen in deutschen Unternehmen. *UmweltWirtschaftsForum (UWF), 21* (1–2), S. 51–57.

Zimmer, M. & Ortmann, G. (2001). Strategisches Management, strukturationstheoretisch betrachtet. In G. Ortmann & J. Sydow (Hrsg.), *Strategie und Strukturation. Strategisches Management von Unternehmen, Netzwerken und Konzernen* (S. 27–55). Wiesbaden: Gabler.

Zöchbauer, F. B. (2016). Energiezukunft als gemeinsame Verantwortung wahrnehmen. Vertrauen der Stakeholder durch Involvierung stärken. In R. Altenburger, & R. Mesicek (Hrsg.), *CSR und Stakeholder Management. Strategische Herausforderungen und Chancen der Stakeholdereinbindung* (S. 175–184). Wiesbaden: VS-Verlag.

Zühlsdorf, A. (2002). *Gesellschaftsorientierte Public Relations. Eine strukturationstheoretische Analyse der Interaktionen von Unternehmen und kritischer Öffentlichkeit.* Wiesbaden: Westdeutscher Verlag.

Printed in the United States
by Baker & Taylor Publisher Services